圖解 雲端運算

第二版

概念、技術、安全與架構

Authorized translation from the English language edition, entitled Cloud Computing: Concepts, Technology, Security, and Architecture 2nd, 9780138052256 by Thomas Erl , Eric Barceló Monroy, published by Pearson Education, Inc, Copyright © 2023 Pearson Education, Inc..

All rights reserved. No part of this book may be reproduced or transmitted in any form or by any means, electronic or mechanical, including photocopying, recording or by any information storage retrieval system, without permission from Pearson Education, Inc.

CHINESE TRADITIONAL language edition published by GOTOP INFORMATION INC., Copyright © 2025.

 人
 管理者
 主管
 攻擊者
 實體伺服器
 虛擬伺服器
伺服器（攻擊者）

 實體防火牆
 虛擬防火牆
 CPU
 記憶體
 網路卡
 實體網路
 虛擬網路
 虛擬化基礎架構管理工具

 虛擬機管理軟體
 虛擬化平台
 實體網路裝置
 虛擬網路裝置
 網路連接點或虛擬交換器

 容器
 容器內部邏輯
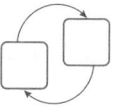 容器叢集
 容器引擎
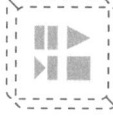 容器映像檔
 容器映像層

 套件
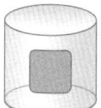 映像檔儲存庫
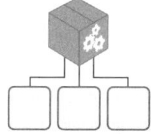 容器套件管理員
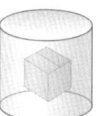 套件儲存庫
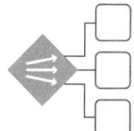 部署最佳化軟體
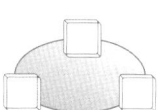 容器網路

 路由器
 核心交換器
 機頂交換器
 容器建置檔
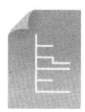 資料模型或資料格式
 政策
 一般機器可處理的文件
 人類可讀文件

 隨時準備好的環境
 管理系統
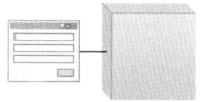 遠端管理系統
 主動式處理
 軟體或應用程式
 產品、系統或應用程式
 代理或中介

 流量監視器	 網路入侵監視器	 活動日誌監視器	 授權日誌監視器	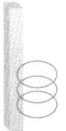 VPN監視器	 資料遺失防護監視器
 機器學習系統	AI 人工智慧系統	生物識別掃描器	多因素驗證系統	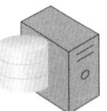 身分和權限管理系統	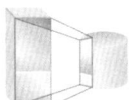 數位病毒掃描與解密系統
 惡意程式碼分析系統	資料遺失預防系統	 入侵偵測系統	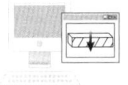 入侵測試工具	 使用者行為分析系統	 第三方軟體更新工具
信任平台模組	 資料備份與還原系統	 網路安全解決方案	惡意程式	惡意封包	病毒 虛擬桌面 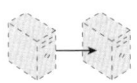 線上虛擬機器遷移
 多租戶應用程式	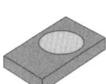 硬碟	 硬碟儲存裝置	 內部儲存裝置	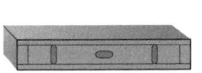 儲存控制器	 資料庫
訊息佇列	 儲存庫或儲存裝置	 共享儲存	 記憶體中的狀態資料	 具有狀態資料的服務（有狀態服務）	 具有狀態的儲存庫 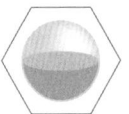 網格服務
 服務或代理伺服器	 服務組合	 服務層	 服務合約（圓上有弦為代表）	 解耦服務合約	 服務清單

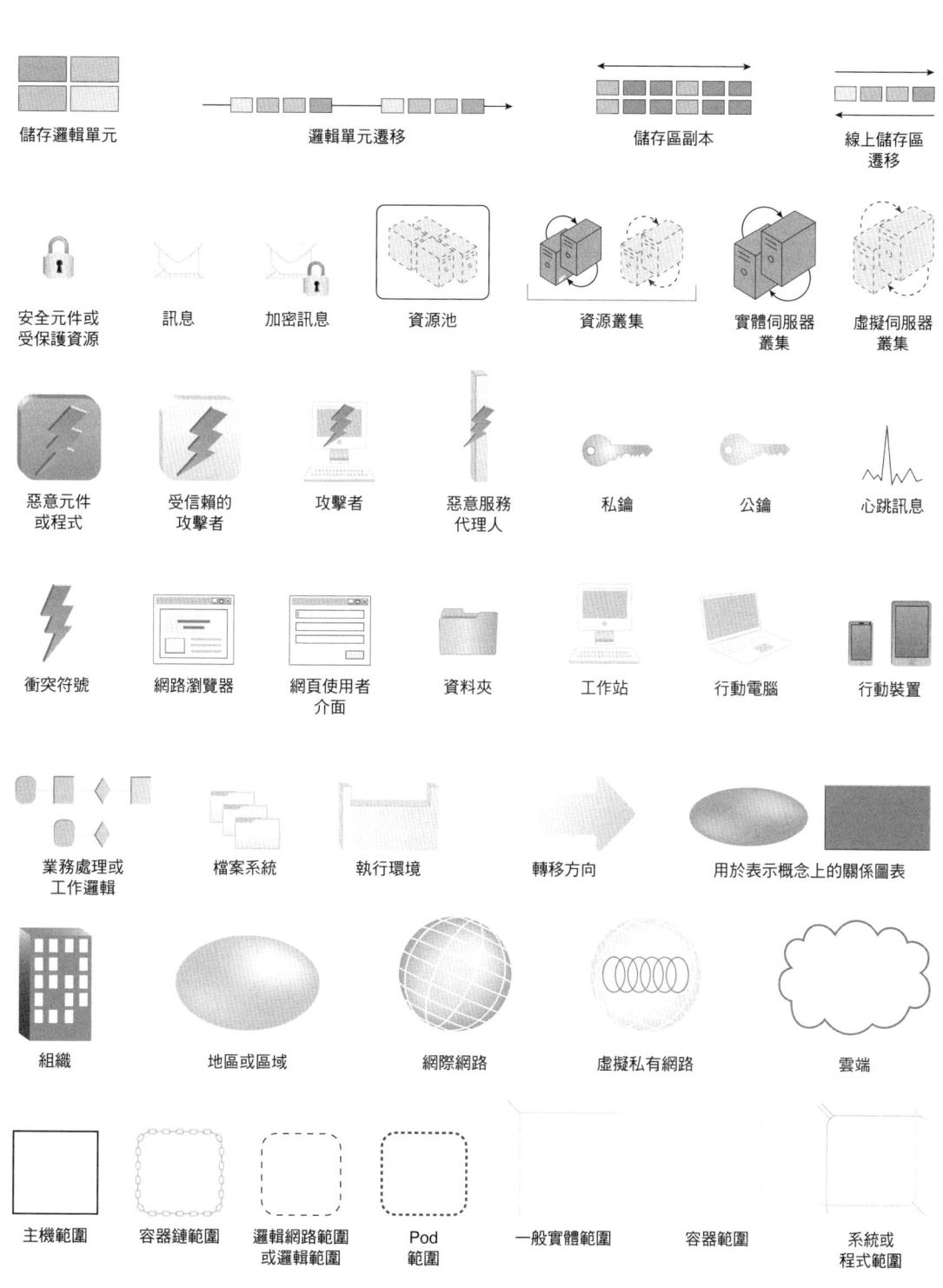

對第二版的讚譽

「這本書全面而深入地介紹了雲端運算的概念和實際運作機制。它不僅清楚的解釋了雲端的功能和架構,還說明了雲端對企業的影響。對於未來需要制定雲端運算的藍圖來說,這是一本很好的基礎讀物。」

——*Jo Peterson*,*Clarify360* 的雲端與安全副總裁

「這本書提供全面且深入研究的雲端運算指南,涵蓋了從雲端運算基礎到進階架構考量的廣泛主題。書中以清晰簡潔的文風撰寫,並提供大量寶貴的資訊和案例研究供參考。我強力推薦這本書給任何想要了解更多關於雲端運算的人。」

——*Jorge Blanco*,*Glumin* 企業再造與訓練部門總經理

「憑藉其全方位的洞察力和中立客觀的觀點,這本書在雲端運算複雜的世界中熠熠閃耀,成為指路明燈。作者強調如何做出與商業目標契合的明智決策,為成功採用這項革新科技奠定了基礎。透過引領潛在的危險和挑戰,本書使讀者能夠做出戰略性選擇,保護其組織免於潛在陷阱。從基本概念到實際考量,每章都提供了一個解鎖雲端運算全部潛力的路線圖。本書包含珍貴的案例研究、架構分析以及對服務品質指標和 SLA 的關注,是任何希望利用雲端運算的人不可或缺的資源。它作為雲端專業人士認證的重要基石,為進一步探索這個持續成長的領域奠定了良好的基礎。對於每一位具有前瞻性思維的專業人士來說,這是一本必備讀物。」

——*Valther Galván*,首席安全資訊官

「這本書是目前市面上最完整的雲端運算概念指南。它奠定了紮實的基礎,並逐步深入探討,內容涵蓋廣泛。書中穿插的案例研究與內容相輔相成,生動地展示了雲端運算的可能性和難題。」

——*Emmett Dulaney*,大學教授與作家

對第一版的讚譽

（以作者所屬機構第一版發行時為準，可能有所變更。）

「在資訊科技領域中，雲端運算往往陷於理論卻實踐不足的困境。Thomas Erl 這本及時的作品，濃縮了相關理論，並以實際案例加以佐證，解開了這項重要技術的神祕面紗。如果你正踏上雲端之旅，這是一本不容錯過的指引手冊。」

——Scott Morrison，Layer 7 科技首席技術官

「這是一本出色、文筆流暢、清晰易懂的書籍，全面涵蓋了雲端運算的不同面向，提供了完整的概述。書中案例研究提供了在組織中運用雲端運算的實際和實用觀點。涵蓋了廣泛主題，從技術層面到雲端運算帶來的商業價值，無所不包。它是目前最佳、最全面的雲端運算書籍，無論是雲端運算從業人員，還是想深入了解雲端運算概念和實作的人，都不可錯過！」

——Suzanne D'Souza，KBACE 科技 SOA/BPM 主管

「這是一本關於雲端運算的優秀書籍，令人印象深刻的是，其內容涵蓋了從分類、技術和架構概念到雲端採用重要商業考量的廣泛領域。它提供了對雲端技術典範的整體看法。」

——Kapil Bakshi，思科架構與策略師

「我讀過 Thomas Erl 的所有著作，而《雲端運算》更是他卓越出版作品的另一範例。Thomas Erl 擁有將最複雜的主題拆分成核心概念和技術細節後再以邏輯和易懂的方式呈現的罕見能力，這本書再次完美印證了這點。」

——Melanie A. Allison，技術整合顧問服務醫療技術實踐首席顧問

「許多企業在尋求將應用程式或基礎設施遷移到雲端時，經常被業界術語和炒作誤導。這本書切中要點，深入探討了組織與雲端服務供應商合作的整個過程，從研究、簽約、實作到終止服務，鉅細靡遺地剖析了其中的關鍵要素。它不僅闡明了導入 IaaS、PaaS 或 SaaS 解決方案的優勢，更直面地揭示了其中的挑戰，協助企業做出理性決策。」

——*Kevin Davis*，博士，解決方案架構師

「*Thomas* 以他獨特且淵博的文風，提供了一本全面且權威的雲端運算書籍。就像他之前的大作《*Service-Oriented Architecture: Concepts, Technology, and Design*》（暫譯：服務導向架構─概念、技術和設計）一樣，這本書肯定會吸引 CxO、雲端架構師和參與雲端軟體交付的開發人員社群。*Thomas* 和他的團隊在記錄雲端架構、雲端交付模型、雲端治理和雲端經濟方面投入了大量努力，同時不忘解釋圍繞網際網路架構和虛擬化技術的雲端運算核心。作為這本出色書籍的校閱者，我必須承認我在校閱的過程中學到很多知識。這是一本必備書籍，應該放在每個人的辦公桌上！」

——*Vijay Srinivasan*，*Cognizant* 科技顧問公司首席技術架構師

「這本書以中立客觀的立場，全面且詳細地介紹了雲端運算技術，涵蓋技術和商業層面。它深入分析了雲端架構和機制，擷取了雲端平台實際運作的要點。同時也詳細解說了對商業方面的影響，讓讀者在選擇和建置基本的雲端運算商業模式時擁有更寬廣的視野。*Thomas Erl* 的《雲端運算：概念、技術和架構》是一本出色且紮實的參考書，涵蓋了雲端運算的基礎和深度知識。」

——*Masykur Marhendra Sukmanegara*，安永通訊媒體和科技顧問團隊

「討論主題的豐富性和深度令人難以置信地令人印象深刻。內容涵蓋的廣度和深度，讓讀者可以在短時間內成為該領域的專家。」

——*Jamie Ryan*，*Layer 7* 科技解決方案架構師

「*Thomas Erl* 的著作向來以深入淺出地解析複雜概念、明確實作方法著稱，而這本作品亦是如此。它不僅提供了權威且全面的雲端運算概述，更重要的是，採用了易於理解的方式進行講解。最棒的是，本書延續了之前服務技術系列的一貫風格，讀起來就像是該系列的自然延伸。我堅信，出自這位過去十年來最暢銷 IT 作家之手的作品，必將再次成為暢銷書。」

——*Sergey Popov*，Liberty Global International 資深企業 SOA/ 安全架構師

「這是一本任何參與雲端設計和決策的人士都必讀的書籍！這本書提供了對雲端運算概念深入、客觀、中立的見解、架構模型和技術的概述。對任何需要全面了解雲端環境如何運作以及如何設計和遷移解決方案到雲端的人來說都非常寶貴。」

——*Gijs in 't Veld*，Motion10 首席架構師

「這是涵蓋雲端服務供應商和雲端使用者廣泛面向的參考書籍。如果你想要提供或使用雲端服務，並且需要了解如何操作，那麼這本書就是你的最佳選擇。本書結構清晰，有助於理解各種雲端概念。」

——*Roger Stoffers*，解決方案架構師

「儘管雲端運算已經存在好幾年了，但這個詞彙及其能為開發人員和部署人員帶來的優勢仍然存在許多混淆不清的地方。這本書是探索雲端運算幕後奧祕的絕佳指南，它並不會只停留在抽象或高層的概念，而是深入探討所有你在雲端開發應用程式以及使用託管在雲端的應用程式或服務時需要了解的細節。很少有書籍能夠像這本書一樣記錄不斷演變的雲端範例到如此細緻的層面。對於架構師和開發人員來說，這絕對是必讀之作」

——*Mark Little* 博士，RedHat 副總裁

「這本書全面剖析了雲端的概念和運行機制，提供給渴望深入了解雲端環境如何運作、設計以及影響企業的讀者。對於任何認真考慮採用雲端運算的組織而言，這本書都是必備的讀物。它將為你建立雲端運算藍圖打好基礎。」

——*Damian Maschek*，Deutsche Bahn SOA 架構師

「在我閱讀過的許多雲端運算相關書籍，而這本絕對是最出色的一本。它內容詳盡完整，同時保持廠商中立的客觀立場，將重要概念以結構清晰且嚴謹的方式進行解釋。書中涵蓋了所有相關定義，並為正在接觸或評估雲端解決方案的組織和專業人士提供了許多實用的建議。這本書列出了雲端運算領域的所有重要主題，並對相關定義進行了清晰闡述。圖表易於理解且獨立呈現，可以讓不同技能、專業領域和背景的讀者都能輕鬆了解其概念。」

——*Antonio Bruno*，UBS AG 基礎設施和物業經理

「這是一本全面的書籍，專注於雲端運算的真正核心，這本書將成為許多組織成功實踐雲端導入項目的基石。對雲端運算感興趣或參與雲端導入項目的 IT 基礎設施和應用程式架構師而言，它是必讀的參考書。對於需要構建基於雲端的架構，或者需要向考慮在組織中採用雲端運算技術的客戶進行解釋的人來說，它包含了非常有用和完整的資訊。」

——*Johan Kumps*，RealDolmen SOA 架構師

「這本書定義了雲端實踐者常用的基本術語和模式，使其成為一本實用的參考書。從多租戶到虛擬化管理程序的概念都以簡潔易懂的方式呈現。書中穿插的案例研究提供了精彩的現實案例，使讀者更容易理解理論與實踐的結合」

——*Thomas Rischbeck* 博士，ipt 首席架構師

「這本書為雲端服務及其設計問題奠定了良好的基礎。各章節重點介紹了學習如何用雲端技術思維所需要考慮的重要問題。在當今商業和技術環境中，雲端運算扮演著將用戶服務與虛擬化資源和應用程式連接起來的中心角色，因此這一點非常重要。」

——Mark Skilton，Capgemini 全球基礎設施服務戰略與技術辦公室總監

「這本書條理清晰，涵蓋了雲端運算的基本概念、技術和商業模式。它定義並解釋了大量相關的術語和詞匯表，使雲端運算專家能夠使用一套統一的標準語言進行交流和溝通。本書易於理解，與 Thomas Erl 早期出版的書籍保持一致風格，它是初學者和經驗豐富的專業人員都必讀的一本指南。」

——Jian "Jeff" Zhong，Futrend 科技代理首席技術官
兼 SOA 和雲端運算首席架構師

「相關專業的學生可以透過淺顯易懂、廣泛圖解和清晰描述的內容，輕鬆完成學習過程。從業務分析到 IT 實施，甚至法律和財務監控等不同領域的教授都可以將本書作為課堂講座手冊。各級 IT 專家和任何應用領域的專業人士都會發現，這本書提供無特定供應商或品牌的實用解決方案藍圖。」

——Alexander Gromoff，資訊控制技術中心科學與教育總監，
商務資訊學系 BPM 系主任

「本書是一本全面的指南，涵蓋了有關變革性雲端技術的各種相關資訊。Erl 的最新著作以簡潔明瞭的語言，解釋了雲端範例作為下一代計算模型的起源和定位。書中所有的章節都經過精心編寫並按照易於理解的方式進行排列。無論是商業專業人士還是 IT 專業人士，都將從這本書中獲益良多。它將會重塑並幫助組織雲端運算世界。」

——Pethuru Raj 博士，Wipro 企業架構顧問

致我的家人及朋友
——*Thomas Erl*

致 *Eva*、*Pareni*、*Víctor* 和 *Diego* 我全部的愛
——*Eric Barceló Monroy*

目錄預覽

前言 xxxvii
關於作者 xli
致謝 xliii

Chapter 1：導論 1
Chapter 2：案例研究背景 11

Part I：雲端運算的基礎 21

Chapter 3：理解雲端運算 23
Chapter 4：基礎概念和模型 49
Chapter 5：雲端技術 77
Chapter 6：瞭解容器化 115
Chapter 7：瞭解雲端安全和網路安全 163

PART II：雲端運算的機制 197

Chapter 8：雲端基礎設施機制 199
Chapter 9：雲端專有機制 229
Chapter 10：雲端安全和網路安全存取控制機制 269
Chapter 11：雲端安全和網路資料安全機制 309
Chapter 12：雲端管理機制 323

PART III：雲端運算的架構 337

Chapter 13：基礎雲端架構 339
Chapter 14：進階雲端架構 365
Chapter 15：特殊雲端架構 409

PART IV：使用雲端服務 **453**

Chapter 16：雲端交付模型注意事項 455

Chapter 17：成本指標和定價模型 475

Chapter 18：服務品質指標和 SLA 497

Part V：附錄 **513**

Appendix A：案例研究總結 515

Appendix B：常見的容器化技術 519

索引 535

目錄

前言 xxxvii
關於作者 xli
致謝 xliii

Chapter 1 導論 1
    1.1 本書的目標 3
    1.2 本書沒有涵蓋的範圍 3
    1.3 本書適用的讀者 3
    1.4 本書的編排 4
        第一部分:雲端運算的基礎 4
            第三章:理解雲端運算 4
            第四章:基礎概念和模型 4
            第五章:雲端技術 4
            第六章:瞭解容器化 4
            第七章:瞭解雲端安全和網路安全 5
        第二部分:雲端運算的機制 5
            第八章:雲端基礎設施機制 5
            第九章:雲端專有機制 5
            第十章:雲端安全和網路安全存取控制機制 5
            第十一章:雲端安全和網路資料安全機制 6
            第十二章:雲端管理機制 6
        第三部分:雲端運算的架構 6
            第十三章:基礎雲端架構 6
            第十四章:進階雲端架構 6
            第十五章:特殊雲端架構 7
        第四部分:使用雲端服務 7
            第十六章:雲端交付模型注意事項 7
            第十七章:成本指標和定價模型 7

　　　　　　第十八章：服務品質指標和 SLA 8
　　　　第五部分：附錄 8
　　　　　　附錄 A：案例研究總結 8
　　　　　　附錄 B：常見的容器化技術 8
　1.5　相關資源 8
　　　Pearson 數位企業圖書系列 8
　　　Thomas Erl 的 YouTube 頻道 9
　　　LinkedIn 上的數位企業新聞通訊 9
　　　雲端運算專業人士（CCP）計畫 9

Chapter 2　案例研究背景 11

　2.1　案例研究 1：ATN 12
　　　技術基礎設施和環境 12
　　　商業目標與新策略 13
　　　路線圖和實施策略 13
　2.2　案例研究 2：DTGOV 14
　　　技術基礎設施和環境 15
　　　商業目標與新策略 16
　　　路線圖和實施策略 17
　2.3　案例研究 3：Innovartus Technologies Inc 18
　　　技術基礎設施和環境 18
　　　商業目標與策略 18
　　　路線圖和實施策略 19

Part I：雲端運算的基礎 21

Chapter 3　理解雲端運算 23

　3.1　起源和影響 24
　　　雲端運算簡史 24
　　　定義 25
　　　業務驅動因素 26

　　　　　降低成本 26
　　　　　業務敏捷性 27
　　　技術創新 28
　　　　　叢集（Clustering）.. 28
　　　　　網格運算（Grid Computing）.............................. 28
　　　　　容量規劃（Capacity Planning）........................... 29
　　　　　虛擬化（Virtualization）....................................... 29
　　　　　容器化（Containerization）.................................. 31
　　　　　無伺服器環境（Serverless Environments）......... 31
3.2　基本概念和術語 31
　　　雲（Cloud）.. 31
　　　容器 32
　　　IT 資源 33
　　　地端環境（On Premises）.. 34
　　　雲端服務供應商與雲端服務消費者 35
　　　擴展（Scaling）... 35
　　　　　水平擴展（Horizontal Scaling）.......................... 35
　　　　　垂直擴展（Vertical Scaling）............................... 36
　　　雲端服務（Cloud Service）.. 37
　　　雲端服務消費者 38
3.3　目標和優點 39
　　　提升業務反應能力 39
　　　降低投資與對應的成本 40
　　　增加擴展性 41
　　　增進可用性及可靠度 42
3.4　風險和挑戰 43
　　　由於信任邊界重疊而導致弱點增加 43
　　　因共享安全責任而增加的弱點 44
　　　增加暴露於網路威脅的風險 45
　　　較低的營運管理控制 46
　　　雲端服務供應商間有限的移植性 47

		跨地區合規性和法律問題	48
		成本超支	48

Chapter 4　基礎概念和模型 ... 49

4.1	角色和邊界		50
	雲端服務供應商		50
	雲端服務消費者		50
	雲端仲介		51
	雲端服務擁有者		52
	雲端資源管理員		53
	其他角色		55
	組織邊界		55
	信任邊界		56
4.2	雲的特性		57
	按需求使用		57
	隨時隨地存取		57
	多租戶和資源池		58
	彈性		59
	可計算使用量		59
	韌性		60
4.3	雲端交付模型		60
	基礎架構即服務（IaaS）		61
	平台即服務（PaaS）		62
	軟體即服務（SaaS）		64
	比較雲端交付模型		65
	組合雲端交付模型		65
	IaaS + PaaS		66
	IaaS + PaaS + SaaS		68
	雲端交付子模型		69
4.4	雲端部署模型		71
	公有雲（Public Cloud）		71

	私有雲（Private Cloud）	71
	多雲（Multicloud）	73
	混合雲（Hybrid Cloud）	74

Chapter 5　雲端技術 ... 77

5.1	網際網路與區域網路架構	78
	網路服務供應商（ISPs）	78
	無連接封包交換（資料封包網路）	81
	路由器導向的互連性	81
	實體網路	82
	傳輸層協定	82
	應用層協定	83
	技術與業務考量	83
	連線問題	83
	網路頻寬和延遲問題	86
	無線和行動網路	87
	網路服務供應商和雲端服務供應商的選擇	87
5.2	雲端資料中心技術	88
	虛擬化	88
	標準化和模組化	89
	自主運算	90
	遠端操作和管理	90
	高可用性	90
	安全的設計、操作和管理	91
	數據中心的設施	91
	運算所需的硬體	91
	儲存硬體	92
	網路硬體	93
	線路營運商和外部網路的互連	93
	Web 負載平衡和加速	93
	區域網路架構	94
	儲存區域網路架構（SAN）	94

		NAS 閘道器 94
		無伺服器（Serverless）環境 94
		NoSQL 叢集 95
		其他注意事項 98
	5.3	現代虛擬化技術 98
		硬體獨立性 98
		伺服器整合 98
		資源複製 99
		作業系統虛擬化 99
		硬體虛擬化 101
		容器和應用程式的虛擬化 102
		虛擬化管理 103
		其他注意事項 103
	5.4	多租戶技術 104
	5.5	服務技術與服務 API 107
		REST 服務 107
		網頁服務 108
		服務代理人 110
		服務中介軟體 110
		網頁式 RPC 111
		案例研究 111

Chapter 6		**瞭解容器化 115**
	6.1	起源與影響 116
		容器化簡史 116
		容器化與雲端運算 117
	6.2	虛擬化與容器化基礎 117
		作業系統基礎 117
		虛擬化的基礎 117
		實體伺服器 118
		虛擬伺服器 118

	虛擬機管理程式 119
	虛擬化類型 119
	容器化的基礎 121
	容器 121
	容器映像檔 121
	容器引擎 121
	Pod 122
	主機 123
	主機叢集 125
	主機網路（Host Networks）和
	重疊網路（Overlay Networks）................................. 126
	虛擬化與容器化 126
	實體伺服器上的容器化 126
	虛擬伺服器上的容器化 127
	容器化的優點 128
	容器化的風險和挑戰 129
6.3	瞭解容器 130
	容器託管 130
	容器和 Pod 131
	容器實例和叢集 134
	容器套件管理 135
	容器編排（Orchestration）... 139
	容器套件管理器 vs. 容器編排器 141
	容器網路 141
	容器網路範圍 144
	容器網路地址 146
	富容器（Rich Container）... 146
	其他常見的容器特性 147
6.4	瞭解容器映像檔 147
	容器映像檔的類型和角色 147
	容器映像檔的不可變性 149

		容器映像檔的抽象化 149
		作業系統核心抽象化 149
		超越核心的作業系統抽象 150
		容器建置檔 151
		容器映像檔分層 151
		如何建立客製化映像檔 153
	6.5	多種容器類型 155
		邊車容器 155
		轉接器容器 157
		使節容器 158
		使用多種容器 160
		案例研究 161

Chapter 7　瞭解雲端安全和網路安全 163

	7.1	基本安全術語 164
		機密性 164
		完整性 164
		可用性 165
		真實性 166
		安全控制 166
		安全機制 166
		安全政策 166
	7.2	基本威脅術語 166
		風險 167
		漏洞 167
		漏洞利用 167
		零時差漏洞 167
		安全漏洞 167
		資料洩漏 167
		資訊外洩 168
		威脅（或網路威脅）.. 168

	攻擊（或網路攻擊）	168
	攻擊者和入侵者	168
	攻擊媒介和攻擊面	169
7.3	威脅來源	169
	匿名攻擊者	170
	惡意服務代理	170
	受信任的攻擊者	170
	惡意內部人員	171
7.4	常見威脅	171
	流量竊聽	171
	惡意中間人	172
	阻斷服務	173
	過度授權	174
	虛擬化攻擊	175
	重疊的信任邊界	176
	容器化攻擊（Containerization Attack）	177
	惡意軟體	178
	內部威脅	180
	社交工程和網路釣魚	180
	殭屍網路	181
	權限提升	184
	暴力破解	184
	遠端程式碼執行	185
	SQL 注入	186
	隧道	187
	進階持續性威脅（APT）	188
	案例研究	191
7.5	其他注意事項	191
	有缺陷的設計	191
	安全政策差異	192
	合約	193

風險管理 193
案例研究 195

PART II：雲端運算的機制 197

Chapter 8　雲端基礎設施機制 199

8.1　邏輯網路邊界 200
案例研究 202

8.2　虛擬伺服器 204
案例研究 205

8.3　虛擬化管理程式（Hypervisor） 208
案例研究 209

8.4　雲端儲存裝置 210
雲端儲存的等級 211
網路儲存介面 211
物件儲存介面 213
資料庫儲存介面 213
　　關聯式資料儲存 213
　　非關聯式資料儲存 214
案例研究 214

8.5　雲端使用量監視器 217
監控代理程式 217
資源代理程式 218
輪詢代理程式 218
案例研究 219

8.6　資源複製 222
案例研究 223

8.7　現成環境 226
案例研究 227

8.8　容器 228

Chapter 9　雲端專有機制..229

9.1　自動擴容監聽器 230
案例研究 232

9.2　負載平衡器 236
案例研究 237

9.3　SLA（服務水準協議）監視器 238
案例研究 240
　　SLA 監視器輪詢代理程式................................. 240
　　SLA 監視器代理程式... 240

9.4　按使用量計費監視器 244
案例研究 246

9.5　稽核監視器 248
案例研究 249

9.6　故障轉移系統 250
主動 - 主動 250
主動 - 被動 252
案例研究 255

9.7　資源叢集 258
案例研究 262

9.8　多裝置仲介 263
案例研究 265

9.9　狀態管理資料庫 266
案例研究 267

Chapter 10　雲端安全和網路安全存取控制機制.................269

10.1　加密 271
對稱加密 272
非對稱加密 272
案例研究 273

10.2	雜湊	274
	案例研究	275
10.3	數位簽章	276
	案例研究	277
10.4	雲端安全群組	279
	案例研究	280
10.5	公鑰基礎設施系統	282
	案例研究	284
10.6	單一登入（Single Sign-On，SSO）系統	285
	案例研究	287
10.7	安全強化的虛擬伺服器映像檔	288
	案例研究	289
10.8	防火牆	290
	案例研究	291
10.9	虛擬私人網路（VPN）	291
	案例研究	292
10.10	生物辨識掃描器	293
	案例研究	294
10.11	多重因素驗證（MFA）系統	295
	案例研究	296
10.12	身分識別與存取管理（IAM）系統	296
	案例研究	299
10.13	入侵偵測系統（IDS）	299
	案例研究	300
10.14	滲透測試工具	300
	案例研究	301
10.15	用戶行為分析（UBA）系統	302
	案例研究	303

10.16	第三方軟體更新工具	304
	案例研究	305
10.17	網路入侵監視器	306
	案例研究	306
10.18	驗證日誌監視器	306
	案例研究	307
10.19	VPN 監視器	307
	案例研究	307
10.20	其他雲端安全存取最佳實踐與技術	308

Chapter 11　雲端安全和網路資料安全機制 309

11.1	數位病毒掃描和解密系統	310
	通用解密	311
	數位免疫系統	311
	案例研究	313
11.2	惡意程式分析系統	313
	案例研究	314
11.3	資料遺失防護系統	315
	案例研究	316
11.4	信任平台模組（TPM）	317
	案例研究	318
11.5	資料備份與還原系統	318
	案例研究	320
11.6	活動日誌監視器	320
	案例研究	320
11.7	流量監視器	321
	案例研究	321
11.8	資料遺失防護監視器	321
	案例研究	322

Chapter 12　雲端管理機制......323

12.1　遠端管理系統......324
案例研究......328

12.2　資源管理系統......329
案例研究......331

12.3　服務品質協議（SLA）管理系統......331
案例研究......333

12.4　帳務管理系統......333
案例研究......336

PART III：雲端運算的架構......337

Chapter 13　基礎雲端架構......339

13.1　工作負載分配架構......340

13.2　資源池架構......342

13.3　動態擴展架構......346

13.4　彈性資源容量架構......349

13.5　服務負載平衡架構......351

13.6　雲端彈性擴展架構......354

13.7　彈性磁碟配置架構......355

13.8　冗餘儲存架構......358

13.9　多雲端架構......360
案例研究......363

Chapter 14　進階雲端架構......365

14.1　Hypervisor 叢集架構......367

14.2　虛擬伺服器叢集架構......373

14.3　負載平衡虛擬伺服器實例架構......374

14.4　不中斷服務轉移架構......377

14.5	零停機架構	382
14.6	雲端平衡架構	383
14.7	彈性災難復原架構	385
14.8	分散式資料自主權架構	387
14.9	資源預留架構	389
14.10	動態故障偵測與復原架構	393
14.11	快速配置架構	396
14.12	儲存工作負載管理架構	400
14.13	虛擬私有雲端架構	405
	案例研究	407

Chapter 15 特殊雲端架構 409

15.1	直接 I/O 存取架構	411
15.2	直接 LUN 存取架構	413
15.3	動態資料正規化架構	416
15.4	彈性網路容量架構	418
15.5	跨儲存設備垂直分層架構	419
15.6	儲存設備內垂直數據分層架構	425
15.7	負載平衡虛擬交換器架構	428
15.8	多路徑資源存取架構	430
15.9	虛擬網路配置持久化架構	433
15.10	虛擬伺服器冗餘實體連線架構	435
15.11	儲存設備維護窗口架構	438
15.12	邊緣運算架構	446
15.13	迷霧運算架構	447
15.14	虛擬資料抽象化架構	448
15.15	元雲端架構	450
15.16	聯合雲端應用程式架構	451

PART IV：使用雲端服務 453

Chapter 16　雲端交付模型注意事項 455

16.1 雲端交付模型：雲端服務供應商的角度 456
  建立 IaaS 環境 456
    數據中心 457
    可擴展性和可靠性 459
    監控 459
    安全性 460
  使用 PaaS 環境 460
    可擴展性和可靠性 461
    監控 463
    安全性 463
  最佳化 SaaS 環境 463
    安全性 466

16.2 雲端交付模型：雲端服務消費者的角度 467
  使用 IaaS 環境 467
    IT 資源配置注意事項 468
  使用 PaaS 環境 469
    IT 資源配置注意事項 470
  使用 SaaS 服務 471
  案例研究 472

Chapter 17　成本指標和定價模型 475

17.1 商業成本指標 476
  前期和持續成本 476
  額外成本 477
  案例研究 478
  產品目錄瀏覽器 478
    地端部署前期成本 478
    地端部署持續成本 478

	雲端前期成本	479
	雲端持續成本	479
17.2	雲端使用成本指標	480
	網路用量	481
	入站網路用量指標	481
	出站網路用量指標	481
	雲端內 WAN 用量指標	482
	伺服器用量	482
	按需虛擬機實例分配指標	483
	預留虛擬機實例分配指標	483
	雲端儲存設備使用	483
	按需求儲存空間分配指標	484
	I/O 數據傳輸指標	484
	雲端服務用量	485
	應用程式訂閱時間長度指標	485
	指定使用者人數指標	485
	交易用戶數量指標	485
17.3	成本管理考量	486
	定價模型	487
	多雲成本管理	490
	其他注意事項	491
	案例研究	492
	按需求的虛擬伺服器實例分配	493
	預留虛擬伺服器實例分配	494
	雲端儲存設備	495
	WAN 流量	495

Chapter 18　服務品質指標和 SLA 497

18.1	服務品質指標	498
	服務可用性指標	499
	可用率指標	499

xxxiv 目錄

- 故障時間指標 500
- 服務可靠性指標 501
  - 平均故障間隔時間（MTBF）指標 501
  - 可靠率指標 501
- 服務性能指標 502
  - 網路容量指標 502
  - 儲存設備容量指標 502
  - 伺服器容量指標 502
  - Web 應用程式容量指標 503
  - 實例啟動時間指標 503
  - 回應時間指標 503
  - 完成時間指標 504
- 服務可擴展性指標 504
  - 儲存可擴展性（水平）指標 504
  - 伺服器可擴展性（水平）指標 504
  - 伺服器可擴展性（垂直）指標 505
- 服務韌性指標 505
  - 平均切換時間（MTSO）指標 506
  - 平均系統恢復時間（MTSR）指標 506
- 案例研究 506

18.2 SLA 指南 507
- 案例研究 509
- 範圍和適用性 510
- 服務品質保障 510
- 定義 510
- 財務點數的使用 511
- SLA 除外責任 511

Part V：附錄 513

Appendix A 案例研究總結 515
- A.1　ATN 516
- A.2　DTGOV 516
- A.3　Innovartus 518

Appendix B 常見的容器化技術 519
- B.1　Docker 520
  - Docker 伺服器 520
  - Docker 客戶端 521
  - Docker 映像檔倉庫（Registry）...................................... 522
  - Docker 物件 524
  - Docker Swarm（容器編排器）... 525
- B.2　Kubernetes 526
  - Kubernetes 節點（主機）.. 526
  - Kubernetes Pod 527
  - Kubelet 528
  - Kube-Proxy 528
  - 容器執行環境（容器引擎）... 529
  - 叢集 530
  - Kubernetes 控制層 531

索引 535

前言

David S. Linthicum

終於，一本關於雲端運算的使用手冊問世。

大多數企業都誤解了雲端運算。雖然不至於到「倒閉」的程度，但大多數企業最終得到的都是未經優化的雲端系統，無法達到股東預期的價值。

發生什麼事呢？大多數人將問題歸咎於過度炒作的技術、「雲端洗腦」以及太過倉促地遷移到雲端平台。但真正的答案是，合格的雲端運算解決方案設計師和建構者數量不足，供不應求。就連雲端銷售人員一開始也缺乏足夠的雲端專業知識提供客戶建議。

專業人員的經驗和資歷的累積並不容易，尤其是每次都需要設計客製化解決方案及複雜的新技術，當雲端「先驅」的需求很高，也很少有時間將技能傳授給其他人。

長久以來，我們一直假設只要某個東西有效，它就是最佳化的。未經優化的雲端部署方案會隨著時間降低企業價值。如果不斷重複這些錯誤，很快就會感受到雲端運算帶來的負面價值。

回顧 2008 年和 2009 年，當雲端運算的炒作首次出現在快速發展的科技市場時，時常可以看到雲端投資報酬率 10 倍的承諾。但大多數企業每投資一美元，最終的回報只有 0.5 美元，而非預期的 10 美元。

你可以這樣理解這個問題：從洛杉磯搭乘廉價航空的經濟艙飛往紐約，費用大約是搭乘私人飛機的 1%。兩種飛機都能讓你從 A 點到達 B 點，但太多的企業雲端就像包機一樣昂貴。與飛行成本一樣，雲端運算也提供許多折衷方案，可以在效率和成本之間取得令人滿意的平衡。這種平衡需要了解資料、安全性、營運和應用程式行為，這些都需要透過精心配置的雲端運算架構和實作技術來解決，才能建立最佳的解決方案。

遺漏的手冊

我們面臨的是教育問題，而不是技術問題。大多數企業利用他們從傳統技術平台理解的零星知識，勉強完成了最初的雲端實施。對於新興雲端運算技術的能力，存在太多廣泛的臆測。

當然，沒有單一資料來源可以提供關於「雲端」是什麼以及它能做什麼的所有知識。本書作為實用知識的來源脫穎而出，提供對雲端技術的全面理解，以及如何有效利用雲端技術，透過標準和進階的雲端架構概念來解決大多數業務問題。更確切地說，本書提供了你需要掌握的知識，以發掘最初承諾的雲端運算價值。

如同大多數優秀的使用手冊一樣，本書包含了作為「快速入門」指南的基礎知識，以及成功利用雲端機制的建議。Erl 進一步深入探討了只有透過經驗才能學到的進階概念。基礎知識足以讓你通過雲端工作面試。Erl 對於進階概念的討論超越了我們大多數雲端架構領域人士目前的認知。

我發現最吸引人的是，Erl 並未專注於特定的技術品牌，因為他了解這些技術會快速發展。好的解決方案始於概念。不幸的是，我們經常因為在流程中過早引入特定品牌的技術，而誤解了這些解決方案應該做什麼或應該是什麼。在設計和建構雲端運算解決方案時尤其如此。Erl 在討論中省略了品牌，使得本書中的概念更具實用性，並且適用於隨時間演進的不同的技術。

Erl 以教育家的熱忱，將其他人所理解的內容整合為有用的知識集合。閱讀本書，學習雲端運算的概念、設計、架構和其他進階概念，這些概念以邏輯的方式建構在其他概念之上。無論是雲端旅程的初學者，還是更進階的學習者，都能理解書中傳達的資訊。

這本手冊適用於所有程度和需求。在你自己的雲端運算旅程中，你可以多次參考這本手冊，以確保你做出正確的選擇。

終於，找到雲端運算的價值

我猜想你們大多數人之所以會閱讀本書，是因為你們已經見證了雲端運算未能達到預期效果，並且想知道如何解決這個問題。這是唯一一本結構良好且完整的指南，可以幫助你了解如何正確運用雲端運算。將本書中提出的概念轉化為最佳的解決方案，最大限度地提高企業回報價值。

本書旨在幫助你做出正確的選擇、理解做出這些選擇的原因，並確定最適合企業的選擇。如果說有一本涵蓋了進階和基礎概念的雲端運算使用手冊，那就是這本了。

它將幫助你更好地理解任何技術的正確應用及其在解決問題方面的有效性。的確，它能讓你避免掉入許多「兔子洞」，這些「兔子洞」可能會浪費時間，或者更有可能導致你做出錯誤的決定。

祝你運算愉快。

David S. Linthicum
作家、演講家、教育家和顧問

關於作者

Thomas Erl

Thomas Erl 是一位 IT 暢銷書作者,也是 Thomas Erl 的 Pearson 數位企業系列(www.thomaserl.com/books)編輯。你可以在 Thomas Erl 的 YouTube 頻道(youtube.com/@terl)上找到 Thomas。他還是「現實數位轉型」Podcast 系列的主持人(可通過 Spotify、Apple、Google Podcasts 和其他大多數平台獲取),並發佈 LinkedIn 新聞「數位化企業」。Thomas 撰寫的 100 多篇文章和訪談已在眾多出版物上發表,包括《CEO 世界》、《華爾街日報》、《富比士》和《CIO 雜誌》。Thomas 還作為各種會議和活動的主講嘉賓,巡迴 20 多個國家。

作為 Arcitura Education(www.arcitura.com)的首席執行長,Thomas 領導了國際公認、與廠商無關的培訓和認證計畫的課程開發。Arcitura 的產品組合目前包括 100 多個課程模組、100 多個 Pearson VUE 考試和 40 多個認證軌道,涵蓋數位化轉型、機器人流程自動化(Robotic Process Automation,RPA)、DevOps、區塊鏈、物聯網、容器化、機器學習、人工智慧(AI)、網路安全、服務導向架構(SOA)、雲端運算和大數據分析等主題。Thomas 還是 Transformative Digital Solutions(www.transformative.digital)的創辦人和高階顧問,以及 LinkedIn 學習的自由講師和 courseware 的作者。

- LinkedIn.com/in/thomaserl
- YouTube.com/@terl
- YouTube.com/@arcitura

關於作者

Eric Barceló Monroy

Eric Barceló Monroy 是一位經驗豐富的 IT 專家，在 IT 策略規劃、營運和行政流程再造、系統實施專案管理和 IT 營運方面都擁有深厚的造詣。他在實作系統方面有著優秀的歷史，這些系統不僅超越了用戶的期望，同時還降低成本並縮短了系統反應時間。

Eric 曾在私營和公共部門擔任過各種高階職位，包括藥品經銷商 Farmacéuticos MAYPO 的資訊科技總監；網路探險旅遊公司 iExplore 的電信和技術營運副總裁；以及墨西哥塔巴斯科州教育部的資訊科技和電信總監，負責監督學校之間電信網路的建置，並為老師開發和提供電腦素養培訓計畫。

此外，他還是雲端技術諮詢和培訓公司 EGN 的合夥人和技術諮詢總監，為大數據、雲端運算、虛擬化、進階網路和策略性 IT 管理等尖端主題提供 IT 諮詢。Eric 是經過認證的雲端運算技術專家、雲端虛擬化專家和雲端架構師等。他還是 VMware 認證專家、Red Hat 認證系統管理員、Red Hat 認證工程師和 Amazon Web Services 認證解決方案架構師。

致謝

我們要感謝本書第一版的共同作者：

- Prof Zaigham Mahmood, Derby, UK
- Ricardo Puttini, PhD, Core Consulting

對本書第二版的人員致謝（依姓氏字母順序排列）：

- Gustavo Azzolin
- Jorge Blanco, Managing Director, Corporate Reinvention and Education Director, Glumin
- Emmett Dulaney, University Professor and Author
- Valther Galván, Chief Information Security Officer
- David Linthicum, Deloitte Consulting
- Vinícius Pacheco, University of Brasília, Brazil
- Jo Peterson, VP Cloud and Security, Clarify360
- Pamela J. Wise-Martinez, Global Chief Architect, Whirlpool Corporation
- Matthias Ziegler

對本書第一版的人員致謝（按姓氏字母順序排列，機構名稱為第一版發行時的資訊，可能已有所變更）：

- Ahmed Aamer, AlFaisaliah Group
- Randy Adkins, Modus21

- Melanie Allison, Integrated Consulting Services
- Gabriela Inacio Alves, University of Brasilia
- Marcelo Ancelmo, IBM Rational Software Services
- Kapil Bakshi, Cisco Systems
- Toufic Boubez, Metafor Software
- Antonio Bruno, UBS AG
- Dr. Paul Buhler, Modus21
- Pethuru Raj Cheliah, Wipro
- Kevin Davis, Ph.D.
- Suzanne D'Souza, KBACE Technologies
- Yili Gong, Wuhan University
- Alexander Gromoff, Center of Information Control Technologies
- Chris Haddad, WSO2
- Richard Hill, University of Derby
- Dr. Michaela Iorga, Ph.D.
- Johan Kumps, RealDolmen
- Gijs in 't Veld, Motion10
- Masykur Marhendra, Consulting Workforce Accenture
- Damian Maschek, Deutshe Bahn
- Claynor Mazzarolo, IBTI
- Charlie Mead, W3C

- Steve Millidge, C2B2
- Jorge Minguez, Thales Deutschland
- Scott Morrison, Layer 7
- Amin Naserpour, HP
- Vicente Navarro, European Space Agency
- Laura Olson, IBM WebSphere
- Tony Pallas, Intel
- Cesare Pautasso, University of Lugano
- Sergey Popov, Liberty Global International
- Olivier Poupeney, Dreamface Interactive
- Alex Rankov, EMC
- Dan Rosanova, West Monroe Partners
- Jaime Ryan, Layer 7
- Filippos Santas, Credit Suisse
- Christoph Schittko, Microsoft
- Guido Schmutz, Trivadis
- Mark Skilton, Capgemini
- Gary Smith, CloudComputingArchitect.com
- Kevin Spiess
- Vijay Srinivasan, Cognizant
- Daniel Starcevich, Raytheon

- Roger Stoffers, HP

- Andre Toffanello, IBTI

- Andre Tost, IBM Software Group

- Bernd Trops, talend

- Clemens Utschig, Boehringer Ingelheim Pharma

- Ignaz Wanders, Archimiddle

- Philip Wik, Redflex

- Jorge Williams, Rackspace

- Dr. Johannes Maria Zaha

- Jeff Zhong, Futrend Technologies

特別感謝 Arcitura Education（www.arcitura.com）的研發團隊，本書以他們製作的雲端運算、雲端架構、容器化架構、雲端安全和網路安全等課程為基礎撰寫。

Chapter 1

導論

1.1 本書的目標
1.2 本書沒有涵蓋的範圍
1.3 本書適用的讀者
1.4 本書的編排
1.5 相關資源

雲端運算本質上是一種服務供應形式。與任何我們打算聘用或外包的服務（無論是 IT 相關還是其他類型的服務）一樣，我們通常會在市場上遇到不同品質或可靠度的服務供應商。一些公司可能提供有吸引力的價格和條款，但並未擁有對應的歷史背景或高度專業的環境。其他公司可能擁有扎實的商業背景，但可能要求更高的價格和較少彈性的條款。還有一些公司可能只是進行短暫且不具誠信的商業活動，可能會在短時間內意外消失或被收購。

在雲端運算導入過程中，無知是最危險的敵人。導入失敗帶來的巨大影響不僅落在 IT 部門身上，更可能使企業倒退到導入前甚至落後於那些成功達成目標的競爭對手。

雲端運算雖然潛力巨大，但其發展藍圖充斥著陷阱、模糊和謬誤。最佳的應對方式是做出清楚的決策，規劃導入的每個環節，釐清項目細節以及該以什麼步調推進。導入的範圍和方法同樣重要，二者都應由業務需求決定，而不是產品供應商、雲端服務供應商或自稱的雲端專家。每次完成導入階段，都必須以具體可衡量的方式實現組織的業務目標。這可以驗證你的規劃、方法和項目整體方向，保持項目的一致性。

從行業角度獲得中立的雲端運算理解，可以讓你清楚地判斷哪些是真正的雲端技術，哪些不是，哪些與你的業務需求相關，哪些無關。利用這些訊息，你可以建立標準，篩選雲端運算產品和服務供應商市場中無關的部分，只關注最有潛力幫助你和你的企業成功的部分。我們開發這本書的目的就是幫助你實現這一目標。

——Thomas Erl

1.1 本書的目標

這本書凝聚了大量針對商業雲端運算行業、雲端運算供應商平台的研究和分析，同時借鑒了雲端運算行業標準組織和從業者的創新和貢獻。本書旨在將經過驗證和成熟的雲端運算技術和實踐拆解成一系列定義明確的概念、模型、技術機制和架構。各個章節以扎實的學術視角全面涵蓋雲端運算概念和技術的核心。書中使用的術語和描述均為行業通用，並經過精心定義，確保與整個雲端運算行業保持一致。

1.2 本書沒有涵蓋的範圍

由於本書秉持中立立場，因此不會深入探討任何特定雲端運算供應商的產品、服務或技術。這本書旨在與其他提供產品特定介紹的書籍和供應商產品說明互補，而非取而代之。如果你是雲端運算的新手，建議你先閱讀此書打下基礎，然後再學習與特定供應商產品相關的書籍和課程。

1.3 本書適用的讀者

這本書適合以下讀者：

- 需要中立的了解雲端運算技術、概念、機制和模型的 IT 實作者和專業人士
- 希望釐清雲端運算對商業和技術影響的 IT 管理者和決策者
- 需要經過充分研究和明確定義的雲端運算基礎主題的學術界，包括教授、學生和教育機構
- 需要評估採用雲端運算資源的潛在經濟效益和可行性的商業經理
- 想了解構成現代雲端平台的不同組成的技術架構師和開發人員

1.4 本書的編排

這本書的第一和第二章提供了案例研究的引言和背景資訊。所有後續章節都按以下方式組成：

- 第一部分：雲端運算的基礎
- 第二部分：雲端運算的機制
- 第三部分：雲端運算的架構
- 第四部分：使用雲端服務
- 第五部分：附錄

第一部分：雲端運算的基礎

第一部分的五個章節涵蓋了為後續所有章節做準備的入門主題。請注意，第三和第四章不包含案例研究內容。

第三章：理解雲端運算

本章首先簡要介紹雲端運算的歷史，討論業務驅動因素和技術創新，然後介紹基本術語和概念，並描述雲端運算實施的常見優點和挑戰。

第四章：基礎概念和模型

本章詳細討論了雲端交付和雲端部署模型，然後介紹常見的雲特性、角色和邊界。

第五章：雲端技術

本章討論了實現現代雲端運算平台和創新的當代技術，包括數據中心、虛擬化、容器化和基於 Web 的技術。

第六章：瞭解容器化

本章首先比較虛擬化和容器化，然後深入介紹容器化環境和元件。

第七章：瞭解雲端安全和網路安全

本章介紹了與雲端運算不同於傳統網路安全的雲端安全主題和概念，包括描述常見的雲端安全威脅和攻擊。

第二部分：雲端運算的機制

技術機制是指在 IT 行業中建立、與特定計算模型或平台密切相關且明確定義的 IT 工具。雲端運算以各種不同技術為核心，透過建立一套正式的機制來探索解決方案的組建方式。

本章正式記錄了 48 種用於雲端環境中實現通用和特定功能的機制。每種機制描述都附有一個案例研究範例，用以展示其用法。部分機制的使用將在第三部分的技術架構中進一步探討。

第八章：雲端基礎設施機制

本章涵蓋雲端平台的基礎技術機制，包括邏輯網路邊界、虛擬伺服器、雲端儲存設備、雲端用量監視器、資源複製、虛擬機管理程式、現成環境和容器。

第九章：雲端專有機制

本章描述了一系列雲端專用技術機制，包括自動擴容監聽器、負載平衡器、服務品質協議（SLA）監視器、按使用量付費監視器、稽核監視器、故障轉移系統、資源叢集、多設備代理和狀態管理資料庫。

第十章：雲端安全和網路安全存取控制機制

本章涵蓋了可以用於抵禦和防止第七章所述部分威脅的安全存取相關機制，包括加密、雜湊、數位簽章、雲端安全群組、公鑰基礎設施（PKI）系統、單一登入（SSO）系統、安全強化虛擬伺服器映像檔、防火牆、虛擬專用網路（VPN）、生物辨識、多因素身分驗證（MFA）系統、身分和存取管理（IAM）系統、入侵檢測系統（IDS）、滲透測試工具、用戶行為分析（UBA）系統、第三方軟體更新工具、網路入侵監視器、身分驗證日誌監視器和 VPN 監視器。

第十一章：雲端安全和網路資料安全機制

本章涵蓋了可以用於抵禦和防止第七章所述部分威脅的數據安全相關機制，包括病毒掃描和解密系統、惡意程式碼分析系統、數據遺失防護（DLP）系統、可信平台模塊（TPM）、數據備份和恢復系統、活動日誌監視器、流量監視器和數據遺失保護監視器。

第十二章：雲端管理機制

本章說明了能夠使用於雲端 IT 資源的手動管理的機制，包括遠端管理系統、資源管理系統、服務品質協議（SLA）管理系統和計費管理系統。

第三部分：雲端運算的架構

雲端運算領域的技術架構引入了各種需求和需要考慮的因素，這些因素最後體現在廣泛的架構層和不同的架構模型中。

本章節基於第二部分對雲端運算機制涵蓋的內容，正式記錄了 38 種雲端運算技術架構和場景，其中不同機制的組合與基本、進階和特殊雲端架構相互關聯。

第十三章：基礎雲端架構

基礎雲端架構模型建立了基本的功能和能力。本章涵蓋的架構包括工作負載分佈、資源池、動態擴展、彈性資源容量、服務負載平衡、彈性雲、彈性磁碟配置、冗餘儲存和多雲。

第十四章：進階雲端架構

進階雲端架構模型建立較複雜的環境，許多直接建築在基礎模型之上。本章涵蓋的架構包括虛擬機管理程式叢集、虛擬伺服器叢集、負載平衡虛擬伺服器個體、無中斷服務遷移、零停機、雲端負載平衡、彈性災難恢復、分佈式數據主權、資源預留、動態故障檢測和恢復、快速配置、儲存工作負載管理和虛擬私有雲。

第十五章：特殊雲端架構

特殊雲端架構模型針對不同的功能領域所設計，本章涵蓋的架構包括直接 I/O 存取、直接 LUN 存取、動態數據標準化、彈性網路容量、跨儲存設備垂直分層、儲存設備內部垂直數據分層、負載平衡虛擬交換機、多路徑資源存取、持久虛擬網路配置、虛擬伺服器冗餘物理連接、儲存維護時間、邊緣計算、迷霧計算、虛擬數據抽象化、元雲端和聯合雲應用。

第四部分：使用雲端服務

雲端運算技術和環境可以選擇不同程度方式整合。一個組織可以將部分 IT 資源遷移到雲端，同時將所有其他 IT 資源保留在本地；或者透過遷移大量 IT 資源甚至使用雲端環境來建立它們，進而對雲端平台形成重大依賴。

對於任何組織而言，從實用的商業角度評估潛在的整合方式，以確定符合財務投資、業務影響和法律規範相關的需求，這一點至關重要。這一章節探討了現實世界中使用基於雲端環境相關考量。

第十六章：雲端交付模型注意事項

雲端環境需要由雲端服務供應商根據消費者需求進行建構和發展。消費者可以使用雲端來建立或遷移 IT 資源，然後承擔管理責任。本章提供基於供應商和消費者的角度對雲端交付模型的技術理解，使得讀者對雲端環境內部運作和架構層有更深刻的理解。

第十七章：成本指標和定價模型

本章描述了網路、伺服器、儲存和軟體使用的成本指標，以及與雲端環境相關的整合和所有權成本的各種計算公式。本章以討論與雲端服務供應商使用的常用商業術語相關的成本管理主題作為結尾。

第十八章：服務品質指標和 SLA

服務品質協議（SLA）規定了雲端服務的保證可用性和使用條款，通常是由消費者和雲端服務供應商協商的商業條款所決定。本章詳細介紹了雲端服務供應商如何透過 SLA 呈現並提供服務保證，以及計算常用 SLA（例如可用性、可靠性、性能、可擴展性和彈性）的指標和公式。

第五部分：附錄

附錄 A：案例研究總結

本章總結了各個案例研究的獨立故事線，並概述了每個組織採用雲端運算工作的成果。

附錄 B：常見的容器化技術

本章作為第六章的補充，詳細介紹了 Docker 和 Kubernetes 環境，並將這些環境與第六章中建立的術語和元件連接起來。

1.5 相關資源

以下部分提供補充資訊和資源：

Pearson 數位企業圖書系列

有關 Thomas Erl 的 Pearson 數位企業圖書系列中的書籍資訊以及各種支援資源，請前往：

www.thomaserl.com/books

Thomas Erl 的 YouTube 頻道

訂閱 Thomas Erl YouTube 頻道，觀看故事講述的動畫影片和專家 Podcast。

本 YouTube 頻道致力於數位科技、業務和轉型。

訂閱網址：www.youtube.com/@terl

LinkedIn 上的數位企業新聞通訊

LinkedIn 上的《數位企業》電子報定期發布與當代數位技術和商業主題相關的文章和影片。

訂閱網址：www.linkedin.com/newsletters/6909573501767028736

雲端運算專業人士（CCP）計畫

Arcitura Education 提供中立供應商的培訓和認證計畫，擁有超過 100 個課程模組和 40 個認證組合。本書獲 Arcitura 雲端運算專業人士（CCP）課程採用。

瞭解更多：www.arcitura.com

Chapter 2

案例研究背景

2.1 案例研究 1：ATN
2.2 案例研究 2：DTGOV
2.3 案例研究 3：Innovartus Technologies Inc

Chapter 2 案例研究背景

案例研究提供了組織評估、使用和管理雲端運算模型和技術的場景。本書分析了來自不同行業的三個組織，每個組織都具有獨特的業務、技術和架構目標，將在本章中介紹。案例研究的組織包括：

- Advanced Telecom Networks（ATN）——一家為電信行業提供網路設備的全球公司
- DTGOV——一個專門提供公共部門組織的 IT 基礎設施和技術服務的公共組織
- Innovartus Technologies Inc——一家開發虛擬玩具和兒童教育娛樂產品的中型公司

第一部分之後的章節大多包含一個或多個案例研究。故事線的結論於附錄 A 中提供。

2.1 案例研究 1：ATN

ATN 是一家為全球電信產業提供網路設備的公司。多年來，ATN 規模不斷擴大，產品組合也隨著收購多家專注於網際網路、GSM 和蜂巢式服務供應商基礎建設元件的公司而擴展，目前已成為多元化電信基礎建設的重要供應商。然而，近年來市場壓力越來越大，ATN 開始尋求利用新技術提升競爭力和效率，特別是那些可以降低成本的技術。

技術基礎設施和環境

ATN 過去多次收購其他公司導致其 IT 環境變得高度複雜且差異性很高。每一次收購後，公司並未進行全面整合計畫，導致類似應用的程式同時運行，維護成本增加。幾年前，ATN 與一家歐洲主要電信供應商合併，其應用程式組合進一步擴大。IT 複雜性如雪球般滾大，成為 ATN 董事會非常擔心的問題。

商業目標與新策略

ATN 管理層決定推動整合計畫,將應用程式維護和營運外包到海外。此舉降低了成本,但遺憾的是並沒有解決整體營運效率低下的問題。應用程式仍然存在功能重疊,難以整合。最終的結果是,外包並不足夠,因為只有整個 IT 環境的架構發生改變,整合才有可能實現。因此,ATN 決定探索採用雲端運算的潛力。然而,在最初的調查之後,他們被眾多雲端服務供應商和基於雲端的產品所淹沒。

路線圖和實施策略

ATN 不確定如何選擇正確的雲端運算技術和供應商——許多解決方案似乎仍處於不成熟階段,新的雲端產品也不斷出現在市場上。

他們討論了一個初版的雲端運算實施路線圖,以解決幾個關鍵問題:

- *IT 戰略*:雲端運算的採用需要促進當前 IT 框架的最佳化,既要減少短期投資,又要實現持續的長期成本降低。

- *業務效益*:ATN 需要評估哪些現有應用和 IT 基礎設施可以利用雲端運算技術實現所需的最佳化和成本降低。也需要實現額外的雲端運算效益,例如更高的業務敏捷性、可擴展性和可靠性以提升業務價值。

- *技術考量因素*:需要建立標準以協助選擇最合適的雲端交付和部署模型、雲端服務供應商和產品。

- *雲端安全*:必須確定將應用和數據遷移到雲端所帶來的風險。ATN 擔心將應用和數據委託給雲端服務供應商可能會導致他們失去控制,從而不符合內部政策和電信市場法規。他們還想知道他們現有的舊版應用程式將如何整合到新的雲端環境中。

ATN 擔心,如果將其應用程式和資料委託給雲端服務供應商,他們可能會失去控制權,進而導致不符合內部政策和電信市場法規。他們也想知道現有的傳統應用程式將如何整合到新的雲端環境中。

為了定義一個簡潔的行動計畫，ATN 聘請了一家名為 CloudEnhance 的獨立 IT 顧問公司，該公司以其在雲端運算 IT 資源遷移和整合方面的技術架構專業知識而聞名。CloudEnhance 顧問首先建議了一個由 5 個步驟組成的評估流程：

1. 簡要評估現有的應用程式，衡量複雜性、業務關鍵性、使用頻率和活躍用戶數量等因素。然後將確定因素按照優先級進行排序，以幫助確定最適合遷移到雲端環境的候選應用程式。
2. 使用專屬評估工具對每個選定的應用程式進行更詳細的評估。
3. 構建目標應用程式架構，展示雲端應用程式之間的互動，以及與 ATN 現有的基礎架構和舊有系統開發和部署過程的整合。
4. 編寫一份基於性能指標（例如雲端準備成本、應用程式轉換和互動工作量、遷移和實作難度以及各種潛在長期收益）預測成本節約的初始商業案例。
5. 為前導應用程式制定詳細的專案計畫

ATN 按照流程進行操作，並透過專注於一個低風險業務領域的自動化應用程式來構建了他們的第一個原型。在此專案中，ATN 將業務領域內使用不同技術運行的幾個較小型應用程式移植到平台即服務（PaaS）平台上。基於原型專案獲得的正面成果和回饋，ATN 決定啟動一項戰略措施，為公司其他領域帶來類似的收益。

2.2 案例研究 2：DTGOV

DTGOV 是一家成立於 1980 年代初的公營公司，由社會安全部門創建。透過將 IT 營運下放給一家私營法律下的公營公司，DTGOV 獲得了自主管理的權利，在治理和發展其 IT 事業上擁有更大的靈活性。

成立之初，DTGOV 擁有約 1,000 名員工，在全國 60 個地方設有營業據點，營運著兩個大型主機數據中心。隨著時間的推移，DTGOV 發展到擁

有 3,000 多名員工和 300 多個地方營運據點，其中三個數據中心同時運行大型主機和低階平台環境。其主要服務全國範圍內處理社會保障福利有關的事務。在過去的 20 年中，DTGOV 擴大了其客戶群。它現在為其他公共部門組織提供服務，並提供基本的 IT 基礎設施和服務，例如伺服器租用和代管服務。一些客戶還將應用程式的營運、維護和開發外包給了 DTGOV。

DTGOV 擁有包含各種 IT 資源和服務的龐大客戶合約。然而，這些合約、服務和相關的服務級別沒有標準化。相反的，協商服務供應水準通常是針對每個客戶單獨定製的。因此，DTGOV 的營運變得越來越複雜難以管理，導致效率低下和成本上升。

DTGOV 董事會意識到，利用標準化其服務組合可以改善整體公司結構，這意味著需要重新設計 IT 營運和管理模式。這一過程從建立明確定義的技術生命週期、統一採購政策以及新的併購策略來實現硬體平台的標準化。

技術基礎設施和環境

DTGOV 經營三個數據中心：一個專門用於低階平台環境伺服器，另外兩個同時支持大型主機和低階平台環境。大型主機僅供社會安全部門使用，不提供外包服務。

數據中心基礎設施占地約 20,000 平方英尺機房空間，容納超過 100,000 台具有不同硬體配置的伺服器。總儲存容量約為 10,000 TB。DTGOV 的網路透過網狀拓撲連接數據中心，具有冗餘的高速數據線路。由於其網路與所有主要國家電信營運商互連，因此網際網路連線可視為獨立於電信營運商。

伺服器整合和虛擬化已經實施了 5 年，大大減少了硬體平台的多樣性。因此，追蹤相關硬體平台的投資和營運成本有了顯著的改善。然而，由於客戶服務客製化的要求，DTGOV 的軟體平台和配置仍然存在明顯的差異。

商業目標與新策略

DTGOV 服務組合標準化的主要策略目標是提高成本效益和最佳化營運水準。為定義策略方向、目標和策略路線圖，成立了管理層級的內部委員會。該委員會將雲端運算視為主要選擇，以及進一步多元化和改善服務和客戶服務組合的機會。

路線圖涵蓋以下關鍵：

- 業務效益：需要定義在雲端運算交付模型下標準化服務組合所帶來的具體業務效益。例如，如何使 IT 基礎設施和營運模型的最佳化直接產生可衡量的成本降低？
- 服務組合：哪些服務應該建置於雲端，以及適用於哪些客戶？
- 技術挑戰：必須理解和記錄當前基礎設施的技術與雲端運算模型運行時處理需求之間的限制。現有基礎設施應盡可能利用，以最佳化雲端服務產品開發的前期成本。
- 定價和服務水平協議（SLA）：需要定義適當的合約、定價和服務品質策略。何適的定價和服務水平協議（SLA）才能支撐這項措施。

一個特別需要考量的問題是現有合約模式的變化及其可能對業務產生的影響。許多客戶可能不想也不願意採用雲端合約和服務的交付模型。考慮到 DTGOV 目前 90% 的客戶群是由公家單位組成的，而這些組織通常沒有自主權或足夠的敏捷性在短時間內改變營運方式。因此，預期遷移過程將是長期性的，如果路線圖沒有正確的定義清楚，可能會存在風險。另一個值得注意的問題是公共部門的 IT 合約法規，現有法規在應用於雲端技術時可能變得不明確或不適用。

路線圖和實施策略

為瞭解決上述問題，DTGOV 開展了多項評估活動。首先，他們向現有客戶進行了一項調查，以瞭解他們對雲端運算的理解程度、正在進行的計畫以及未來想法。大多數受訪者都意識到雲端運算的趨勢並表示瞭解，這是一個正面的結果。

服務組合調查明確地指出了與租用和代管相關的基礎設施服務。這項評估還涵蓋了技術專長和基礎設施，確定數據中心營運和管理是 DTGOV IT 員工的關鍵專業領域。基於這些發現，委員會決定：

1. 選擇基礎設施即服務（IaaS）作為啟動雲端運算提供計畫的目標交付平台。

2. 聘請一家擁有豐富雲端服務供應商專業知識和經驗的顧問公司，以正確辨識和修正可能對計畫產生負面影響的任何業務和技術問題。

3. 在兩個不同的數據中心部署具有統一平台的新硬體設備，旨在建立一個新的、可靠的環境，用於提供初始 IaaS 托管服務。

4. 確定三個計畫採購雲端服務的客戶，以建立前導專案並定義合約條件、定價以及服務水平政策和模型。

5. 在向其他客戶公開提供服務之前的六個月時間內，對三個選定的客戶服務使用情形進行評估。

隨著前導專案的進展，DTGOV 發布了一個新的網頁管理環境，允許用戶自助配置虛擬伺服器，並提供即時服務水準協議（SLA）和成本監控功能。前導專案被認為非常成功，接下來將把雲端服務擴展到其他客戶。

2.3 案例研究 3：Innovartus Technologies Inc

Innovartus Technologies Inc. 是一家開發虛擬玩具和兒童教育娛樂產品的公司。他們提供一個角色扮演遊戲的入口網站，為個人電腦和行動裝置建立客製化虛擬遊戲。用戶可以在遊戲中建立和操作虛擬玩具（汽車、娃娃、寵物），並透過完成具有教育意義的簡單任務獲得虛擬配件。主要目標客群是 12 歲以下的兒童。此外，Innovartus 還擁有一個社交網路，提供用戶交換物品並相互合作。所有活動都可以被父母監控和追蹤，父母也可以為孩子建立特定任務來參與遊戲。

Innovartus 應用程式最具價值和革新性的功能是基於自然介面概念的實驗性使用者介面。用戶可以透過語音命令、網路攝影機捕捉簡單手勢或者直接平板電腦螢幕觸控進行互動。

Innovartus 平台一直基於雲端技術。一開始利用 PaaS 平台開發，並一直由同一家雲端服務供應商托管。然而，最近該環境出現了一些技術限制，影響了 Innovartus 使用者介面程式框架的功能。

技術基礎設施和環境

除了虛擬玩具和教育娛樂產品平台之外，Innovartus 許多其他的辦公自動化解決方案，例如共用檔案儲存庫和各種生產力工具，也都基於雲端服務。他們地端的 IT 環境相對較小，主要由辦公區域的設備、筆記型電腦和圖形設計工作站組成。

商業目標與策略

Innovartus 不斷擴充其網路和行動裝置應用程式所使用的 IT 資源及功能。該公司也更加努力地使應用程式國際化，網站和行動裝置應用程式目前以 5 種不同的語言提供。

路線圖和實施策略

Innovartus 計畫繼續發展雲端解決方案，但他們目前的雲端環境存在一些需要克服的限制：

- 可擴展性需要提升，以適應數量增多且難以預測的用戶互動。
- 服務水準需要提高，以避免目前經常發生的服務中斷情況。
- 與其他雲端服務供應商相比，當前供應商的租賃費率更高，因此需要提高成本效益。

基於這些因素和其他考量，Innovartus 決定遷移到更大、更全球化的雲端服務供應商。

遷移專案的路線圖包括：

- 關於計畫遷移的風險和影響的技術和財務報告。
- 決策樹和嚴格的研究計畫，著重於選擇新雲端服務供應商的標準。
- 應用程式的可移植性評估，以確定現有雲端服務架構中哪些部分是目前雲供應商環境特有的。

此外，Innovartus 還考慮到當前雲端服務供應商將多大程度的支持和配合遷移過程。

Part I

雲端運算的基礎

第三章：理解雲端運算

第四章：基礎概念和模型

第五章：雲端技術

第六章：瞭解容器化

第七章：瞭解雲端安全和網路安全

本書後續章節涉及許多概念和術語，在往後的章節中都會用到。即使你已經熟悉雲端運算基礎知識，也建議你複習第 3 和第 4 章。對於已經熟悉相關技術和安全主題的讀者，可以選擇性跳過第 5、6、7 章的部分內容。

Chapter 3

理解雲端運算

3.1 起源和影響
3.2 基本概念和術語
3.3 目標和優點
3.4 風險和挑戰

這兩章節介紹雲端運算入門主題的第一部分。它首先簡述了雲端運算的歷史，以及其商業和技術驅動因素的描述。接著，定義了基本的概念和術語，並解釋了採用雲端運算的主要效益和挑戰。

3.1 起源和影響

雲端運算簡史

「雲端運算」的概念可以追溯到 1961 年電腦科學家 John McCarthy 公開提出的「公用事業運算」概念。他認為：

> 「如果我提倡的電腦成為未來的主流，那麼計算可能有一天會像電話系統一樣成為公用事業，電腦公用事業可以成為一個重要的新產業基礎。」

1969 年，網路先驅 ARPANET 專案的首席科學家 Leonard Kleinrock 說：

> 「目前，電腦網路仍處於萌芽階段，但隨著它們的發展和成熟，我們可能會看到『電腦公用事業』的普及。」

自 1990 年代中期以來，大眾已經透過各種媒介使用以網路為基礎的電腦公用事業，像是搜尋引擎、電子郵件服務、開放發佈平台和其他社交媒體。雖然是以消費者為核心，但這些服務的普及並驗證了構成現代雲端運算基礎的核心概念。

1999 年，Salesforce.com 率先提出了遠端提供服務的概念，將其引入企業。2006 年，Amazon 推出了 Amazon Web Services（AWS）平台，這是一套針對企業的服務，提供遠端儲存、計算資源和業務功能。

1990 年代初，網路行業引入了一個略微不同的術語「網路雲」或「雲」。它指的是一種抽象層，透過混合公有和半公有網路（主要是封包交換網路，但行動網路也使用「雲」這個術語）傳輸資料的技術。此時的網路支援將資料從一個端點（本地網路）傳輸到「雲」（廣域網路），然後將資料

進一步分散到另一個目標端點。這一點非常重要，因為網路行業仍然使用了該術語，並被認為是電腦公用事業理念的先行者。

直到 2006 年，「雲端運算」一詞才開始在商業領域出現。當時，Amazon 推出了其彈性運算（EC2）服務，使組織能夠「租用」計算能力和處理能力來運行其企業應用程式。Google 也在同年開始提供基於流覽器的企業應用程式，3 年後，Google App Engine 成為另一個歷史性的里程碑。

定義

Gartner 研究報告將雲端運算列為其戰略技術領域的首位，並宣佈其正式定義為：

> 「……一種以可擴展和彈性的 IT 功能作為服務，使用網際網路提供給外部客戶的計算方式。」

這是對 Gartner 2008 年原始定義的略微修訂，當時使用「大規模可擴展」而不是「可擴展和彈性」。此更改承認了可擴展性與垂直擴展能力相關的重要性，而不僅僅是擴展到巨大的規模。

Forrester Research 對雲端運算提供了自己的定義：

> 「……一種以按使用付費、自助服務的方式透過網際網路提供的標準化 IT 功能（服務、軟體或基設施）。」

獲得業界普遍接受的定義是由美國國家標準與技術研究所（NIST）制定的。NIST 在 2009 年發佈了其原始定義，然後在 2011 年 9 月發佈了經過進一步審查和參考業界意見後修訂的版本：

> 「雲端運算是一種模式，可以實現對可配置的共用計算資源（例如網路、伺服器、儲存、應用程式和服務）進行大眾化、方便、依照需求的網路存取方式，這些資源可以快速配置和釋放，只需最少的管理工作或簡單的與服務供應商互動即可達成。這種雲端模型由 5 個基本特徵、3 種服務模型和 4 種部署模型組成。」

本書提供了一個更簡潔的定義:

> 「雲端運算是一種特殊的分散式計算形式,擁有衡量資源利用率的能力,並可遠端配置及擴展。」

這個簡化的定義與先前雲端運算業界其他組織提出的所有定義一致。NIST 定義中所闡述的特性、服務模型和部署模型將在第 4 章進一步介紹。

業務驅動因素

深入研究雲端運算底層技術之前,我們必須先瞭解行業先驅們創造雲端運算的動機。本節將介紹一些促使現代雲端運算技術發展的主要業務驅動因素。

接下來章節中介紹的許多特徵、模型和機制的起源和靈感都可以追溯到這些商業因素。重要的是要瞭解這些影響從兩個方面塑造了雲端運算和整體市場。它們促使組織採用雲端運算來支援其業務自動化需求。同樣,它們也促使其他組織成為雲端環境的供應商,而雲端技術供應商則創造需求並滿足消費者的需要。

降低成本

計算 IT 成本與業務績效之間的一致性可能很困難。IT 環境的增長往往採用最大使用需求來評估。這可能會使支援新擴展的業務自動化成為不斷加大的投資項目。大部分所需的投資都流向了基礎建設擴展,因為自動化解決方案的潛力始終會被其底層基礎建設的處理能力所限制。

需要考慮以下兩個成本:採購新基礎建設的成本和持續持有的成本。營運開銷占 IT 預算很大的一部分,通常超過前期投資成本。

與基礎設施相關的營運支出的常見形式包括:

- 維持環境營運所需的技術人員
- 引入額外測試和部署週期的升級和補丁

- 電力和冷卻的電費和資本支出投資
- 需要維護安全和人員權限管制的措施以保護基礎建設
- 可能需要安排專門的人員持續管理軟體授權和技術支援

對維運內部基礎建設的技術可能產生繁重的壓力，對企業預算產生複合影響。因此，IT 部門可能會成為企業的重大甚至是沉重的負擔，潛在地阻礙其產生效果及盈利的能力和整體發展。

業務敏捷性

企業需要具備適應力和發展力，才能成功應對來自內部和外部因素帶來的變化。業務敏捷性（或組織敏捷性）衡量的是組織對變化的應對能力。

IT 企業通常需要透過擴展 IT 資源來回應業務變化，這可能超出之前預測或計畫的範圍。例如，如果之前的基礎建設容量規劃因為預算不足受到限制，那麼即使波動是可預期的，也可能會使組織對波動的反應能力同樣受到限制。

在其他情況下，不斷變化的業務需求和優先順序可能要求 IT 資源比以前可用性更高且更可靠。即使組織擁有足夠的基礎設施來支持預期的使用量，正常運作中也有可能因為執行階段錯誤使託管伺服器當機。由於基礎建設缺乏可靠性控制，對消費者或客戶需求的回應能力可能會降低，從而危及企業的整體連續性。

從更廣的角度來看，建立新的基礎設施或擴展業務自動化解決方案所需的前期投資和擁有成本可能高到讓企業只能選擇一個品質不好的 IT 基礎設施規劃，降低滿足實際需求的能力。

更糟糕的是，企業在審核基礎設施預算後，可能決定完全不採用自動化解決方案，因為他們根本負擔不起。這種無法反應現況的情形會阻礙組織跟上市場需求、競爭壓力和自身戰略業務目標。

技術創新

現有技術時常被當作創新的靈感來源並成為構建新技術的基礎。接下來將簡單描述被認為是影響雲端運算的主要技術。

叢集（Clustering）

叢集是由一群相互連接的 IT 資源組合成一個整體的系統提供服務。冗餘和容錯移轉是叢集的特性，因此可以降低系統故障率，同時提高可用性和可靠性。

硬體叢集的一個基本前提是其元件系統具有相似的硬體和作業系統，以便在更換一個故障元件時提供接近的性能表現。組成叢集的設備透過專用的高速通訊網路保持同步。

具備冗餘和容錯移轉的基本概念是雲端平台的核心。叢集技術的概念將於第 9 章中介紹叢集機制時進一步探討。

網格運算（Grid Computing）

網格運算（又稱「計算網格」）提供了一個平台將計算資源組織成一個或多個邏輯池。這些邏輯池會被集中協調，以提供高性能的分散式網格，有時稱為「超級虛擬電腦」。網格運算與叢集的不同之處在於網格系統具有低耦合和可分散性。因此，網格運算系統可以包含多種且地理位置分散的計算資源，而基於叢集運算的系統通常無法做到這點。

網格運算自 1990 年代初期以來一直是電腦科學領域的一個研究方向。這項技術的進步從不同角度影響了雲端運算平台和機制，尤其是在網路存取、資源池、擴展及彈性等常見功能。網格運算和雲端運算各自透過不同的方式達成這些目標。

例如，網格運算在計算資源上部署中介軟體層。這些 IT 資源加入一個網格池並透過中介軟體實現工作負載分配和協調的功能。這個中介層可以包含負載平衡邏輯、容錯移轉控制和自動管理配置，這中間的每一個功能都曾

經啟發相似（有時甚至更複雜）的雲端運算技術。因此，有些人將雲端運算歸類為網格計算的後代。

容量規劃（Capacity Planning）

容量規劃是指計畫滿足組織未來對 IT 資源、產品和服務的需求的過程。在本書中，容量代表 IT 資源在給定時段內可以運行的最大工作量。IT 資源的容量與需求之間的差異可能導致系統資源的浪費（超量配置，over-provisioning）或無法滿足用戶需求（配置不足，under-provisioning）。容量規劃旨將這種差異最小化，以實現可預測的效率和性能。

以下為不同的容量規劃策略：

- 先導策略（Lead Strategy）：在預期需求增加之前增加 IT 資源的容量
- 延遲策略（Lag Strategy）：當 IT 資源達到最大負載時才增加容量
- 匹配策略（Match Strategy）：隨著需求增加逐步增加 IT 資源容量

容量規劃具有挑戰性，因為需要估算使用負載的波動。要在滿足高峰使用需求的同時避免對基礎設施進行不必要的過度支出。例如，為滿足最大使用負載而配置大量的 IT 基礎設施可能會帶來不合理的財務投資，但減少投資可能會導致配置不足，降低可使用的容量，導致交易損失和使用限制。

虛擬化（Virtualization）

虛擬化是將實體 IT 資源轉換成虛擬 IT 資源的過程。大多數類型的 IT 資源都可以進行虛擬化，例如：

- 伺服器：一台實體伺服器可以抽象成一個虛擬伺服器。
- 儲存：一個實體儲存設備可以抽象成一個虛擬儲存設備或虛擬磁碟。
- 網路：實體路由器和交換機可以抽象成邏輯網路架構，例如 VLAN。
- 電源：實體 UPS 和電源供應器可以抽象成虛擬 UPS 設備。

> **NOTE**
> 在本書中，虛擬伺服器和虛擬機（VM）這兩個術語是同義詞。

透過虛擬化軟體可將實體 IT 資源對應為多個虛擬映像檔，以便將底層處理能力分享給多個用戶使用。

透過虛擬化軟體建立新虛擬伺服器的第一步是分配實體 IT 資源，然後安裝作業系統。虛擬伺服器使用自己的客戶端作業系統（guest operating systems），該作業系統獨立於實體資源使用的作業系統。

客戶端作業系統和運行在虛擬伺服器上的應用程式都不會知道虛擬化的過程，也就是說，這些虛擬化的 IT 資源在安裝和執行就如同它們運行在單獨的實體伺服器上一樣。這種允許程式在實體系統上和虛擬系統上以相同方式運行的一致性是虛擬化的重要特徵。客戶端作業系統通常需要無縫使用軟體或應用程式，而這些產品或應用程式不需要對虛擬化環境進行客製化、設定或修補即可運行。

虛擬化軟體運行在稱為**主機**（*Host*）或**實體主機**（*Physical Host*）的實體伺服器上，其底層硬體由虛擬化軟體存取。虛擬化軟體的功能專注於虛擬機管理相關的系統服務，而這些服務通常不存在於一般作業系統上。

因此這個軟體有時被稱為虛擬機器管理器或虛擬機器監視器（VMM），但最常被稱為**虛擬機管理程式**（*Hypervisor*）。（第 8 章的雲端運算機制會正式提到虛擬機管理程式。）

在虛擬化技術出現之前，軟體只能運行並綁定在靜態硬體環境中。虛擬化過程切斷了這種軟體對硬體的依賴關係，因為硬體可以透過運行在虛擬化環境中的模擬軟體來滿足需求。

現有的虛擬化技術可以追溯到雲端運算的多個特性和機制，這些特性和機制啟發了許多核心功能。隨著雲端運算的發展，新的**現代虛擬化技術**應運而生，克服傳統虛擬化平台在性能、可靠性和可擴展性方面的限制。現代虛擬化技術將在第 5 章進行討論。

容器化（Containerization）

容器化是虛擬化技術的一種形式，可以建立稱為「容器」的虛擬主機環境而不需為每個解決方案部署虛擬伺服器。容器的概念類似於虛擬伺服器，它提供一個包含運行軟體程式和其他 IT 資源的所需的虛擬作業環境。

容器將在接下來的「基本概念和術語」小節中進行簡單介紹，容器化技術將在第 6 章中詳細介紹。

無伺服器環境（Serverless Environments）

無伺服器環境是一種特殊的運行環境，開發人員或系統管理員不需部署或提供伺服器即可使用。相反的，它擁有允許部署特殊軟體套件的技術，其中已經包含了所需的伺服器元件和設定資訊。

部署後，無伺服器環境會自動實作和啟動應用程式部署及封裝服務，不需管理員進一步操作。程式設計、編寫、部署的過程會一同考慮底層所需的運行環境以及可能存在的任何相依性。一旦部署，無伺服器環境就可以運行應用程式並擴容，確保其持續的可用性和可擴展性。

當部署在雲端上時，現代的軟體架構可以從無伺服器環境中獲得許多好處。有關無伺服器技術的更多詳細資訊將在第 5 章中提供。

3.2 基本概念和術語

本節將建立一套基本術語，用於代表雲及其最基本元素的各種基本概念。

雲（Cloud）

雲是指一種特殊的 IT 環境，目的是實現可遠端配置及擴展並衡量的 IT 資源。這個詞源自於網路的比喻，網路本質上是由一群網路所組成的，這些網路可以遠端存取分散各地的 IT 資源。在雲端運算成為獨立的 IT 產業區隔之前，雲朵的符號在網頁為主的架構圖及各種規範和主流檔中通常用於表示「網路」這個概念。現在同樣的符號被專門用來表示雲端運算環境的範圍，如圖 3.1 所示。

圖 3.1 這個符號用於表示雲端環境的範圍

一定要區分「雲端」一詞和雲朵符號與「網路」之間的區別。作為遠端配置 IT 資源的特定環境，雲具有有限的邊界。網路可以存取許多單獨的雲。網路可以公開存取許多網路 IT 資源，而雲通常是私有且提供按使用量計費的 IT 資源。

網路大部分的功能是用於存取發佈於全球資訊網上的 IT 資源。雲端環境提供的 IT 資源則致力於提供後端處理能力和管理用戶的存取權限。另一個重要區別在於，即使雲端通常基於網路通訊協定和技術，它們也不必是網頁。協定是指允許電腦以預先定義和結構化的方式相互通信的標準和方法。雲可以基於任何允許遠端存取其 IT 資源的協議。

> **NOTE**
>
> 本書中使用地球儀符號來代表網路。

容器

容器（圖 3.2）常用於雲端，提供高度優化的虛擬環境並且僅提供運行軟體程式所需的資源。

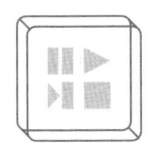

圖 3.2 左側的圖形是用於表示容器的通用符號。右側的圖形（圓角）在架構圖中用於表示容器，尤其是在需要顯示容器內容的情況下。

IT 資源

IT 資源（圖 3.3）是指可基於軟體（例如虛擬伺服器或自定義軟體程式）或基於硬體（例如實體伺服器或網路設備）的物理或虛擬 IT 相關物件。

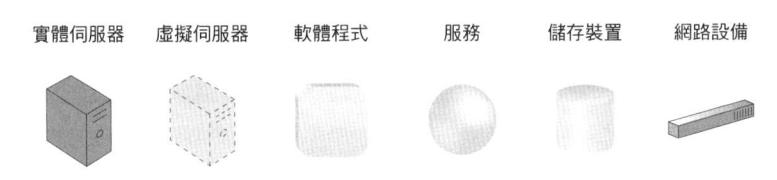

圖 3.3 常見的 IT 資源及代表圖示範例

圖 3.4 說明如何使用雲朵符號來定義雲端環境的範圍，該環境可託管和提供一系列的 IT 資源。符號內的 IT 資源被視為雲端 IT 資源。

圖 3.4 圖中代表雲端環境內有 8 個 IT 資源：3 台虛擬伺服器、2 個雲端服務，3 個儲存裝置

技術架構和涉及 IT 資源的各種互動場景會使用圖表進行描繪，例如圖 3.4 所示。在研究和使用這些圖表時，請注意以下幾點：

- 雲朵符號內顯示的 IT 資源通常並不代表該雲端所託管的所有 IT 資源。為了表達特定主題，常常只特別顯示 IT 資源的一小部分。

- 為著重於呈現跟當前主題相關的內容，許多圖表刻意地將底層的技術架構抽象化並只顯示一部分實際的技術細節。

此外，一些圖表會顯示雲朵符號之外的 IT 資源。通常用於表示非雲端 IT 資源。

> **NOTE**
> 如圖 3.3 所示的虛擬伺服器 IT 資源將在第 5 章和第 8 章中進一步討論。實體伺服器有時被稱為實體主機（或簡稱主機），因為它們負責運行虛擬伺服器。

地端環境（On Premises）

雲端作為一個獨立且可遠端存取的環境，代表了一種部署 IT 資源的選項。

傳統 IT 企業中，託管在組織所屬地點內的 IT 資源（不特指雲端），被視為位於 IT 企業的地端環境中。在此特別說明，接下來本書中提到在企業地端環境中的 IT 資源將不得為雲端資源，反之亦然。

請注意以下幾點：

- 地端環境的 IT 資源可以訪問並且與雲端 IT 資源互動。

- 地端環境的 IT 資源可以遷移到雲端環境，並轉變為雲端 IT 資源。

- IT 資源的冗餘部署既可以存在於地端環境，也可以存在於雲端環境中。

如果在描述私有雲時（第 4 章的「雲端部署模型」小節會提到），地端環境和雲端 IT 資源之間的區別令人感到困擾時，本書會使用特定的替代詞。

雲端服務供應商與雲端服務消費者

提供雲端 IT 資源的一方稱為雲端服務供應商。使用雲端 IT 資源的一方稱為雲端服務消費者。這些術語代表組織在雲端及其相應的雲端建置合約中通常扮演的角色。這些角色將在第 4 章的「角色和邊界」小節中會正式定義。

擴展（Scaling）

從 IT 資源的角度來看，擴展是指 IT 資源處理使用需求的增加或減少的能力。

擴展的類型如下：

- 水平擴展（*Horizontal Scaling*）：水平擴充（scaling out）和水平縮減（scaling in）
- 垂直擴展（*Vertical Scaling*）：向上擴展（scaling up）和向下縮減（scaling down）

以下兩節將分別簡述每種類型。

水平擴展（Horizontal Scaling）

水平擴展是指增加或縮減相同類型的 IT 資源（圖 3.5）。資源的同類型增加稱為**水平擴充**（*scaling out*），資源的同類型減少稱為**水平縮減**（*scaling in*）。水平擴展是雲端環境中常見的擴展形式。

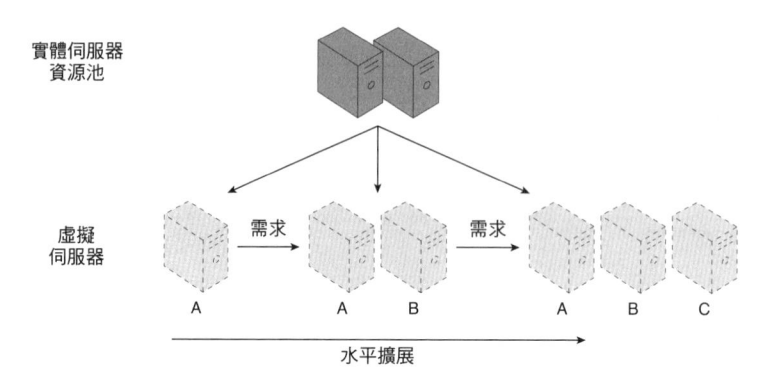

圖 3.5　IT 資源（虛擬伺服器 A）增加相同類型的 IT 資源（虛擬伺服器 B 和 C）來達成水平擴展

垂直擴展（Vertical Scaling）

當現有的 IT 資源被具有更高或更低容量的另一資源取代時，就會發生**垂直擴展**（圖 3.6）。具體來說，用具有更高容量的另一資源替換當前 IT 資源稱為**向上擴展**（*scaling up*），用具有更低容量的另一資源替換當前 IT 資源稱為**向下縮減**（*scaling down*）。由於更換過程需要停機時間，因此垂直擴展在雲端環境中並不常見。

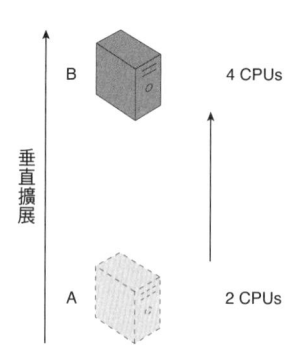

圖 3.6　IT 資源（2 個 CPU 的虛擬伺服器）利用更強大的 IT 資源（4 個 CPU 的實體伺服器）來代替達成資料儲存的容量的提升

表 3.1 提供不同擴展方式的簡易優劣勢比較表

表 3.1 水平及垂直擴展的比較表

水平擴展	垂直擴展
成本較低（使用通用的硬體設備）	成本較高（使用特殊的硬體設備）
IT 資源立刻可以使用	IT 資源通常可以立刻使用
資源可自動複製並擴展	需要額外的安裝設定
需要額外的 IT 資源	不需要額外的 IT 資源
不受硬體容量的限制	受限於硬體的容量限制

雲端服務（Cloud Service）

雖然雲端是一種可遠端存取的環境，但並非所有在雲端中的 IT 資源都透過遠端來存取。例如，部署在雲中的資料庫或實體伺服器可能只能被同一雲中的其他 IT 資源存取。獨立的軟體可以在部署後透過開放 API 來允許遠端客戶端的訪問。

雲端服務是任何可透過雲端遠端存取的 IT 資源。與其他屬於服務技術範疇的 IT 領域（例如服務導向架構）不同，雲端運算中的「服務」一詞較為廣泛。雲端服務可以是基於 Web 的簡易軟體程式並具有可透過訊息佇列呼叫的程式介面，也可以是管理工具或更大環境和其他 IT 資源的遠端存取點。

在圖 3.7 中，黃色圓圈符號用於表示作為簡單基於 Web 的軟體程式雲端服務。後續依照不同雲端服務的特性可能會使用不同的 IT 資源符號來呈現。

可遠端存取的 web 服務
作為雲端服務

可遠端存取的虛擬伺服器
作為雲端服務

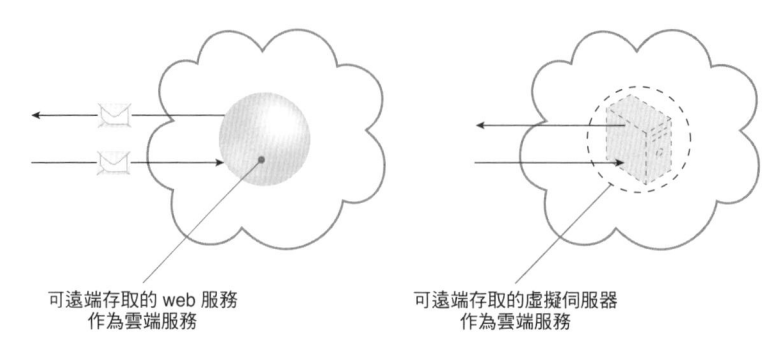

圖 3.7　左圖顯示雲外的使用者存取具有公開程式介面的雲端服務。右圖則展示雲外存取採用虛擬伺服器形式的雲端服務。左圖的雲端服務可能由專門設計用於存取其程式介面的使用者程式所呼叫。右圖的雲端服務則可能由使用者遠端登入到虛擬伺服器中存取。

雲端運算的動機在於將 IT 資源封裝成服務，同時提供服務供客戶端遠端存取和利用。通用型雲端服務的各種模型漸漸成形，大多數都以某某「即服務」的後綴辭來呈現。

NOTE

雲端服務的可用條件通常以服務水準協議（SLA）形式表達，它是雲端服務供應商和雲端服務消費者之間服務合約中較易於人類閱讀的呈現方式，描述基於雲端的服務或其他條款的服務品質（QoS）特性、行為和限制。

SLA 提供各種 IT 系統相關的可衡量數據詳細資訊，例如正常運行時間、安全特性以及其他特定 QoS 特徵，包括可用性、可靠性和性能。由於服務的實作方式對雲端服務消費者而言是未知的，因此 SLA 成為重要的規範方式。第 18 章將詳細介紹 SLA。

雲端服務消費者

*雲端服務消費者*是軟體程式在存取雲端服務時所扮演的臨時運行角色。

如圖 3.8 所示，常見的雲端服務消費者包括可透過遠端存取已發布服務合約的雲端服務及其他雲端 IT 資源的軟體程式、服務和安裝雲端服務應用程式的桌上型電腦、筆記型電腦和行動裝置。

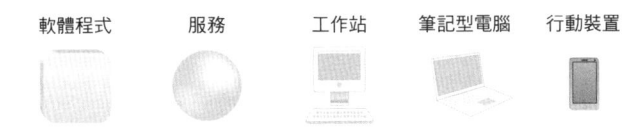

圖 3.8　雲端服務消費者的圖示範例。取決於圖表的性質，標示為雲端服務消費者的物件可能是一個軟體程式或硬體設備（如果是硬體設備，則表示該設備運行著能夠充當雲端服務消費者的軟體程式）。

3.3 目標和優點

> **NOTE**
> 接下來會提到「公有雲」和「私有雲」等術語。這些術語將在第 4 章的「雲端部署模型」小節中詳述。

提升業務反應能力

雲端運算對於提高組織的業務敏捷性發揮重要的作用，利用雲原生的功能，能讓組織更快速地響應業務變化和使用場景，例如按需求彈性擴展、資料可用性、減少基礎設施維護、降低業務複雜性、自動化和提高正常運行時間。

例如，更高的資料可用性可以讓員工更輕鬆地遠端工作，從而提高員工的靈活性和工作效率。

使用雲端服務供應商維護的平台使組織減少自行管理平台的責任。也可以降低其基礎設施環境的複雜性，為員工工作和合作模式引入新穎的方式，並透過更快速、更簡單的技術推出新業務計畫。

最後，雲端運算透過減少或移除業務解決方案在開發、部署和維護的負擔，以縮短上市時間，使組織能夠更加敏捷。

降低投資與對應的成本

就像大量購買商品可以降低單價的批發商一樣，公有雲端服務供應商的商業模式基於大量採購的 IT 資源，然後透過具有吸引力的租賃套餐將其提供給雲端服務消費者。這使組織能夠在無須自行購買設備的情況下獲得強大的基礎設施。

最常見投資雲端 IT 資源的經濟理由是減少或完全消除前期 IT 投資，即硬體和軟體的購買和擁有成本。雲端的「按使用量計費」特性可以讓業務績效的實際營運支出取代預期的資本支出。這也稱為與使用量成正比的成本。

消除或最小化前期財務計畫可以讓企業從小規模開始，並根據需要相應增加的 IT 資源分配。此外，減少前期資本支出可以讓資金重新投入到核心業務中。最基本的成本降低原因來自於主要雲端服務供應商部署和營運的大型數據中心。這些數據中心通常位於房地產、IT 專業人員和網路頻寬成本較低地方，進而節省資本和營運成本。

相同原理也適用於作業系統、中介軟體或平台軟體以及應用程式。共享的 IT 資源可供多個雲端服務消費者使用而提高甚至最大化潛在的利用率。透過採用最佳化的雲端架構、成熟的管理和治理模式，可以進一步降低營運成本並提升效能。

雲端服務消費者常見的效益衡量包括：

- 按需求存取即用即付的計算資源，例如按小時計費的處理器，並在不再需要時釋放這些計算資源。

- 理論上擁有可按需求提供的無限計算資源，減少了進行預先設置的需要。

- 能更精確的增加或移除 IT 資源，例如以 Gigabyte 為單位修改可用儲存區的空間。

- 基礎設施抽象化，使應用程序不會被設備或位置所綁定，並且可以在需要時輕鬆移動。

例如，一家擁有大量批次處理任務的公司可以根據其應用程式的擴展速度快速完成這些任務。使用 100 台伺服器 1 小時與使用 1 台伺服器 100 小時花費相同。這種無須大量前期投資即可創建大型計算基礎設施所實現的 IT 資源「彈性」非常具有吸引力。

儘管許多人很容易識別雲端運算的財務效益，但實際的經濟效益計算和評估可能很複雜。決定採用雲端運算的策略不會只是簡單比較租賃成本和購買成本。例如，動態擴展的財務效益以及超量配置（利用率低）和配置不足（利用率高）的風險轉移也必須加以考慮。第 17 章將探討詳細的財務比較和評估的常用標準和公式。

> **NOTE**
>
> 雲端提供的另一個節省成本方式是「即服務」的使用模式，雲端服務消費者不需要處理 IT 資源的配置和技術及營運的實施細節，而是將其封裝成「即用型」或「現成」的解決方案。與地端環境使用類似解決方案對比，這些基於服務的產品可以簡化和加快 IT 資源的開發、部署和管理，進而顯著的節省時間和所需的 IT 專業知識，進一步證明採用雲端的合理性。

增加擴展性

利用 IT 資源池及相關的工具和技術，無論是透過隨選還是直接配置的方式，雲端環境可以立即且動態地將 IT 資源分配給雲端服務消費者。這使雲端服務消費者能夠自動或手動地擴展其雲端的 IT 資源以應對流量波動和峰值。同樣地，隨著處理需求的減少，雲端的 IT 資源也可以被釋放（自動或手動）。圖 3.9 提供了一個簡單的 24 小時使用量需求波動範例。

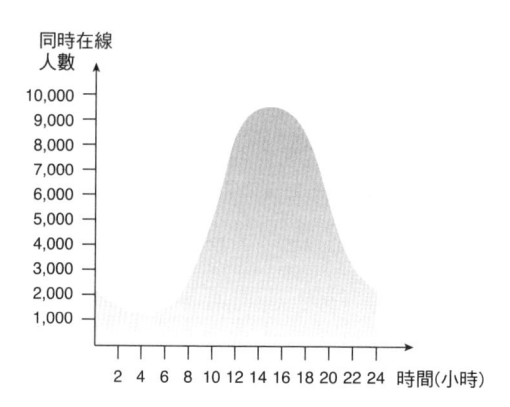

圖 3.9　範例為組織 IT 資源一天中需求的變化

雲端上的 IT 資源彈性擴展能力與前面提到的使用量成正比概念直接影響成本效益。除了自動縮減規模所能產生明顯的財務效益之外，能夠持續滿足任何需求的 IT 資源能力可以避免當 IT 資源達到容量閾值時可能發生的業務損失。

> **NOTE**
> 將「增加可擴展性」的優點與「業務驅動因素」小節中介紹的容量規劃策略一同考慮時，雲端能夠按需擴展 IT 資源，因此延遲策略和匹配策略通常更適用。

增進可用性及可靠度

雲端 IT 資源的可用性和可靠度直接與業務效益有關。停機時間會限制 IT 資源為其客戶「營業」的時間，因此限制其使用和創造潛在收益的機會。運行中故障若未立即修正，在高使用量時段可能會產生更大的影響，不僅 IT 資源無法回應客戶請求，意外故障也會降低整體客戶信心。

雲端環境的一大特色是可以透過最大幅度的減少甚至消除故障來增加 IT 資源的可靠度，減少執行階段錯誤的情形。

具體來說：

- 高可用性的 IT 資源可以提供更長時間的存取服務（例如，每天 24 小時中的 22 小時）。雲端服務供應商通常提供「彈性」的 IT 資源來保證高可用性。

- 高可靠度的 IT 資源能夠更好地避免異常並從異常中恢復。雲端環境的模組化架構提供廣泛的故障轉移支援，提高可靠性。

組織在考慮租用雲端服務和 IT 資源時，必須仔細檢查雲端服務供應商提供的 SLA。雖然許多雲端環境能夠提供非常高的可用性和可靠度，但最終還是取決於 SLA 中提供的保證，因為 SLA 才是實際合約中需要履行的義務。

3.4 風險和挑戰

本節將介紹和探討雲端運算最關鍵的幾個挑戰。

由於信任邊界重疊而導致弱點增加

將業務數據遷移到雲端表示組織對數據安全的責任將與雲端服務供應商一同負責。IT 資源的遠端存取需要雲端服務消費者將信任邊界延伸到雲端，也就是組織外部。除非雲端服務消費者和供應商恰巧支援相同或兼容的安全框架（這在公有雲中不太可能），否則難以建立跨越信任邊界的安全架構因此產生漏洞。

信任邊界重疊的另一個後果與雲端服務供應商對消費者數據擁有存取權的特權有關。數據安全的等級受限於雲端服務消費者和供應商雙方採取的安全控制和政策。此外，由於雲端 IT 資源通常採用共享的方式提供服務，可能存在來自不同雲端服務消費者的信任邊界重疊。

信任邊界的重疊和數據暴露的增加可能會為惡意雲端服務消費者（人工和自動化）提供更多攻擊 IT 資源並竊取或破壞業務數據的機會。圖 3.10 展示了一個場景，其中兩個訪問相同雲端服務的組織都需要將各自的信任邊

界擴展到雲端,從而導致信任邊界重疊。雲端服務供應商需要提供安全機制來滿足雲端服務消費者的安全需求。

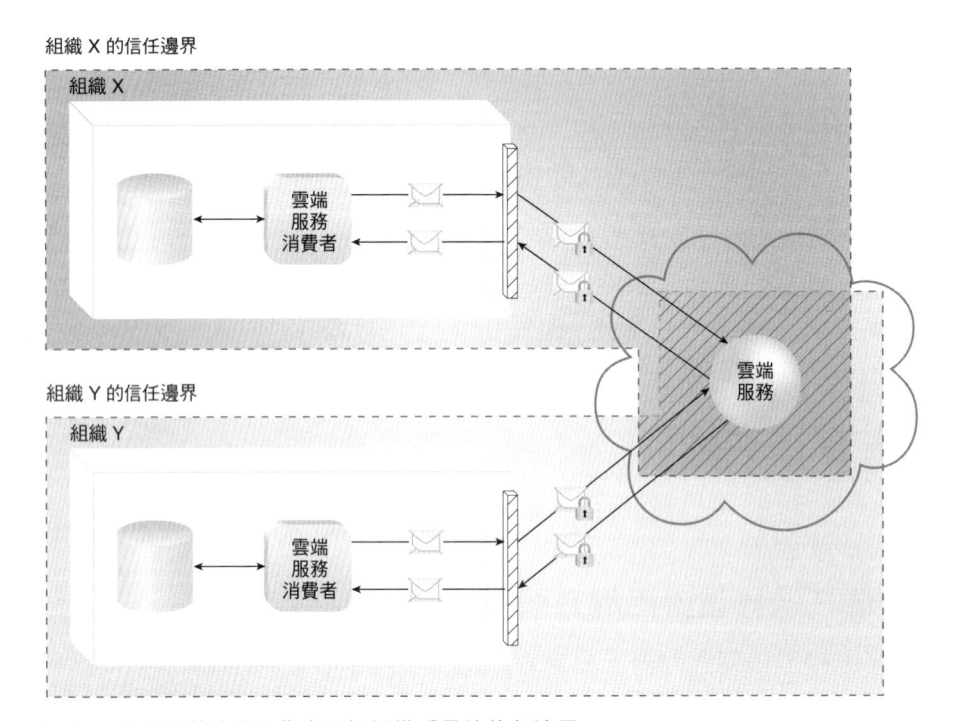

圖 3.10 斜線涵蓋的範圍代表兩個組織重疊的信任邊界

信任邊界重疊是一種安全威脅,將在第 7 章中更詳細地討論。

因共享安全責任而增加的弱點

地端環境的資訊安全屬於擁有這些資源的組織的責任。即使雲端的資源由雲端服務供應商擁有,與其相關的資訊安全也不是雲端服務供應商單獨的責任,因為儲存和處理其中資訊的是雲端服務消費者。

因此,雲端資訊安全是共同的責任,雲端服務供應商和雲端服務消費者都需要在保護雲端環境一同努力,重要的是能夠理解和辨識每個角色的責任從何處開始和結束,以及如何滿足與雲端服務消費者的安全需求。

雲端服務供應商通常會在 SLA 中提出雲端的共同責任模型，該模型基本上描述雲端服務供應商和雲端服務消費者各自在保護雲端數據和應用程式的責任。

增加暴露於網路威脅的風險

隨著使用新數位技術和數位轉型實踐的增加，組織將更多 IT 資源移至雲端環境，並在其中構建更多解決方案。也同時為組織打開了網路安全威脅和風險的大門，這些威脅和風險可能是組織前所未見的，因此需要為此做好準備（圖 3.11）。

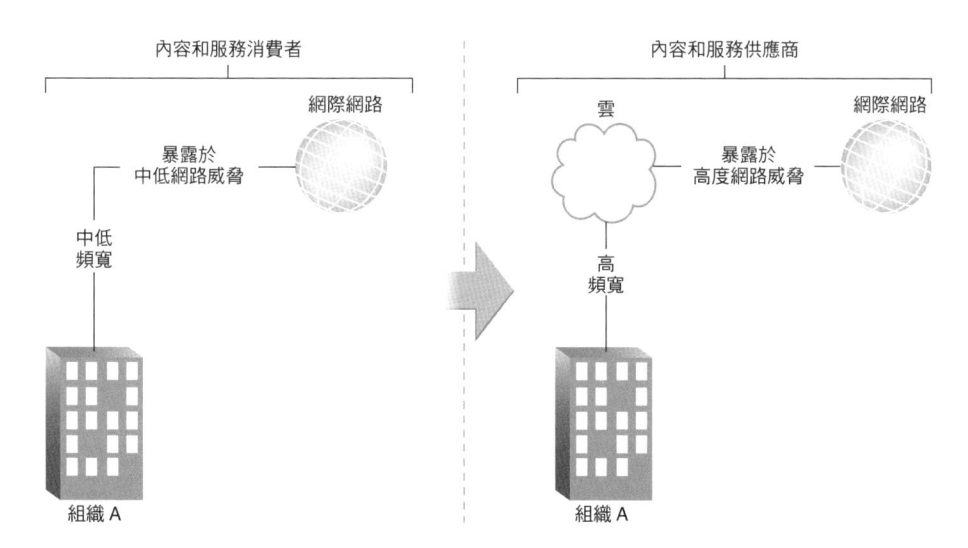

圖 3.11　組織從只有使用內容和服務變成網際網路上提供自身內容和服務的提供者增加其暴露於網路威脅的風險

網路安全的威脅隨著暴露於網際網路的增加而升高，因此組織應該要採取措施保護本地和雲端的 IT 資產。雲端的 IT 資源有來自雲端服務供應商和消費者的共同安全責任和存取控制的優勢。但最終責任依舊落在雲端服務消費者身上，他們需要瞭解風險管控並對資訊安全的風險和方法論負起責任。

較低的營運管理控制

雲端服務消費者通常擁有的管理控制權限小於對地端 IT 資源的控制權限。雲端服務供應商是如何營運他們的雲端環境以及雲端服務消費者跟供應者之間的外部連線可能都會帶來風險。

參考下列範例：

- 不可靠的雲端服務供應商可能無法履行公佈於雲端服務 SLA 中的保證。這可能會損害雲端服務消費者仰賴這些雲端服務所提供的解決方案品質。

- 雲端服務消費者和供應商之間更長的地理距離可能需要額外的網路節點而導致不穩定的延遲和潛在的頻寬限制。

第二點如圖 3.12 所示。

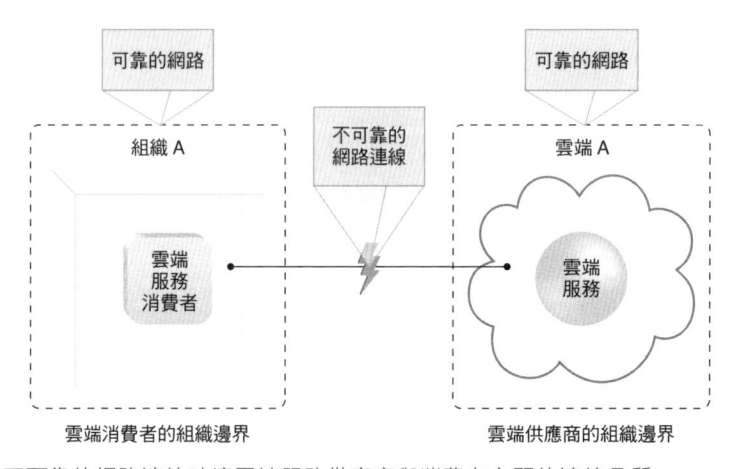

圖 3.12 不可靠的網路連線破壞雲端服務供應商與消費者之間的連線品質

法律合約與 SLA、技術檢查和監控相結合可以降低管理風險和問題。鑒於雲端運算的「即服務」性質，可透過 SLA 來建立雲端管理系統。雲端服務消費者需要持續追蹤雲端服務供應商實際提供的服務水準和做出的其他保證。

第 4 章會進一步解釋不同的雲端交付模型會影響提供給雲端服務消費者不同程度的營運控制。

雲端服務供應商間有限的移植性

由於雲端運算產業缺乏既定的產業標準，公有雲通常在不同程度上存在獨有性。對於擁有客製化解決方案且仰賴這些獨有環境的雲端服務消費者而言，從一個雲端服務供應商轉移到另一個雲端服務供應商可能具有挑戰性。

可移植性為衡量在雲端服務供應商之間遷移雲端服務消費者 IT 資源和數據的指標（圖 3.13）。

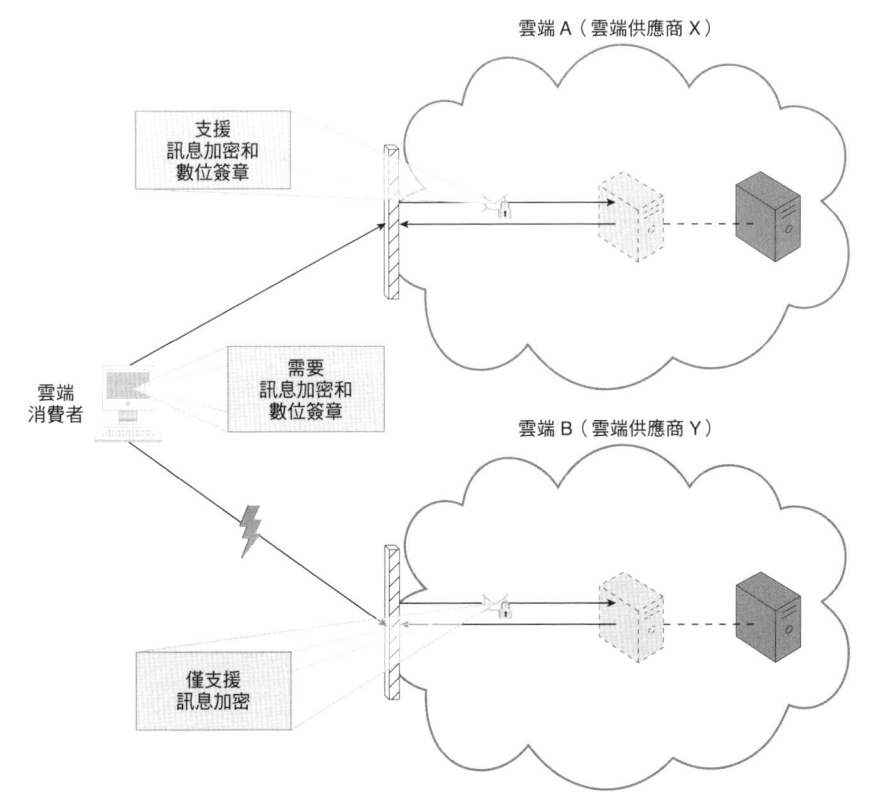

圖 **3.13** 雲端使用者的應用程式因為雲端服務供應商 B 不提供與雲端服務供應商 A 相同的安全技術因此降低了從雲端環境 A 到雲端環境 B 的可移植性。

跨地區合規性和法律問題

第三方雲端服務供應商經常會在經濟實惠或便利的地理位置設立數據中心。使用公有雲託管時，雲端服務消費者通常不會注意到 IT 資源和數據的物理位置。對於某些組織（譬如該行業或政府法規規定了數據隱私和儲存政策）來說，可能會產生嚴重的法律問題。例如，英國法律要求英國公民的個人數據必須保留在英國境內。

另一個潛在的法律問題涉及數據揭露和可存取性。每個國家與地區通常都有法律要求揭露某些類型的數據給特定政府機構或數據擁有者。例如與許多位於歐盟國家的數據相比，歐洲雲端服務消費者的數據位於美國時，政府機構更容易根據《愛國者法案》存取這些數據。

大多數監管框架都意識到雲端服務消費者組織最終對其自身數據的安全、完整性和儲存負有責任，即使數據由外部雲端服務供應商持有也應該是如此。

成本超支

由於需要考量眾多需求、因素和利害關係人，為雲端運算建立商業論證可能是一項艱巨的任務。許多組織在沒有為項目建立適當商業論證的情況下就著手雲端遷移計畫，這是雲端項目成本超支的主要原因之一，最終導致規劃和管理不善或缺乏管理，以及高昂的雲端風險應對政策。

根據傳統經驗，商業論證過程是因為需要證明大量資本投資的合理性而啟動的。但是對於允許用戶快速獲得所需功能的雲端環境，組織可能會誤以為他們不需要額外的資本投資，但隨著雲端使用率的提高，人們最終會意識到這種營運模式除了遷移本身的投資之外還需要資本投資，但在真正使用或遷移之前可能無法估算所需的投資額。

Chapter 4

基礎概念和模型

4.1 角色及邊界
4.2 雲的特性
4.3 雲的交付模型
4.4 雲的部署模型

接下來的章節將涵蓋用於分類和定義雲及其最常見服務產品的基本模型入門主題，以及組織角色的定義和一系列雲的特徵。

4.1 角色和邊界

組織和人員取決於他們與雲以及託管的 IT 資源之間的關係和互動，可以扮演預先定義好的不同角色。接下來提到的每個角色都參與並承擔雲上行為的相關責任。我們將定義了這些角色及它們的主要互動方式。

雲端服務供應商

提供雲端 IT 資源的組織是*雲端服務供應商*。當扮演雲端服務供應商的角色時，組織負責根據訂定的 SLA 協議向雲端服務消費者提供雲端服務。雲端服務供應商進一步負責任何必要的管理和營運任務，確保整體雲端基礎設施可以持續營運。

雲端服務供應商通常擁有可供雲端服務消費者租用的 IT 資源，但是有些雲端服務供應商也「轉售」從其他雲端服務供應商租用的 IT 資源。

雲端服務消費者

*雲端服務消費者*是指與雲端服務供應商簽訂正式合約或協議以使用雲端服務供應商提供的 IT 資源的組織（或個人）。具體來說，雲端服務消費者（cloud consumer）會使用雲端服務使用者（cloud service consumer）來存取雲端服務（圖 4.1）。

需要注意的是，本書中的圖例不會明確標記符號為「雲端服務消費者」，通常會暗示遠端存取雲端 IT 資源的組織或個人為雲端服務消費者。

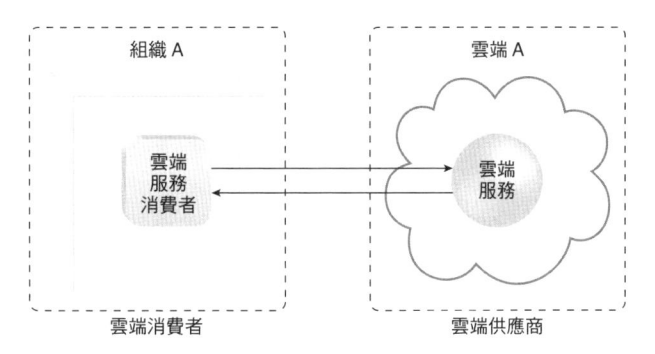

圖 4.1　組織 A 的雲端服務消費者使用雲端服務供應商（雲端 A）所提供的雲端服務。在組織 A 內使用雲端服務消費者存取雲端服務。

> **NOTE**
>
> 當描述雲端 IT 資源和消費者組織之間的互動場景時，在本書中並沒有嚴格的規則訂定何時該使用「cloud service consumer」和「cloud consumer」這兩個術語。
>
> 「cloud service consumer」通常用於表示軟體或應用程式，這些軟體或應用程式透過程式介面與雲端服務的技術合約或 API 進行互動。
>
> 「cloud consumer」則是一個更寬泛的術語，它可以用於表示組織、利用使用者介面存取服務的個體，或是充當雲端服務消費者角色與雲端、雲端 IT 資源或雲端服務供應商進行互動的軟體程式。
>
> 本書刻意讓「cloud consumer」術語具有廣泛的適用性，因此可以在不同技術和業務環境圖表中表達不同類型的消費者和供應商關係。

雲端仲介

第三方組織負責代表雲端服務消費者協商、管理和營運雲端服務的責任，即扮演*雲端仲介*的角色。雲端仲介可以在雲端服務消費者和雲端服務供應商之間提供中介服務，包括居中撮合、聚合、套利等等。

雲端仲介通常會為多個雲端服務消費者與多個雲端服務供應商交替或同時提供這些服務，充當雲端服務和消費者的整合商，如圖 4.2 所示。

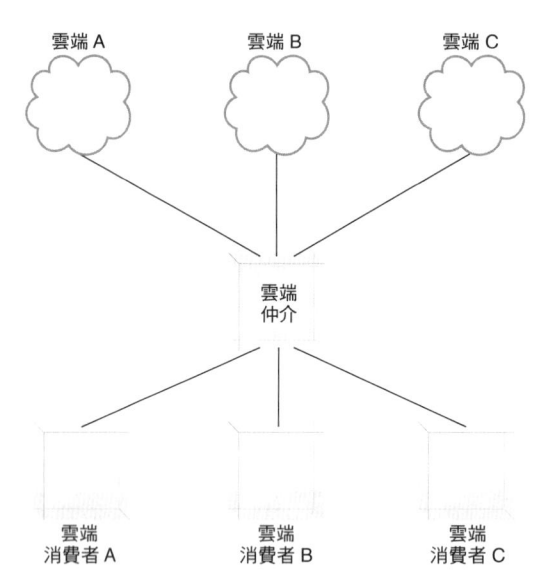

```
                雲端 A        雲端 B        雲端 C


                           雲端
                           仲介


              雲端          雲端          雲端
              消費者 A      消費者 B      消費者 C
```

圖 4.2 雲端仲介為雲端使用者 A、B、C 提供從 3 個不同雲端服務供應商所提供的雲端服務及 IT 資源

雲端服務擁有者

合法擁有雲端服務的個人或組織稱為*雲端服務擁有者*。雲端服務擁有者可以是雲端服務消費者，也可以是擁有雲端服務所屬雲的雲端服務供應商。

例如，雲端服務 A 的擁有者既可以是雲端 X 的消費者，也可以是雲端 X 的供應商（圖 4.3 和 4.4）。

值得注意的是，雲端服務消費者所擁有運行於第三方服務供應商的雲端服務並不需要是該供應商的使用者（或消費者）。許多雲端服務消費者會將服務開發並部署在其他雲端服務供應商上，以便向大眾提供這些雲端服務。

雲端服務擁有者之所以不稱為雲端資源擁有者，是因為雲端服務擁有者角色僅適用於雲端服務（如第 3 章所說的，雲端服務是運行在雲端中可供外部存取的 IT 資源）。

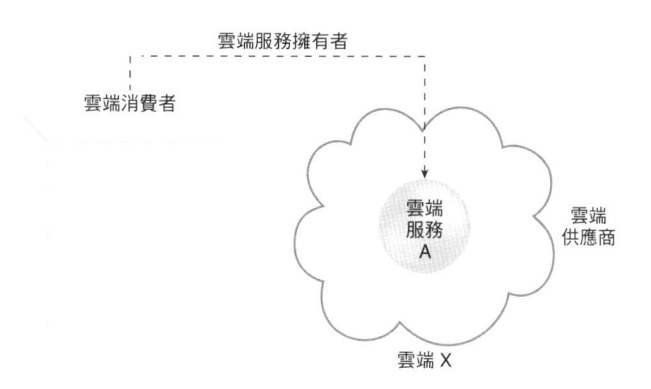

圖 **4.3** 雲端服務消費者將服務部署於雲上時，可以同時是雲端服務擁有者

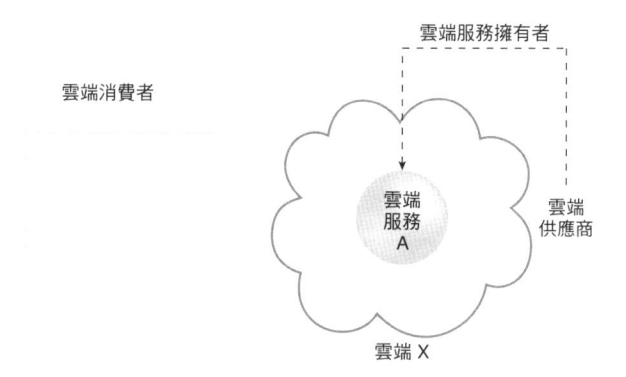

圖 **4.4** 雲端服務供應商在自己的雲上部署服務成為雲端服務擁有者，通常提供其他使用者使用

雲端資源管理員

雲端資源管理員是指負責管理雲端 IT 資源（包括雲端服務）的個人或組織。雲端資源管理員可以是雲端服務所在雲端的雲端服務消費者或雲端服務供應商，或是被授權管理雲端 IT 資源的第三方組織。

例如，雲端服務擁有者可以聘請雲端資源管理員來管理雲端服務（圖 4.5 和 4.6）。

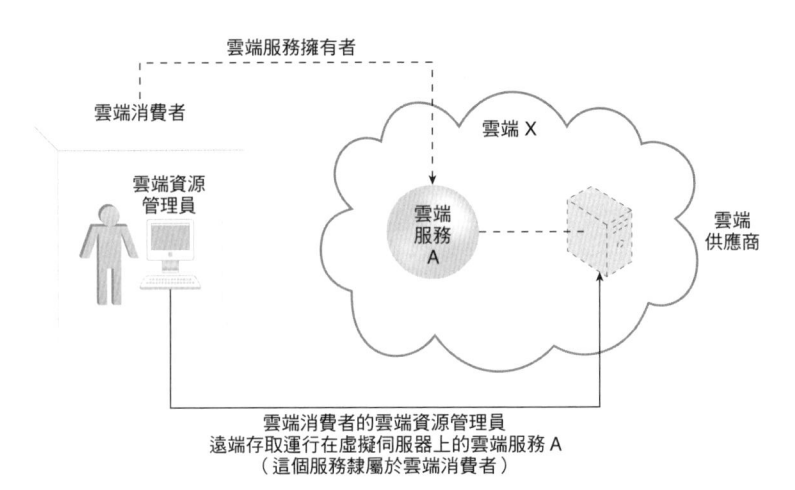

圖 4.5 雲端資源管理者可以在雲端服務消費者的組織內透過遠端管理屬於雲端服務消費者的雲端 IT 資源

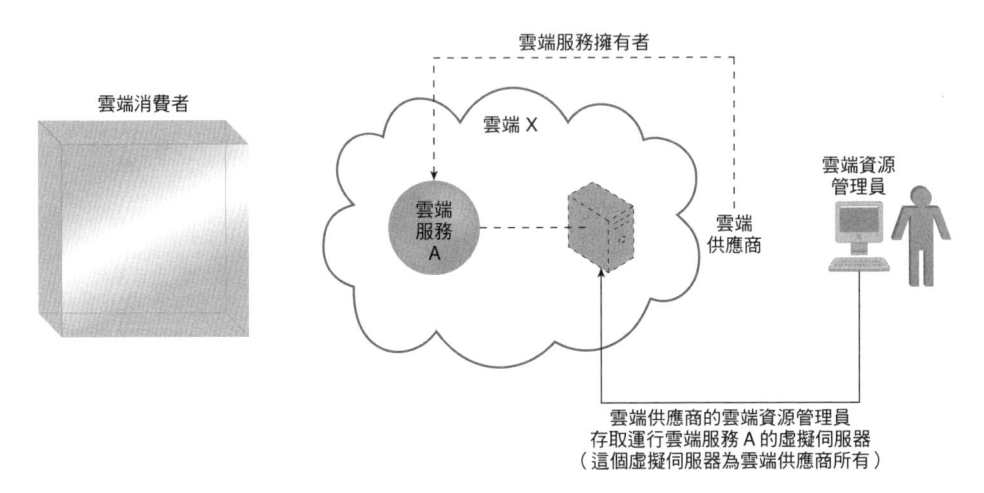

圖 4.6 雲端資源管理者可以在雲端服務供應商的組織內，同時管理雲端服務供應商內部及外部的 IT 資源

不將雲端資源管理員稱為「雲端服務管理員」的原因是此角色可能管理非雲端服務的 IT 資源。例如，如果雲端資源管理員由雲端服務供應商聘用，則此角色可能會管理不提供遠端存取的 IT 資源，而此類 IT 資源不屬於雲端服務的一部分。

其他角色

美國國家標準技術研究院（NIST）雲端運算參考架構定義了以下額外角色：

- 雲端稽查員：負責對雲端環境進行獨立評估的第三方（通常經過認可）為雲端稽查員的角色。這個角色的職責通常包括評估安全控制、隱私影響和性能。雲端稽查員的主要目的是提供對雲端環境的公正評估（和可能的認可），以幫助強化雲端服務消費者和雲端服務供應商之間的信任關係。

- 雲端電信商：負責提供雲端服務消費者和雲端服務供應商之間的實體線路連接稱為雲端電信商，這個角色通常由網路和電信供應商提供。

雖然每個角色都很重要，但本書的大多數架構場景並不包括這些角色。

組織邊界

組織邊界代表圍繞著一群由組織擁有和管理的 IT 資源的實體範圍。組織邊界並不代表實際組織的邊界，而只代表組織的 IT 資產和資源的一部分。雲端也具有組織邊界（圖 4.7）。

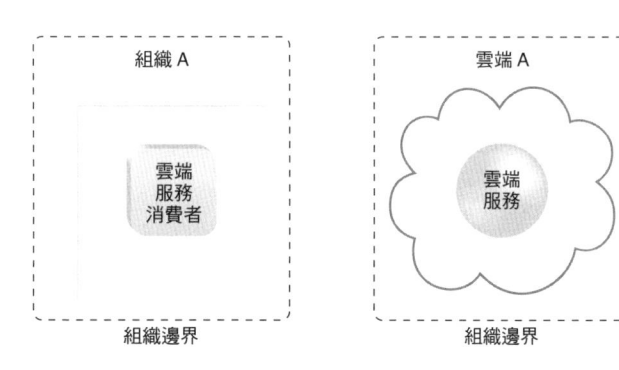

圖 4.7　虛線代表雲端服務消費者（左圖）和雲端服務供應商（右圖）的組織邊界。

信任邊界

當組織扮演雲端服務消費者的角色存取雲端 IT 資源時,它需要將信任範圍擴展到組織的物理邊界之外,以包含雲端環境的一部分。

*信任邊界*是一個邏輯上的範圍,通常會超出物理邊界,以代表信任 IT 資源的程度(圖 4.8)。在分析雲端環境時,信任邊界通常由作為雲端服務消費者的組織信任有關。

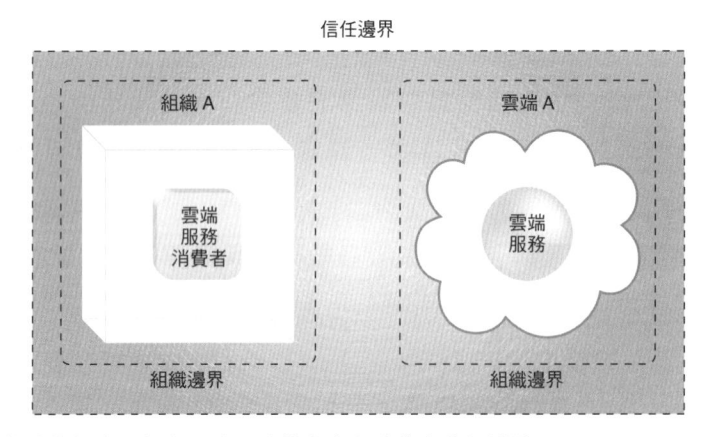

圖 4.8 延伸的信任邊界包含雲端服務供應商和消費者的組織邊界

NOTE

另一個與雲端環境相關的邊界類型是邏輯網路邊界。此類邊界被歸類為雲端運算機制,將在第 8 章中說明。

4.2 雲的特性

IT 環境需要具備特定的特性才能有效地實現遠端配置、具有擴充性和可計算使用量的 IT 資源。IT 環境成為有效的雲端環境需要確實具備以下特性。

以下特徵普遍存在於大多數雲端環境中：

- 按需求使用
- 隨時隨地存取
- 多租戶（和資源池）
- 彈性
- 可計算使用量
- 韌性

雲端服務供應商和消費者可以共同或自行評估這些特性，以衡量特定雲端平台的定位。雖然雲端服務和 IT 資源將繼承和表現出不同程度的個別特徵，但通常支援和採用度越高，產生的價值就越大。

按需求使用

雲端服務消費者可以單方面存取雲端 IT 資源並自主配置這些 IT 資源。一旦設定完畢，這些 IT 資源將在使用時自動配置，無須雲端服務消費者或供應商人工干預。這形成*按需求使用*的環境。這種特性也稱為「隨選自助服務」，它代表主流雲端環境中以服務和使用驅動的特性。

隨時隨地存取

*隨時隨地存取*是指雲端服務可以容易被存取的能力。為了隨時隨地存取的能力，雲端服務可能需要支援各種設備、傳輸協議、介面和安全技術。通常提供這種等級的存取服務需要雲端服務架構根據不同雲端服務消費者進行客製化。

多租戶和資源池

軟體程式的**多租戶**特性,即程式的一個實體能服務於不同的使用者(租戶),且每個租戶彼此隔離。雲端服務供應商透過採用多租戶模型(這種模型經常依賴虛擬化技術的使用)來將 IT 資源轉化為資源池,為多個雲端服務使用者提供服務。透過多租戶技術,可以根據雲端服務消費者的需求動態重新分配 IT 資源。

資源池允許雲端服務供應商將大規模的 IT 資源轉化為資源池,為多個雲端服務消費者提供服務。不同的物理和虛擬 IT 資源會根據雲端服務消費者需求動態重新分配,然後透過使用率統計來重複執行。資源池通常透過多租戶技術來實現,因此為多租戶特性中的一部分。更詳細的解釋請參考第 13 章的「資源池架構」小節。

圖 4.9 和 4.10 展示了單租戶和多租戶環境之間的區別。

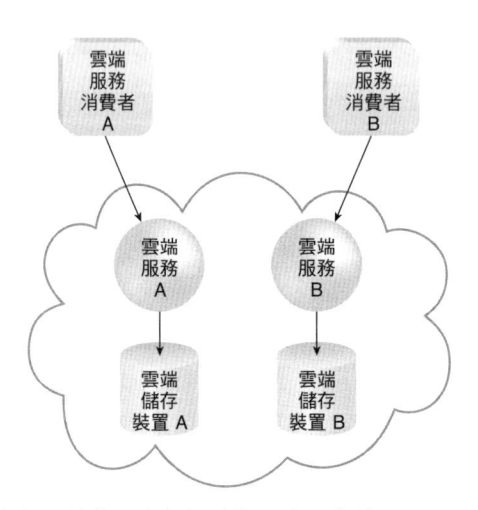

圖 4.9 單租戶環境,每個雲端使用者有個別的 IT 資源實體

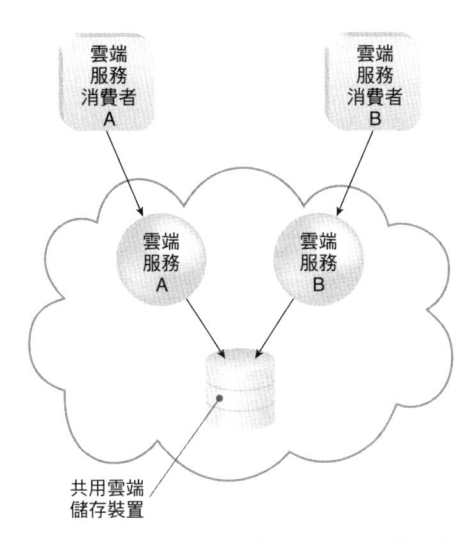

圖 4.10 在多租戶環境中,一個 IT 資源的實體,例如雲端儲存裝置可以服務多個雲端消費者

如圖 4.10 所示,多租戶允許多個雲端服務消費者使用相同的 IT 資源或實體,同時使用者不會知道該資源可能同時被其他人使用。

彈性

彈性是指雲端自動調整 IT 資源的能力,可根據運行時的狀況或由雲端服務消費者或供應商預先設定的需求擴展 IT 資源。彈性通常被認為是採用雲端運算的主要理由之一,因為它與「降低投資和對應的成本」效益密切相關。擁有龐大 IT 資源的雲端服務供應商可以提供最大的彈性範圍。

可計算使用量

可計算使用量的特性是指雲端平台追蹤 IT 資源使用情況(主要由雲端服務消費者使用)的能力。基於計算結果,雲端服務供應商可以只向雲端服務消費者收取實際使用過的 IT 資源費用,以及存取 IT 資源時的費用。在此情境下,可計算使用量與按需使用的特性密切相關。

可計算使用量不僅僅用於追蹤計費的統計數據，它還涵蓋 IT 資源監控和相關的使用狀況報告（同時適用於雲端服務供應商和消費者），因此可計算使用量的特性也適用於不收取使用費的雲端（例如在接下來的「雲端部署模型」小節中描述的私有雲端部署模型）。

韌性

韌性運算是一種將冗餘的 IT 資源實體分佈在不同的物理位置達到故障轉移的目的。可以預先配置 IT 資源以便在其中一個資源出現故障時，處理程序自動移交給另一個冗餘的實體。在雲端運算中，**韌性**的特性可以指同一雲端內（但位於不同物理位置）的冗餘 IT 資源，或跨越多個雲端的冗餘 IT 資源。雲端服務消費者可以透過利用雲端 IT 資源的韌性來提高其應用程式的可靠性和可用性（圖 4.11）。

4.3 雲端交付模型

雲端交付模型代表雲端服務供應商提供的特定預先封裝的 IT 資源組合。以下三種常見的雲端交付模型已廣泛被使用：

- 基礎架構即服務（IaaS）
- 平台即服務（PaaS）
- 軟體即服務（SaaS）

這三種模型之間涵蓋的範圍和關聯將在本章後面的「組合雲端交付模型」小節進行探討。

> **NOTE**
> 雲端交付模型可以稱為雲端服務交付模型，因為每種模型都被歸類為不同類型的雲端服務產品。

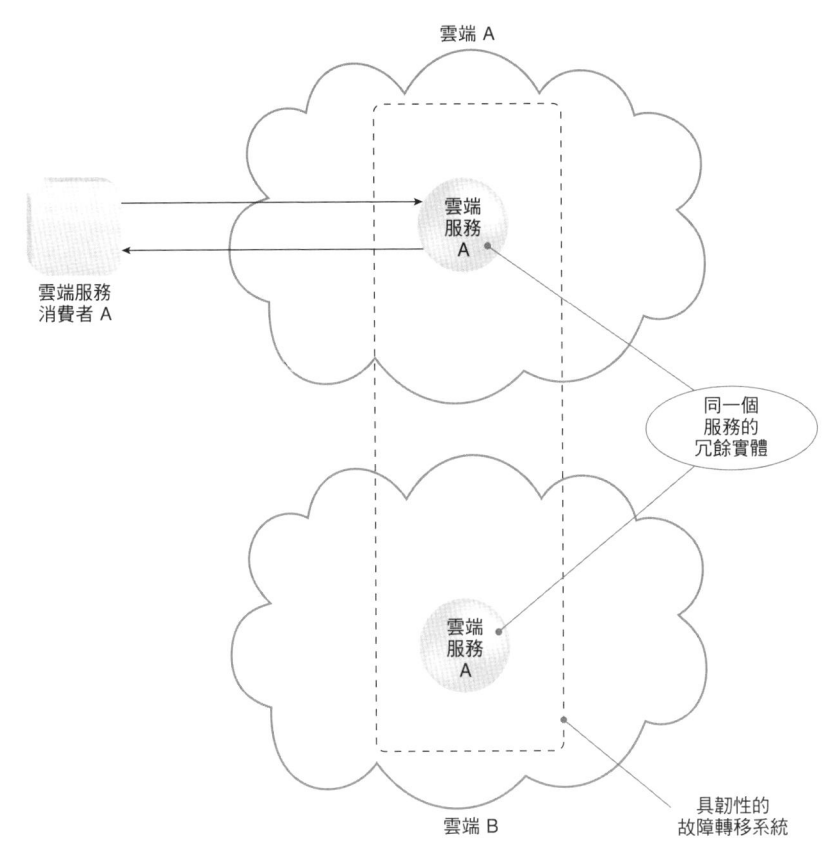

圖 4.11 具有韌性的系統在雲端 A 與 B 上同時運行雲端服務 A，當雲端 A 上故障時可以轉移到雲端 B 上的冗餘雲端服務 A

基礎架構即服務（IaaS）

基礎架構即服務（IaaS）的交付模型為一個獨立的 IT 環境，提供以基礎設施為中心的 IT 資源，透過雲端服務存取介面和工具進行管理。該環境可以包含硬體、網路、連線、作業系統和其他「原始」IT 資源。與傳統的託管或外包環境相比，IaaS 的 IT 資源通常會透過虛擬化將資源轉化為服務組和，簡化基礎架構運行時的擴展和客製化需求。

IaaS 環境的目標是為雲端服務消費者提供對雲端 IT 資源高度的配置、使用和控制權。IaaS 提供的 IT 資源通常不會預先設定好，因此管理責任直接落在雲端服務消費者身上，該模型適用於需要對建立的雲端環境擁有高度控制權的雲端服務消費者。

有時，雲端服務供應商會從其他雲端服務供應商購買 IaaS 服務來擴展自己的雲端環境。不同雲端服務供應商提供的 IaaS 產品上所提供的 IT 資源類型和品牌可能有所不同。IaaS 環境所提供的 IT 資源通常會以全新初始化的狀態提供服務。通常 IaaS 環境中的主要 IT 資源是虛擬伺服器。虛擬伺服器的使用方式通常是透過指定伺服器硬體需求（例如處理能力、記憶體和本地儲存空間）來租用，如圖 4.12 所示。

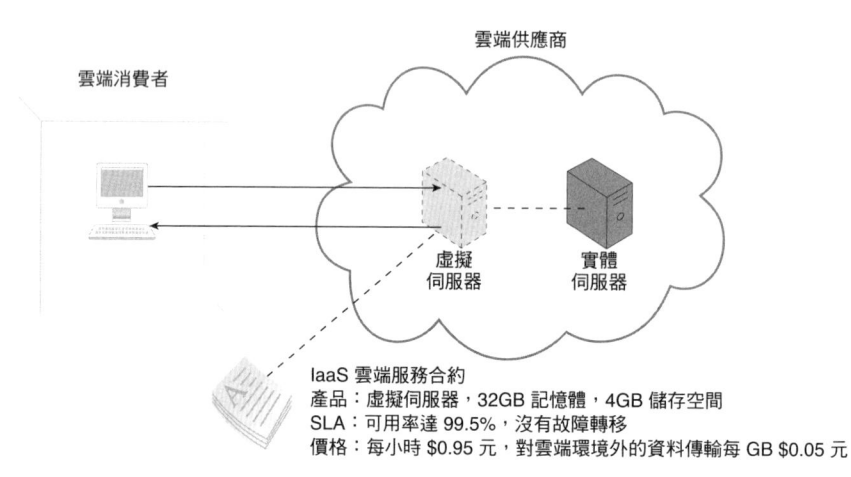

圖 4.12 雲端服務消費者使用 IaaS 環境中的虛擬伺服器。雲端服務供應商提供一個範圍內的使用合約，記載所提供的伺服器規格，例如容量，效能及可用率。

平台即服務（PaaS）

平台即服務（PaaS）交付模型為一個預先制定的「可立即使用」環境，通常包含已部署並配置的 IT 資源。更準確地來說，PaaS 主要由使用現成的環境來建立一套預封裝的產品和工具，用於支援客製化應用程式的整個交付生命週期。

雲端服務消費者使用和投資 PaaS 環境的常見原因包括：

- 雲端服務消費者希望達成可擴展性和經濟性的目的將內部部署環境擴展到雲端。
- 雲端服務消費者使用現成環境完全替代內部部署環境。
- 雲端服務消費者希望成為雲端服務供應商，並部署自己的雲端服務以供其他外部雲端服務消費者使用。

在現成平台中運作，雲端服務消費者可以避免配置和維護 IaaS 模型中提供的裸機基礎設施 IT 資源所帶來的管理負擔。相對的，雲端服務消費者對託管和提供平台的底層 IT 資源的控制權較低（圖 4.13）。

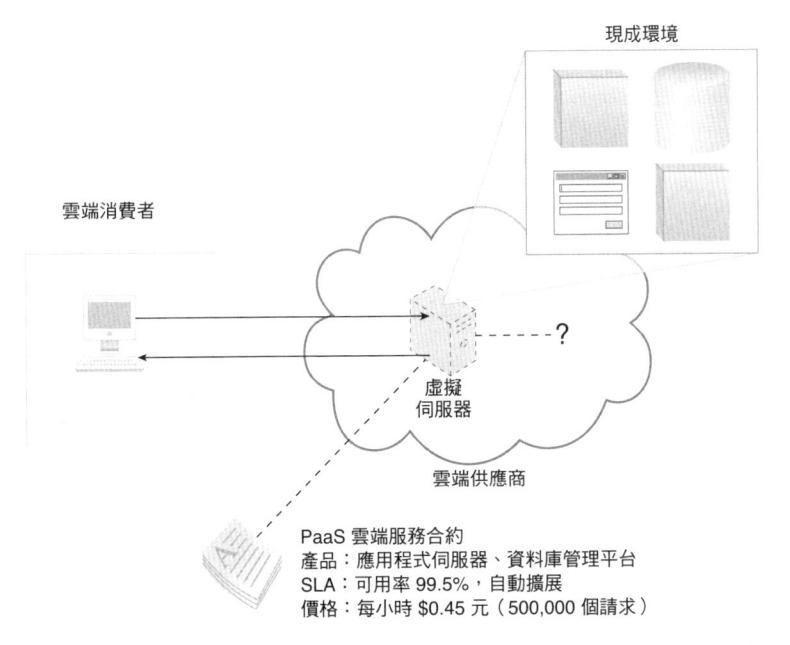

圖 4.13 雲端服務消費者存取 PaaS 的現成環境。問號為刻意呈現消費者並不知道雲端服務供應商的實作細節。

PaaS 產品提供不同的開發環境。例如，Google App Engine 提供基於 Java 和 Python 的環境。

現成環境會在第 8 章中詳細介紹，並視為一種雲端運算機制。

軟體即服務（SaaS）

軟體即服務（SaaS）的通常是將一個軟體程式定位為共享的雲端服務，並作為「產品」或實用工具提供服務。SaaS 交付模型通常用於使可重複使用的雲端服務廣泛提供給各種雲端服務消費者（通常是商業用途）。SaaS 產品有完整的市場提供不同的租用和使用情境，並遵循不同的條款提供服務（圖 4.14）。

對於 SaaS 的環境，雲端服務消費者通常僅被授權非常有限的管理及控制權。SaaS 通常由雲端服務供應商提供，但也可以由任何實體組織擔任雲端服務擁有者的角色。例如一個組織在作為雲端服務消費者的同時，使用和操作 PaaS 環境，可以建立雲端服務，並決定在同一環境中將其部署為 SaaS 服務，然後，當其他組織作為雲端服務消費者使用該雲端服務時，這個組織因為提供 SaaS 的雲端服務而實際成為了雲端服務供應商的角色。

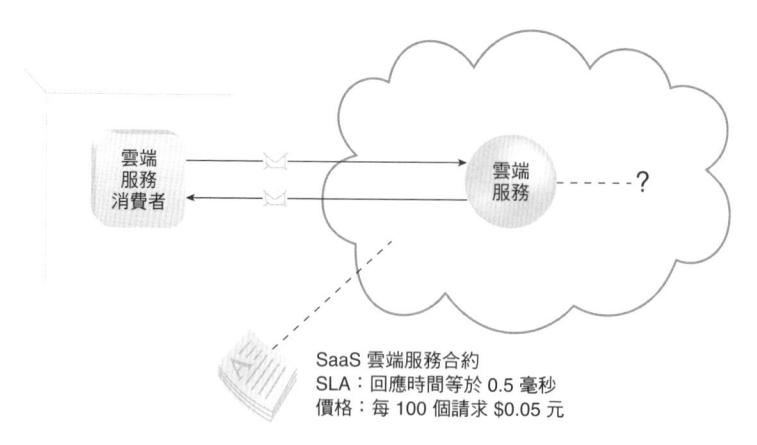

SaaS 雲端服務合約
SLA：回應時間等於 0.5 毫秒
價格：每 100 個請求 $0.05 元

圖 4.14　雲端服務消費者擁有雲端服務合約的存取權，但不會碰觸到底層的 IT 資源及實作細節

比較雲端交付模型

本節提供了兩個表格，用於比較雲端交付模型使用和實作的差異。表 4.1 比較控制能力，表 4.2 比較一般的職責和使用情況。

表 4.1　比較一般交付模型之間對雲的控制等級

雲端交付模型	授予雲端服務消費者的控制權	一般雲端服務消費者可以存取的功能
SaaS	使用權及為了使用服務所需要的設定權	前端使用者介面
PaaS	有限的管理權限	雲端服務消費者使用現成環境時所需的 IT 資源管理權限
IaaS	完整的管理權限	虛擬基礎設施的 IT 資源完整管理權，有時候也會包含底層的實體 IT 資源

表 4.2　雲端服務消費者及供應商在不同的雲端交付模型中常見的活動方式

雲端交付模型	常見的雲端服務消費者活動	常見的雲端服務供應商活動
SaaS	使用，設定雲端服務	實作、管理和維運雲端服務。監控雲端使用者的使用情況
PaaS	開發、測試、部署和管理雲端服務及解決方案	預先設定好平台並將底層的基礎建設、中介軟體及其他 IT 所需的資源準備好。監控雲端使用者的使用情況
IaaS	安裝及設定基礎設施並管理及監控任何所需的軟體	配置並管理提供服務所需的實體處理、儲存、網路資源。監控雲端使用者的使用情況

組合雲端交付模型

這 3 種基本的雲端交付模型具有配置上的階層關係，因此可以探索將這些模型互相組合的機會。接下來將簡單列出兩種常見的組合以及需要特別考慮的情境。

IaaS + PaaS

PaaS 環境會建立在類似於 IaaS 環境中提供的實體和虛擬伺服器及其他 IT 資源的基礎設施上。圖 4.15 展示了這兩種模型如何概念性地組合成一個簡單的階層架構。

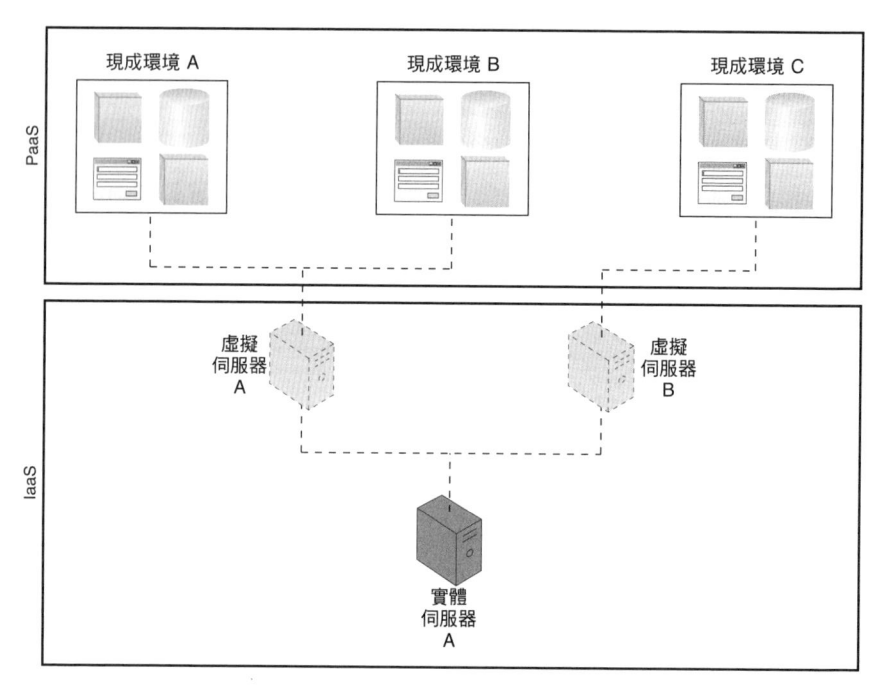

圖 4.15 PaaS 環境建構於 IaaS 環境所提供的 IT 資源上。

雲端服務供應商通常不需要從自己的雲端環境中配置 IaaS 來為雲端服務消費者提供 PaaS 環境，圖 4.16 提供的架構圖又該如何使用呢？假設提供 PaaS 環境的雲端服務供應商選擇從另一家雲端服務供應商處租用 IaaS 環境。

這樣安排的動機可能受經濟因素影響，也可能是第一家雲端服務供應商因服務其他雲端服務消費者即將超出現有容量。或者特定的雲端服務消費者出於法律要求，必須將數據儲存在特定地區（不同於第一家雲端服務供應商的雲端所在位置），如圖 4.16 所示。

4.3 雲端交付模型　67

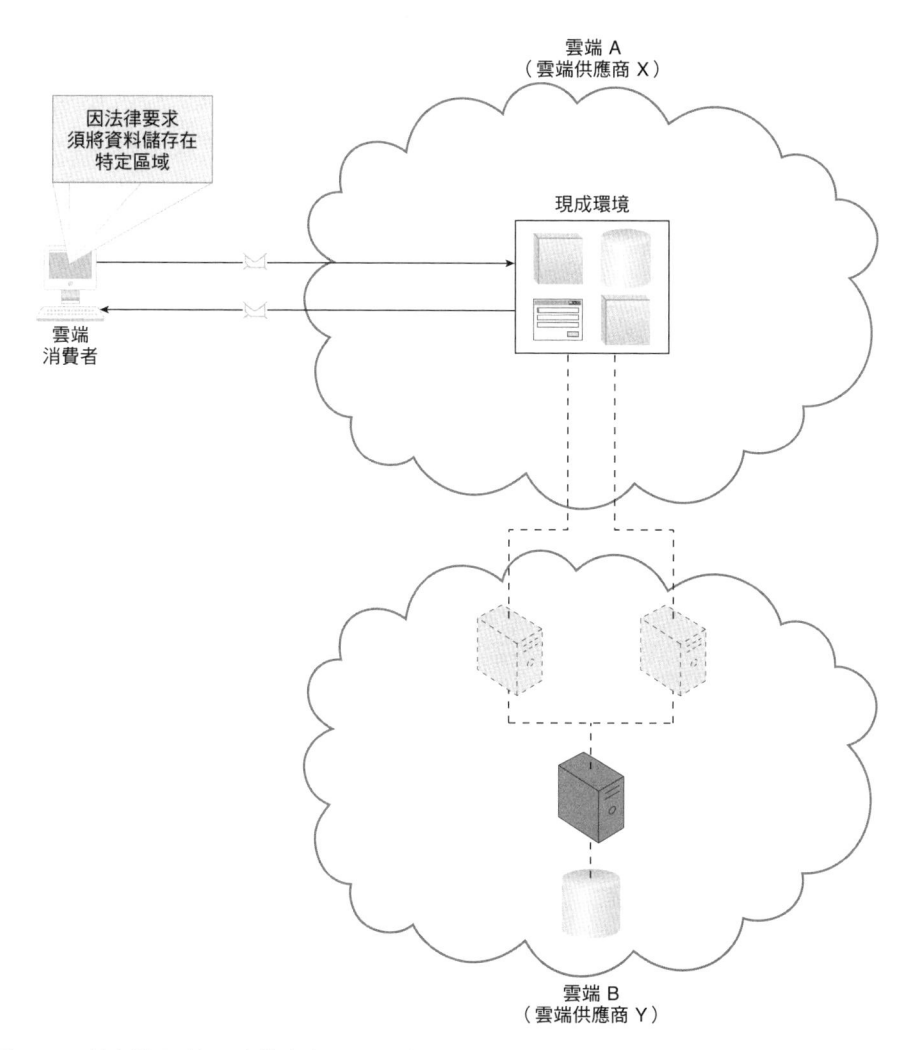

圖 4.16 範例為雲端服務供應商 X 和 Y 之間的合約，因為法規要求，敏感的資料需要儲存在特定區域，而雲端 B 就在當地提供服務，因此雲端服務供應商 X 所提供的服務實際上是運行在雲端服務供應商 Y 所提供的實體及虛擬機器上。

IaaS + PaaS + SaaS

三種雲端交付模型可以透過從底層 IT 資源一路向上將服務組合起來。例如，上圖 4.16 中所描述的分層架構，PaaS 環境提供的現成環境可由雲端服務消費者用於開發和部署自己的 SaaS 服務，然後將其作為商業產品提供給其他用戶（圖 4.17）。

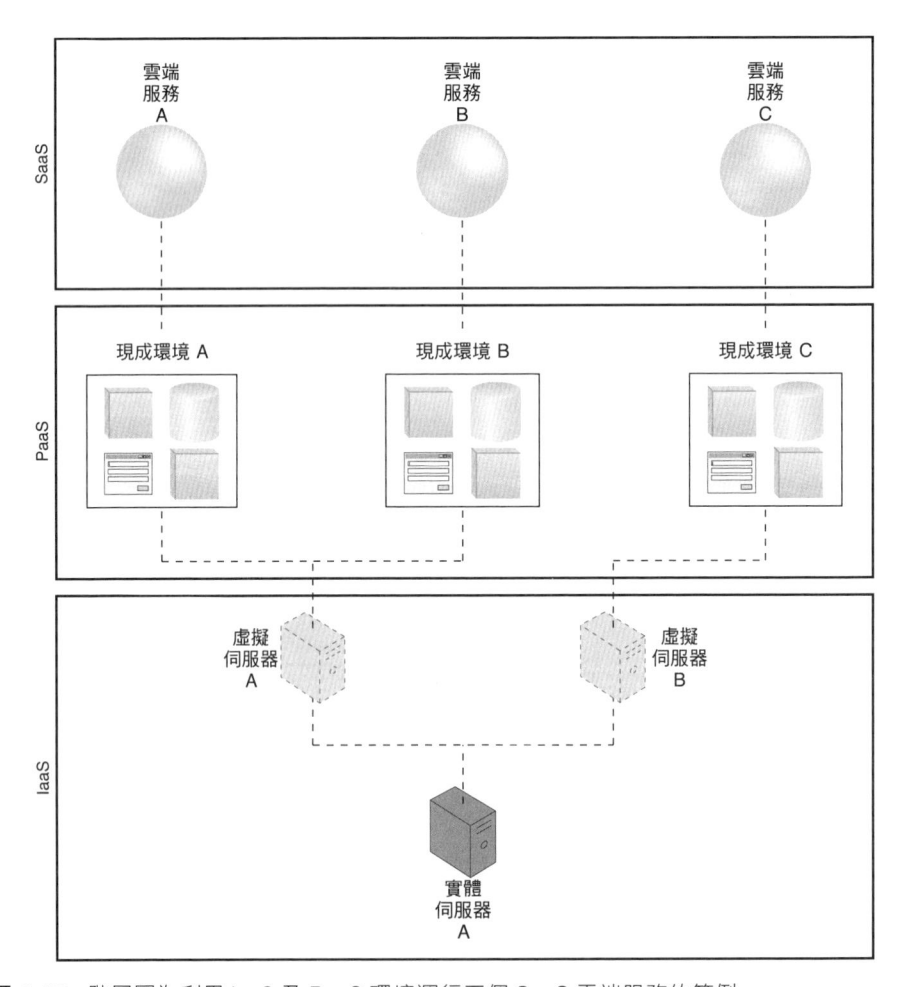

圖 4.17 階層圖為利用 IaaS 及 PaaS 環境運行三個 SaaS 雲端服務的範例

雲端交付子模型

許多雲端交付模型有特殊變體存在，每個變體都包含一種由 IT 資源組成的獨特組合。這些*雲端交付子模型*通常也使用「即服務」的命名方式，並且每個子模型都可以對應到三個基本的雲端交付模型之一。

例如，資料庫即服務子模型（圖 4.18）屬於 PaaS 模型，因為資料庫系統通常是 PaaS 平台現成環境中的一部分。

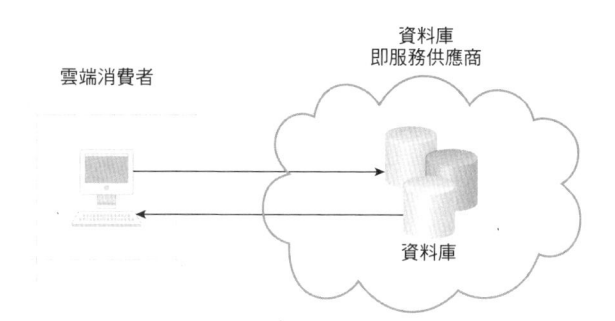

圖 4.18 雲端服務供應商提供存取資料庫即服務的交付子模型

類似地，安全即服務是 SaaS 的子模型，用於提供雲端服務消費者使用可用於保護 IT 資源的功能。

另一個例子是 IaaS 的儲存即服務子模型（圖 4.19），雲端服務供應商可以使用它向雲端服務消費者提供雲端儲存相關的服務。

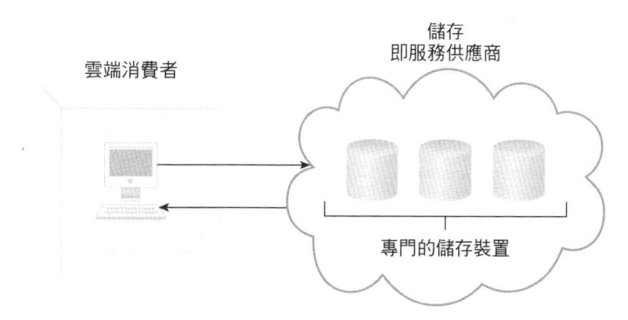

圖 4.19 儲存即服務可以提供不同與儲存相關的服務，像是結構化與非結構化資料儲存、物件儲存以及資料封存服務

另一個被認為是 SaaS 子模型的是**雲原生交付子模型**，它可以將雲原生應用程式集合建置和部署為封裝在輕量級容器中的獨立服務。

雲原生應用程式（圖 4.20）可以運行在任何作業系統或電腦上，並可以在更高層級的抽象層上運作。這些應用程式運作在虛擬化、共享和彈性的基礎設施上，並與底層基礎設施協作，根據負載波動動態增長和縮小。

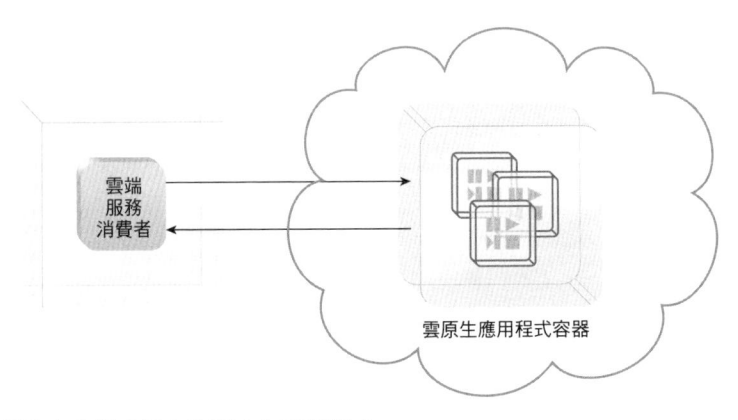

圖 4.20 運作在多個容器上的雲原生應用程式

其他常見的雲端交付子模型示例包括（但不限於）以下幾種：

- 通信即服務（Communication as a Service）（SaaS 的子模型）
- 整合即服務（Integration as a Service）（PaaS 的子模型）
- 測試即服務（Testing as a Service）（SaaS 的子模型）
- 流程即服務（Process as a Service）（SaaS 的子模型）
- 桌面即服務（Desktop as a Service）（IaaS 的子模型）

4.4 雲端部署模型

雲端部署模型代表特定類型的雲端環境，主要以所有權、規模和存取權限來區分。

常見的雲端部署模型有四種：

- 公有雲（Public Cloud）
- 私有雲（Private Cloud）
- 多雲（Multicloud）
- 混合雲（Hybrid Cloud）

以下將描述每個模型。

公有雲（Public Cloud）

公有雲（*Public Cloud*）是由第三方雲端服務供應商擁有之可供公眾存取的雲端環境。公有雲上的 IT 資源通常會透過先前描述的雲端交付模型提供，並且通常會向雲端服務消費者收費或透過其他管道（例如廣告）進行商業化。

雲端服務供應商負責建立和維護公有雲及其 IT 資源。後面章節將探討的許多場景和架構都涉及公有雲，以及供應商、消費者及 IT 資源之間的關係。

圖 4.21 為公有雲領域的部分範例，主要介紹了市場中的一些主要供應商。

私有雲（Private Cloud）

私有雲由單一組織所擁有。私有雲使組織能夠利用雲端運算技術讓組織的不同部門、位置或分支機構集中存取 IT 資源。當私有雲在受到控制的環境時，第 3 章的「風險與挑戰」小節所描述的問題通常不存在。

使用私有雲會改變組織和信任邊界的定義和應用方式。私有雲環境的實際管理可能由內部員工或外包人員負責。

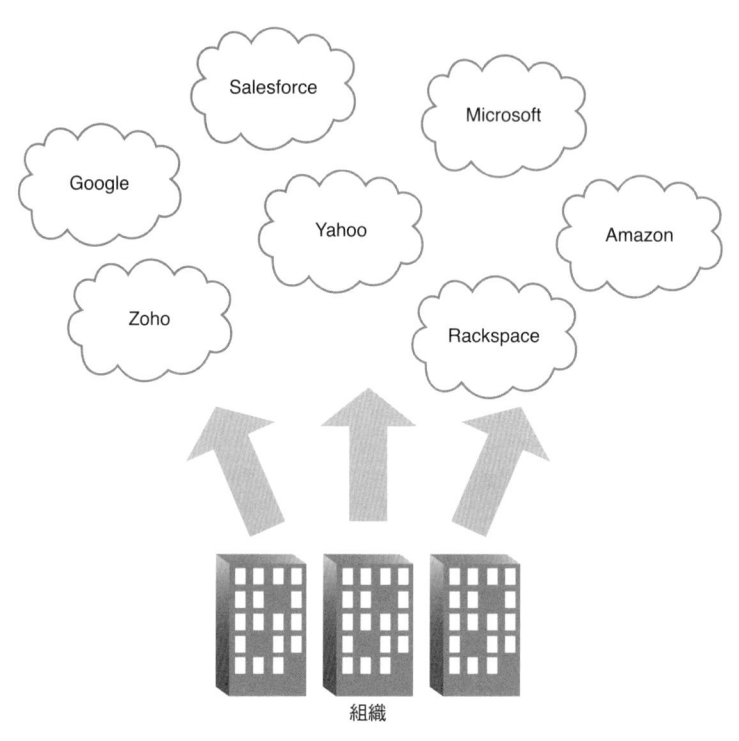

圖 4.21 組織在存取不同雲端服務供應商的雲端服務和 IT 資源時為雲端服務消費者。

技術上，對於私有雲而言，同一個組織既是雲端服務消費者，也是雲端服務供應商（圖 4.22）。為了區分這些角色：

- 通常由單獨的組織部門負責提供雲端環境（因此也承擔雲端服務供應商的角色）
- 需要存取私有雲的部門則扮演雲端服務消費者的角色

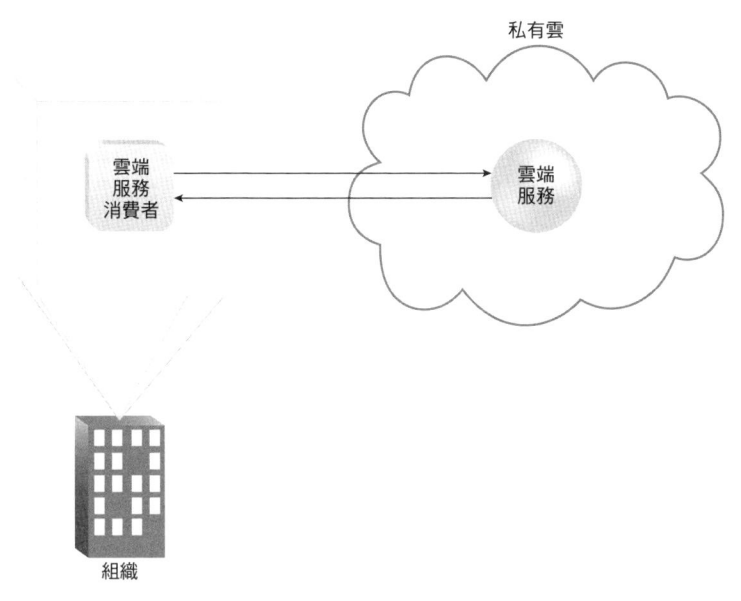

圖 4.22 雲端服務消費者在組織內的地端環境投過虛擬私有網路，存取運行於同組織內私有雲上的雲端服務。

在私有雲中，正確使用術語「地端環境」和「雲端環境」非常重要。即使私有雲實體上位於組織的內部部署環境中，只要 IT 資源可供雲端服務消費者遠端存取，就仍然被視為「雲端環境」。因此由扮演雲端服務消費者的部門託管隸屬於私有雲以外的 IT 資源相對於私有雲本身而言，則被視為「地端環境」。

多雲（Multicloud）

在多雲部署模型中，雲端服務消費者組織可以從多個雲端服務供應商提供的不同公有雲存取雲端服務和 IT 資源，如圖 4.23 所示。

例如，可以使用此部署模型來強化冗餘和系統備份，降低被供應商鎖定以提高移動性，或利用不同雲端服務供應商的強項所提供的最佳雲端服務。

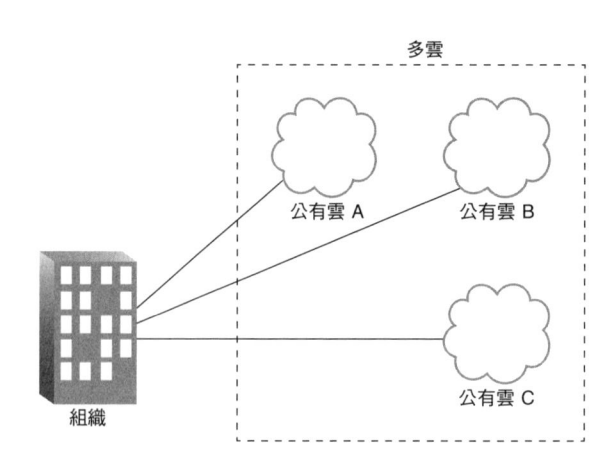

圖 4.23 組織利用多雲部署模型有效利用不同雲端服務供應商所提供的雲端 IT 資源。

混合雲（Hybrid Cloud）

混合雲（Hybrid Cloud）是由兩個或更多不同的雲端部署模型組成的雲端環境。例如，雲端服務消費者可能會選擇將處理敏感數據的雲端服務部署到私有雲，並將其他不太敏感的雲端服務部署到公有雲。這種組合的結果是混合部署模型（圖 4.24）。

混合部署架構可能會非常複雜且難以建立和維護，原因在於雲端環境之間可能存在差異，而且管理責任會分布在私有雲組織和公有雲供應商組織之間共同分擔。

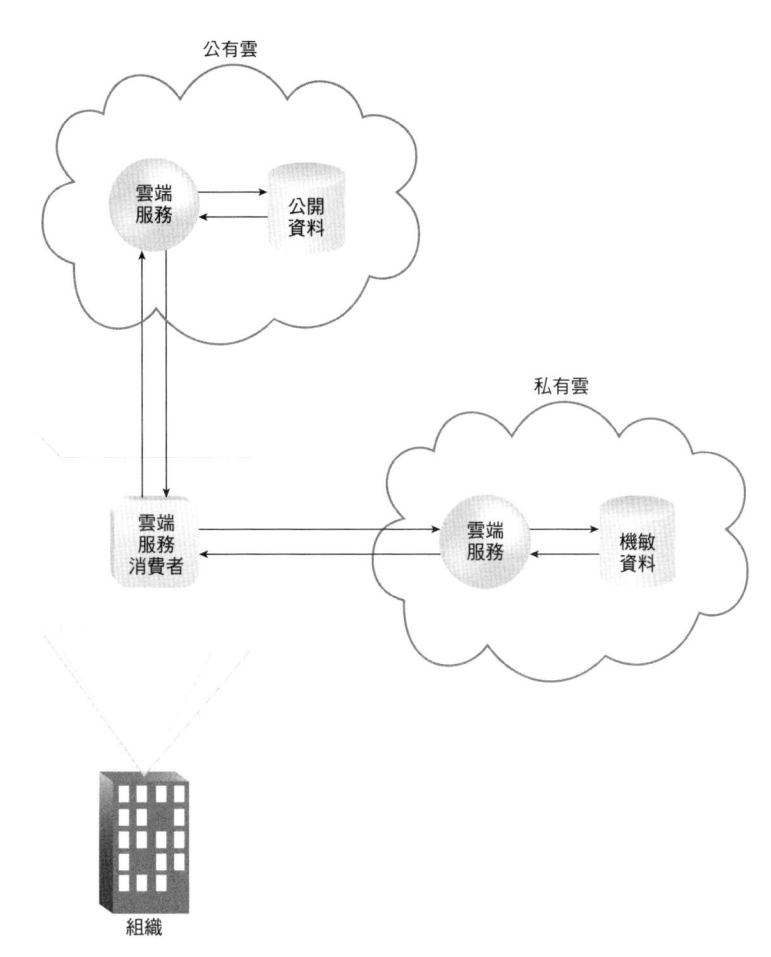

圖 4.24 組織利用公有雲及私有雲各自的優勢組成混合雲端架構

Chapter 5

雲端技術

5.1 網際網路與區域網路架構
5.2 雲端資料中心技術
5.3 現代虛擬化技術
5.4 多租戶技術
5.5 服務技術與服務 API

現代的雲端運算由一系列核心技術元件組合而成，這些元件共同刻劃了當代雲端運算所具有的關鍵功能和特性。

雖然大部分技術在雲端運算出現之前就已經存在並且成熟，但雲端運算的進步也促使了部分雲端技術的進一步發展。

5.1 網際網路與區域網路架構

所有雲端都必須連接到網路，因此對網際網路有著強烈的依賴。

網際網路允許遠端配置 IT 資源並提供隨時可存取的網路存取。雲端使用者可以選擇僅在區域網路（LAN）中使用私有專用網路連線來存取雲端，但大多數雲端都擁有網際網路的功能。因此雲端平台的潛力通常會隨著網路連線和服務品質的進步而同步增長。

網路服務供應商（ISPs）

由網路服務供應商（ISPs）建立和部署的網際網路骨幹網路，透過核心路由器進行互連而串聯起全球性的跨國網路。如同圖 5.1 所示，ISP 網路會與其他 ISP 網路以及各種組織進行互連。

網路的建立概念基於去中心化的配置和管理模式，ISPs 可以自由部署、營運和管理其網路，此外還可以選擇合作夥伴 ISP 進行互連。儘管像網際網路名稱與號碼指配機構（ICANN）等機構會監督和協調網路通訊，但沒有任何一個單位可以全面掌控網路。政府和監管法規會規定組織和 ISP 在國家邊界內外提供服務的條件。但一些特定的領域的網路仍然需要劃分國家管轄權和法律界限。

5.1 網際網路與區域網路架構   79

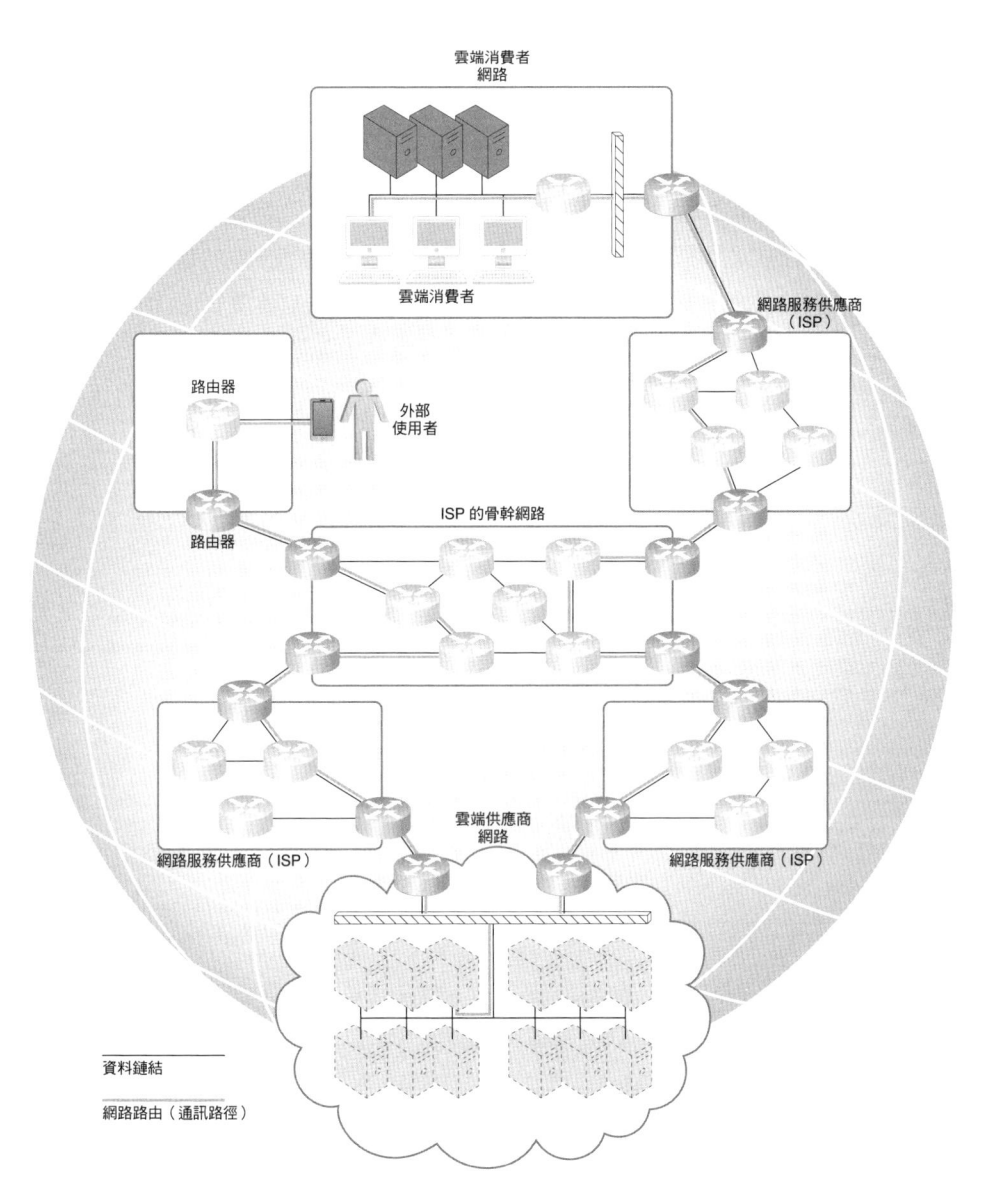

圖 5.1 訊息透過 ISP 之間互相連接的動態網路路由進行傳送

網際網路的拓撲結構由 ISP 組成動態且複雜的集合體所組成，這些 ISP 透過核心協定達到高度互連。較小的分支機構從這些主要的互連節點延伸出去，再透過更小的網路向外擴展，最終到達每個使用網路的電子設備。

全球連接透過階層 1、階層 2 和階層 3 組成的分層拓撲結構實現（圖 5.2）。核心的階層 1 由大型國際雲端服務供應商組成，他們監督大規模的互連全球網路，這些網路連接到階層 2 的大型區域供應商。階層 2 的 ISP 會與階層 1 的供應商以及階層 3 的本地 ISP 連接。任何營運中的 ISP 都可以啟用網路連接，因此雲端服務消費者和雲端服務供應商可以直接與階層 1 供應商連接。

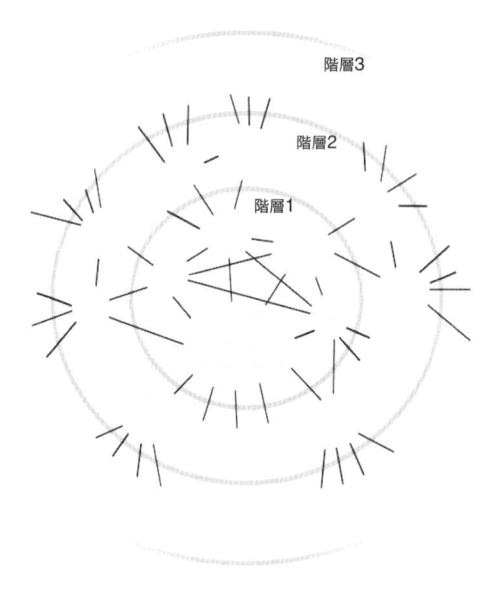

圖 **5.2**　抽象的網際網路互連架構

網際網路和 ISP 網路的通信線路和路由器是散佈在無數個產生流量路徑中的 IT 資源。建立網際網路架構的兩個基本元件是**無連接封包交換**（*connectionless packet switching*）（資料封包網路，datagram networks）和路由器導向的互連性（*router-based interconnectivity*）。

無連接封包交換（資料封包網路）

點到點（發送者 - 接收者配對）的資料流會被分割成有限大小的封包，這些封包會被網路交換器和路由器接收、處理，然後在一個接著一個的節點之間排隊轉發。每個封包都攜帶必要的位置資訊，例如網路協定地址（IP）或媒體存取控制地址（MAC），以便在每個起始節點、中間節點和目的節點進行處理和路由。

路由器導向的互連性

路由器是一種連接到多個網路的設備，用於轉發封包。即使連續的封包屬於同一個資料流，路由器也會個別處理和轉發每個封包，同時維護網路拓撲訊息，用於尋找通信路徑上起始節點和目的節點之間的下一節點。路由器可以解析封包的源頭和目的地，因此能夠管理網路流量並衡量封包傳遞的下一個最有效節點。

圖 5.3 展示了互連網路運作的基本原理，訊息由一群無序的封包彙集而成。圖中的路由器會接收和轉發來自多個資料流的封包。

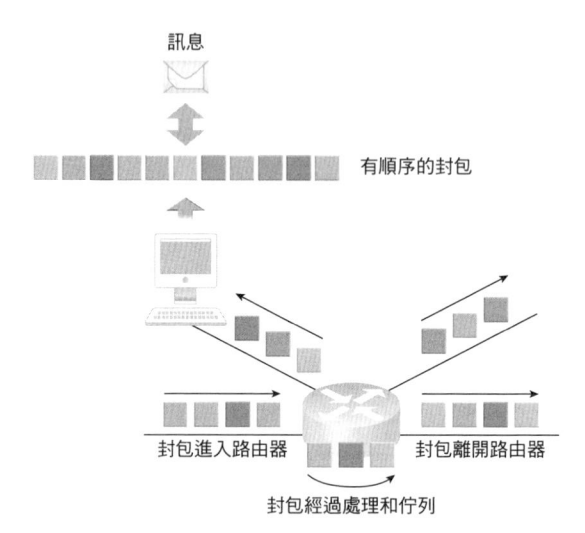

圖 5.3 封包在網際網路上透過路由器排序轉發組合成訊息

雲端用戶與雲端服務供應商之間的通信路徑可能涉及多個 ISP 網路。網路的網狀結構擁有多條替代網路路由來連接網路主機（端點系統），並在運行時才會決定由哪一條路徑傳輸，因此即使在網路同時發生故障的情況下，通信仍然可以進行，但是使用多條網路路徑可能會導致路由波動和延遲。

這也適用於 ISP 實作網路的網際網路層並與其他網路技術連接，如下所示：

實體網路

IP 封包透過底層的實體網路傳輸，連接相鄰的節點，例如乙太網路、ATM 網路和 3G 行動網路 HSDPA。實體網路包含一個控制相鄰節點之間數據傳輸的資料連結層，以及一個透過有線和無線為媒介的資料傳輸物理層。

傳輸層協定

傳輸層協定，例如傳輸控制協定（TCP）和用戶資料封包協定（UDP），使用 IP 提供標準化，點到點的通信支援，以利封包在網路上傳輸。

應用層協定

例如用於網頁瀏覽的 HTTP 協定、用於電子郵件的 SMTP 協定、用於 P2P 的 BitTorrent 和用於 IP 電話的 SIP 協定使用傳輸層協定來標準化和規範特定封包在網際網路上的傳輸方法。許多其他協定也滿足應用程式為主的需求,並使用 TCP/IP 或 UDP 作為主要在網際網路和區域網上傳輸資料的方法。

圖 5.4 描繪網際網路參考模型和協定堆疊。

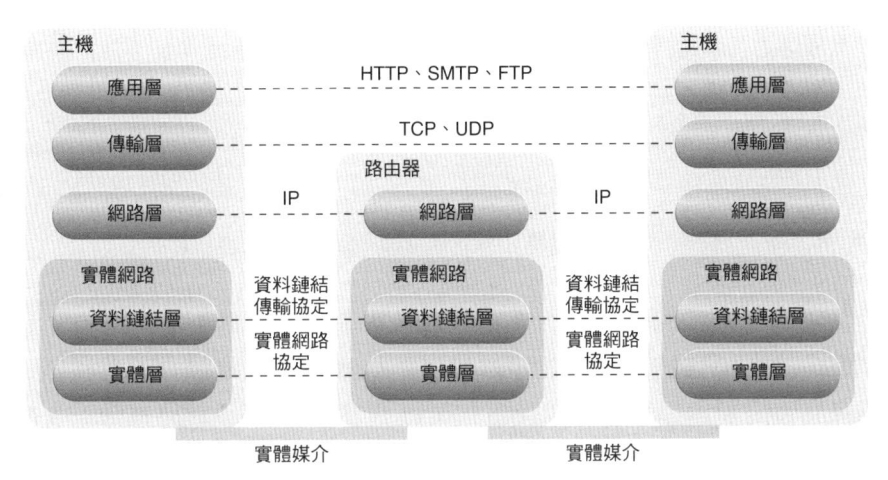

```
主機                                              主機
應用層  -------- HTTP、SMTP、FTP --------  應用層
傳輸層  --------    TCP、UDP    --------  傳輸層
                    路由器
網路層  ---- IP ---- 網路層 ---- IP ---- 網路層
實體網路      資料鏈結    實體網路    資料鏈結    實體網路
資料鏈結層    傳輸協定    資料鏈結層  傳輸協定    資料鏈結層
             實體網路              實體網路
實體層        協定        實體層    協定        實體層
              實體媒介              實體媒介
```

圖 5.4 常見的網路參考模型及協定堆疊

技術與業務考量

連線問題

在傳統的地端部署模式中,企業應用程式和各種 IT 解決方案通常會託管在組織自己的資料中心中央伺服器和儲存設備上。用戶設備(例如智慧手機和筆記型電腦)透過公司不間斷的網路存取資料中心。

TCP/IP 提供網際網路存取和地端資料透過區域網路交換的能力（圖 5.5）。雖然這種配置並不常見於雲端模型，但也已經多次實作於中大型本地網路。

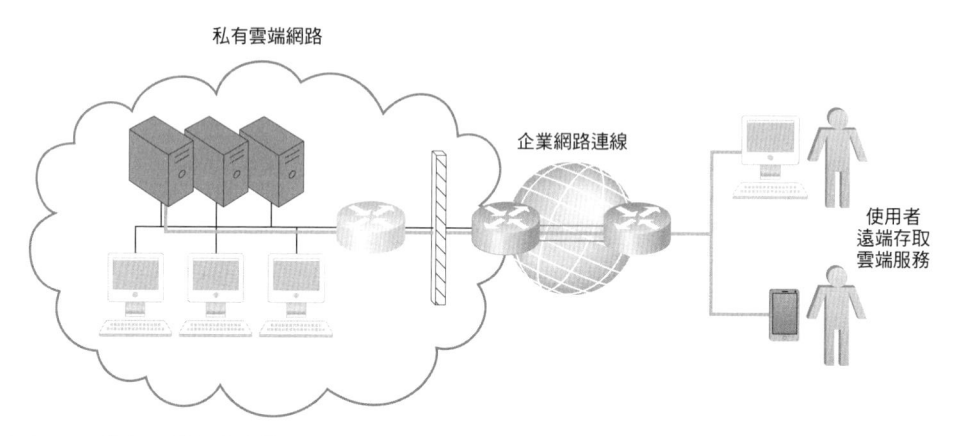

圖 5.5 私有雲的網路連接架構。實體 IT 資源組成的雲坐落並於組織內管理。

使用這種部署模式的組織可以直接存取進出網際網路的流量，並且可以擁有完整的公司網路控制權，並可以使用防火牆和監控軟體來保護組織。這些組織同時需要承擔著部署、營運和維護 IT 資源和網際網路連線的責任。

用戶端設備可以透過網際網路連線持續存取於雲端環境中的中央伺服器和應用程式（圖 5.6）。

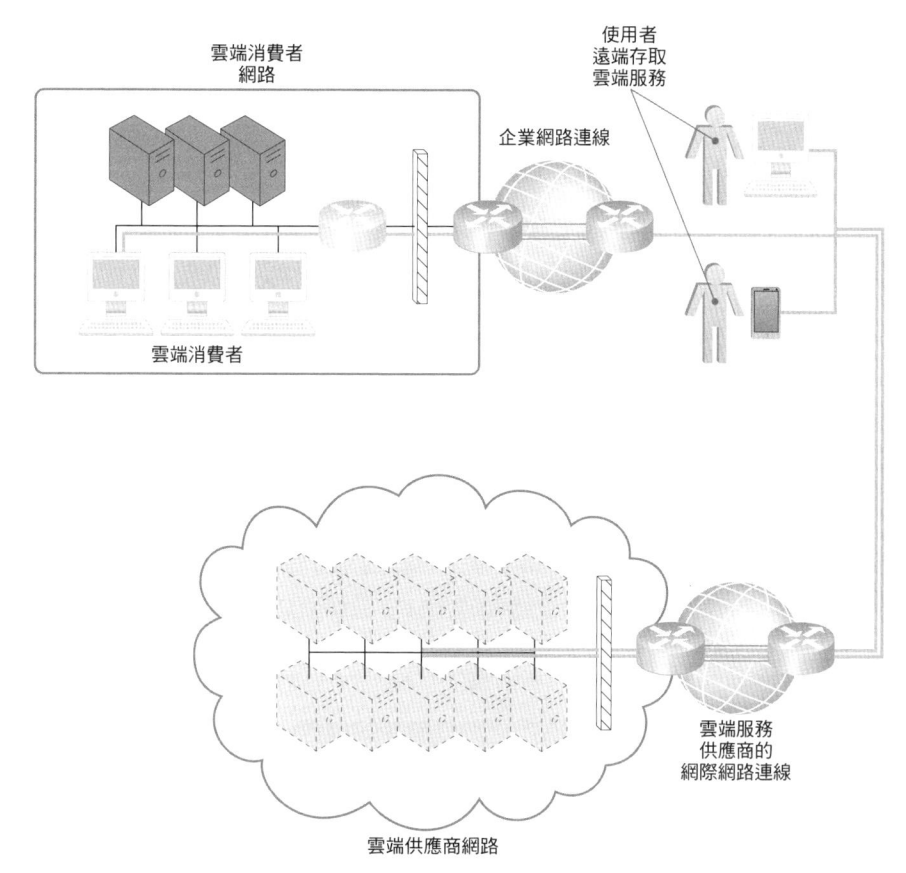

圖 5.6 網際網路上的雲端服務部署模型網路架構。網際網路將不同地方的雲端服務消費者、漫遊使用者和雲端服務供應商自己的網路連接在一起。

雲端運算的一大特色是不論是在企業網路內或外，都可以透過相同的網路協定存取其中的 IT 資源。內部和外部用戶如何存取服務取決於 IT 資源位於地端還是網際網路上，即使用戶本身並不關心雲端運算資源的物理位置（表 5.1）。

表 5.1　地端和雲端網路的比較

地端 IT 資源	雲端 IT 資源
內部使用者裝置透過企業網路存取企業 IT 服務	內部使用者裝置透過網際網路存取企業 IT 服務
內部使用者在外部網路漫遊時透過企業網路連線存取企業 IT 服務	內部使用者在外部網路漫遊時透過雲端服務供應商的網路連線存取企業 IT 服務
外部使用者透過企業網路連線存取企業 IT 服務	外部使用者透過雲端服務供應商網路連線存取企業 IT 服務

雲端服務供應商可以透過網際網路連線（如圖 5.6）輕鬆設定雲端 IT 資源供內部和外部用戶存取。這種網際網路架構使需要隨時隨地存取公司 IT 解決方案的內部用戶，以及需要向外部用戶提供基於網際網路的服務的雲端服務消費者受益。主要的雲端服務供應商所提供的網際網路連線品質相較獨立組織的更好，也因此會在計價模型中產生額外的網路使用費。

網路頻寬和延遲問題

點到點的頻寬除了受連接到 ISP 的數據線路頻寬影響之外，也取決於中間各節點的共享數據線路的傳輸容量影響。ISP 需要使用寬頻網路技術來保障點到點連接所需的核心網路連線。這種類型的頻寬不斷增加，並隨著動態快取、壓縮和預取等網路加速技術不斷改進用戶端的連線品質。

延遲，也被稱為時間延遲，是指封包從一個數據節點傳輸到另一個數據節點所需的時間。封包路徑上的每個節點都會增加延遲。網路基礎設施中的傳輸佇列也會因為負載過重的情況而增加網路延遲。網路仰賴共享節點的流量使使用狀況，使得網路延遲具有高可變性和不可預測性。

被分配在「盡力而為（best effort）」等級服務品質（QoS）的網路通常按照先到先處理的方式傳輸封包。使用擁擠的網路傳輸路徑時遇到例如頻寬減少、延遲增加或封包遺失等狀況，服務水準會因為資料流在沒有優先權的情況下降低。

封包交換網路的本質允許封包動態的選擇路由來透過網際網路的基礎設施，由於封包的傳輸速度容易受到網路擁擠等條件的影響而不具一致性，這種動態選擇可能會影響端到端的服務品質（QoS）。

IT 解決方案需要根據雲端連線網路頻寬和延遲的影響來評估業務需求。對於需要大量數據傳輸往來的雲端應用程式來說，頻寬是最重要的。對於需要快速反應時間的業務需求應用程式來說，延遲則是最重要的。

無線和行動網路

有些雲端解決方案需要做到從任何地方的任何設備都可以存取，尤其是針對行動客戶端和消費者的解決方案，需要透過無線和行動網路連線進行存取。例如，車聯網（IoV）可以利用行動邊緣運算（MEC）技術的解決方案來共享車輛之間的處理能力以及其他可用資源。

自駕車邊緣（autonomous vehicular edge，AVE）是一種分散式車載邊緣計算技術，透過車載通訊（vehicle-to-vehicle，V2V）實現共享汽車附近的可用資源。基於 AVE 的概念可以應用於更廣泛的線上解決方案，稱為混合車載邊緣雲（hybrid vehicular edge cloud，HVC），透過多路存取網路（multiaccess networks）實現共享路側單元（roadside units，RSU）及雲端等所有可獲取的計算資源的目的。

這些範例展示如何透過不斷地使用並改進相關技術來克服無線和行動網路天生的頻寬及延遲限制，替雲端運算解決方案建構有效的網路連線。

網路服務供應商和雲端服務供應商的選擇

雲端用戶和雲端服務供應商之間的網路連接服務水準取決於雙方的 ISP，且雙方的 ISP 通常不同，因此路徑中會包含多個 ISP 網路。實務上，跨多個 ISP 的服務品質（QoS）管理難以實現，需要雙方的網路服務供應商合作以確保點到點服務水準足以滿足業務需求。

為了實現雲端應用程式所需的可連接性和可靠性水準，雲端用戶和雲端服務供應商可能需要使用多個網路服務供應商而會導致額外的成本。因此，選擇雲端環境對於延遲和頻寬需求較寬鬆的應用程式來說會比較容易。

5.2 雲端數據中心技術

將 IT 資源彼此靠近集中放置而非分散於各地可以實現電源共享、提高共享 IT 資源的使用效率以及改善 IT 人員存取的難度。這些都是數據中心概念普及化的天然優勢。現代數據中心通常透過專門的 IT 基礎設施來存放集中的 IT 資源，例如伺服器、資料庫、網路和電信設備以及軟體系統。雲端服務供應商的數據中心通常需要額外的技術。

數據中心通常由以下技術和元件組成：

虛擬化

數據中心由實體和虛擬化的 IT 資源組成。實體 IT 資源是指用於放置計算／網路系統和設備的基礎設施、硬體和其作業系統（圖 5.7）。虛擬化中的資源抽象化和控制由營運和管理工具組成，這些工具通常基於虛擬化平台，將實體計算和網路 IT 資源抽象化成虛擬元件，使這些元件更容易分配、操作、釋放、監控和控制。

虛擬化元件將在接下來的「現代虛擬化」小節中獨立討論。

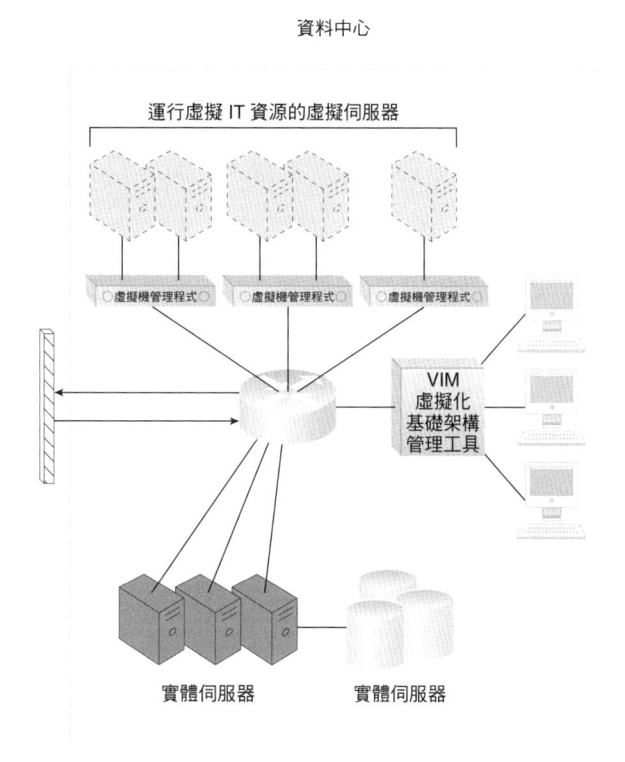

圖 5.7　常見的資料中心元件相互合作透過實體 IT 資源提供虛擬化 IT 資源

標準化和模組化

數據中心採用標準化的商用硬體建置並設計成模組化架構，利用結合多個基礎設施和設備相同的建構模組來達成可擴展性、增長和快速硬體更換。模塊化和標準化是降低投資和營運成本的關鍵需求，因為這樣讓採購、獲取、部署、營運和維護的過程能夠實現規模經濟。

常見的虛擬化策略和不斷提升的實體設備容量和性能促成 IT 資源的整合，因為利用較少的實體元件就能達成複雜的架構。整合的 IT 資源可服務不同的系統並由不同的雲端用戶共享。

自主運算

自主運算（Autonomic computing）指的是系統自我管理的能力，也就是系統可以根據外部輸入做出反應而無須人工干預。透過自主運算，雲端可以具備自行管理某些任務的能力不需要人類介入。

自我管理的常見功能包括：

- **自我配置**：雲端服務可以根據既定的策略自動配置，避免雲端資源管理員的手動干預。這個功能也包含在需要新雲端資源時自動進行配置。
- **自我優化**：雲端資源會持續努力改善其性能指標，在運行時修改其配置參數，例如動態垂直或水平擴展。
- **自我修復**：雲端服務可以從硬體或軟體故障中恢復，能夠在事前自動檢測和診斷問題。
- **自我保護**：雲端運算平台能夠抵禦惡意攻擊或連鎖故障的狀況。這是因為它們通常會用資料科學技術分析日誌和診斷數據來預測潛在的問題。

遠端操作和管理

數據中心中 IT 資源的大部分操作和管理任務都是透過網路的遠端控制台和管理系統下達指令。技術人員通常不需要（很多時候也不允許）進入放置伺服器的專用機房，除非要執行非常特定的任務，例如搬運設備和布線，或是硬體的安裝和維護。

高可用性

由於數據中心任何形式的中斷都會嚴重影響使用其服務的組織的業務連續性，因此數據中心被設計成具有越來越高的冗餘等級以維持可用性。為了應對系統故障，數據中心通常會備有冗餘的不斷電系統、纜線和環境控制子系統，以及用於負載平衡的通訊線路和硬體叢集。

安全的設計、操作和管理

由於數據中心是處理和儲存業務資料的集中地,因此安全方面需要全面且嚴密的規劃,例如實體訪問和邏輯存取控制以及資料恢復策略。

由於建造和營運內部數據中心有時成本高昂,因此將數據中心的 IT 資源外包已是數十年來的行業慣例。但是外包模型通常需要長期的用戶承諾,而且沒有彈性,而雲端可以透過自身的功能來解決這些問題,例如,隨時隨地的存取、按需求配置、快速彈性調整和按使用量付費。

數據中心的設施

數據中心設施是專門設計的地點,配備了專用於計算、儲存和網路設備。這些設施具有幾個主要功能區域,以及各種電源、纜線和環境控制站,用於調節供暖、通風、空調、消防和其他相關子系統。數據中心設施的場地設計通常規劃在獨立的區域。

運算所需的硬體

大部分數據中心繁重的運算工作由擁有強大計算能力和儲存空間的標準化商用伺服器所執行。這些模組化伺服器結合了幾種電腦硬體技術,例如:

- 由標準化機架組成,電源、網路和內部冷卻相互連結的機架式伺服器設計
- 支援不同的硬體處理器架構,例如 x86-32、x86-64 和 RISC
- 省電的多核 CPU 架構,可以在一個標準化機架單元這麼小的空間容納數百個處理核心
- 冗餘和熱插拔的元件,例如硬碟、電源、網路和儲存控制器介面卡

刀鋒伺服器等計算架構在機架中使用嵌入式實體線路(刀鋒外殼)、交換器(fabrics)和共享電源裝置以及冷卻風扇。直接相連的元件可改善元件間的網路連線和管理並同時最佳化物理空間和電源的使用。這些系統通常

支援單個伺服器熱插拔、擴展、更換和維護，有利於部署伺服器叢集的容錯系統。

現在的電腦硬體平台通常支援行業標準和專有的營運和管理軟體，這些系統可以從遠端控制台管理配置、監控和控制硬體 IT 資源。經過適當設置的管理控制台，僅需要一個操作者就可以監督數百到數千台實體伺服器、虛擬伺服器和其他 IT 資源。

儲存硬體

數據中心擁有專門設計的儲存系統，可以維護大量數據資料以滿足巨大的儲存容量需求。這些儲存系統由大量的硬碟組合成磁碟陣列容器。

儲存系統通常具有以下技術：

- 磁碟陣列（*Hard Disk Arrays*）：磁碟陣列會將數據分割和複製到多個實體硬碟之間，並利用備用硬碟來提高性能和冗餘。磁碟陣列通常使用容錯式磁碟陣列（RAID）技術，並透過硬體磁碟陣列控制器實現。

- I/O 快取（*I/O Caching*）：透過磁碟陣列控制器來執行，利用資料快取來改善磁碟存取時間和效能。

- 可熱插拔硬碟（*Hot-Swappable Hard Disks*）：硬碟可以在不關閉電源的情況下從陣列中安全移除。

- 虛擬化儲存（*Storage Virtualization*）：透過虛擬硬碟和共享儲存空間來實現。

- 快速資料複製機制（*Fast Data Replication Mechanisms*）：機制包括快照（*snapshotting*），將虛擬機的記憶體內容儲存到未來可供管理程式讀取的文件中以便重複使用，以及磁區複製（*volume cloning*），即複製虛擬或物理硬碟的磁區和分割區。

儲存系統包含第三種冗餘，例如自動化磁帶櫃，用來備份和復原系統，通常依靠可攜式儲存媒介。這種類型的系統可以作為網路化 IT 資源或直連式儲存裝置（direct-attached storage，DAS）存在，其中儲存系統使用主機匯流排介面卡（host bus adapter，HBA）直接連接到電腦 IT 資源。網路化 IT 資源則是將儲存系統透過網路連接到一個或多個 IT 資源。

網路儲存設備通常包含以下類別：

- 儲存區域網路（SAN）：實體資料儲存媒介透過專用網路連接，並使用行業的標準協定（例如小型電腦系統介面，SCSI）存取區塊資料儲存設備。

- 網路附加儲存（NAS）：專用的設備可以管理磁碟陣列，透過網路連接並使用以檔案為主的資料存取協定（例如網路文件系統（NFS）或網路檔案分享系統（SMB））提供使用。

NAS、SAN 和其他更進階的儲存系統透過冗餘的控制器、冷卻裝置和使用 RAID 的磁碟陣列在眾多元件中提供容錯能力。

網路硬體

數據中心需要大量的網路硬體來實現多層架構的連接。為了簡化網路基礎設施，我們可以將數據中心分解為五個網路子系統，然後簡述實現這些子系統最常用的元素。

線路營運商和外部網路的互連

這個子系統與網際網路基礎設施有關，通常由主幹路由器組成，提供對外網際網路連線和數據中心區域網路之間的路由，還有外圍網路安全設備，例如防火牆和 VPN 閘道器。

Web 負載平衡和加速

這個子系統包含 Web 加速設備，例如 XML 預處理器、加解密設備和能夠根據內容決定路由的第 7 層交換設備。

區域網路架構

區域網路架構組成內部網路，為數據中心內所有支援網路功能的 IT 資源提供高性能和冗餘的連線。這樣的架構通常由多個網路交換器實現，這些交換器促成網路通訊並進行高達每秒 10 gigabits 的傳輸速度。進階的網路交換器還可以提供虛擬化功能，例如將區域網劃分為 VLAN、線路聚合（link aggregation）、控制網路之間的路由、負載平衡和故障轉移。

儲存區域網路架構（SAN）

儲存區域網路架構（SAN）為伺服器和儲存系統之間網路連接的實作，通常使用光纖通道（FC）、乙太網路光纖通道（FCoE）和 InfiniBand 網路交換器實現。

NAS 閘道器

這個子系統提供 NAS 儲存設備的連接點，透過硬體裝置來進行協定轉換，達成 SAN 和 NAS 設備之間的資料傳輸。

數據中心網路技術在可擴展性和高可用性方面透過冗餘和容錯配置來滿足營運的需求。這五個網路子系統提高數據中心的冗餘性和可靠性，即使在發生多個故障的情況下，也能確保擁有足夠的 IT 資源來維持一定的服務水準。

超高速光纖網路可以使用高密度分波多工系統（DWDM）等技術將多個 gigabit 通道集合到單一光纖中。光纖線路分佈在各個地方，用來連接伺服器集群、儲存系統和其他數據中心，並提高傳輸速度和彈性。

無伺服器（Serverless）環境

無伺服器環境由各種技術組成，這些技術可以自動提供運行時的資源，提供應用程式部署而無須事先配置運作所需的底層資源。

部署軟體的邏輯依舊會在實體、虛擬、容器化或其他類型的伺服器上運行，但服務管理員不必擔心容量規劃、管理、彈性或可擴展性的配置，因為無伺服器環境會負責處理這方面的配置。

無伺服器技術涵蓋自動化、虛擬化、基礎設施和軟體的部署和管理「基礎設施即代碼（Infrastructure as Code）以及持續部署（Continuous Deployment）」，全部包含在一個高度客製化的雲端服務中，允許開發人員只需上傳程式碼和運行時的需求描述檔（使用雲端服務供應商特定的語言），無伺服器環境便會接手後續事宜。

最常見的是由公有雲端服務供應商提供和營運的無伺服器環境，他們利用容器引擎或虛擬機器將一個應用程式的執行環境與另一個隔離。雲端使用者看不到執行環境的細節，雲端服務供應商則負責管理底層基礎設施，例如作業系統、虛擬機器和容器。

使用這些無伺服器技術部署的程式，雲端服務供應商只會根據程式實際運行時間計費。當程式沒有運行時就不會產生任何費用。這可以被認為是無伺服器技術最主要的優勢之一，再加上部署到生產環境的流程自動化，為開發團隊提供了易用性。

NoSQL 叢集

NoSQL（「不只是 SQL」的縮寫）指的是用於開發下一代非關聯型資料庫的技術，這些資料庫具有高度的可擴展性和容錯性。這些技術之所以能實現高度的可擴展性和容錯性，是因為它們是設計由伺服器叢集組成，作為一個單一的資料庫或儲存實體運行，被稱為 NoSQL 叢集。

叢集是一個由網路連接在一起的中央管理節點群，用於並行處理任務，每個節點負責解決大問題中的一個小任務（圖 5.8）。叢集提供分散式資料處理。理想情況下，一個叢集由較低成本的通用節點所組成，因為叢集實際上是由多個個別的實體節點結合而來的，因此可以共同提供更強的處理能力，並具有冗餘和容錯性的特點。

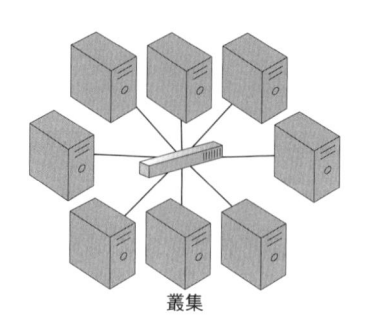

圖 5.8 叢集可以被用來作為各種雲端解決方案的部署環境，包含 NoSQL 資料庫。

叢集具有高度的可擴展性，支援水平擴展以達到線性的性能提升。它們為處理引擎提供了理想的部署環境，因為大型資料集可以分割成較小的資料集，然後以分散的方式並行處理。

叢集是雲端運算平台提供的一項基本資源。叢集技術用於提供大數據平台相關服務、進階的容器管理環境、自動擴展應用程式的開發以及部署環境（例如 PaaS）等。

NoSQL 叢集提供可擴展、高可用、容錯且讀寫操作非常快速的儲存設備。但是這些設備不像關聯式資料庫管理系統（RDBMS）提供資料交易和一致性的支援。

以下是一些 NoSQL 儲存設備的主要功能：

- 非結構化資料模型（*Schemaless Data Model*）：數據可以以原始形式存在。

- 水平擴展而非垂直擴展：根據需要增加額外的節點而不是用性能更好的節點替換。

- 高可用性：NoSQL 儲存設備建立在叢集的技術上，這些技術本身就具有容錯性。

- **較低的營運成本**：這些設備建立在開源平台之上，不須授權費用，並且可以部署在商用硬體上。

- **最終一致性**：在寫入操作之後，跨多個節點的讀取可能不會立即呈現一致性，但最後所有節點都將處於一致狀態。

- **BASE 而不是 ACID**：BASE 兼容性要求資料庫在網路或節點故障的情況下保持高可用性，同時不要求資料庫在每次更新時都處於一致狀態。資料庫可以在軟狀態（soft state）或不一致的狀態下運行，直到最終達到一致性。

- **基於 API 的資料存取**：資料存取通常透過 API 的查詢來進行，包括 RESTful API。一些實作還可能提供類似 SQL 的查詢功能。

- **自動分片（Sharding）和複製（Replication）**：為了支持水平擴展並提供高可用性，NoSQL 儲存設備會自動採用分片和複製技術，將資料集水平分區然後複製到多個節點。

- **內建快取**：此功能移除了對第三方分散式快取層（例如 Memcached）的需求。

- **分散式查詢支援**：NoSQL 儲存設備在跨多個分片查詢時保持一致的行為。

- **混合持久化**：使用 NoSQL 設備儲存並不會強制淘汰傳統 RDBMS。兩種類型的儲存可以同時使用，從而支持混合持久化，這是一種使用不同類型的儲存技術來持久化資料的方法。這對於開發需要結構化資料以及半結構化或非結構化資料的系統非常有用。

- **聚合導向**：與關聯式資料庫對完全正規化的資料具有較高效率不同，NoSQL 儲存設備儲存未標準化的聚合資料（包含合併，或者巢狀的資料物件），去除了應用程式物件與儲存在資料庫中資料的物件關聯對映需求。

其他注意事項

IT 硬體容易因為技術快速發展而被淘汰，其生命週期通常只有 5～7 年。經常需要更換設備而導致不同的硬體混合使用，這種異質性會使整個數據中心的營運和管理變得複雜，儘管可以透過虛擬化技術緩解這個問題。

因為資料大量存放在數據中心內，安全性成為考量資料中心的一個重大問題。即使擁有廣泛的安全預防措施，如果資料儲存在同個數據中心設施中，一旦透過安全漏洞成功入侵，受到的損失會比將數據分佈在各個獨立的元件中更大。

5.3 現代虛擬化技術

現代虛擬化技術是當前雲端平台的基礎。本節將介紹各種虛擬化類型和技術。

硬體獨立性

在特定的 IT 硬體平台上安裝作業系統和應用程式軟體，會導致許多軟硬體之間的依賴關係。在非虛擬化的環境中，作業系統會針對特定硬體型號進行配置，如果需要修改這些 IT 資源，就需要重新安裝作業系統。

虛擬化是一種轉換過程，它將獨特的 IT 硬體轉換成模擬和標準化的軟體副本。透過硬體獨立性，虛擬伺服器可以輕鬆地移動到另一個虛擬化主機，自動解決硬體與軟體之間的各種不相容問題。因此，複製和操作虛擬 IT 資源比複製實體硬體要容易得多。本書第三部分探討的架構模型提供許多這樣的例子。

伺服器整合

虛擬化軟體提供的協調功能允許在同一個虛擬化主機中同時創建多個虛擬伺服器。虛擬化技術使不同的虛擬伺服器可以共享一台實體伺服器。這個

過程稱為伺服器整合，通常用於提高硬體利用率、負載平衡和最佳化可用 IT 資源。產生的靈活性使得不同的虛擬伺服器可以在同一主機上運行不同的訪客作業系統。

這項基本功能成就了常見的雲端功能，例如按需使用、資源池化、彈性、可擴展性和韌性。

資源複製

虛擬伺服器以虛擬磁碟映像檔的形式建立，其中包含硬碟內容的二進位檔案副本。這些虛擬磁碟映像檔可供主機的作業系統存取，這意味著可以使用簡單的檔案操作（例如複製、移動和貼上）來複製、遷移和備份虛擬伺服器。這種易於操作和複製的功能是虛擬化技術最突出的特徵之一，因為它可以實現：

- 建立標準化的虛擬機器映像檔，這些映像檔通常存有虛擬硬體的功能、訪客作業系統和其他應用程式軟體，預先封裝在虛擬磁碟映像檔中以支援即時部署。

- 透過快速水平擴展和垂直擴展來提高遷移和部署新虛擬機的敏捷性。

- 復原功能，透過將虛擬伺服器記憶體和硬碟映像檔的狀態保存到以主機為單位的檔案中，來瞬間建立虛擬機快照。（操作者可以輕鬆地還原這些快照，並將虛擬機恢復到先前的狀態。）

- 支持業務連續性，提供高效的備份和還原流程，以及建立關鍵 IT 資源和應用程式的多個實例。

作業系統虛擬化

作業系統的虛擬化是在既有作業系統，或稱為**主機作業系統**上安裝虛擬化軟體（圖 5.9）。例如，使用者的工作站安裝了特定版本的 Windows 作業系統，想要生成虛擬伺服器，於是就像安裝其他程式一樣，將虛擬化軟體安裝到主機作業系統中。用戶需要使用虛擬化軟體來建立和操作一個或

多個虛擬伺服器，也需要使用虛擬化軟體來直接存取所有產生的虛擬伺服器。由於主機作業系統可以提供硬體設備所需的支援，即使虛擬化軟體沒有可用的硬體驅動程式，作業系統的虛擬化仍然可以解決硬體相容性問題。

虛擬化帶來的硬體獨立性使 IT 硬體資源能夠更靈活地使用。例如，考慮下列場景：主機作業系統擁有控制電腦上 5 個實體網路卡的必要軟體，即使虛擬化作業系統實際上無法容納 5 張網路卡，虛擬化軟體仍可以將這 5 張網路卡提供給虛擬伺服器使用。

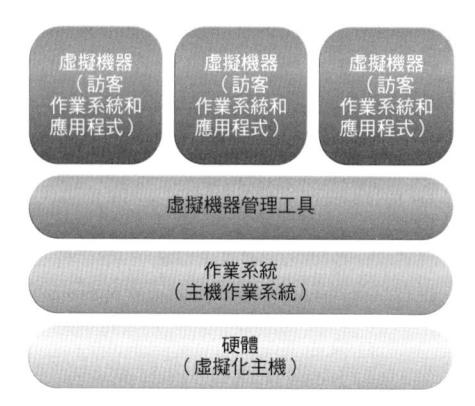

圖 5.9 作業系統虛擬化中不同層級的元件，虛擬機器管理工具先安裝在完整的主機作業系統中才能建立虛擬機器

虛擬化軟體需要獨特的應用程式才能將硬體 IT 資源轉換成與各種作業系統相容的虛擬化 IT 資源。由於主機作業系統本身就是一個完整的作業系統，因此可以使用許多基於作業系統的服務作為管理工具來管理實體主機。

這些服務的例子包括：

- 備份和復原
- 目錄服務整合
- 安全管理

作業系統虛擬化可能會帶來額外性能開銷的需求和問題，例如：

- 主機操作系統會消耗 CPU、記憶體和其他硬體 IT 資源。
- 來自訪客作業系統的硬體相關呼叫需要經過很多層才能到達硬體並返回，從而降低整體性能。
- 除了每個訪客作業系統需要單獨授權之外，通常還需要為主機作業系統付費授權。

作業系統的虛擬化需要注意運行虛擬化軟體和主機作業系統所需的處理器成本。安裝虛擬化層會對整體系統性能產生負面影響，因為需要使用者具備系統工作負載、軟硬體環境和複雜監控工具方面的專業知識，因此評估、監控和管理所產生的影響可能具有挑戰性。

硬體虛擬化

採用這個方案將虛擬化軟體直接安裝在實體主機硬體上，從而繞過主機作業系統（也就是前段所說，通常用於作業系統虛擬化場景）（圖 5.10）。由於允許虛擬伺服器直接與硬體互動，而無須主機作業系統的中間操作，因此硬體虛擬化通常效率更高。

圖 5.10　硬體虛擬化的不同邏輯層，不需要額外的主機作業系統

這種類型的虛擬化軟體通常稱為**管理程式**（*hypervisor*）。管理程式具有簡單的使用者介面，並且需要極少的儲存空間。作為處理硬體管理功能的輕量軟體層，用於建立虛擬化管理層。設備驅動程式和系統服務經過最佳化來提供虛擬伺服器服務，但許多標準的作業系統功能並沒有被實作。這種類型的虛擬化系統主要是用於最佳化多個虛擬伺服器使用同一個硬體平台時必要的協調過程所帶來的性能開銷。

硬體虛擬化面臨的主要問題之一是與硬體設備的相容性。虛擬化層主要用於直接與主機硬體溝通，也就是所有相關設備的驅動程式和支援軟體都需要與管理程式相容。與作業系統相比，管理程式平台可能無法獲得大量的硬體設備驅動程式。此外，主機管理和管理功能可能不包含常見於操作系統的各種進階功能。

容器和應用程式的虛擬化

應用程式虛擬化是一種建立和使應用程式無須依賴作業系統的方法。對於許多類型的應用程式和服務，容器提供了一種可移植、相容且高度可管理的部署環境，允許獨立和自主的軟體程式和系統在幾乎任何平台上運行，這符合應用程式虛擬化的定義。

運行在容器中的軟體幾乎可以在任何地方部署，無論其部署的執行環境為何，始終可以獨立的提供相同的功能。容器適用於應用程式的虛擬化，因為運行在容器中的應用程式可以在任何平台上運作，無論底層作業系統和硬體架構為何，只要平台上運作著相容的容器化引擎即可，如圖 5.11 所示。

容器化已成為當代雲端環境中的基礎設施技術，將在第 6 章中詳細介紹。

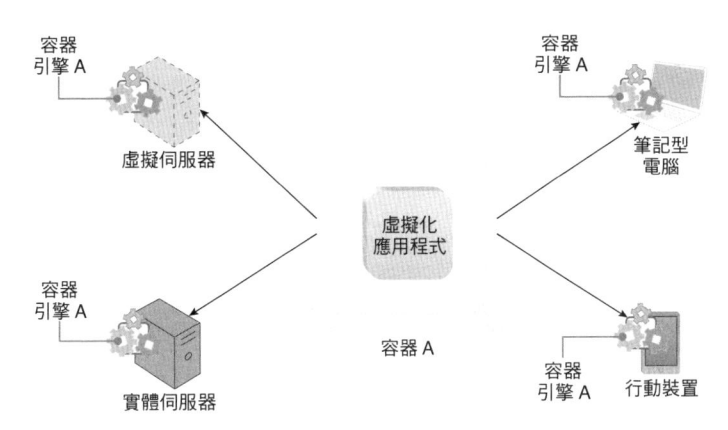

圖 5.11 虛擬化軟體可以運行在容器中，並部署在所有可以運行相同容器引擎的環境而忽略底層的作業系統和硬體架構

虛擬化管理

與使用實體伺服器相比，使用虛擬伺服器可以更輕鬆地執行許多管理任務。現代虛擬化軟體提供了一些進階管理功能，可以自動化管理任務並降低虛擬化 IT 資源的整體營運負擔。

虛擬化 IT 資源管理通常由*虛擬化基礎架構管理工具*（*VIM*）支持，仰賴中央管理模組（也稱為控制器）這些工具可以共同管理虛擬 IT 資源。VIM 通常包含在第 12 章描述的資源管理系統機制中。

其他注意事項

- **性能開銷**：對於具有高工作負載且很少用到資源共享和複製的複雜系統而言，虛擬化可能並不是理想的解決方案。設計不完善的虛擬化計畫可能會導致過高的性能消耗。解決開銷問題的一種常見策略稱為半虛擬化（para-virtualization）的技術，它為虛擬機提供了一個與底層硬體不完全相同的軟體介面，該軟體介面經過修改以減少訪客作業系統的處理開銷，而這方面的管理難度較高。這種方法的主要缺點在於需要使訪客作業系統適應半虛擬化 API，這可能會增加使用標準訪客作業系統的阻礙，同時降低解決方案的可移植性。

- **特殊硬體相容性**：許多銷售專用硬體的硬體廠商可能沒有與虛擬化軟體相容的設備驅動程式版本。反之，軟體本身也可能與最近發佈的硬體版本不相容。這類相容性問題可以透過使用成熟的商用硬體平台和虛擬化軟體產品來解決。容器引擎不受此限制，因為它們運行在主機作業系統的最上層，可以抽象化任何潛在的硬體相容性問題，而使容器化成為一種高度可移植的虛擬化技術。

- **可移植性**：虛擬化程式與各種虛擬化解決方案協同工作的管理和程式介面由於存在不相容的問題，可能會降低可移植性。開放虛擬化格式（OVF）的目標在標準化虛擬硬碟映像檔的格式就是為了減少這種問題。因此，容器化提供了一種替代性的虛擬化技術，具有非常高的可移植性。

5.4 多租戶技術

多租戶應用程式設計模式讓多個用戶（租戶）能夠同時存取相同的應用程式邏輯。每個租戶都有自己專屬的應用程式範圍，可以像操作專用軟體個體一樣使用、管理和客製化，對於其他正在使用相同應用程式的租戶是完全沒有感覺的。

多租戶應用程式可確保租戶無法存取不屬於自己的資料和設定參數。租戶可以個別客製化應用程式的功能，例如：

- **使用者介面**：租戶可以定義其應用程式介面的專屬「外觀和感覺」。

- **業務流程**：租戶可以客製化應用程式中所運行的業務流程的規則、邏輯和工作流程。

- 資料模型：租戶可以延展應用程式的資料結構，以包含、排除或重新命名應用程式資料結構的欄位。
- 權限控制：租戶可以獨立控制用戶和群組的存取權限。

多租戶應用程式架構通常比單租戶應用程式的架構複雜。多租戶應用程式需要支援多個用戶共享各種項目（包括入口網站、資料架構、中介層和資料庫），同時還要保持隔離各個租戶操作環境的安全等級。

多租戶應用程式的常見特徵包括：

- 使用隔離：一個租戶的使用行為不會影響其他租戶的應用程式的可用性和性能。
- 資料安全：租戶無法存取屬於其他租戶的資料。
- 可復原：每個租戶的資料都會單獨執行備份和還原。
- 應用程式升級：共用的軟體元件在升級時不會對租戶產生負面影響。
- 可擴展性：應用程式可以擴展以適應現有租戶使用量或數量的增加。
- 按使用計費：租戶只會被收取使用應用程式的功能和資料處理的費用。
- 資料層隔離：租戶可以擁有獨立的資料庫、表格或資料結構並與其他租戶隔離。或者也可以刻意設計為租戶共享資料庫、表格或資料結構。

圖 5.12 描繪一個正同時被兩個不同租戶使用的多租戶應用程式。這種類型的應用程式在 SaaS 中很常見。

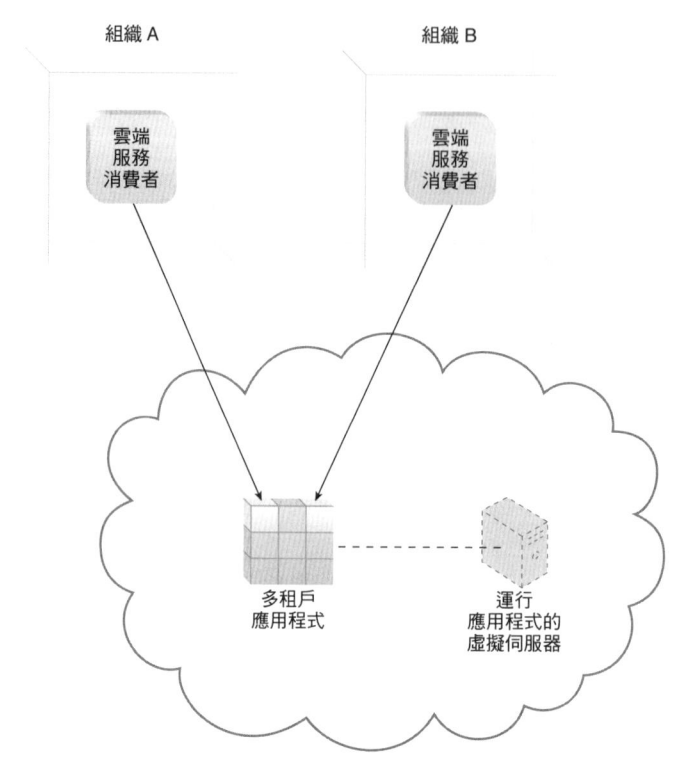

圖 5.12 多租戶應用程式同時服務多個雲端服務消費者

多租戶 vs. 虛擬化

多租戶有時會與虛擬化混淆，因為多個租戶與多個虛擬機器的概念類似，而它們本質上的區別在於如何實際運作在實體伺服器上：

- 虛擬化：一台實體伺服器可以託管多個伺服器環境的虛擬副本。每個副本都可以提供給不同的用戶，可以獨立配置，並且可以包含自己的作業系統和應用程式。

- 多租戶：實體或虛擬伺服器透過專門設計的應用程式，允許多個不同的用戶使用。每個用戶都感覺自己擁有應用程式的專屬使用權。

5.5 服務技術與服務 API

服務技術領域是雲端運算的基石,奠定了「即服務」雲端交付模式的基礎。本節將描述幾種用於實現和建構雲端環境的重要服務技術。

> **關於網頁服務**
>
> 使用標準化協定,網頁服務是以獨立的邏輯單元運作,支援透過網路進行機器對機器的相互呼叫。這些服務通常設計遵守行業標準和慣例的非專利技術進行通訊。由於它們唯一的功能是在電腦之間處理資料,因此這些服務會公開 API,而不提供使用者介面。網頁服務和 REST 服務是兩種常見的基於網路的服務形式。

REST 服務

REST 服務依據一套標準而設計,這些標準用於建立服務架構,使其模擬全球資訊網(World Wide Web)的屬性,實現採用核心網頁技術的服務。

REST 設計原則包含以下 6 點:

- 客戶端與伺服器分離
- 無狀態
- 可快取
- 統一的介面標準
- 分層系統
- 按需要動態執行的程式碼

REST 服務沒有單獨的技術介面,而是共享一種稱為「統一協定」(uniform contract)的通用技術介面,通常使用 HTTP 協定來建立。

> **NOTE**
> 想瞭解更多關於 REST 服務的資訊，可以參閱 Thomas Erl 所著的「Pearson 數位企業系列」中的《SOA 與 REST：用 REST 構建企業級 SOA 解決方案》。

網頁服務

網頁服務（通常以「基於 SOAP」為前綴）代表一種成熟且普遍的媒介，用於複雜的網路服務邏輯。除了 XML 之外，網頁服務的核心技術還包含以下業界標準：

- 網路服務描述語言（*Web Service Description Language*，*WSDL*）：此標記式語言用於建立 WSDL 定義，該定義描述網路服務的應用程式介面（API），包括個別操作函數以及每個操作的輸入和輸出訊息。

- XML 結構定義語言（*XML Schema Definition Language*，*XML Schema*）：網路服務交換的訊息必須使用 XML 格式。建立 XML 格式是為了定義網路服務交換 XML 時的輸入和輸出訊息資料結構。XML 架構可以直接連結到 WSDL 定義或嵌入其中。

- *SOAP*：原稱為簡單物件存取協定（*Simple Object Access Protocol*），此標準定義了網路服務交換的請求和回傳訊息所使用的通用訊息格式。SOAP 訊息由主體和標頭組成。主體部分包含主要的訊息內容，標頭部分用於包含可在運行時處理的詮釋資料（metadata）。

- 統一描述、發現和集成（*Universal Description, Discovery, and Integration*，*UDDI*）：此標準規範如何提供服務目錄註冊，WSDL 定義可以在 UDDI 中發佈，作為服務目錄的一部分，以便使用發現服務。

這 4 種技術共同構成了第一代網路服務技術（圖 5.13）。另外也開發了一系列的第二代網路服務技術（通常稱為 WS-*），用於提供各種額外的功能，例如安全性、可靠性、交易、路由和業務流程自動化。

5.5 服務技術與服務API

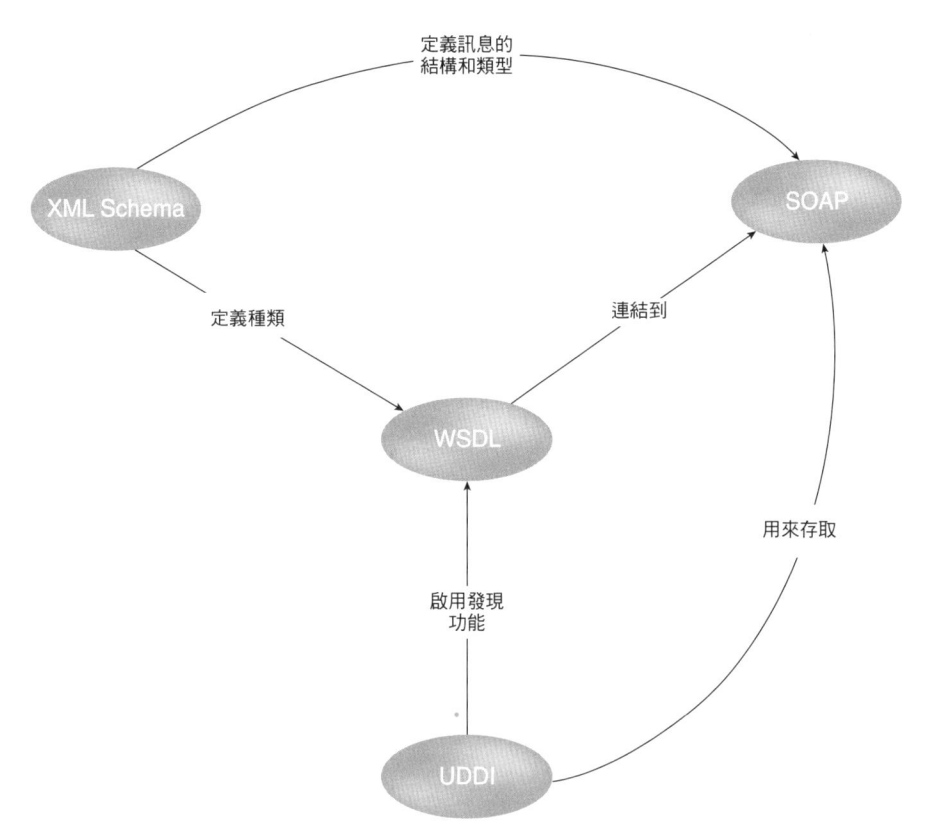

圖 5.13 第一代網頁服務技術之間的關聯

> **NOTE**
>
> 想瞭解更多關於網頁服務技術的資訊，你可以參閱 Thomas Erl 所著的「Pearson 數位企業系列」中的《Web Service Contract Design & Versioning for SOA》（暫譯：SOA 的網路服務合約設計與版本管理）。這本書詳盡涵蓋了第一代和第二代網頁服務標準的技術細節。

服務代理人

服務代理人是事件驅動的程式，在運行時接收訊息。雲端環境中常使用的服務代理人可分為主動式和被動式兩種。主動式服務代理人會在接收並讀取訊息內容後執行指令。這些指令通常需要更改訊息內容（最常見的是訊息的標頭，比較少見的是主體內容）或更改訊息路徑。被動式服務代理人則不會更改訊息內容。相反的它們會讀取訊息，然後可能擷取訊息內容的某些部分，通常用於監控、日誌紀錄或報告。

雲端的環境會大量仰賴系統層級和自定義服務代理人來執行大部分運行中的監控和測量，以確保可以立即執行彈性擴展和按使用付費等功能。

本書第二部分所描述的幾種機制本身就是服務代理人，或者依賴服務代理人所運作。

服務中介軟體

服務技術的範疇涵蓋了龐大的中介軟體平台市場，這些平台從訊息為主的中介軟體（messaging-oriented middleware，MOM）平台演變而來，過去主要用於加速整合，如今發展成複雜的服務中介軟體平台，用於配合複雜的服務組合。

與服務運算最相關的兩種最常見中介軟體平台是企業服務匯流排（enterprise service bus，ESB）和流程調度平台。ESB 涵蓋一系列中介處理功能，包括服務仲介、路由和訊息佇列。調度環境則用於託管和執行工作流程的邏輯時所需要的服務組合。

兩種形式的服務中介軟體都可以部署和運行在雲端環境中。

網頁式 RPC

雲端服務供應商通常利用 RESTful 提供服務的資源存取。RESTful 服務及服務使用者之間的互動需要大量的頻寬，因為過程可能需要透過網路交換多條訊息。

傳統的 RPC 框架可以克服 RESTful 架構所帶來的部分性能挑戰，但它們僅限於透過 TCP/IP 進行通信，這不相容於網路應用程式的需求。為了解決這兩方面的限制，開發了一系列現代協定，既能利用 RPC 的性能優勢，又能支援網頁通訊。這些協定包括：

- gRPC（最初由 Google 開發）
- GraphQL（最初由 Facebook 開發）
- Falcor（最初由 Netflix 開發）

每個協定都是因應組織的需要而克服既有協定的限制並開發出來的。

案例研究

DTGOV 在每個數據中心都建置了雲端相容基礎設施，其包含以下組件：

- 第三等級基礎設施建築：在數據中心建築中提供所有中央子系統的冗餘配置。
- 與公營事業服務的冗餘連接，這些供應商安裝額外的電源和供水設備，可在發生一般性故障時啟動。
- 互聯網路：透過專用線路在 3 個數據中心之間提供超高頻寬連線。
- 每個數據中心連接到多個 ISP 和 .GOV 的外部網路冗餘，使 DTGOV 能夠與其主要政府客戶連線。
- 透過雲端相容的虛擬化平台將高容量的標準化硬體設備聚集並進行抽象化。

實體伺服器按伺服器機架組合，每個機架都具有兩個冗餘的機頂路由交換器（第三層），連接到每個實體伺服器。這些路由交換器互相連線到已設定為叢集的區域網路核心交換器。核心交換器連接到提供網際網路功能的路由器和提供網路存取控制功能的防火牆。圖 5.14 說明數據中心內伺服器網路連接的物理佈局。

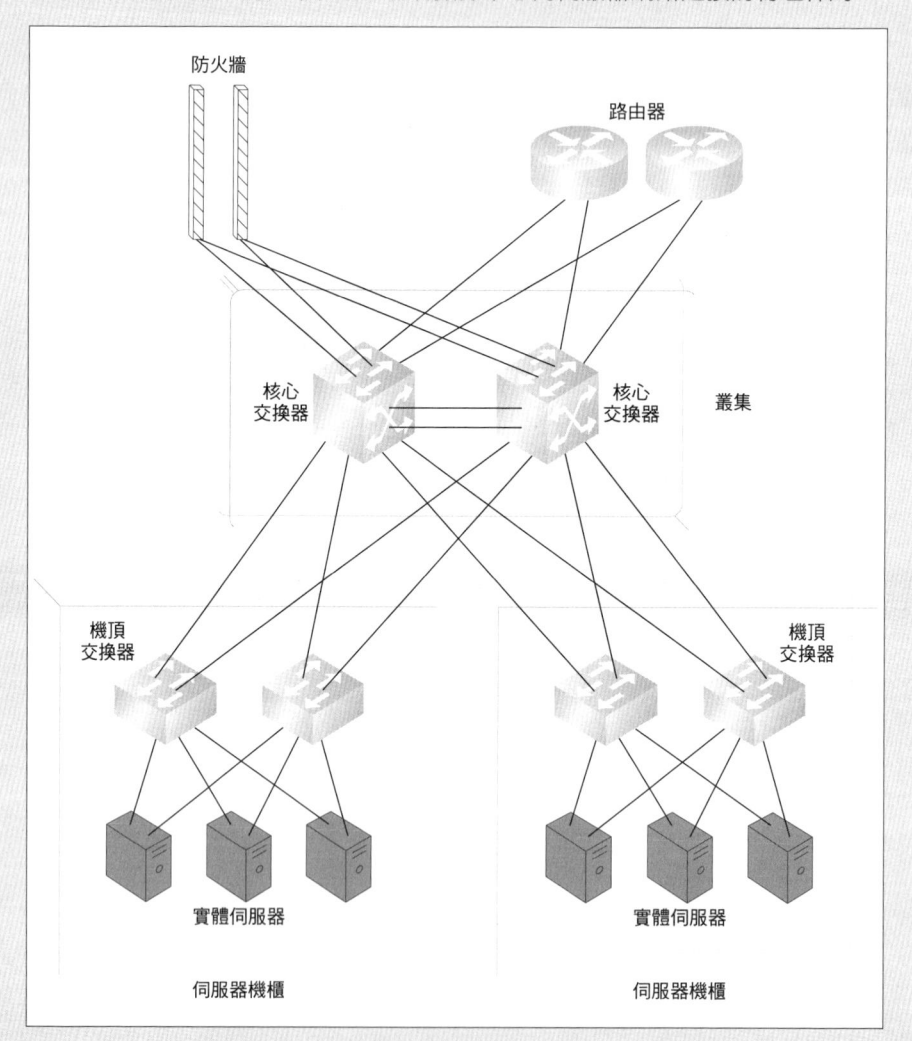

圖 5.14 DTGOV 數據中心內的伺服器和網路連線

獨立的網路用於連接儲存系統和伺服器，該網路採用叢集式儲存區域網路（SAN）交換器，並透過類似的冗餘架構連接到各種設備（圖 5.15）。

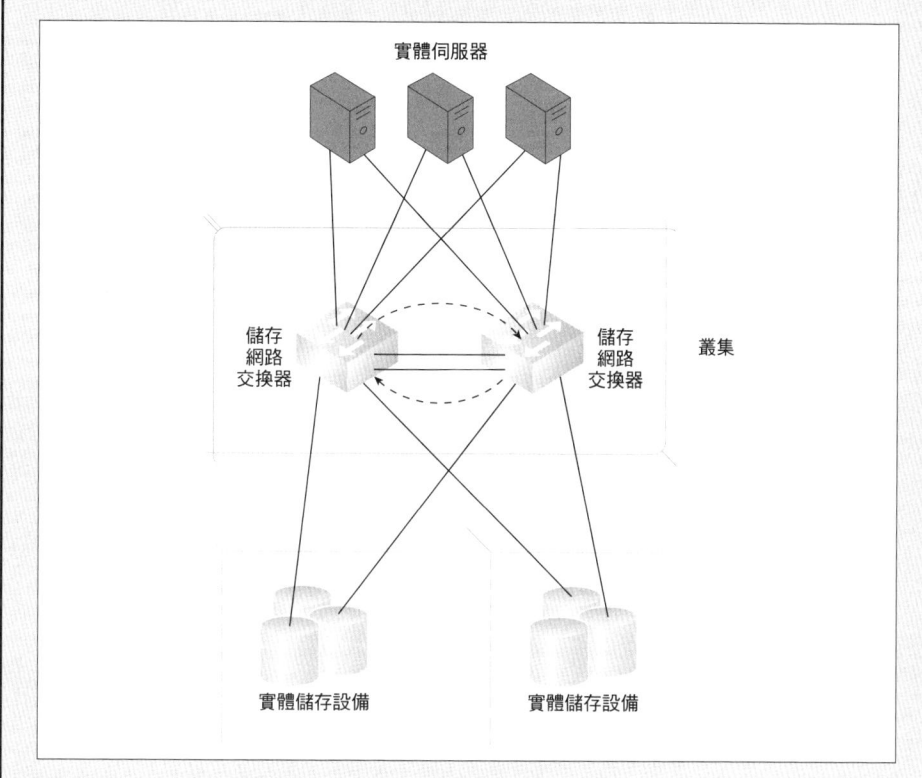

圖 5.15　DTGOV 數據中心內的儲存系統網路連線

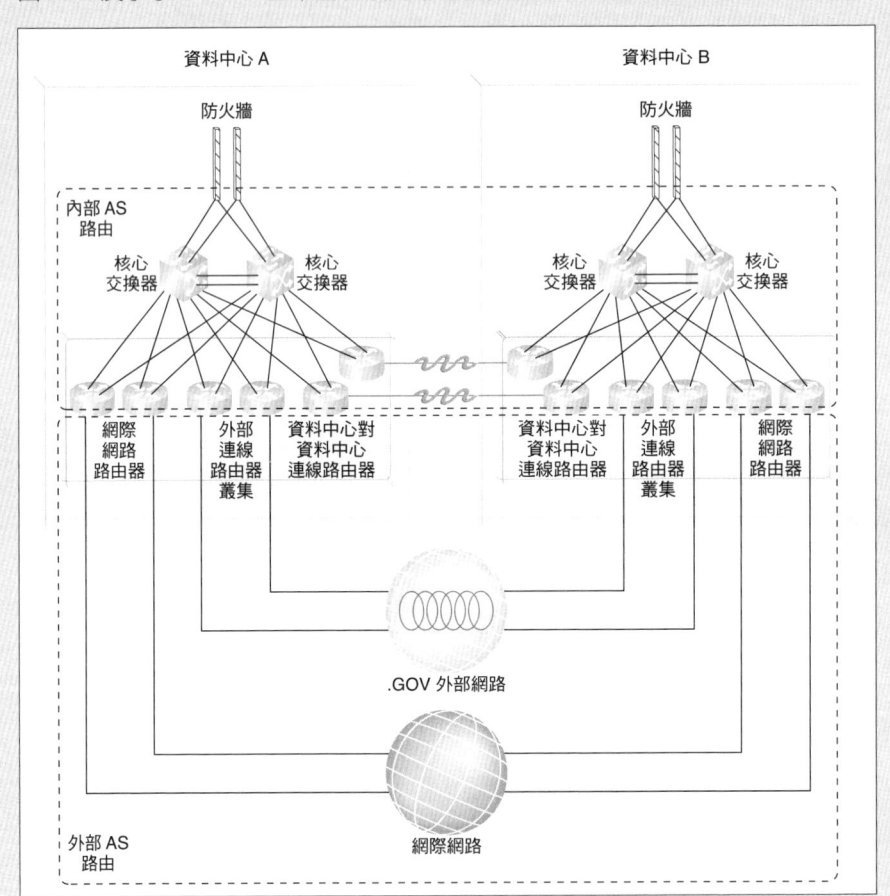

圖 5.16 展示了 DTGOV 企業基礎設施中每個數據中心之間建立的互聯網路架構。

圖 5.16 DTGOV 數據中心之間的網路連線設計，每兩個數據中心之間的設計相同。DTGOV 的網路連線設計為網際網路上的自治系統（autonomous system，AS），也就是說數據中心之間的區域網路定義為內部 AS 路由範圍。對外部 ISP 的連線才透過內部 AS 路由技術來控制，提供網際網路，負載平衡，故障轉移的靈活配置能力。

就像圖 5.15 和 5.16 所示，將相互連結的實體 IT 資源與虛擬化 IT 資源相結合，可以實現虛擬 IT 資源的動態分配和良好的管理配置。

Chapter **6**

瞭解容器化

6.1 起源與影響
6.2 虛擬化與容器化基礎
6.3 瞭解容器
6.4 瞭解容器映像檔
6.5 多種容器類型

容器化是一種虛擬化技術，用於部署和運行應用程式和服務，而無須為每個解決方案部署虛擬伺服器。本章涵蓋了虛擬化的基本主題，然後詳細介紹容器化技術和容器的使用。

> **NOTE**
> 本章附錄 B 提供了 Docker 和 Kubernetes 容器化技術的額外內容。

6.1 起源與影響

容器化簡史

容器的概念可以追溯到 1970 年代，最初的目的是在 Unix 系統中提供更好隔離應用程式的功能。早期容器提供了一個隔離的環境，讓服務和應用程式可以在容器中運行而不干擾其他程式，建立一個類似沙箱的環境來測試應用程式、服務和其他程式。

幾十年後，由於許多 Linux 發行版發佈了新的部署和管理工具，容器才得以廣泛使用。運行在 Linux 系統上的容器演變成了一種作業系統層級的虛擬化技術，專門設計用於在單個 Linux 主機上運行多個隔離的 Linux 環境。儘管容器在 Linux 平台上逐漸擴大用途，仍有一些障礙需要解決，例如統一的管理方式、真正的可移植性、兼容性和可擴展性控制。

Apache Mesos、Google Borg 和 Facebook Tupperware 的出現代表在 Linux 系統上使用容器取得了重大進展，這些系統都提供了不同程度的容器調度和叢集管理功能。這些系統可以即時建立數百個容器，自動故障轉移和其他大規模容器管理所需的關鍵任務功能。Docker 容器推出後，容器化開始成為 IT 主流。Docker 的先導地位催生了更複雜的容器化平台創新，例如 Marathon、Kubernetes 和 Docker Swarm。

容器化與雲端運算

雲端運算促使虛擬化技術普及，雲端運算技術的進一步發展進也成就了現代容器化技術的實現。容器化已經成為現今雲端運算基礎設施的重要成員。

容器的導入可以支援雲端運算背後的主要業務驅動因素。

容器化建立的簡化且靈活的部署架構可以直接成就雲端運算的主要業務驅動因素──成本降低和業務敏捷性（正如第 3 章所述），並能進一步使雲端解決方案更容易適應不斷變化的使用需求。

6.2 虛擬化與容器化基礎

這一節涵蓋了作業系統和虛擬化技術相關的基本術語和概念。接著介紹容器化的基本元件並在最後比較虛擬化和容器化技術。

作業系統基礎

作業系統是安裝在電腦主機上的軟體，提供一系列程式、工具、程式庫和其他資源來管理電腦主機，用於託管和確保安裝在作業系統上的應用程式能持續運作的程式，以及各種消費端應用程式。

作業系統中用於執行應用程式和持續運作的程式統稱為**執行環境**（*Run time*）（圖 6.1）。應用程式可能會使用自帶的執行環境，該軟體在作業系統執行環境上運行。

圖 6.1 用於代表執行環境的圖示

虛擬化的基礎

為了更容易理解容器化，先建立一些關於虛擬化的基礎知識非常重要。正如第 3 章中已經說明的，**虛擬化**是一種技術使實體 IT 資源能夠提供多個自己的虛擬映像，因此可以將其底層處理能力共享給多個解決方案。

實體伺服器

最常被虛擬化的實體 IT 資源是實體伺服器（圖 6.2）。實體伺服器提供了作業系統環境，可以託管應用程式、服務和其他軟體程式。

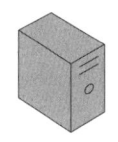

圖 6.2　代表實體伺服器的圖示

虛擬伺服器

當使用虛擬化技術時，實體伺服器提供運行作業系統的環境可以抽象成一個或多個虛擬伺服器（圖 6.3）。

圖 6.3　代表虛擬伺服器的圖示

每個虛擬伺服器都可以提供一個乾淨的專屬副本（或**映像**）的作業系統運行環境，該環境也可以稱為**訪客作業系統**。每個虛擬伺服器都可以將其虛擬化的作業系統環境提供給不同消費者應用程式或服務使用，這些應用程式或服務不需要瞭解底層實體伺服器的存在或運行方式（圖 6.4）。隨著消費者使用需求的波動，可以相應地擴展實體伺服器。

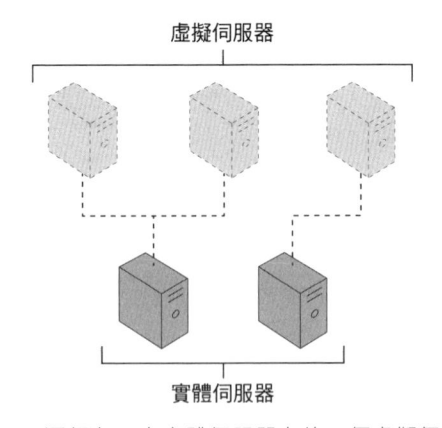

圖 6.4　運行在 2 台實體伺服器上的 3 個虛擬伺服器

負責實體伺服器的管理員可以保留對實體伺服器硬體及其作業系統的管理控制權。負責單個虛擬伺服器的管理員不會被授予（也不需要）存取底層實體伺服器的權限，但是他們可以獨立控制各自的虛擬作業系統環境。

虛擬機管理程式

負責從一台實體伺服器建立和運行多個虛擬伺服器的元件是**虛擬機管理程式**（圖 6.5 和 6.6）。

圖 6.5 代表虛擬機管理程式的圖示

虛擬伺服器將虛擬機管理程式模擬的硬體視為真實硬體。每個虛擬伺服器都有自己的作業系統（也稱為訪客作業系統），需要部署在虛擬伺服器內部，並像部署在實體伺服器上一樣進行管理和維護。

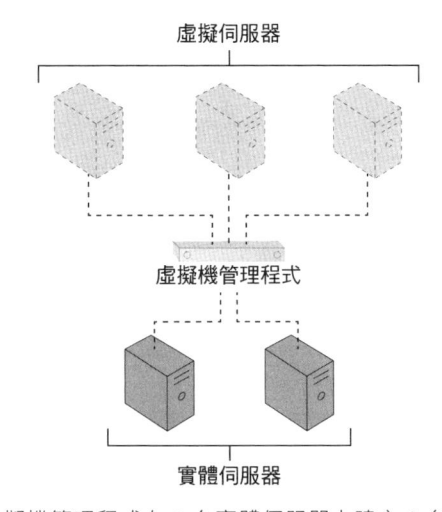

圖 6.6 虛擬機管理程式在 2 台實體伺服器上建立 3 台虛擬伺服器

虛擬化類型

有兩種虛擬化環境類型，主要區別在於實體伺服器是否安裝了作業系統。

在類型 1 虛擬化環境中，實體伺服器沒有安裝作業系統。只有虛擬機管理程式安裝在實體伺服器上，它負責建立虛擬伺服器並提供虛擬化作業系統所需的環境（圖 6.7）。

圖 6.7 實體伺服器只有安裝虛擬機管理程式用來建立虛擬伺服器，每個虛擬伺服器擁有自己的作業系統

在類型 2 虛擬化環境中，實體伺服器安裝了作業系統，也可能安裝了虛擬機管理程式。在這種情況下，可以使用安裝好的作業系統存取實體伺服器，虛擬機管理程式則單純負責建立虛擬伺服器並為它們提供虛擬化作業系統所需的環境（圖 6.8）。

圖 6.8 實體伺服器安裝作業系統及虛擬機管理程式，並建立兩個虛擬伺服器且各自擁有作業系統

容器化的基礎

容器

容器（圖 6.9）是一個虛擬化的託管環境，可經最佳化後提供託管軟體程式所需的最少資源。容器具有各種功能和特性，後續的「瞭解容器」小節中將更詳細地探討。

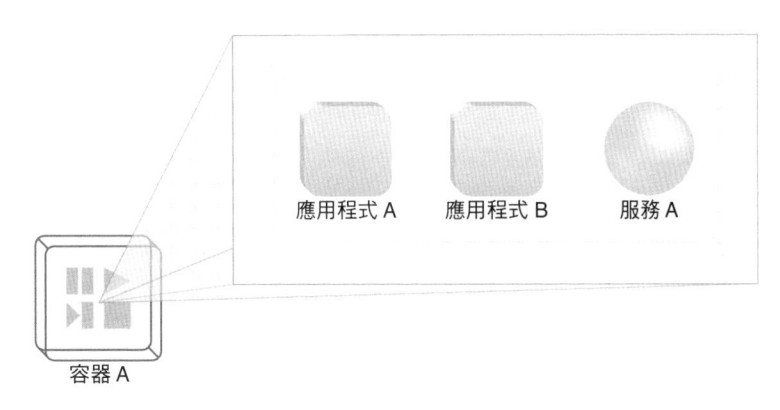

圖 6.9 左邊的圖示為容器。右邊的圖示也代表容器，但同時將容器的內容標示出來

容器映像檔

容器映像檔（圖 6.10）跟用於部署容器所使用的預先模板類似。定義和使用容器映像檔是容器化平台運行方式不可或缺的一部分。後續的「瞭解容器映像檔」小節將提供更多資訊。

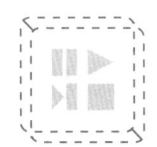

圖 6.10 代表容器映像檔的圖示

容器引擎

容器引擎（圖 6.11），也稱為容器化引擎，負責根據事先定義的容器映像檔建立容器。容器引擎部署在實體或虛擬伺服器的作業系統中，將容器所需資源抽象化。

圖 6.11 代表容器引擎的圖示

容器引擎是容器化平台的核心,負責許多主要任務。實作分為以下兩個「層面」:

- **管理層**:圖形化使用者介面和命令列工具,供人類管理員設置和維護容器引擎環境
- **控 制 層**:容器引擎的其餘功能,主要用於自動執行並回應管理層發出的設置和命令

一個容器引擎可以建立多個容器(圖 6.12)。

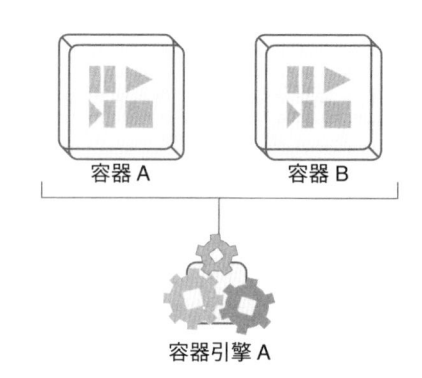

圖 6.12 容器引擎建立兩個不同的容器

Pod

Pod,也稱為*邏輯 Pod 容器*,是一種特殊的系統容器,可運行單個容器或組成共享儲存或網路資源及共用配置(該配置決定如何運行容器)的容器組合(圖 6.13)。

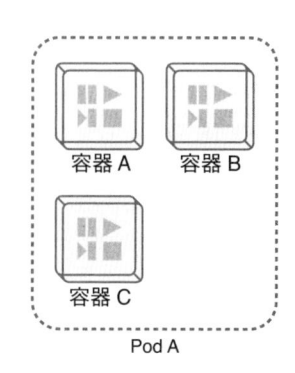

圖 6.13 Pod 是多個容器的集合

Pod 與容器部署的關係將在後續「瞭解容器映像檔」小節中的「容器和 Pod」部分進一步探討。

主機

主機是部署容器的環境。主機可以是伺服器或節點。主機提供作業系統，容器從主機中抽象出運行託管程式所需的資源。單個主機上可以部署和運行多個容器（圖 6.14）。

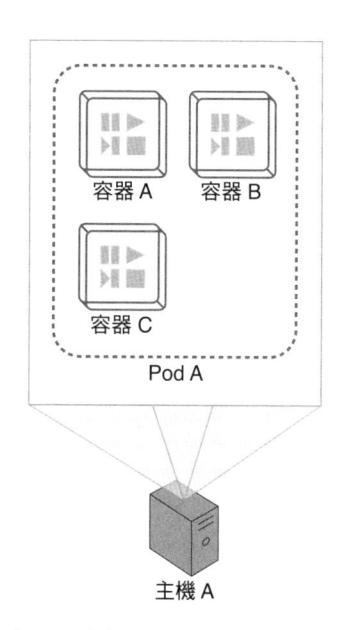

圖 6.14 　虛擬伺服器主機 A 中運行 1 個 Pod，包含 3 個容器

不同組合的容器和 Pod 可以在不同的主機上部署（圖 6.15）。但是一個 Pod 不能跨越多個主機。

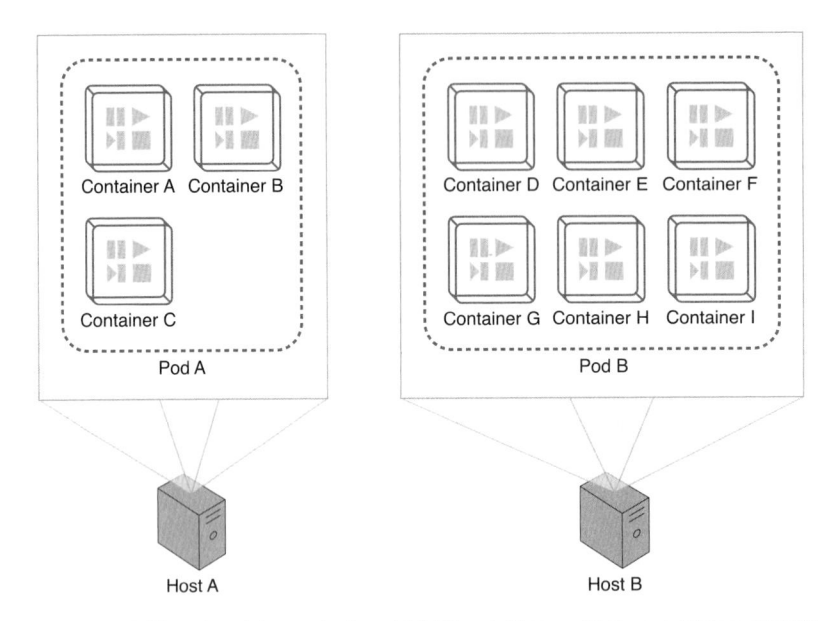

圖 6.15 主機 A 有一個 Pod 包含 3 個容器，主機 B 一個 Pod 中則有 6 個容器

當部署的容器引擎不支援 Pod 時，容器也可以在沒有 Pod 的情況下運行在主機上（圖 6.16）。

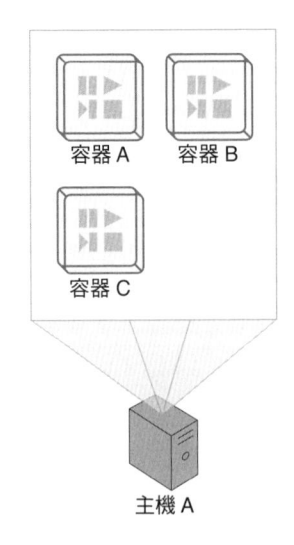

圖 6.16 主機 A 中有 3 個容器在沒有 Pod 的情況下運作

主機通常以實體伺服器的形式存在，但主機也可以是虛擬伺服器。當容器部署在虛擬伺服器上時，它被認為是一種**巢狀虛擬化**，因為一個虛擬化系統部署在另一個虛擬化系統上。

主機叢集

主機伺服器可以組合成「叢集」，這些叢集可以共同建立一個隨時可用的運算資源池提高計算能力。虛擬主機和實體主機都可以組合成叢集（圖 6.17 和 6.18）。在叢集環境中，主機伺服器通常稱為節點。

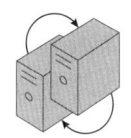

圖 6.17　代表實體伺服器叢集的圖示

常見的幾種主機叢集類型包括：

- 負載平衡（Load-Balanced）叢集：此類主機叢集專門用於在主機之間分配工作負載以增加資源容量，同時保持資源管理的集中化。通常會在叢集管理平台中實作負載平衡器或另外設置單獨的負載平衡器資源。

圖 6.18　代表虛擬伺服器叢集的圖示

- 高可用性叢集（High Availability，HA）：此類叢集可在多個主機發生故障的時維持系統可用性。通常擁有叢集全部或部分資源的冗餘配置，並具有故障轉移系統，該系統會監控故障條件並自動將工作負載從發生故障的主機環境中轉移。

- 彈性擴展叢集（Scaling Cluster）：此類叢集用於支援垂直擴展和水平擴展。

容器化平台利用上述所有類型的主機叢集模型來支援高性能和彈性需求，以及最佳化部署功能。

主機網路（Host Networks）和重疊網路（Overlay Networks）

每個主機都有自己的容器引擎，負責生成容器映像檔並在該主機上部署和運行容器。主機內的相關容器可以使用本地主機網路互相通訊。不同主機上的相關容器和容器引擎可以透過重疊網路互相通訊。這兩種類型的網路都稱為容器網路（圖 6.19）。

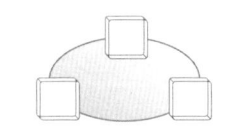

圖 6.19 代表容器網路的圖示

管理員可以配置容器網路來支援各種可擴展性和彈性功能，並控制哪些託管程式可以存取容器網路外的資源，後續會在「瞭解容器」小節中的「容器網路」部分進一步探討。

虛擬化與容器化

虛擬伺服器和容器之間的主要區別在於虛擬伺服器提供的是實體伺服器上整個作業系統的虛擬版本，而容器僅提供軟體程式（或程式組）真正會用到的部分作業系統資源。因此容器比虛擬伺服器佔用更少的空間並且效能更高。

實體伺服器上的容器化

在實體伺服器上部署容器時，容器化平台不需要虛擬化環境，因為不需要虛擬伺服器。底層的實體伺服器安裝作業系統，容器化平台可以建立容器，每個容器只會把運行軟體程式所需的相關作業系統元件抽象化出來（圖 6.20）。

圖 6.20 一個裝有作業系統的實體伺服器，託管一個容器化平台，該平台會建立容器。每個容器都擁有僅包含底層作業系統的子集的環境。

虛擬伺服器上的容器化

在一個或多個虛擬伺服器上部署容器時，容器化平台可以在類型 1 虛擬化環境（圖 6.21）或具有虛擬機管理程式的類型 2 虛擬化環境（圖 6.22）中實現。這兩種類型的虛擬化環境都允許建立可以運行容器化引擎的虛擬伺服器。

圖 6.21 實體伺服器沒有作業系統，僅有虛擬機管理程式，虛擬機管理程式建立裝有作業系統的虛擬伺服器並在其中運行容器化平台，而容器中只有部分運行軟體所需要的作業系統元件

在虛擬伺服器上部署容器的主要原因通常是實體伺服器安裝作業系統時較容易存在安全漏洞有關，因此類型 1 虛擬化在大多數正式生產環境中較為常見。類型 2 虛擬化通常用於開發環境，在建構和測試容器化解決方案時使用。

對於比較小的解決方案或者組織而言，當實體伺服器除了要運行容器化平台之外還需要執行其他程式和系統時，也可以採用類型 2 虛擬化。

圖 6.22 實體伺服器安裝有作業系統及虛擬機管理程式，建立帶有作業系統的虛擬伺服器環境，每個虛擬伺服器運行容器化平台，建立僅有作業系統子集合的容器

接下來的兩個部分將重點擺在利用容器化技術的主要優點和挑戰，主要是容器與虛擬伺服器之間的比較。

容器化的優點

接下來特別介紹利用容器化技術的優點，其中許多優點是基於容器與虛擬伺服器的比較而來。

- **最佳化解決方案**：能夠為解決方案客製化受隔離的環境來最小化使用的空間，讓解決方案能夠在符合最低需求的基礎架構資源下實現更好的性能。

- **增強的可擴展性**：容器減少 CPU、記憶體和儲存空間所佔用的資源，使它們能夠根據使用需求更有效、更快速地進行擴展。

- **更好的韌性**：利用容器環境的特性可以自然地提供韌性，以確保在發生故障時自動產生新的解決方案實例。

- **更快的部署速度**：容器可以比虛擬伺服器更快地建立和部署，因此能夠達到快速部署並促進 DevOps 的理念，例如持續整合（continuous integration，CI）。

- **版本支援**：容器可以保有軟體程式碼及其相依性的版本。一些平台允許開發人員維護和追蹤解決方案的版本，檢查不同版本之間的差異，並在需要時回復到以前的版本。

- **更好的可移植性**：容器化解決方案可以更輕鬆地在伺服器託管環境之間移動而無須更改容器內的解決方案軟體。

容器化的風險和挑戰

以下是一些使用容器化常見的風險和挑戰：

- **缺乏與主機作業系統的隔離**：當多個容器部署在同一個實體伺服器上時，它們共享相同的主機作業系統。也就是說如果底層實體伺服器發生故障或被攻破，伺服器上運行的所有容器都可能會受到影響。

- **容器化攻擊威脅**：雖然虛擬伺服器的管理員無法存取或修改底層實體伺服器的作業系統，但是容器的管理員可以，因為在同一個實體伺服器上運行時，容器之間共享作業系統的核心。在沒有虛擬伺服器參與的情況下部署容器化平台時，會衍生重大的安全漏洞。

- **複雜性增加**：加入容器化技術增加了新的階層和設計需要考慮的因素，增加解決方案基礎架構的複雜性和成本。這可能會給建置解決方案及底層基礎架構環境的人員帶來額外的工作量和風險，並增加學習曲線。容器化還可能由於加入額外的處理層而對解決方案的效能產生負面影響。

- **增加的管理成本**：因為特定版本的容器只提供特定版本的解決方案所需的作業系統資源，未來可能需要持續建立和維護後續容器的版本來對應之後解決方案需求的不斷變化。在虛擬伺服器環境中這個問題相對較小，因為整個作業系統只會提供給解決方案及更新版本使用。

6.3 瞭解容器

雖然容器可以包含任何類型的軟體程式，但最常用於託管應用程式或服務，這些應用程式或服務構成更大的自動化解決方案中的一部分（圖 6.23）。

軟體程式 / 應用程式　　服務

圖 6.23　左邊的圖示代表應用程式中的其中一個軟體元件，右邊的圖示代表設計成一個服務的軟體

容器託管

一個容器可以運行一個軟體程式，而多個容器可以彼此運行在同一個環境中（圖 6.24）。當多個容器運行在同一環境中，它們彼此安全隔離，以確保每個容器可以獨立運行。

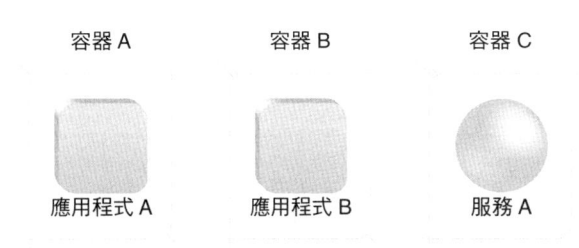

圖 6.24 3 個不同的容器各自運行 3 個不同的軟體程式

一個容器也可以用於運行多個相關或不同的軟體程式（圖 6.25）。

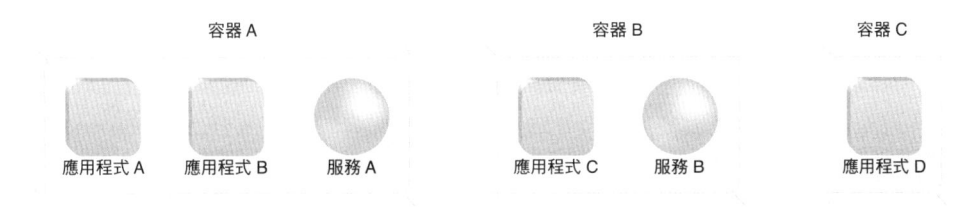

圖 6.25 這 3 個容器個別運行一到多個不同的軟體程式

容器透過預先定義的容器映像檔動態的生成，在稍後的章節會介紹。

容器和 Pod

當容器屬於同一個解決方案（或命名空間），或需要在單個 IP 位置下運行時（稍後在「容器網路地址」小節中解釋）（圖 6.26），可以將不同的容器放在同一個 Pod 中以確保相關連的應用程式放置在一起。Pod 中的容器可以透過運行 Pod 的主機互相尋找和發現，並使用標準的行程間通訊（interprocess communication）方法，例如共享記憶體的方式來相互溝通。如同前面所述，Pod 中的容器還可以共享檔案系統、資料集或資料儲存設備。

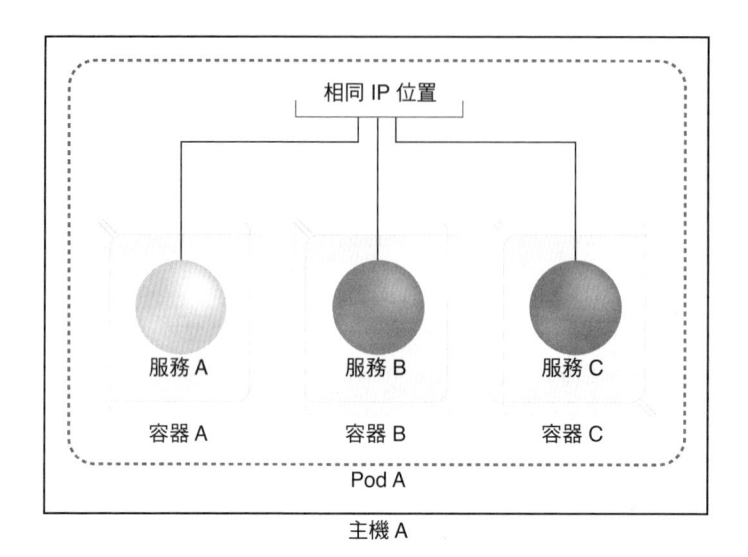

圖 6.26 部署在虛擬伺服器上的 Pod 可以讓其中運行的服務共享 IP。Pod 也可以直接部署在實體伺服器上。

Pod 建立了這樣的環境並同時確保運行的程式間彼此隔離。Pod 進一步提供容器鏈（container chains）、調度和擴展的特殊容器化功能。因此容器化平台通常會要求使用 Pod，這也是為什麼一個 Pod 經常用於運行一個容器的原因。

管理員建立和配置 Pod，然後增加容器（圖 6.27 和 6.28）。

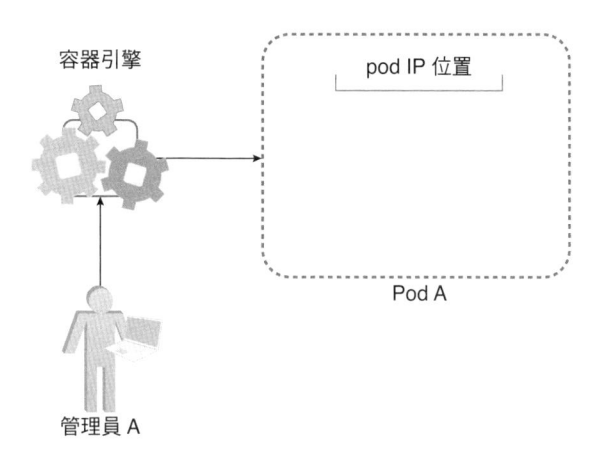

圖 6.27 管理員 A 建立了 1 個空的 Pod A

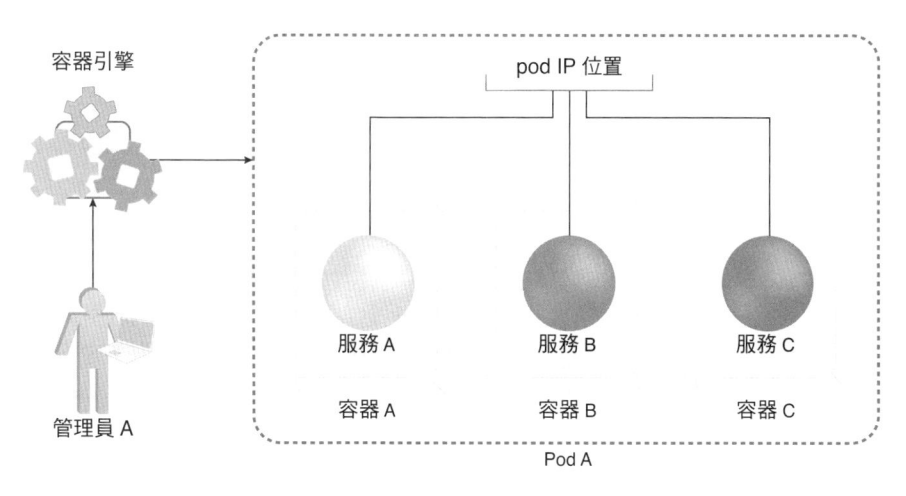

圖 6.28 管理員指示容器引擎在 Pod A 中增加容器 A、B 和 C

Pod 的一個常見功能是為運行在其中的容器提供共用儲存區。這個儲存空間通常以檔案系統的形式呈現，稱為*磁碟區*（*volume*）。這種形式的共用儲存區因為可以高速存取儲存的內容而具有優勢。磁碟區中儲存的檔案類型可以包括日誌檔、多媒體檔和設定檔。

管理員可以設定 Pod 對運行在其中的容器啟用儲存區的存取功能（圖 6.29）。

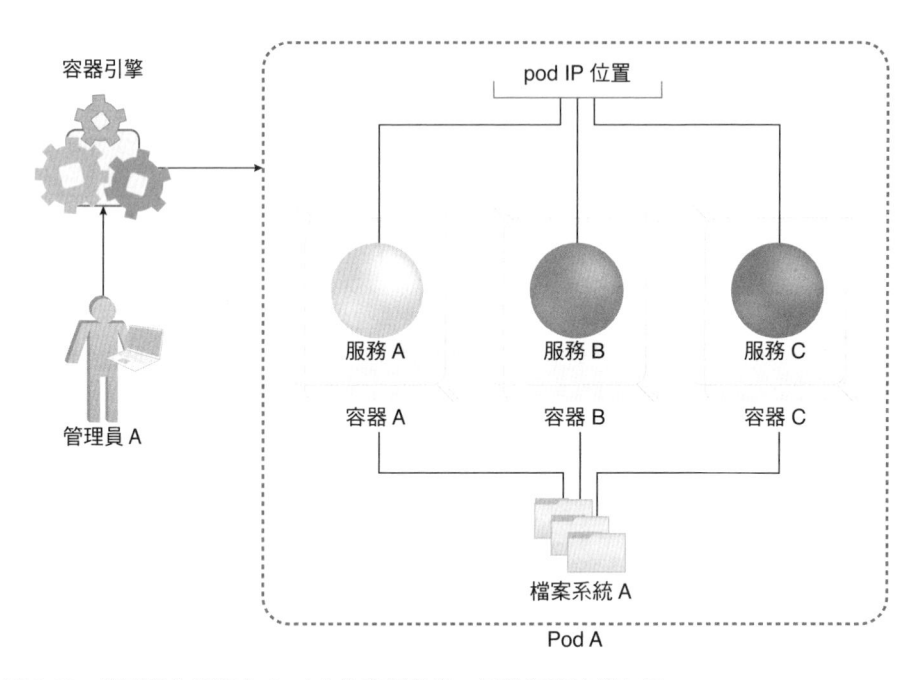

圖 6.29　管理員為運行在 Pod 中的容器新增一個檔案系統儲存區

在虛擬伺服器上部署運行 Pod 時，額外的虛擬化層可能會增加運行時處理的延遲。根據運行應用程式或服務的需求，可能會導致效能問題。在某些部署場景中，效能可能會受到同一主機上運行的其他虛擬伺服器的影響。如果 Pod 中部署的應用程式或服務對延遲很敏感，那麼將 Pod 運行在虛擬伺服器上可能會有較大的負面影響。效能和延遲可以在確定 Pod 的最佳部署位置之前進行測量。

容器實例和叢集

可以同時產生多個運行同樣軟體程式的相同容器實例（圖 6.30）。這通常適用於所運行的軟體需要被客戶端軟體同時使用的場景。容器的實例通常稱為副本。

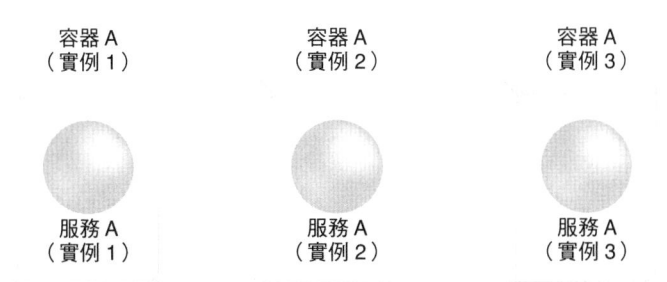

```
     容器 A              容器 A              容器 A
    （實例 1）          （實例 2）          （實例 3）


       ◯                  ◯                  ◯


     服務 A              服務 A              服務 A
    （實例 1）          （實例 2）          （實例 3）
```

圖 6.30　3 個運行服務 A 的容器 A 被建立。這樣可以讓每個服務 A 與不同的客戶程式互動

容器叢集（圖 6.31）是容器實例的集合，在實際使用之前事先建立。容器叢集可以手動建立或自動生成。它們被載入到記憶體中，處於閒置狀態，等待被呼叫。也可以被排程在預定時間運作，例如預期的峰值使用時間才載入到記憶體中。

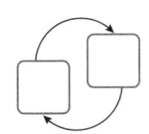

圖 6.31　代表容器叢集的圖示

容器叢集主要用於支援高效能的需求，通常用於提供服務的解決方案，以確保可以快速配置容器化服務實例以反應使用需求。容器叢集環境可以提供自動縮放功能，使它們能夠根據需求動態調整叢集大小。

容器套件管理

容器套件管理是指管理容器化應用程式中的軟體套件及相依性的過程。應用程式及其相依元件可以封裝成稱為套件的可移植單元中，該單元可以在支援容器化技術的任何系統上部署。

容器套件管理器是一個讓容器化應用程式封裝和分發更簡單的工具。它可以將容器映像檔及相依元件封裝在一個可分佈的套件中，該套件可以在多個容器編排器（container orchestrators）（後續會描述的機制）中部署和管理。

容器套件管理器通常包含一些用於建立、標記和提交容器映像檔到容器庫，以及建立和管理容器映像檔及相依元件的命令列工具。它們可以透過模板或配置檔來定義套件的內容及相依元件，以及一種隨著時間推移對套件進行版本控制和管理的方法。

容器套件管理器根據預先定義的工作流程邏輯協調容器的初始部署。部署工作的邏輯在**套件**中定義，也稱為**容器部署檔案**（圖 6.32）。通常需要主機叢集來提供多個主機支援部署需求。

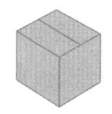

圖 6.32　用來表示套件的圖示

容器部署檔案從**套件儲存庫**（圖 6.33）中取得。

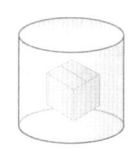

圖 6.33　用來表示套件儲存庫的圖示

然後將容器部署檔案提供給容器套件管理器（圖 6.34）。

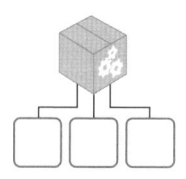

圖 6.34　用來表示套件管理器的圖示

在容器套件管理器執行部署工作流程之前，一個特殊的**部署最佳化程式**（圖 6.35）會解讀套件的內容，然後評估叢集中可用的主機以確定部署容器的最佳位置。

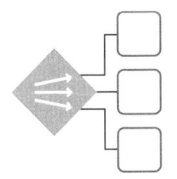

圖 6.35 用來表示部署最佳化程式的圖示

除了候選主機的處理容量之外，部署最佳化程式可能考慮的其他因素，包括：

- 硬體和軟體限制策略
- 親和性（affinity）和相斥性（anti-affinity）規範
- 資料所在地
- 工作負載之間的干擾

一旦選擇合適的目標主機，部署最佳化程式就會指示容器套件管理器這個容器應該去哪裡。部署最佳化程式可以進一步監控已部署的容器，以確保其運行的主機仍然合適。

> **NOTE**
> 在容器化的前提之下，部署最佳化程式通常稱為「調度」。除此之外，容器套件管理器與部署最佳化程式通常只能對部署在 Pod 中的容器使用。

通常一個套件代表組成整個解決方案的容器。因此容器套件管理器也是由一組相關容器所建立的。從這個意義上說，套件儲存庫可以成為應用程式版本管理的方式。

套件中定義的內容範例包括：

- 這個容器將部署在哪個主機上
- 這個容器將部署在哪個 Pod 中
- 一組容器部署的順序

管理員編寫套件，將其儲存在套件儲存庫中，然後在需要部署容器時將其分配給容器套件管理器（圖 6.36）。

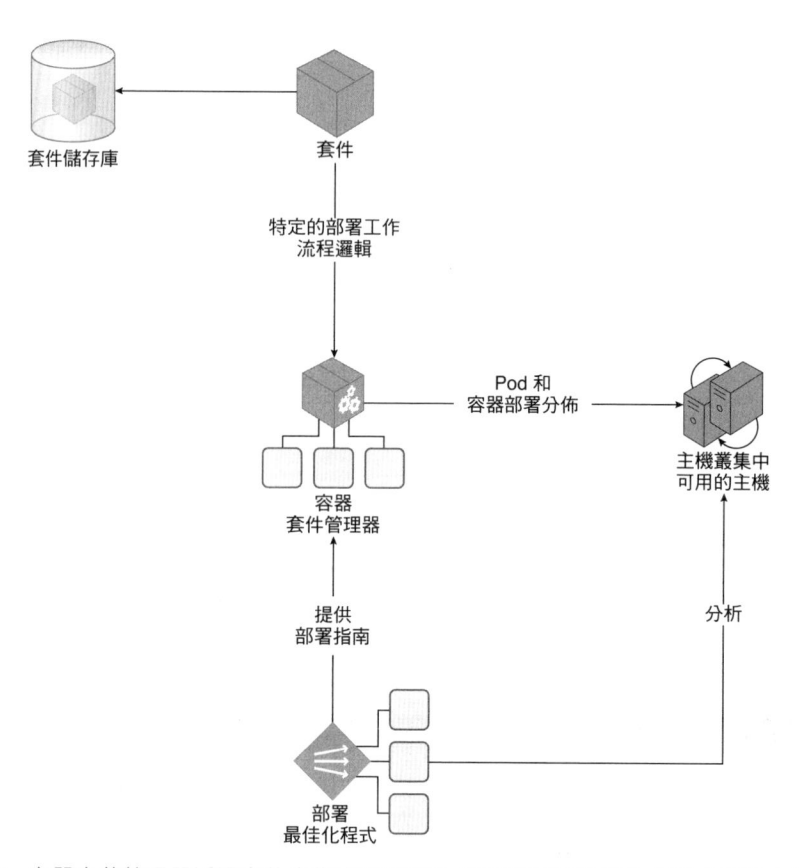

圖 6.36 容器套件管理器透過套件中指定的部署工作流程和部署最佳化程式所指定的主機來負責協調容器的部署

部署後，套件通常仍保存在套件儲存庫中，因為它們通常是可重複使用的。例如，如果需要將一組容器移植到新主機，可以修改相同的容器部署檔案使用新的主機資訊然後重複使用。

Docker Compose 和 Helm 是流行的容器套件管理器。這些工具簡化容器化應用程式的封裝和分發，使開發人員更輕鬆地在各種容器編排器（後續會描述）上部署和管理容器化應用程式。

容器編排（Orchestration）

在分散式運算環境中自動部署、擴展和管理容器化應用的流程稱為*容器編排*。這需要*容器編排器*，或稱為*容器編排工具*或*容器編排平台*。

容器編排器在分散式運算環境中執行各種操作。以下是容器編排器執行的一些關鍵操作：

- 容器部署：容器編排器將容器部署到叢集中的多個節點上，確保容器配置正確並有網路連線。

- 負載平衡：編排器會將流量分佈到多個運行相同應用程式的容器上，幫助確保高可用性和可擴展性。

- 擴展：編排器會根據需求自動垂直或水平擴展運行應用程式的容器數量，幫助確保最佳資源利用率和成本效益。

- 健康監控：編排器監控容器的健康狀況，可以自動重新啟動失敗的容器或用健康的容器替換它們。

- 服務發現：編排器維護一個服務註冊表，讓應用程式透過網路互相發現和通訊。

- 儲存編排：編排器管理容器的持久化儲存需求，確保資料正確儲存和存取。

- 網路編排：編排器管理容器的網路需求，為每個容器提供唯一 IP 地址並在容器之間路由網路流量。

- 配置管理：編排器管理容器的配置，可以自動將調整的設定套用到正在運行的容器上。

容器編排器通常由幾個協同工作的元件組成。容器編排器的一些關鍵元件如下：

- 容器執行環境：負責在叢集的每個節點上運行和管理容器。
- API 伺服器：提供與編排器互動的中央介面。它接受來自客戶端的 API 請求，並與編排器其他元件溝通來執行請求的動作。
- 調度程式：負責根據資源可用狀況、工作負載平衡等因素決定將新容器部署到叢集中的某個節點。
- 控制器管理程式：負責管理各種控制器，這些控制器將容器化應用程式生命週期的不同面向自動化，例如擴展、副本和健康監控。
- 分散式鍵值儲存（Key-Value Store）：編排器用於儲存配置資訊、服務發現訊息和其他詮釋資料（metadata）。
- 網路：提供必要的網路基礎設施，包括路由和負載平衡，使容器能夠跨叢集互相通訊。
- 儲存：管理容器持久化儲存需求的元件，包括提供共用儲存資源的存取並確保資料完整性。

容器編排包含的基本步驟如下：

- 建立容器映像檔：開發人員建立包含其應用程式程式碼及其所有相依性的容器映像檔。
- 將映像檔發送到容器儲存庫：容器映像檔被推送到容器儲存庫，它是一個集中管理的遠端映像檔儲存庫。
- 定義應用程式部署：使用容器編排器，開發人員定義容器化應用程式的部署方式，包括副本數量、網路配置和任何儲存需求。
- 部署應用程式：容器編排器將應用程式部署到叢集中的多個節點上，確保所需數量的副本正在運行並且使用者可以存取應用程式。

- 監控和管理應用程式：容器編排器監控應用程式的健康狀況，根據需要自動將其擴充或縮小，並在不造成停機的情況下推出更新和補丁。它還提供日誌紀錄和監控功能，以識別和排除出現的任何問題。

- 管理多個應用程式：容器編排器可以同時管理多個容器化應用程式，確保根據每個應用程式的個別需求進行部署、擴展和管理。

容器套件管理器 vs. 容器編排器

容器套件管理器和容器編排器具有不同的功能。以下是它們的主要區別：

- 功能：容器套件管理器負責管理容器映像檔及相依性，而容器編排器則負責自動化部署、擴展和管理分散式運算環境中的容器化應用程式。

- 範圍：容器套件管理器特別關注管理容器映像檔及其相依性，而容器編排器則管理整個容器化應用程式，從部署到擴展到運作。

- 抽象層級：容器套件管理器的抽象程度比容器編排器低。套件管理員處理單一容器映像檔及其相依性，而編排器則提供整個容器化應用程式的概略狀態。

- 工具集：容器套件管理器通常提供一套較有限的工具，專注於管理容器映像檔及其相依性。另一方面，容器編排器提供一系列用於管理容器、網路、儲存和其他基礎架構資源的工具和 API。

容器網路

容器化平台通常提供虛擬容器網路，使需要相互連接的容器之間能夠通訊。容器網路是實現各種容器化平台和系統功能所必需的，用於提供：

- 容器可用性

- 容器可擴展性

- 容器韌性

容器網路通常以虛擬網路的形式存在（圖 6.37），可以獨立管理、配置和加密。

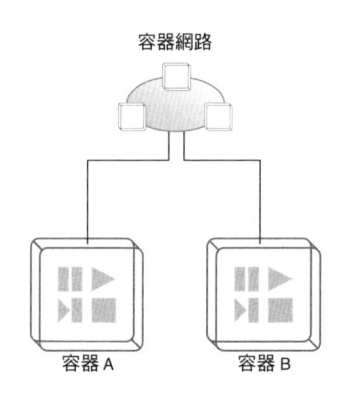

圖 6.37 　容器網路可以讓獨立的 2 個容器中的軟體程式相互溝通

正如「虛擬化與容器化基礎」小節所述，主要有兩種類型的容器網路：

- 主機網路（Host Network）
- 重疊網路（Overlay Network）

主機網路由單一容器引擎管理，支援同一主機上的容器之間的通訊，而重疊網路則使部署在不同伺服器上的容器引擎能夠實現不同主機上的容器之間的通訊。

例如，如果一個分散式解決方案包含兩個服務，每個服務都在自己的容器中，那麼就會為屬於該解決方案的兩個容器建立一個容器網路。如果容器位於同一主機上，則會建立主機網路（圖 6.38）。如果一個容器位於一台主機上，另一個容器位於另一台主機上，則會建立重疊網路（圖 6.39）。

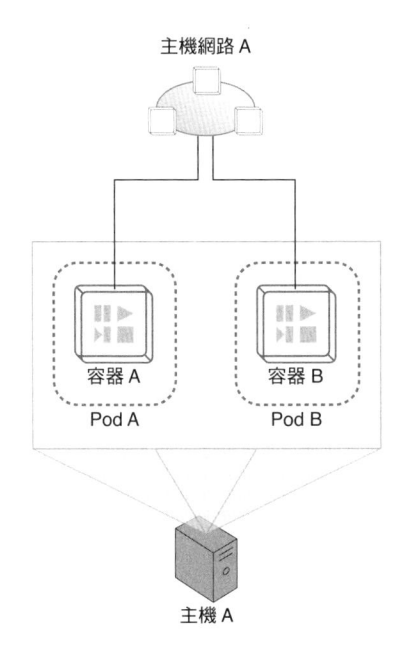

圖 6.38 容器 A 和 B 在同一台主機上的各自 Pod 中，透過主機網路 A 相互溝通

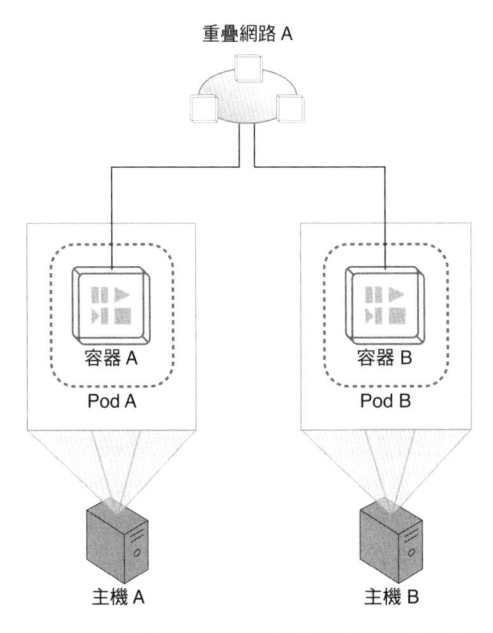

圖 6.39 容器 A 和 B 在不同的主機上，但是可以透過重疊網路 A 相互溝通

容器網路範圍

容器網路的範圍通常等於一個解決方案所建構的範疇。這是因為解決方案的範圍只會涵蓋該解決方案的軟體程式的容器。因此當託管多個解決方案時，將需要多個容器網路。

一些解決方案共享軟體程式，例如可重複使用的工具服務或共享資料庫。如果可重複使用的軟體程式運行在容器中，那麼該容器可以參與多個容器網路（圖 6.40）。

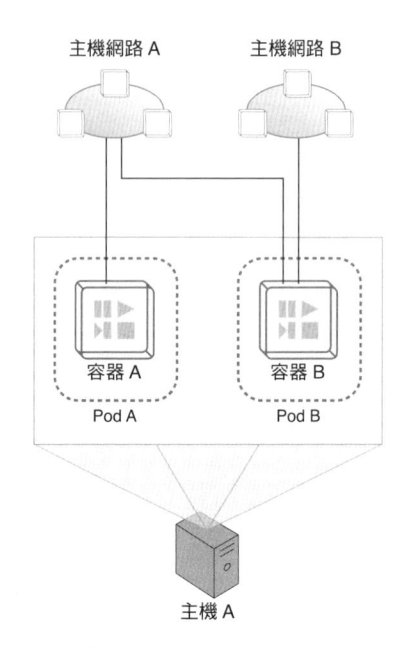

圖 6.40　容器 A 和 B 在同一個主機上，可以透過主機網路 A 相互溝通。容器 B 更進一步屬於重疊網路 B 的一部分，因此其他容器可以跟容器 B 通訊

> **NOTE**
> 容器可以加入的容器網路可以在容器映像檔的建置檔案以及容器部署套件中由管理員指定。如果未指定網路，容器引擎可能會自動將容器分配給「預設」主機網路。建置檔案將在本章後面的「瞭解容器映像檔」小節中的「容器建置檔」部分進行介紹。

通常容器網路預設會限制容器化解決方案軟體程式的通訊，使它們只能彼此溝通。但是解決方案可能需要能連結非容器化且位於容器網路外部的軟體程式或 IT 資源。在這種情況下，需要配置容器網路讓解決方案在容器網路範圍之外進行通訊（圖 6.41）。

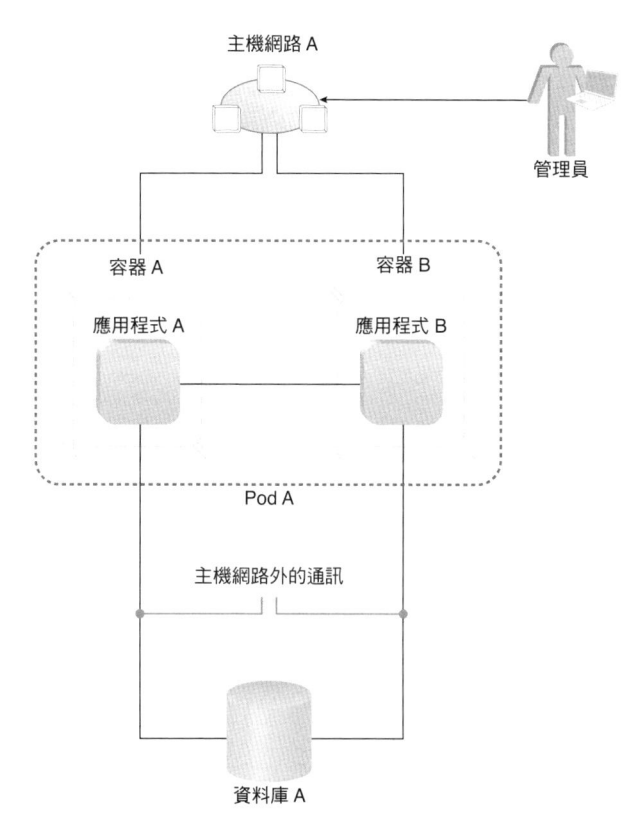

圖 6.41 容器 A 和 B 透過主機網路 A 通訊，容器化的程式 A 和 B 除了需要相互溝通外，還需要連線到主機網路 A 以外的資料庫 A，管理員可以特別設定主機網路 A 來允許外部存取能力

容器網路地址

每個部署的容器都會收到一個*網路地址*，使其能夠加入容器網路。網路地址通常為 IP 地址。如果容器需要加入多個容器網路，則它將需要每個容器網路的獨立網路地址。例如，如果託管軟體程式的容器在兩個容器網路中被重複使用（例如圖 6.40 所示的示例），那麼該容器將需要兩個網路地址。

網路地址通常在容器部署後由容器引擎分配。它們也可以由管理員在部署套件中手動分配。運行在同一 Pod 中的容器共用相同的網路地址，並透過不同的連接埠連線。

富容器（Rich Container）

不同類型的容器化平台可以支援容器所支援的功能範圍。具有更多功能的容器稱為富容器（圖 6.42）。

圖 6.42 服務 A 部署在富容器中，這個富容器提供額外的功能，像是監控、運作狀態，健康資訊等等的服務

容器可以變得多麼豐富取決於負責建立容器的容器引擎功能。

更進階的容器引擎功能範例包含：

- 可限制容器資源以控制和限制容器可以消耗的最大資源數量。
- 因稽核和監管目的收集使用日誌。
- 可指定容器重新啟動標準。例如，可以將容器設定為在發生特定事件或錯誤時自動重新啟動，但發生其他類型的事件或錯誤時不做任何反應。

- 可以管理容器儲存。這包括讓多個容器化服務共用隔離的檔案系統。
- 在主機和運行的容器之間共享儲存空間。這可能是因為監管和稽核目的，或為了確保即使容器關閉，仍可以存取資料。
- 可以執行服務邏輯組合。這適用於同一個主機上部署的容器內的服務。

一些容器引擎還提供代理功能，將它們作為使用者對容器中服務的代理伺服器。

其他常見的容器特性

下面提供一些其他常見的容器特性：

- 對於每個運行在容器中的程式，還可以部署多種支援程式（例如資料庫、工具程式和監控）。
- 可以設定限制每個容器消耗的基礎設施資源量。
- 可以限制容器及運行的程式可以存取的外部程式和 IT 資源的能見度。
- 容器運行的程式通常與容器本身擁有相同的生命週期。也就是說運行的程式通常會與容器同步啟動、停止、暫停和恢復。

6.4 瞭解容器映像檔

容器映像檔是容器化平台的核心部分。它們是容器持續發展的基礎。處理容器映像檔是容器引擎的主要職責之一。

容器映像檔的類型和角色

容器映像檔的用法、儲存和處理方式取決於其類型或扮演的角色。

主要有兩種類型的容器映像檔：

- **基礎容器映像檔**：這些容器映像檔充當客製化容器映像檔的模板。在這本書中，這種類型的容器映像檔被認定為「基礎」容器映像檔。基礎容器映像檔也稱為部分容器映像檔。

- **客製化容器映像檔**：這些容器映像檔由容器引擎建立，然後用於建立實際部署的容器。在這本書中，這種類型的容器映像檔不一定會認定為「客製化」容器映像檔。當符號僅標記為「容器映像檔」，代表它已客製化。

之所以這兩類容器映像檔佔有很重要的角色，是因為從基礎容器映像檔建立的客製化容器映像檔本身也可以成為基礎容器映像檔，作為其他客製化容器映像檔的模板。

如圖 6.43 所示，基礎的容器映像檔會發佈到映像檔儲存庫，然後容器引擎可以從此處存取該映像檔，作為客製化容器映像檔的基礎（本節稍後將更詳細地解釋）。

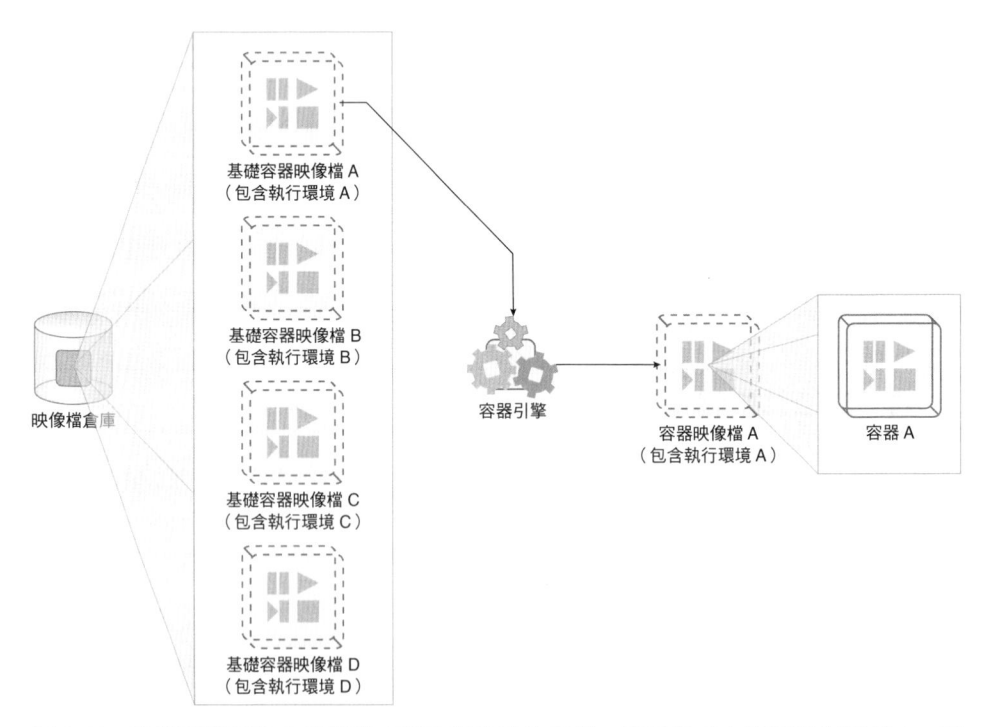

圖 6.43 容器引擎可以支援部署 4 種執行環境的容器。應用程式 A 需要執行環境 A，因此容器引擎使用基礎容器映像檔 A 來建立客製化映像檔 A 後執行應用程式 A 及容器 A

容器映像檔的不可變性

容器映像檔的一個關鍵特性是一旦建立，它們就是**不可變**的。這意味著它們不能被修改（既不能修補、更新，也不能進行任何其他類型的更改）。如果需要更改容器映像檔，則需要建立全新或修改現有的建置檔來生成新版本的容器映像檔，然後進一步部署容器的新版本。

容器不可變性的範圍與建置檔的內容有關。管理工具允許更改容器上的設定。這些修改只要不涉及建置檔，就不需要建立新版本的容器。

容器引擎會為每個單獨的容器映像檔分配一個唯一且自動生成的映像檔識別碼，該識別碼會進一步儲存在容器映像檔的儲存區，無論是映像檔儲存庫還是在容器引擎的內部儲存區中。

容器映像檔的抽象化

基礎容器映像檔通常會提供底層作業系統的部分功能介面，我們可以稱作*作業系統抽象化*，或簡稱為*抽象化*。但也不是作業系統的所有功能都會被容器映像檔進行抽象化，稍後會有兩個小節說明這個部分。

作業系統核心抽象化

每個作業系統都擁有一個**核心**（*kernel*），它是一組最基本的作業系統功能。不同作業系統的核心包含非常相似的功能。例如 Windows 作業系統的核心有著類似 Linux 作業系統的核心的功能。

核心提供的常見功能可能包括：

- 存取 CPU 資源
- 存取處理能力
- 存取主機記憶體
- 存取主機中的輸入 / 輸出設備
- 存取儲存硬體

- 存取設備驅動程式
- 存取伺服器檔案系統
- 存取電源管理

核心**不會**被容器映像檔所抽象化。相反的，它被容器引擎所涵蓋。因此容器映像檔不需要複製核心，這有助於進一步減少其佔用的空間。

容器引擎成為某種聯絡員或中間人，使容器能夠在運行時完全存取整個核心功能集。容器引擎通常能夠與來自不同作業系統的核心進行溝通，有助於橫跨不同運作環境實現容器及平台的可移植性。

超越核心的作業系統抽象

作業系統核心之外的功能**可以**被抽象化並包含在容器映像檔中。

核心之外的常見作業系統功能和資源可以包括：

- 程式語言庫和編譯器
- 各種系統程式庫
- 加密平台
- 系統監控功能
- 配置檔案和編輯器
- 管理功能和管理平台
- 管理工具（供人類管理員使用）
- 本地化（localization）程式

這種形式的抽象代表一個容器映像檔可以涵蓋的作業系統子集，並以這個容器映像檔來為容器中部署的軟體程式提供客製化和最佳化的運行環境。

當抽象化這些類型的功能和資源時，容器仍然保持可移植性，因為抽象的功能和資源會被複製並與容器一起移植。

容器建置檔

容器建置檔（*container build file*）（或簡稱建置檔）（圖 6.44）是一個可供人類編輯且機器可處理的配置檔，它指定客製化容器映像檔的內容（或被其抽象的內容）。

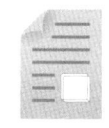

圖 6.44 代表容器建置檔的圖示

具體來說，建置檔可以用來：

- 指定用來客製化容器映像檔的基礎容器映像檔
- 要增加到客製化容器映像檔的額外作業系統資源
- 部署後的客製化容器需要加入的容器網路

一個建置檔中的語法和格式可能會因所使用的容器引擎而有所差異。

容器映像檔分層

容器映像檔會將內容組織成多個層（*layer*）。每一層都對應於容器建置檔案中的一個語句或指令。

容器映像檔分層中的內容範例如下：

- 資料檔和資料夾
- 配置文件
- 資料庫和儲存庫
- 可執行檔
- 作業系統程式檔及執行環境

除了最上層以外，其他層都是只讀的。容器化平台使用 *Union* 檔案系統作為容器映像檔分層的基礎。Union 檔案系統和分層的運用讓基礎容器映像檔可以被重複利用。

基礎容器映像檔也是由許多層組成，每一層代表了它抽象的內容（圖 6.46）。

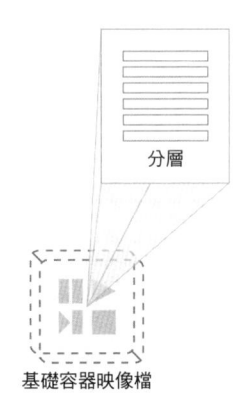

圖 6.45 基礎容器映像檔也是由許多層堆疊起來

基於基礎容器映像檔的客製容器映像檔會在基礎上增加額外的分層。在客製容器映像檔中，整個基礎容器映像檔代表最底層（圖 6.46）。

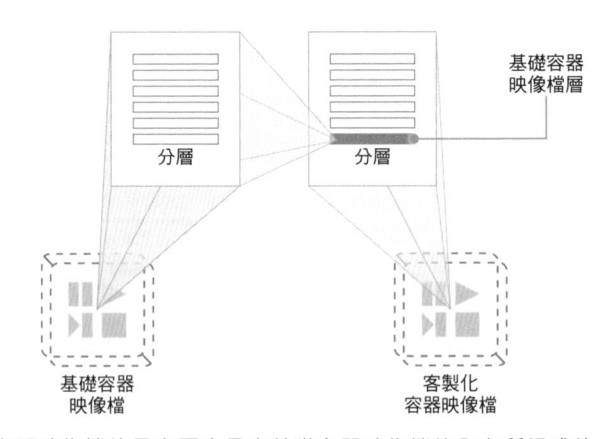

圖 6.46 客製容器映像檔的最底層也是由基礎容器映像檔的內容所組成的

容器化軟體程式在被部署的容器中也是客製化容器映像檔中的一層（圖 6.47）。

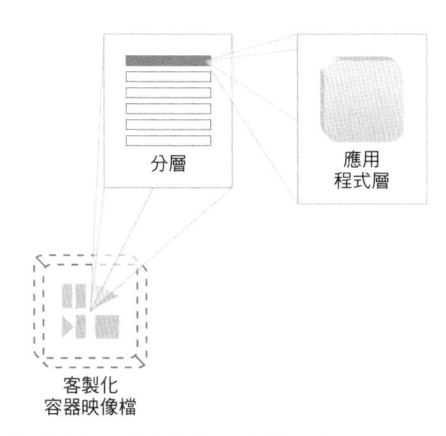

圖 6.47 容器中運行的軟體在客製化映像檔中也代表其中一層

由於容器映像檔是不可變的，因此如果映像檔中的某一層需要被移除或新增，就需要建立一個新版本的容器映像檔。

如何建立客製化映像檔

容器引擎會使用建置檔和基礎容器映像檔一起生成客製容器映像檔（圖 6.48）。

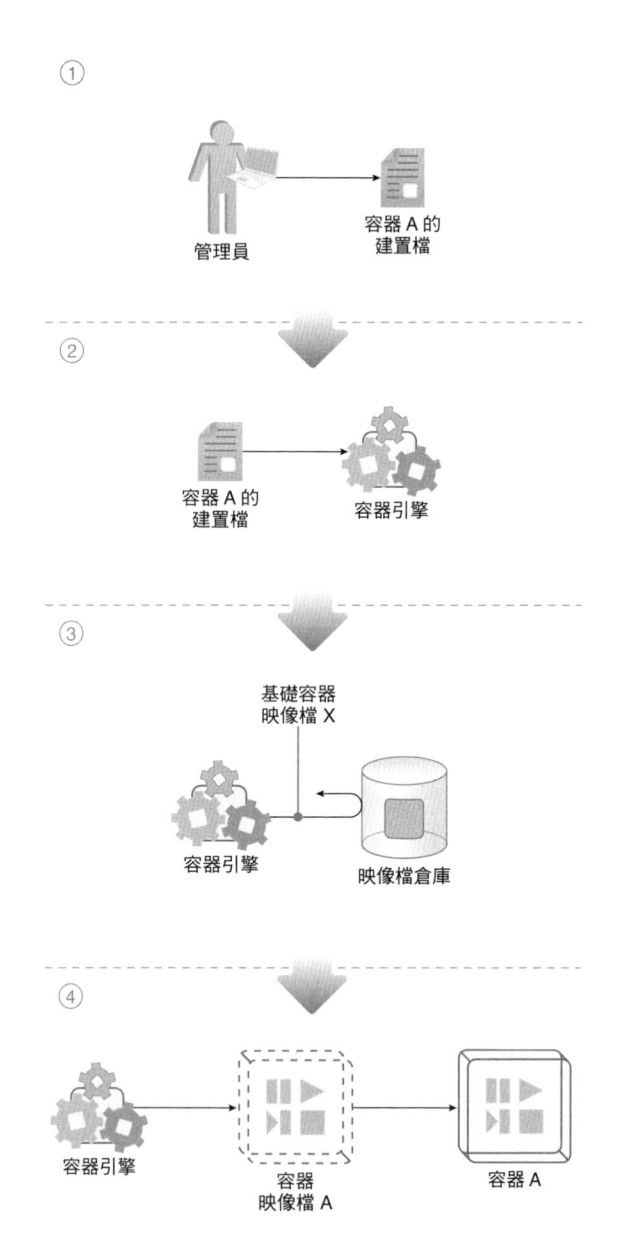

圖 6.48
1. 管理員編寫容器 A 的建置檔
2. 管理員將建置檔交給容器引擎
3. 容器引擎從映像檔儲存庫取得需要的基礎容器映像檔
4. 容器引擎使用建置檔的資訊及基礎容器映像檔建立客製化容器映像檔 A，然後利用這個映像檔建立並部署容器 A

一旦從客製容器映像檔建立並部署實際的容器之後，可能不再需要保留建置檔，因為容器引擎現在擁有客製容器映像檔並可以用來建立更多容器實例。

客製容器映像檔通常不會儲存在映像檔儲存庫中。而是儲存在容器引擎的內部儲存區，以便引擎可以立即使用，以支援高效和快速地建立新的容器實例來實現可擴展性和韌性。

如果管理員確定客製容器映像檔可用來建立新類型的客製容器映像檔而成為新的基礎容器映像檔，也可以將其發佈到映像檔儲存庫中。

6.5 多種容器類型

到目前為止，大部分展示的容器都用於承載應用程式和服務，這些應用程式和服務可能負責處理主要的業務邏輯。然而，為了讓應用程式在分散式環境中運行，還需要額外的輔助功能（或工具程式）。

本節將介紹以下一系列基本的**多種容器類型**，每種類型都增加了一個包含輔助元件的容器，用於抽象化與工具程式相關的工作：

- 邊車容器（Sidecar Container）
- 轉接器容器（Adapter Container）
- 使節容器（Ambassador Container）

邊車容器

當負責處理主要業務邏輯的應用程式也同時需要處理通用工具邏輯時，應用程式的可靠性及有效地處理其業務邏輯的能力可能會受到影響（圖6.49）。

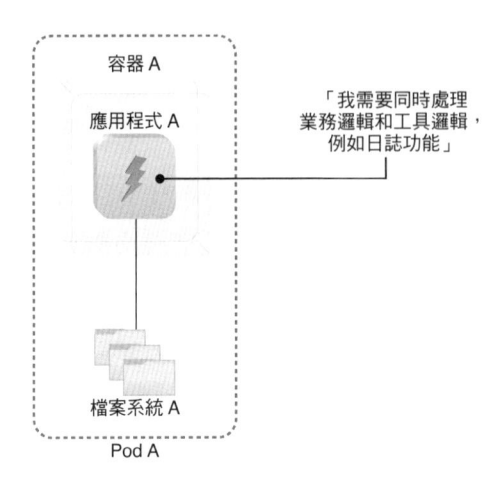

圖 6.49 應用程式 A 同時被業務及工具邏輯給淹沒

增加一個輔助的容器化應用程式元件（稱為**邊車元件**）來抽象工具程式邏輯相關的處理（圖 6.50）。邊車元件部署在一個單獨的容器中，通常與應用程式位於同一個 Pod 中。根據工具程式的性質，應用程式可能需要也可能不需要與邊車元件進行通訊。

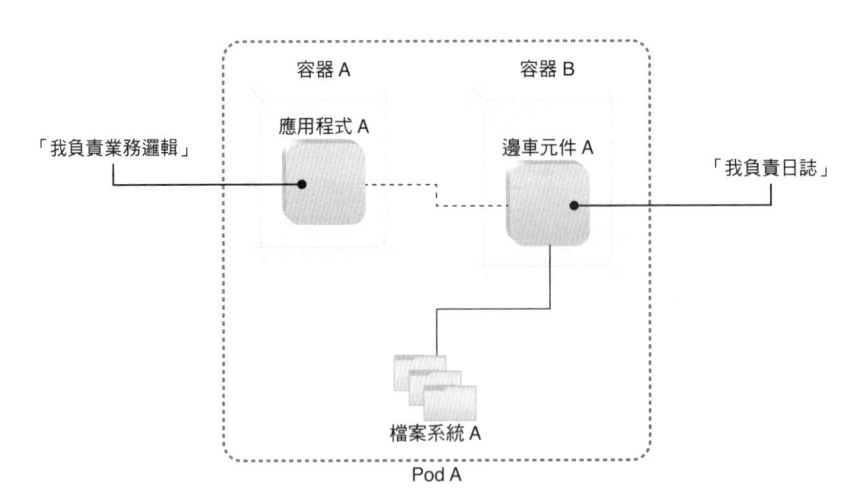

圖 6.50 在同一個 Pod 中，工具邏輯放置在邊車元件 A 的容器 B 中，讓應用程式 A 可以專注在處理業務邏輯

轉接器容器

當負責處理主要業務邏輯的應用程式也同時為執行資料轉換邏輯以配合外部使用者應用程式時，應用程式的可靠性及有效地處理其業務邏輯的能力可能會受到影響（圖 6.51）。此外將此轉換邏輯嵌入到應用程式中，可能會使其與多個不同的外部使用者程式耦合，當這些使用者程式隨著時間的推移而改變時，就會變得笨重。

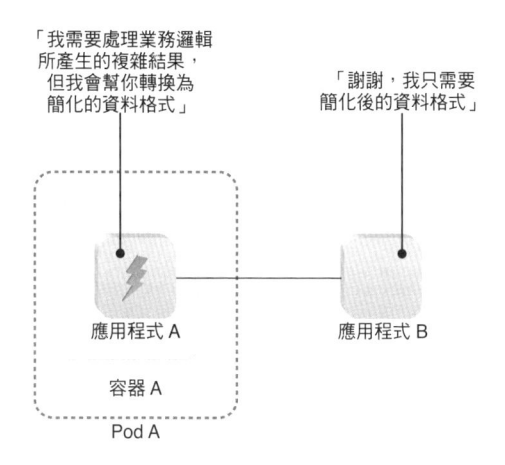

圖 6.51　應用程式 A 同時被業務邏輯與應用程式 B 所需要的格式轉換邏輯所淹沒

增加一個輔助的容器化應用程式元件（稱為**轉接器元件**）來抽象化任何必要的資料轉換處理邏輯（圖 6.52）。轉接器元件部署在一個單獨的容器中，通常與應用程式位於同一個 Pod 中。可以為每個需要不同輸出資料格式的使用者應用程式中部署一個單獨的轉接器元件。

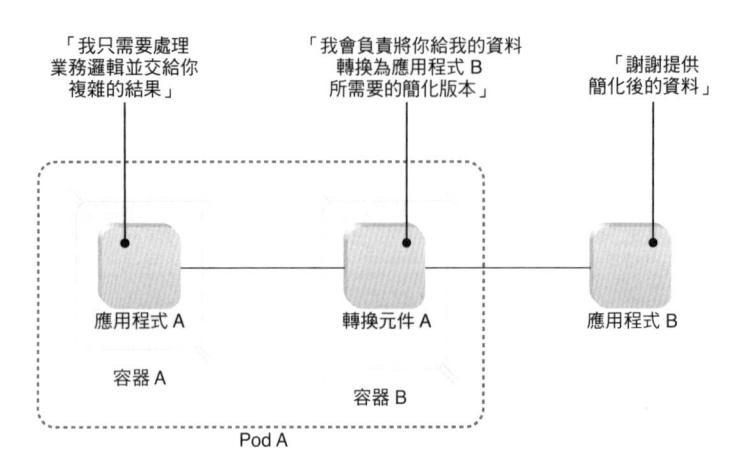

```
         「我只需要處理          「我會負責將你給我的資料
         業務邏輯並交給你          轉換為應用程式 B            「謝謝提供
         複雜的結果」            所需要的簡化版本」          簡化後的資料」


              應用程式 A            轉換元件 A              應用程式 B
              容器 A                容器 B
                              Pod A
```

圖 6.52 在同個 Pod 中，轉換邏輯放置在獨立容器 B 中的轉接器元件 A，讓應用程式 A 可以專注在業務邏輯

使節容器

當負責處理主要業務邏輯的應用程式也同時需要執行外部通信處理邏輯以連接外部使用者應用程式時，應用程式的可靠性及有效地處理其業務邏輯的能力可能會受到影響（圖 6.53）。此外透過將這種特定的通訊邏輯（例如與協定、訊息傳遞和安全性相關的邏輯）嵌入到應用程式中，可能會與多個不同的外部程式耦合，當這些程式的 API 隨著時間的推移而改變時，就會變得笨重。

「我需要處理業務邏輯
和與你連線所需的程序」

「謝謝，要跟我溝通前
必須要經過身分認證和驗證，
並且使用特定的通訊協定
和訊息格式」

應用程式 A
容器 A
Pod A

應用程式 B

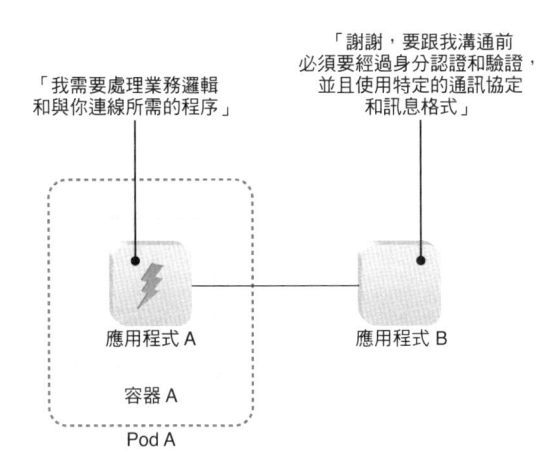

圖 6.53 應用程式 A 同時被業務邏輯與應用程式 B 建立連線並溝通所需要的程式邏輯給淹沒

增加一個輔助的容器化應用程式元件（稱為**使節元件**）來抽象化任何必要的通訊處理邏輯（圖 6.54）。使節元件部署在一個單獨的容器中，通常與應用程式位於同一個 Pod 中。可以為每個具有不同通訊需求的應用程式部署一個單獨的使節元件。

「我只需要處理業務邏輯」

「我會處理好所有跟
連線有關的程序」

「太好了，
很高興跟你溝通」

應用程式 A
容器 A

使節元件 A
容器 B

應用程式 B

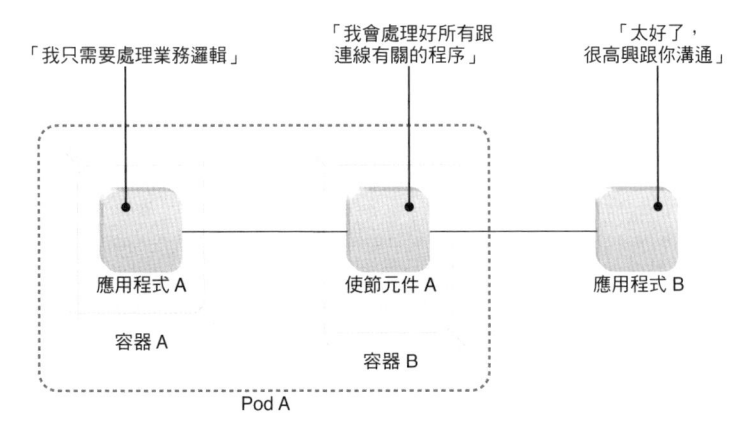

Pod A

圖 6.54 在同個 Pod 中，連線邏輯放置在獨立容器 B 中的使節元件 A，讓應用程式 A 可以專注在業務邏輯

使用多種容器

這 3 種類型的多種容器可以單獨使用，也可以根據需要組合使用。例如，根據業務邏輯的性質，應用程式可能需要一起部署一些或全部的輔助容器（圖 6.55）。

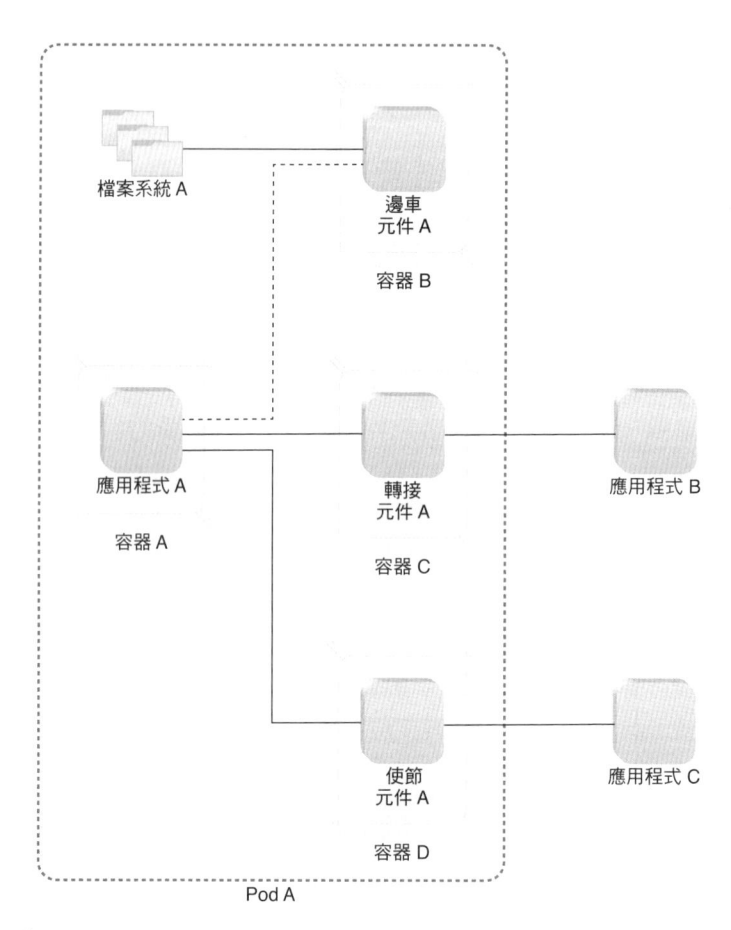

圖 6.55 應用程式 A 同時需要 3 種輔助容器

案例研究

Innovartus Technologies Inc. 已經意識到使用容器化技術來支持其技術和業務策略可以帶來多項優勢，其中包括：

- 可擴展性可以大大提高，以適應更多且不可預測的雲端服務消費者互動。
- 服務水準也可以得到改善，以避免比以往更頻繁發生的中斷問題。
- 隨著虛擬產品現在可以部署在容器中而不是虛擬伺服器上，所需虛擬伺服器數量將會減少，從而可以提高成本效益。

Innovartus 提供的兒童虛擬玩具和教育娛樂產品被設計成由多個獨立服務組成的應用程式，這些服務協同工作以提供必要的功能。這讓每個獨立的服務部署在獨立的容器中，並根據其效能和總容量需求進行動態擴展。

由於某些安全方面的需求，3 個為父母提供存取權限以配置其孩子虛擬玩具的服務需要使用相同的 IP 地址。將它們部署在單個邏輯 Pod 的單獨容器中，可以為此需求提供理想的部署解決方案。

監控虛擬玩具和娛樂產品的使用情況、效能和安全性對業務策略非常重要。但是為了使運行在每個容器中的服務都能專注於必須作為虛擬玩具或其他娛樂產品一部分所提供的功能，邊車容器可以用來分離工具程式相關的功能，例如將日誌、性能和安全數據發送給監控系統的邏輯交給邊車容器中的元件處理。

服務需要發送監控數據給兩個遠端部署的監控系統。在這種情況下，使節容器能夠處理服務與遠端系統之間的通訊，並讓服務專注於它們原始設計所提供的核心功能。

最後，轉接器容器在整個 Innovartus 架構中讓用戶透過不同的設備（例如智慧手機、平板電腦和家用電腦）使用他們的產品，使用轉接器容器讓每個設備都可以由父母和孩子單獨存取的必要邏輯。

Chapter 7

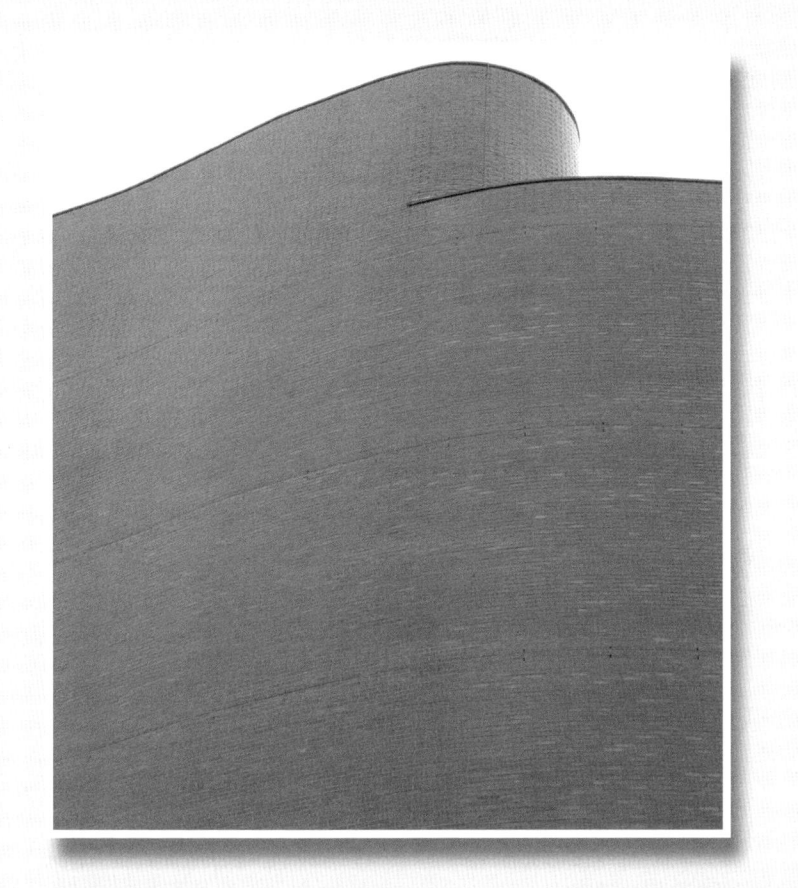

瞭解雲端安全和網路安全

7.1 基本安全術語
7.2 基本威脅術語
7.3 威脅來源
7.4 常見威脅
7.5 其他注意事項

Chapter 7　瞭解雲端安全和網路安全

這章將介紹雲端環境上基本的資訊安全術語和概念，然後概述常見於公有雲環境的威脅和攻擊。第 10 章和第 11 章介紹的雲端安全和網路安全機制，並提供應對這些威脅的安全控制措施。

7.1 基本安全術語

資訊安全是由技術、手法、法規、行為等的複雜集合來保護電腦系統的存取權限和數據完整性。IT 安全措施是防禦來自使用者非蓄意的錯誤使用或惡意造成的威脅和干擾。

接下來的內容將定義雲端運算的基本安全術語並描述相關概念。

機密性

機密性（*Confidentiality*）是指訊息僅限授權方存取的特性（圖 7.1）。在雲端環境中，機密性主要指對傳輸和儲存資料的存取限制。

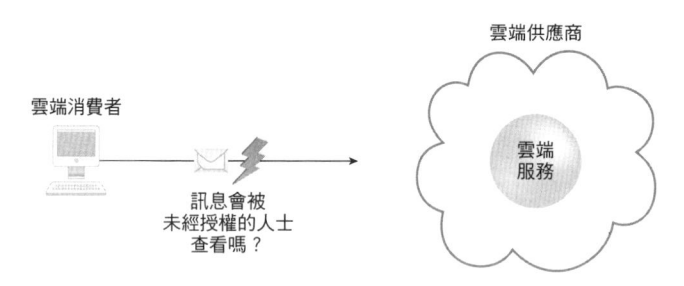

圖 7.1　雲端使用者發送給雲端服務供應商的訊息只有不被未經授權的第三方存取才會視為機密

完整性

完整性（*Integrity*）是指訊息不會被未經授權的人更改的特性（圖 7.2）。雲端數據完整性面臨一個重要問題是，雲端用戶是否可以保證發送到雲端服務的數據與雲端服務接收到的數據符合。完整性還可以擴展到雲端服務和雲端 IT 資源如何儲存、處理和取得數據。

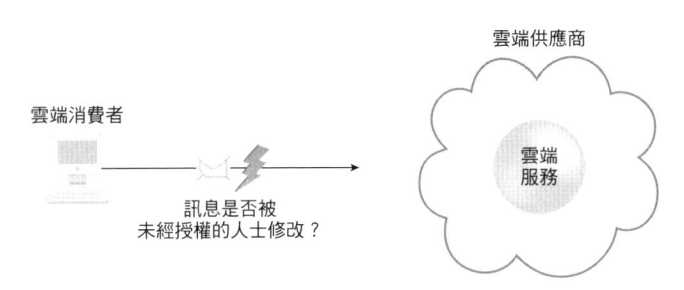

圖 7.2　雲端服務消費者發送給雲端服務供應商的訊息中途沒有被修改則視為具有完整性

可用性

可用性（Availability）是指在指定時間內可存取和使用的特性。在典型的雲端環境中，雲端服務可用性可能是雲端服務供應商和雲端營運商共同承擔的責任。雲端服務消費者使用的雲端解決方案可用性也由雲端服務消費者進一步承擔。

圖 7.3 描繪一個場景，展示了如何透過一系列安全技術來確保網際網路上資訊交換的機密性和完整性，以及含有私人資料的中央資料庫可用性。

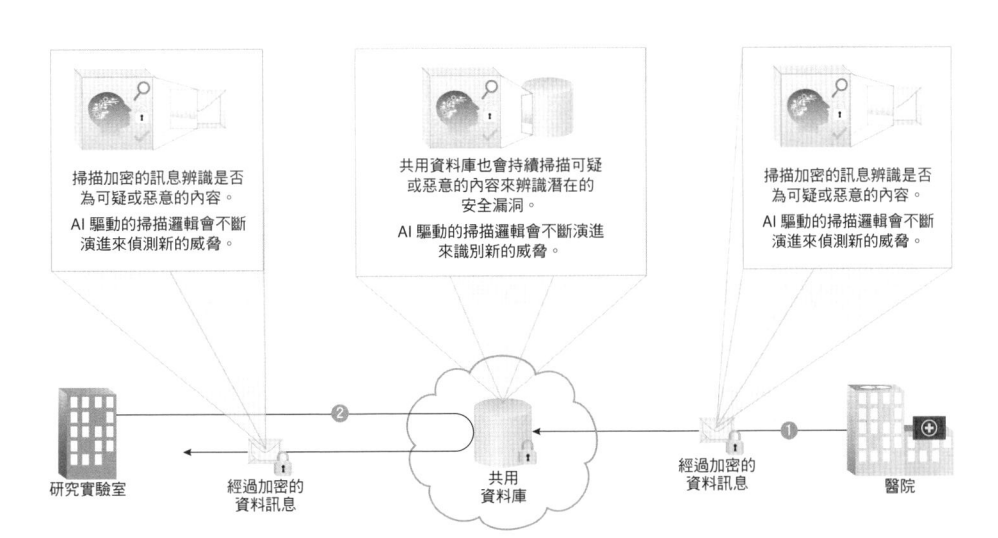

圖 7.3　醫院向雲端資料庫貢獻機敏醫療數據（1），該資料庫與會存取該數據（2）的研究機構共享。使用的網路安全技術透過加密提供機密性，並在運行環境掃描提供完整性，確保共用雲端資料庫持續保有安全性來提供可用性。

真實性

真實性（*Authenticity*）是指資訊由授權的來源所提供的特性。這個概念包含了不可否認性（non-repudiation），即一方無法否認或質疑互動的真實性。身分驗證也具有不可否認性，可以證明這些互動能追溯到唯一授權來源。例如，用戶在收到不可否認的檔案後，如果沒有留下存取紀錄可能就無法存取該文件。

安全控制

安全控制（*Security Controls*）是用於防止或回應安全威脅並降低或避免風險的對策。安全政策描述了如何使用安全對策，安全政策包含一套規則和實踐，規定如何實作系統、服務或安全計畫，以最大限度地保護敏感和關鍵的 IT 資源。

安全機制

安全對策通常用安全機制（*Security Mechanisms*）來描述，安全機制是防禦框架的一部分，用於保護 IT 資源、訊息和服務。第 10 章和第 11 章將描述一系列雲端和網路安全機制。

安全政策

安全政策（*Security Policies*）制定了一套安全規則和法規。通常，安全政策會進一步定義如何實施和執行這些規則和法規。例如，安全控制和機制的放置和使用方式可以由安全政策來確定。

7.2 基本威脅術語

本節涵蓋一些基本觀念以幫助建立網路安全實踐和技術的主要目的和範圍，以及一些基本詞彙。

風險

風險（*Risk*）是特定行動可能導致的潛在非預期性損失。風險可能涉及網路安全的不同面向，包括外部威脅、內部漏洞以及針對威脅的反應，以及可能的人為錯誤、技術故障和整體網路安全環境品質相關的風險。

漏洞

漏洞（*Vulnerability*）在網路安全領域是指 IT 環境或相關策略或流程中的缺陷、突破點或脆弱的環節，這些漏洞可能會使組織更容易被成功突破。漏洞可以是實體性的或數位化的。攻擊者試圖使用漏洞，而組織則試圖消除或減輕漏洞所帶來的影響。

漏洞利用

漏洞利用（*Exploit*）是指攻擊者能夠利用漏洞得到好處的情況。

零時差漏洞

零時差漏洞（*Zero-Day Vulnerability*）是指組織不知道的漏洞，或者還沒有補丁或修復程式的漏洞。因此，攻擊者可能更容易利用此漏洞，直到組織能夠解決它為止。

安全漏洞

安全漏洞（*Security Breach*）是指任何可能導致未經授權存取訊息或系統的事件。它通常發生在攻擊者能夠繞過安全機制和控制措施時。

資料洩漏

資料洩漏（*Data Breach*）是一種安全漏洞，攻擊者能夠竊取機密訊息。

資訊外洩

資訊外洩（*Data Leak*）是指敏感訊息在未發生攻擊的情況下與未經授權的人共享。資訊外洩可以是偶然或故意為之，通常是由人為因素所造成。

威脅（或網路威脅）

威脅或網路威脅（*Threat or Cyber Threat*）是指已知或潛在的攻擊對組織構成的危險和風險。對特定組織相關的威脅集合稱為**威脅情勢**（*threat landscape*）或網路威脅情勢（*cyber threat landscape*）。

攻擊（或網路攻擊）

當威脅被攻擊者執行時，它就變成了**攻擊**（*attack*）或網路攻擊（*cyber attack*）。

攻擊者和入侵者

在雲端安全和網路安全領域，**攻擊者**（*attacker*）是指執行網路攻擊的個人或組織。

攻擊者有不同的類型：

- 網路罪犯：試圖竊取個人訊息以牟利或從事其他非法活動的攻擊者。
- 惡意用戶：授予存取權限的用戶（例如惡意員工），他們濫用受信任的權限存取系統，意圖造成損害或執行未經授權的操作。
- 網路激進人士：為促進政治議程、宗教信仰或社會意識形態而實施惡意活動的攻擊者。
- 國家支持的攻擊者：受政府機構僱用的攻擊者。

任何成功地在組織邊界內獲得未經授權存取的攻擊者都被稱為**入侵者**（*intruder*）。

攻擊媒介和攻擊面

攻擊媒介（*attack vector*）是攻擊者用來利用漏洞的途徑。電子郵件附件、彈出視窗、聊天室和即時訊息都是攻擊媒介的例子。通常會利用人為錯誤或無知來選擇攻擊媒介。**攻擊面**（*attack surface*）是攻擊者可以用來存取系統或獲取資訊的攻擊媒介集合。

7.3 威脅來源

威脅來源（*threat agent*）是指能夠發動攻擊的實體。雲端安全的威脅可以來自內部或外部，可以是人類或軟體程式。接下來將介紹相應的威脅來源。圖 7.4 展示了威脅來源在漏洞、威脅、風險對安全政策和安全機制所建立的保護措施方面的作用。

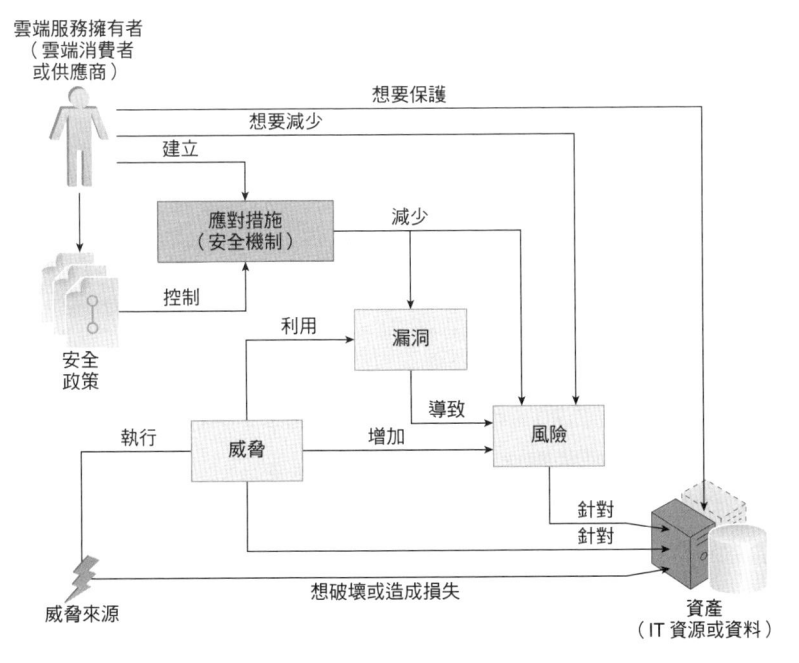

圖 7.4 安全政策跟機制如何應對威脅來源所造成的威脅，漏洞和風險

匿名攻擊者

匿名攻擊者（*anonymous attacker*）是非信任的雲端服務使用者，在雲端沒有權限（圖 7.5）。它通常利用外部軟體程式透過公共網路發起網路層的攻擊。當匿名攻擊者對安全政策和防禦措施的資訊有限時，會抑制他們制定有效攻擊的能力。因此，匿名攻擊者經常採取繞過用戶帳戶或竊取用戶憑證等行為，同時使用可以確保匿名性或需要消耗大量資源才能在法律上被起訴的方法。

圖 7.5　匿名攻擊者的圖示

惡意服務代理

惡意服務代理（*malicious service agent*）能夠攔截和轉發雲端環境內傳輸的網路流量（圖 7.6）。它通常以邏輯遭到破壞或具有惡意的服務代理（或偽裝成服務代理程式）的方式呈現。它也可能是可以遠端攔截並破壞訊息內容的外部程式。

圖 7.6　惡意服務代理的圖示

受信任的攻擊者

受信任的攻擊者（*trusted attacker*）與雲端使用者共享同一個雲端環境中的 IT 資源，並試圖利用合法憑證攻擊雲端服務供應商和其共享 IT 資源的雲端租戶（圖 7.7）。與匿名攻擊者（非信任）不同，受信任的攻擊者通常透過濫用合法憑證或竊取敏感和機密訊息，從雲端信任邊界內發動攻擊。

圖 7.7　受信任的攻擊者圖示

受信任的攻擊者（也稱為惡意租戶（*malicious tenants*））可以利用雲端 IT 資源進行各種攻擊，例如入侵弱認證流程、破解加密、發送垃圾郵件或發動常見攻擊，像是阻斷服務攻擊（*denial of service*）。

惡意內部人員

惡意內部人員（*Malicious Insider*）是雲端服務供應商相關的人為威脅來源。他們通常是當前或以前的員工或第三方供應商，可以進出雲端服務供應商的場所。此類威脅來源具有巨大的破壞潛力，因為惡意內部人員可能擁有存取雲端使用者 IT 資源的管理權限。

> **NOTE**
> 代表一般形式的人為攻擊的符號是工作站結合閃電符號（圖 7.8）。這個通用符號並不代表特定的威脅來源，只表示攻擊是透過工作站發起的。
>
> 圖 7.8　圖示為代表利用工作站發起的攻擊，人類圖示並非必要的元素

7.4 常見威脅

本章節介紹了雲端環境中一些常見的威脅和漏洞，並描述了稍早提到的威脅來源的角色。

流量竊聽

流量竊聽（*Traffic eavesdropping*）是指傳輸到雲端或在雲端內（通常從雲端使用者到雲端服務供應商）的數據被動的被惡意服務代理攔截以進行非法資訊收集（圖 7.9）。此攻擊的目的是直接破壞數據的機密性，並可能破壞雲端使用者和雲端服務供應商之間的機密性。由於攻擊是被動的，短時間內不容易被檢測到。

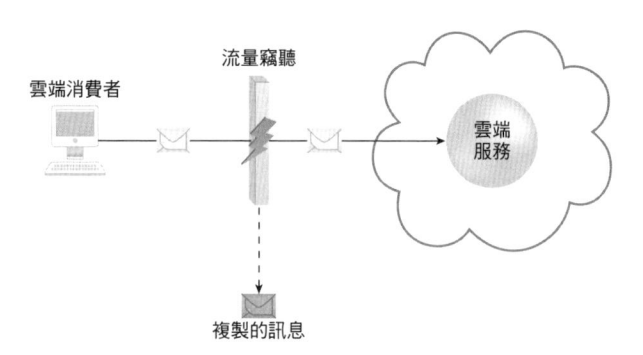

圖 7.9 一個位於外部的惡意服務代理程式執行流量竊取攻擊，攔截雲端使用者發送到雲端服務的訊息。該服務代理程式在訊息傳送至雲端服務之前複製了未經授權的訊息副本。

惡意中間人

惡意中間人（*malicious Intermediary*）威脅在於惡意服務代理攔截和篡改訊息，從而破壞訊息的機密性或完整性。它還可能會在訊息轉發到目的地之前插入有害資料。圖 7.10 展示了惡意中間人攻擊的一個常見範例。

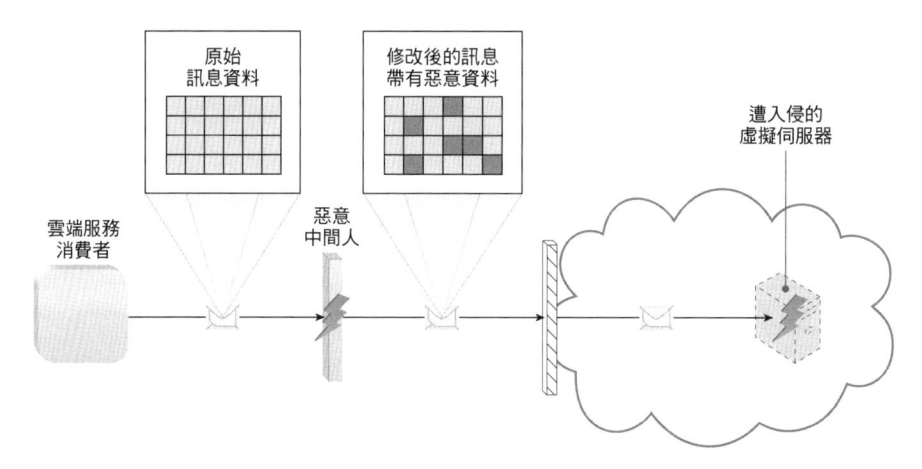

圖 7.10 惡意服務代理程式會攔截並修改雲端服務使用者傳送至運行在虛擬伺服器上雲端服務的訊息（未標示在圖中）。由於有害數據被包裝進訊息中，虛擬伺服器將會遭到入侵。

> **NOTE**
> 雖然不常見，但惡意中間人攻擊也可以由惡意的雲端服務使用者程式發起。

阻斷服務

阻斷服務（denial of service，DoS）攻擊的目的是使 IT 資源過載以至於它們無法正常運行。這種形式的攻擊通常以下列方式發起：

- 使用捏造的訊息或重複的連線請求增加雲端服務的工作負載。
- 用大流量使網路過載，降低其反應能力並癱瘓其效能。
- 發送多個雲端服務請求，每個請求目的在消耗大量記憶體和處理資源。

成功的 DoS 攻擊會導致伺服器效能下降或故障，如圖 7.11 所示。

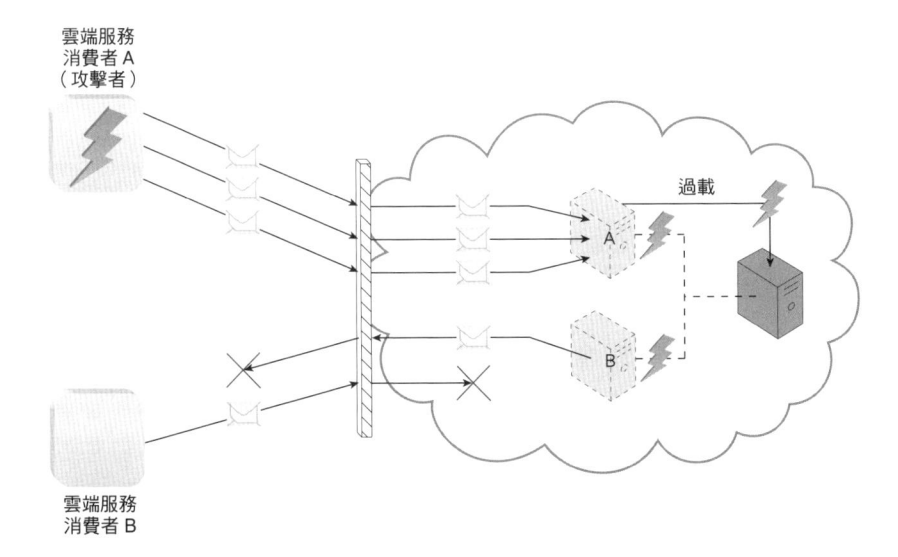

圖 7.11　雲端服務使用者 A 向位於虛擬伺服器 A 的雲端服務（未標示）傳送大量訊息。這樣會使底層實體伺服器的容量過載而導致虛擬伺服器 A 和 B 發生停機。導致合法雲端服務使用者（例如雲端服務使用者 B）無法與任何位於虛擬伺服器 A 和 B 的雲端服務通訊。

> **NOTE**
>
> 服務阻斷攻擊（DoS）的常見變種是分散式阻斷服務攻擊（distributed denial of service，DDoS），攻擊者會使用大量被入侵的系統向目標網站或網路發起巨大流量，企圖使該網站或網路無法提供服務。

過度授權

過度授權（insufficient authorization）攻擊是指錯誤或授予過度的存取權限，導致攻擊者可以存取受保護的 IT 資源。攻擊者會取得通常只有受信任的使用者程式能使用的 IT 資源的直接存取權（圖 7.12）。

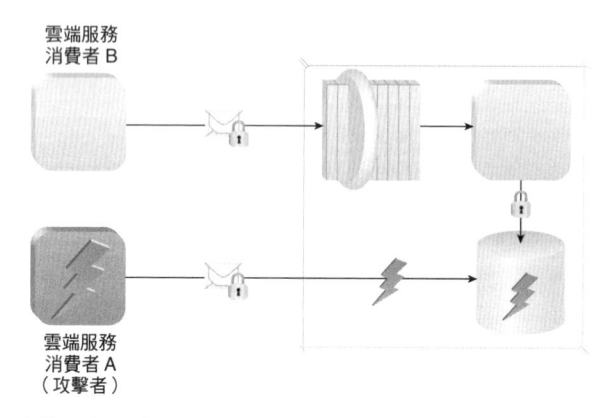

圖 7.12 雲端服務使用者 A 存取了一個原本設計只會被具有服務合約授權使用的網路服務（如同雲端服務使用者 B）進行存取。

這種攻擊的一種變體稱為**弱認證**（weak authentication），可能發生在使用弱密碼或共享帳戶來保護 IT 的資源。在雲端環境中，此類攻擊可能會產生重大影響，具體取決於攻擊者獲得的 IT 資源範圍和對這些 IT 資源的存取範圍（圖 7.13）。

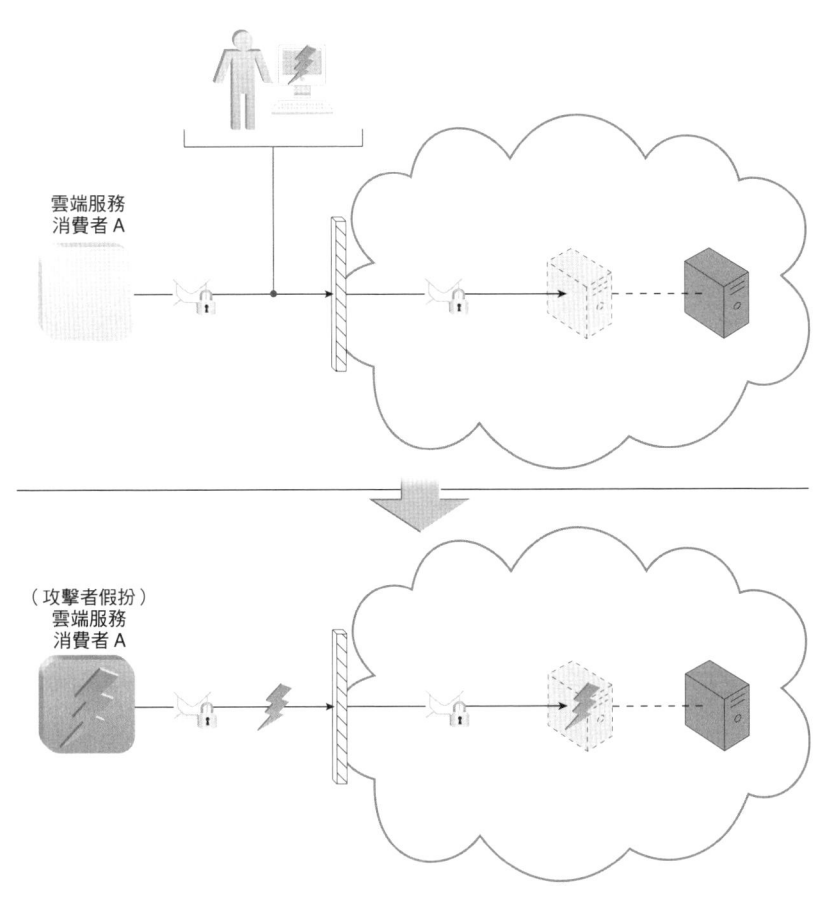

圖 7.13 一名攻擊者破解了雲端服務使用者 A 使用的弱密碼。惡意的雲端服務使用者程式（由攻擊者擁有）假冒雲端服務使用者 A 以存取雲端虛擬伺服器。

虛擬化攻擊

虛擬化讓多個雲端使用者能夠存取邏輯上隔離但共享底層硬體的 IT 資源。由於雲端服務供應商授權雲端使用者對虛擬化 IT 資源（例如虛擬伺服器）的管理權限，因此雲端使用者可能會濫用此存取權限來攻擊底層實體 IT 資源而產生風險。

虛擬化攻擊（*virtualization attack*）利用虛擬化平台中的漏洞來破壞其機密性、完整性或可用性。該威脅如圖 7.14 所示，信任攻擊者成功存取虛擬伺服器以損害其底層實體伺服器。對於公共雲來說，單個實體 IT 資源可能向多個雲端使用者提供虛擬化 IT 資源，因此這類攻擊可能會產生重大影響。

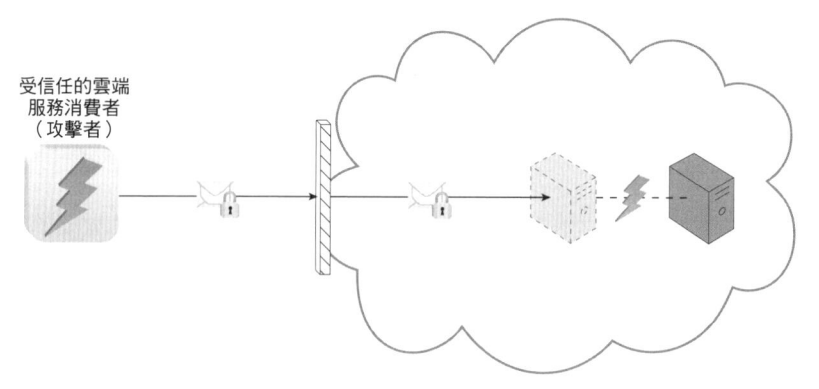

圖 7.14 受到信任的雲端服務使用者濫用授予的權限進行虛擬化攻擊，入侵底層的硬體

重疊的信任邊界

如果雲端內的實體 IT 資源由不同的雲端服務使用者共享，這些雲端服務使用者就具有**重疊的信任邊界**（*overlapping trust boundaries*）。惡意雲端服務使用者可以鎖定共享的 IT 資源，並意圖破壞雲端服務使用者或共享相同信任邊界的其他 IT 資源，可能使其他雲端服務使用者遭受攻擊的影響，而且攻擊者也可以利用虛擬 IT 資源來攻擊更多也共享相同信任邊界的其他使用者。

圖 7.15 展示了一個情境，其中兩個雲端服務使用者共享由同一台實體伺服器託管的虛擬伺服器，因此它們各自的信任邊界重疊。

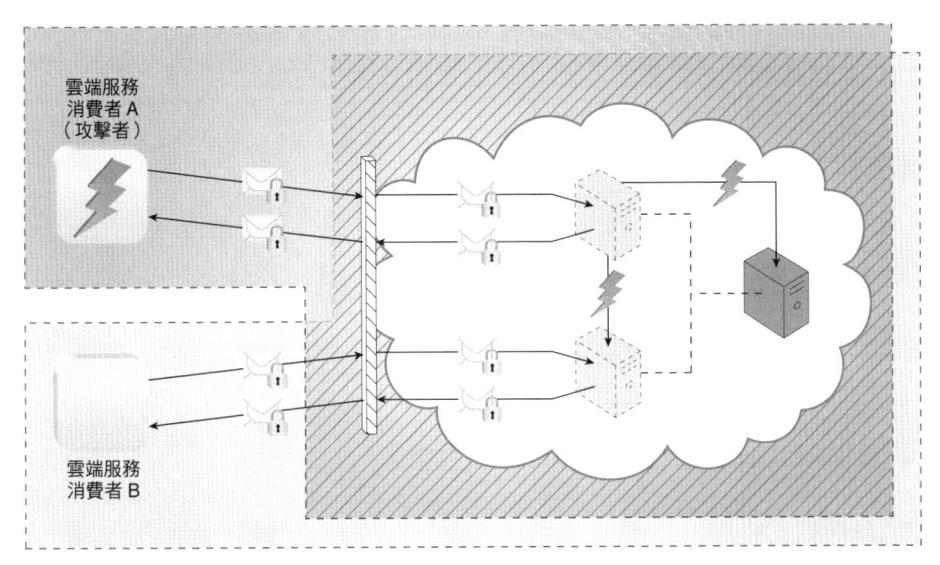

圖 7.15 雲端環境信任雲端服務消費者 A，因此可以存取虛擬伺服器。接著雲端服務消費者 A 意圖攻擊虛擬伺服器底層的實體伺服器以及雲端服務消費者 B 所使用的虛擬伺服器。

容器化攻擊（Containerization Attack）

容器化技術缺乏與主機作業系統層級的隔離。由於部署在同一台機器上的容器共享相同的主機作業系統，因為可以存取整個系統，可能會增加安全性威脅。如果底層主機受到破壞，運行在主機上的所有容器都可能受到影響。

容器可以建立在虛擬伺服器上的作業系統內。這可以幫助確保如果發生影響容器運行所在作業系統的安全漏洞，攻擊者只能存取和更改虛擬伺服器內的作業系統或單一虛擬伺服器上執行的容器，而其他虛擬伺服器（或實體伺服器）保持完好。

另一種選擇是每個實體伺服器部署一種服務模型，其中部署在同一台主機上的所有容器映像檔都相同。這可以在不需要使用虛擬化 IT 資源的情況下降低風險。在這種情況下，一個雲端服務實例的安全漏洞只會允許存取其他相同的實例，並且剩餘的風險被認為是可以接受的。但是，這種方法可

能不適合部署許多不同的雲端服務，因為會顯著增加需要部署和管理的實體 IT 資源總數，同時會進一步增加成本和營運的複雜性。

惡意軟體

惡意軟體（*malware* 或 *malicious software*）也是一種惡意程式，用來損害電腦系統或網路。

惡意軟體可用於執行各種惡意活動，例如：

- 竊取受保護的數據
- 刪除機密檔案
- 監聽私人通信
- 收集有關機密活動的訊息

惡意軟體攻擊的基本原理是在受害者的電腦上安裝未經授權的軟體（圖 7.16）。

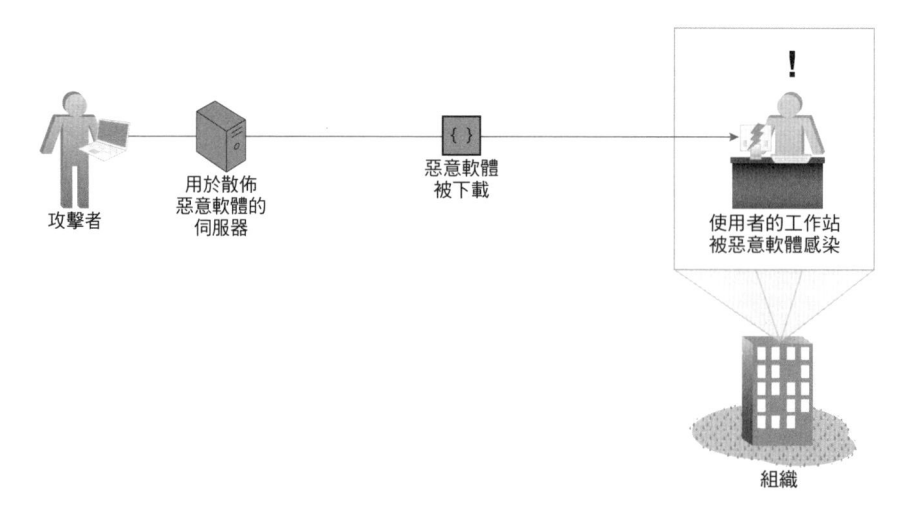

圖 7.16 攻擊者建立一個伺服器讓使用者不經意的（例如透過網頁）下載惡意軟體到本地工作站

7.4 常見威脅

以下是常見惡意軟體的網路攻擊類型：

- **病毒**：透過感染系統和檔案來傳播的惡意軟體，病毒的程式碼使病毒能夠複製並在受感染系統上執行其他操作。

- **木馬**：偽裝成合法應用程式或服務的惡意軟體。木馬可以執行惡意行為（通常作為後臺程式的一部分），例如安裝後門程式並將程式碼注入到其他正在運行的程式中。木馬可能包含或不包含病毒。

- **間諜軟體**：一種在用戶或組織不知情的情況下收集訊息的惡意軟體。

- **廣告軟體**：顯示不需要的廣告或彈出視窗的軟體。廣告軟體可以被視為安全威脅，因為它可能收集敏感訊息並降低系統速度，使其容易受到其他類型的惡意軟體攻擊。

- **勒索軟體**：限制或阻止使用或存取數據的惡意軟體，目的是索取費用以解密或釋放數據。可以使用遠端程式碼執行（本節後面將介紹）來進行持續的勒索軟體攻擊。

- **機器人程式（Bot）**：能夠遠端接收命令並將訊息回報到遠端目的地的惡意軟體。機器人程式通常會設計與其他機器人合作（後續「殭屍網路威脅」小節會提到）。

- **流氓防毒軟體**：偽裝成防毒程式的應用程式，一旦安裝，就會謊報安全問題，誤導受害者購買程式的「完整」版。

- **挖礦劫持**：用戶不知情或未經同意的情況下，利用瀏覽器執行嵌入網頁的腳本來挖加密貨幣。

- **蠕蟲**：一種自我複製、傳播、封裝的程式，利用網路機制自體傳播。蠕蟲通常不會造成太大危害，只會佔用運算資源，通常不常見。

資料科學技術可用於協助惡意軟體攻擊，透過分析系統來發現和識別可被惡意軟體程式利用的新漏洞。這些技術還可以進一步促進開發具有自我反應能力的惡意程式碼（reactive malicious code）並用來發現新漏洞。

內部威脅

內部威脅（insider threat）與組織員工和其他可能進出組織場所或系統的人員所造成的潛在損害有關。

常見的內部威脅類型包括以下幾種（圖 7.17）：

- 惡意：內部人員（例如心懷不滿的員工）試圖存取並破壞組織的數據、系統或 IT 基礎設施
- 意外：內部人員因無知或人為錯誤造成意外損害，例如意外刪除重要檔案或無意中將機密資料共享給未經授權的人
- 疏忽：內部人員因粗心大意或不願遵循既定的網路安全標準和策略而造成的意外損害

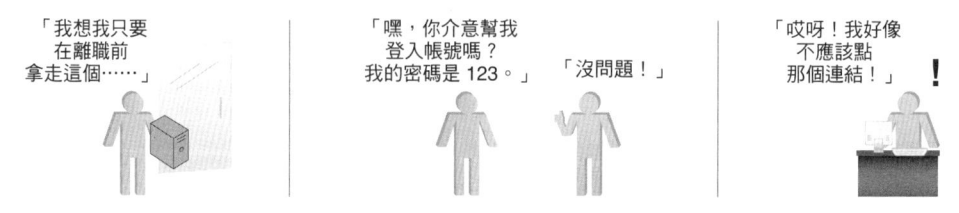

圖 7.17 惡意（左），疏忽（中），意外（右）3 種對組織的內部威脅範例

內部威脅會使組織資產陷入危險，包括實體的硬體、產品庫存、公司網站、社交媒體通訊和資訊資產。

社交工程和網路釣魚

社交工程（social engineering）是一種攻擊形式，攻擊者會欺騙個人透露敏感資訊或執行可能造成損害的操作，例如給予未經授權的人存取權限（圖 7.18）。社交工程策略很受歡迎，因為利用人比利用技術更容易。

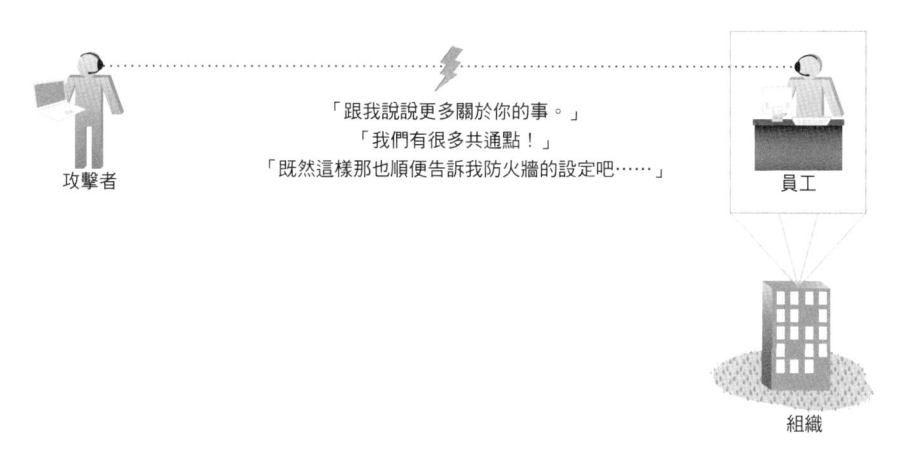

圖 7.18 社交工程的範例，一名攻擊者試圖利用社交工程的技巧從幫助雲端使用者或供應商的組織員工身上問出敏感的資訊

網路釣魚（*phishing*）是一種社交工程的形式，它利用電子通訊（例如發送看起來來自有效來源的詐騙電子郵件）來試圖讓用戶洩露敏感訊息、觸發安全漏洞或執行其他破壞性操作。

殭屍網路

正如之前在**惡意軟體**部分所述，機器人程式是一種能夠接收和執行遠端攻擊者發出的指令的惡意軟體形式。**殭屍網路**（*botnet*）攻擊利用分佈在不同主機上的多個機器人程式透過互聯的機器人網路（*bot-net*）進行攻擊。

執行殭屍網路攻擊的一種常見技術是從一開始惡意軟體感染時就建立「殭屍」主機。殭屍主機是組織合法擁有且不會受到懷疑的電腦，攻擊者控制了該電腦後使用殭屍主機對另一方發起攻擊（圖 7.19）。

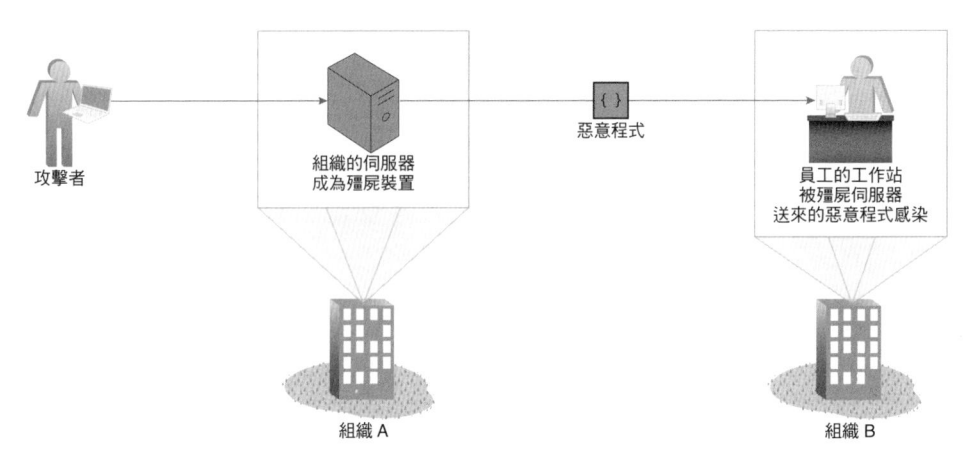

圖 7.19 攻擊者將組織 A 的一般伺服器轉換為受到攻擊者控制的殭屍主機，將惡意軟體送到組織 B 的使用者電腦上

殭屍網路可以由位於攻擊者主機上的機器人程式以及殭屍伺服器組成。一旦安裝，機器人程式就會嘗試與其他受感染主機和設備上的其他機器人程式連線，組成攻擊者可以用來執行惡意操作的網路（圖 7.20），例如進行大規模 DDoS 攻擊和挖礦劫持攻擊、發送包含有害內容的大量電子郵件、竊取數據甚至招募新的機器人程式。殭屍網路可以在暗網上購買，甚至可以短期租用。

請注意，殭屍網路攻擊通常包含其他攻擊和技術，例如遠端程式碼執行、權限提升、社交工程和內部威脅。

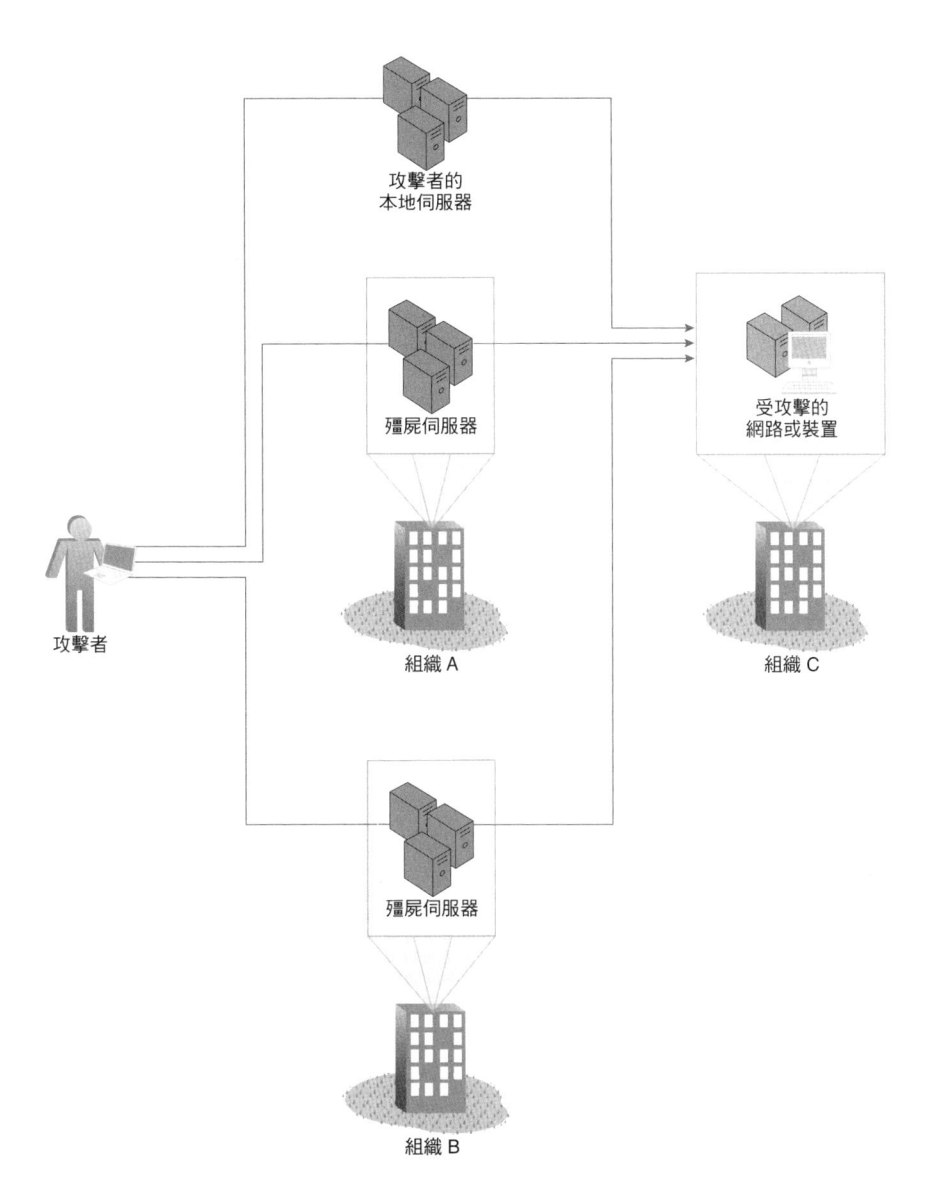

圖 7.20 攻擊者將組織 A 和 B 的一般伺服器轉換為殭屍伺服器，接著攻擊者利用這些伺服器及一些本地的伺服器一起攻擊組織 C

權限提升

權限提升（*privilege escalation*）攻擊是指攻擊者在入侵有限存取權的用戶帳戶後，嘗試獲得管理員權限的情況（圖 7.21）。這可以透過利用漏洞來實現，這些漏洞會無意中允許用戶帳戶的存取層級升高。

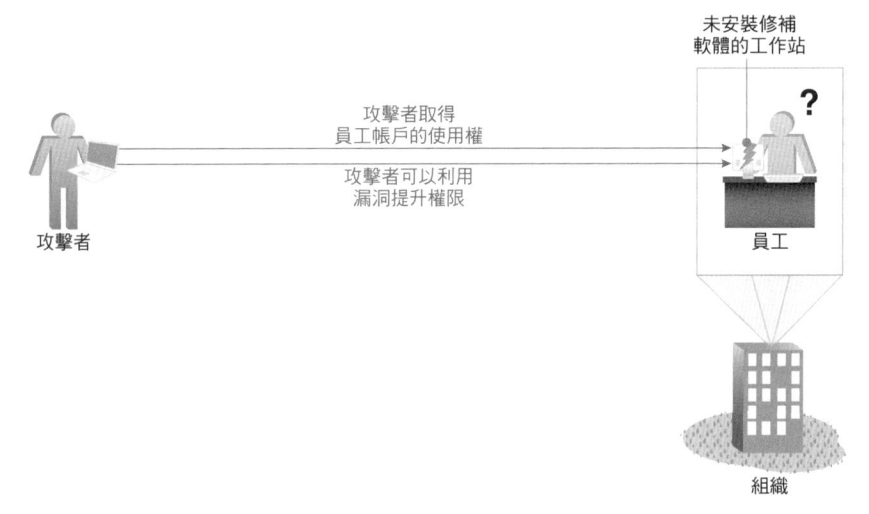

圖 7.21 攻擊者竊取員工的帳戶並且利用漏洞取得更高的權限

資料科學技術可用於協助權限提升攻擊，透過開發模型，可以持續搜尋和分析潛在受害用戶的帳戶和系統是否存在可利用的漏洞。例如，有一種攻擊用於收集網路中目前系統如何修補第三方軟體漏洞的資訊。資料科學系統可以消化這些訊息以及有關第三方軟體程式在目標環境中的配置等資訊，自動生成一套推薦的目標攻擊區域。

暴力破解

在暴力破解（*brute force*）攻擊中，攻擊者嘗試各種可能的用戶名稱和密碼組合，以確認哪個組合是正確的，並使攻擊者能夠未經授權存取系統（圖 7.22）。

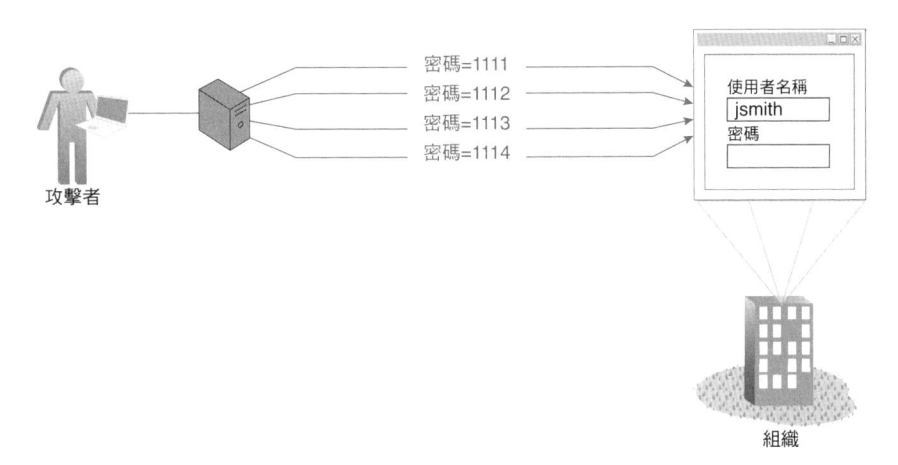

圖 7.22 攻擊者利用暴力破解攻擊，配合一系列的帳號密碼組合轟炸網站

因此，只使用密碼的系統最容易受到暴力破解攻擊，弱密碼的用戶帳戶也最容易被存取。

最簡單的暴力破解攻擊類型是字典攻擊，攻擊者從字典中讀取可能的密碼並嘗試所有組合。憑證重用是另一種型態，使用先前資料洩露的用戶名稱和密碼，重複使用於嘗試入侵其他系統。

遠端程式碼執行

遠端程式碼執行（*remote code execution*）是一種網路攻擊，攻擊者可以遠端對第三方的電腦設備執行命令。

這類攻擊成功的一些範例如下：

- 在主機上下載惡意軟體（圖 7.23）
- 使用隧道遠端執行額外的伺服器、資料庫指令或控制作業系統和服務

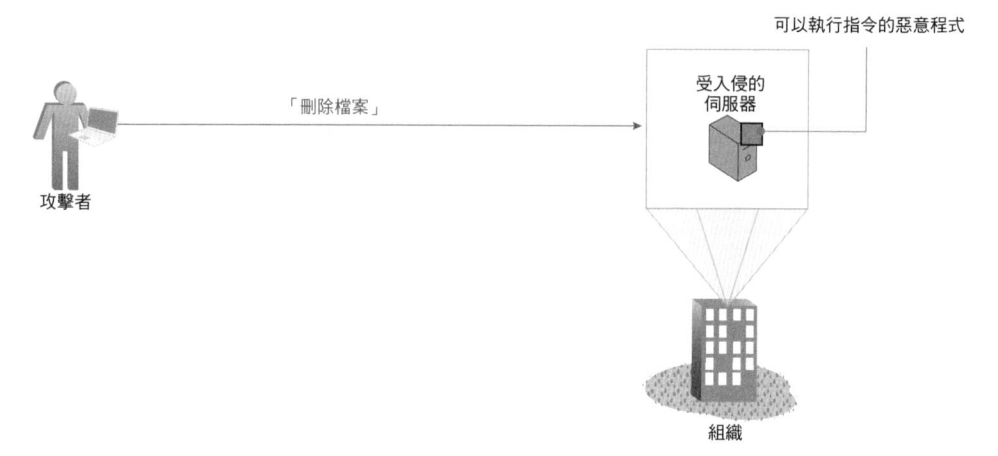

圖 7.23 利用已經安裝好的惡意程式，攻擊者可以在組織的伺服器上執行指令而造成損害

攻擊者還可以透過暴力破解或 Wi-Fi 解除身分驗證（Wi-Fi deauthentication）攻擊、社交工程和內部威脅獲得登入憑證來展開攻擊。遠端程式碼執行攻擊通常先經過資訊收集，接著攻擊者使用自動掃描工具挖掘漏洞。

遠端程式碼執行技術可用於其他網路攻擊，例如利用勒索軟體或木馬的殭屍網路和惡意軟體攻擊。

SQL 注入

SQL 注入（*SQL injection*）是一種攻擊應用程式的技術，惡意程式碼以 SQL 語法的形式插入到 Web 應用程式用戶介面的輸入欄位中，導致 Web 應用程式伺服器直接執行惡意程式碼（圖 7.24）。

攻擊成功後，可能破壞伺服器的存取功能，導致惡意軟體被寫入伺服器的資料庫。攻擊者常常使用搜尋引擎來尋找可以利用 SQL 注入漏洞進行修改的網站。

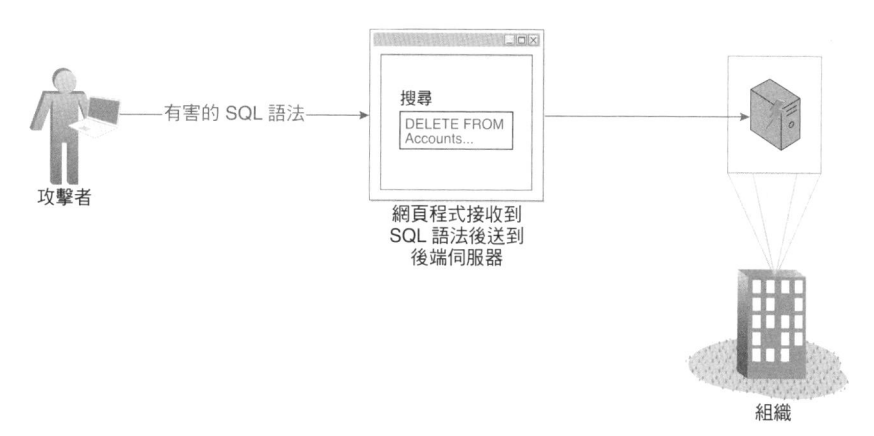

圖 7.24 攻擊者利用網頁介面的輸入欄位進行 SQL 攻擊

> **NOTE**
>
> SQL（Structured Query Language，結構化查詢語言）是一種用於對資料庫發出指令的語法，例如查詢和更新數據。

資料科學技術可用於協助 SQL 注入攻擊，透過分析針對特定 Web 應用程式過去執行的 SQL 指令來確定哪些命令更有效。資料科學系統可以用來產生自動攻擊的不同 SQL 程式碼組合，並根據每次程式碼發送的成功或失敗結果進行學習和改進。

隧道

隧道（tunneling）技術是一種將資料嵌入允許的通訊協定封包中繞過防火牆控制的技術，允許敏感資料離開網路、未經授權或惡意資料可以進入網路而不會觸發任何警報或紀錄（圖 7.25）。隧道傳輸難以檢測和阻止，因為隧道封包設計符合防火牆的規則。

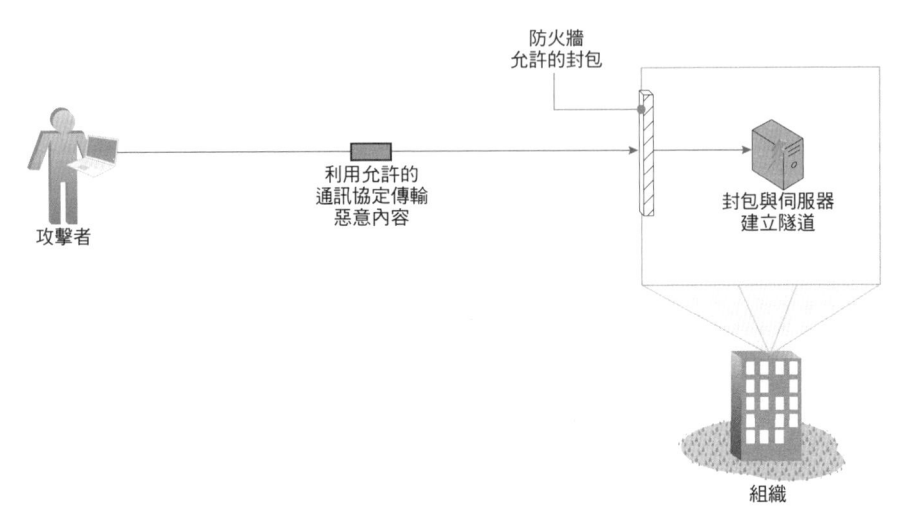

圖 7.25 攻擊者可以讓惡意封包通過組織的防火牆，並且在內部伺服器建立隧道通訊

為了使用「隧道」傳輸資料，攻擊者使用軟體程式假裝利用通訊協定建立通訊，但實際上卻為了其他目的傳輸資料。例如，已建立的隧道可用於在受害者的電腦上放置惡意軟體，例如長期駐留在主機上蒐集機密資訊的間諜軟體。也可用於支援殭屍網路攻擊的遠端程式碼執行，使攻擊者能夠將機器人放置在主機上將它們變成殭屍伺服器。

> **NOTE**
> 常見用於攻擊系統建立隧道通訊技巧的通訊協定包含 HTTP、SSH、DNS 和 ICMP。

進階持續性威脅（APT）

進階持續性威脅（*advanced persistent threat*，*APT*）是一種攻擊者採用多種攻擊方法來突破安全防禦的方法。通常攻擊會規劃安排在較長的一段時間內進行（圖 7.26）。APT 需要攻擊者採用精密的技術以及長期的準備和計畫，因此對鎖定高價值組織的攻擊者來說更為常見。

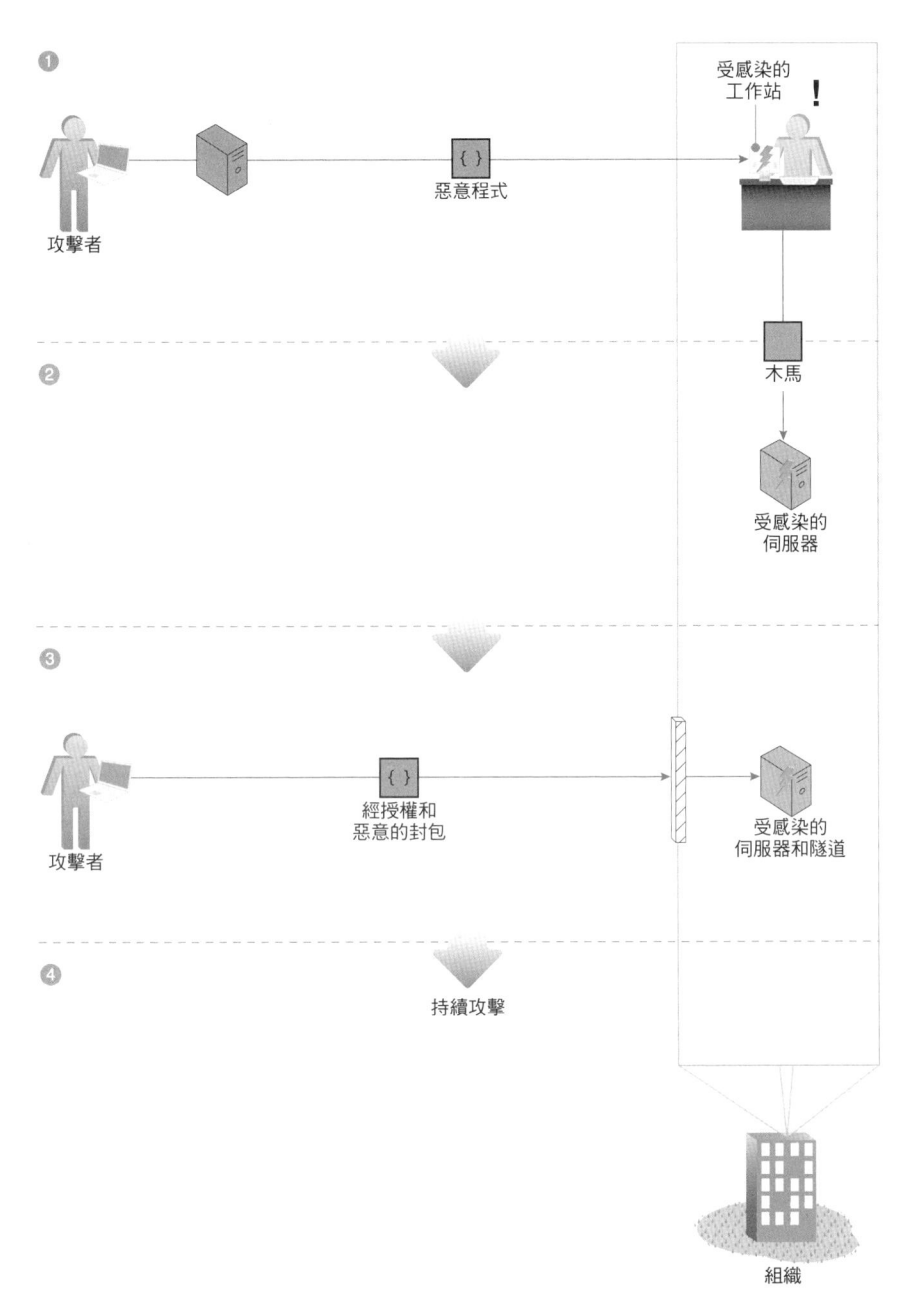

圖 7.26 對組織持續一段時間且規劃完善的攻擊，不同種類的攻擊利用特定的順序達成最終目標

APT 背後的目標之一是在透過安全漏洞獲得存取權限後，將資源放置在組織的環境中。例如 APT 攻擊可能在成功進入網路後，嘗試植入惡意軟體來建立後門和隧道作為立足點，接著在長時間內**持續**（*persistently*）攻擊系統。

然後，攻擊者可能會嘗試透過諸如暴力破解之類的技術來加深存取權限，以獲取管理員權限，然後使攻擊者能夠控制系統資源，甚至可能將其他人拒於門外。

成功的 APT 攻擊通常會是更大規模的活動，且利用較長的時間執行，因此攻擊者能夠觀察和瞭解環境，發現比攻擊者最初計畫更多竊取的資訊或價值（或造成更多破壞）的方法。

APT 攻擊的關鍵成功因素通常是人。許多 APT 攻擊之所以成功是因為內部威脅，內部人員可能（或無意中）被社交工程或網路釣魚技術攻擊而破壞安全。

> **NOTE**
>
> 共同發動 APT 攻擊的攻擊者團體稱為 *APT 團體*。APT 團體包含僅取得並出售存取權限資訊的權限仲介商。例如，勒索軟體攻擊者常用權限仲介商的管道進行攻擊。

> **案例研究**
>
> DTGOV 作為許多不同政府組織的第三方供應商，會進行審查以確定最容易受到哪些威脅。
>
> 審查結果顯示以下主要問題：
>
> - **虛擬化攻擊**：這是 DTGOV 在為客戶上雲前從來沒有做過準備的全新攻擊類型。
> - **重疊的信任邊界**：鑑於所有客戶現在都將共享雲端服務供應商的資源，他們將面臨這種新的威脅。
> - **社會工程和網路釣魚**：作為服務供應商，DTGOV 無法掌控運行和管理的系統中終端用戶行為。
>
> DTGOV 計畫通過修訂其客戶協議並利用第 10 章和第 11 章涵蓋的多種安全機制來緩解這些威脅。

7.5 其他注意事項

本節提供與雲端安全相關的各種問題、指南的清單。列出的注意事項沒有特定順序。

有缺陷的設計

雲端服務部署的不良設計、實作或配置會產生不良後果，除了運行時異常和故障之外。如果雲端服務供應商的軟體或硬體存在既有的安全缺陷或營運弱點，攻擊者可以利用這些漏洞來損害雲端服務供應商和託管的雲端服務消費者的 IT 資源完整性、機密性和可用性。

圖 7.27 描述了一個實作不良的雲端服務進而導致伺服器關閉。雖然在這種情況下，漏洞是由合法的雲端服務消費者意外暴露的，但攻擊者也可以輕鬆地發現和利用它。

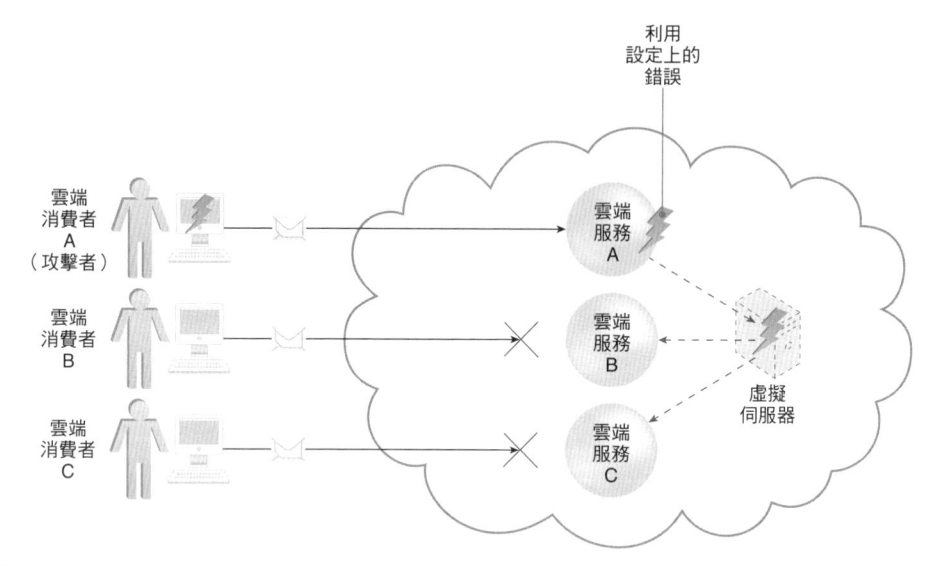

圖 7.27 雲端使用者 A 的訊息觸發雲端服務 A 的設定錯誤，進而導致運行雲端服務 B 和 C 的虛擬伺服器當機

安全政策差異

當雲端服務消費者將 IT 資源放在公有雲時，可能需要接受傳統的資訊安全手法可能與雲端服務供應商的方法不相同。需要評估不相容的部分，以確保轉移到公有雲的任何資料或 IT 資產都得到充分保護。即使租用雲端服務供應商的基礎架構原始 IT 資源，雲端使用者也無法獲得足夠的管理控制權或影響力來調整租賃來的 IT 資源適用的安全政策。這主要是因為這些 IT 資源仍然歸雲端服務供應商所有並承擔責任。

此外對於一些公有雲、額外的第三方，例如安全代理人和證書頒發機構可能會採用他們自己的一套安全政策和實踐，使得將雲端使用者資產保護的任何標準化嘗試變得複雜。

合約

雲端使用者需要仔細檢查雲端服務供應商提供的合約和 SLA，以確保在資產保護相關的安全政策和其他保證安全的項目符合需求。需要使用明確的文字來表明雲端服務供應商需承擔的責任、金額和可能要求的賠償範圍。雲端服務供應商承擔的責任越大，雲端服務消費者的風險就越低。

合約義務的另一個方面是雲端服務消費者和供應商資產之間的劃分。雲端服務消費者在供應商提供的基礎架構上部署自己的解決方案，彼此將利用共同擁有的元件組成技術架構。如果發生安全漏洞（或其他類型的運行故障），該如何判定責任？此外，如果雲端服務消費者可以在解決方案上套用自己的安全政策，但雲端服務供應商堅持其基礎架構使用不同（甚至可能不兼容的）的安全政策，那麼由此產生的差異該如何克服？

有時最好的解決方案是尋找提供相容合約條款的另一家雲端服務供應商。

風險管理

在評估採用雲端運算的潛在影響和挑戰時，建議雲端使用者進行正式的風險評估作為風險管理策略的一部分。風險管理是一種持續不斷循環來增強戰略和戰術安全性的執行過程，包含一系列用於監督和控制風險的協調活動。主要活動通常定義為風險評估、風險處理和風險控制（圖 7.28）。

- 風險評估：在風險評估階段，分析雲端環境以辨識威脅可以利用的潛在漏洞和不足之處。可以要求雲端服務供應商提供雲端環境中過去發生過的攻擊（成功和失敗）的統計數據和其他資訊。根據雲端服務消費者計畫使用雲端運算資源的方式，對於已經辨識的風險根據發生機率和影響程度進行量化和限制。

- 風險處理：在風險處理階段，設計應對策略和計畫的目的是成功處理在風險評估期間發現的風險。一些風險可以被消除或減輕，而另一些可以透過外包甚至納入保險或營運損失預算來處理。雲端服務供應商本身可能會同意承擔一部分的責任作為合約義務。

- **風險控制**：風險控制階段涉及風險監控，一個由三步驟組成的過程，包括調查相關事件、審查這些事件以確定先前評估和處理的有效性，接著找出任何策略調整需求。這個階段根據所需的監控性質，可以由雲端服務供應商或與消費者一起執行。

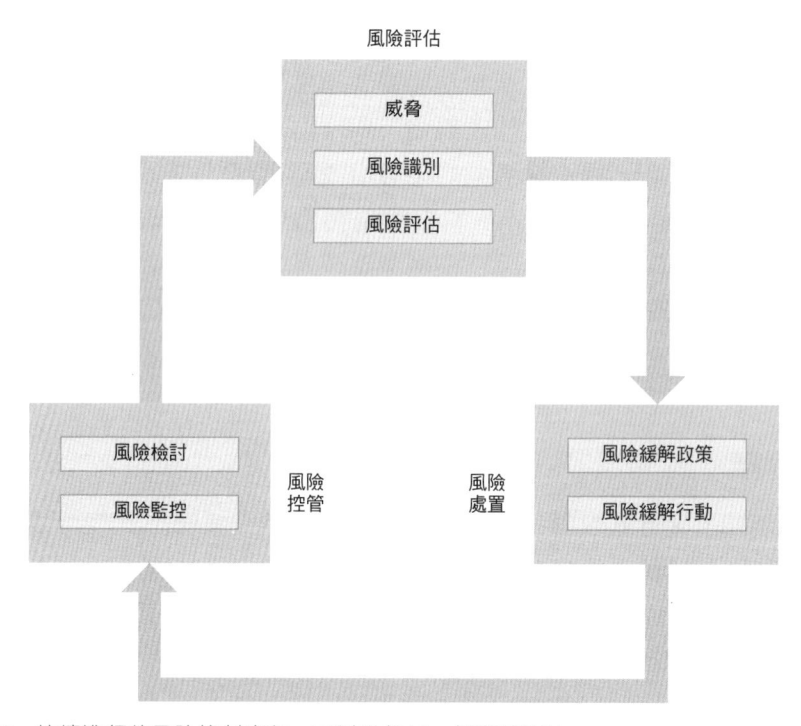

圖 7.28　持續進行的風險控制流程，可以從任何一個階段開始

本章涵蓋的威脅因素和雲端安全威脅（以及可能出現的其他威脅）可以在風險評估階段進行辨識和記錄。第 10 章和第 11 章涵蓋的雲端安全和網路安全機制可以作為相應的風險處理的一部分進行記錄和使用。

> **案例研究**
>
> 基於對內部應用程式的評估，ATN 分析師找出了一系列風險。其中一項風險與最近 ATN 收購的公司 OTC 所採用的 myTrendek 應用程式相關。此應用程式包含一個分析電話和網路使用情況的功能，並啟用不同存取權限的多用戶模式。因此，可以為管理員、主管、稽核員和普通用戶分配不同的權限。該應用程式的用戶涵蓋內部和外部用戶，例如業務合作夥伴和承包商。
>
> myTrendek 應用程式對內部員工使用方面帶來了一些安全挑戰：
>
> - 不需要驗證或不強制使用複雜密碼
> - 與應用程式的通訊未加密
> - 歐洲法規（ETelReg）要求應用程式收集的某些類型數據要在 6 個月後刪除
>
> ATN 計畫透過 PaaS 環境將此應用程式遷移到雲端，但應用程式薄弱的驗證威脅和缺乏機密性使他們重新考慮。後續的風險評估進一步揭示，如果應用程式遷移到位於歐洲以外的雲端託管 PaaS 環境，當地法規可能會與 ETelReg 衝突。由於雲端服務供應商不考慮 ETelReg 的合法性，這很容易導致 ATN 被罰款。基於風險評估的結果，ATN 決定不繼續雲端遷移計畫。

PART II

雲端運算的機制

第八章：雲端基礎設施機制

第九章：雲端專有機制

第十章：雲端安全和網路安全存取控制機制

第十一章：雲端安全和網路資料安全機制

第十二章：雲端管理機制

在雲端運算領域，技術機制代表著 IT 業界內既定且完善的 IT 產物，通常與特定運算模型或平台密切相關。雲端運算以技術為中心，需要建立一套正式的機制，作為雲端技術架構的基石。

第二部分的章節定義了 48 種常見的雲端運算機制，這些機制利用不同的方式進行組合。

後續章節（第三部分：雲端運算架構）中將會進一步引用部分機制作為參考。

Chapter **8**

雲端基礎設施機制

8.1 邏輯網路邊界
8.2 虛擬伺服器
8.3 虛擬化管理程式（Hypervisor）
8.4 雲端儲存裝置
8.5 雲端使用量監視器
8.6 資源複製
8.7 現成環境
8.8 容器

Chapter 8　雲端基礎設施機制

雲端基礎設施機制是雲端環境的基本元件，用於建立基礎環境，形成雲端技術架構的基石。

本章將描述以下雲端基礎設施機制：

- 邏輯網路邊界（Logical Network Perimeter）
- 虛擬伺服器（Virtual Server）
- 虛擬化管理程式（Hypervisor）
- 雲端儲存裝置（Cloud Storage Device）
- 雲端資源使用量監視器（Cloud Usage Monitor）
- 資源複製（Resource Replication）
- 現成環境（Ready-Made Environment）
- 容器（Container）

需要注意的是，這些機制不一定都具有廣泛的應用性，也不是每一個機制都單獨構成一層架構。相反的，我們應該將它們視為雲端平台常見的核心元件。

8.1 邏輯網路邊界

邏輯網路邊界指的是與其餘通信網路環境隔離的網路範圍，它建立了一個虛擬的網路邊界，涵蓋一組互相關聯的雲端 IT 資源，這些資源可能實際上分佈在不同地方（圖 8.1）。

圖 8.1　虛線代表邏輯網路邊界的範圍

此機制可以用於：

- 隔離雲端環境中的 IT 資源，使其不會被被未經授權的用戶存取
- 隔離雲端環境中的 IT 資源，使其免於被不是用戶的人存取

- 隔離雲端環境中的 IT 資源，使其不會被雲端服務消費者存取
- 控制隔離的 IT 資源可用的頻寬

邏輯網路邊界通常利用數據中心使用和控制的網路設備來建立，並以虛擬化 IT 資源的方式部署，包含：

- **虛擬防火牆**：一種主動過濾進出隔離範圍內網路流量以及對網際網路進行存取管制的 IT 資源。

- **虛擬網路**：通常使用 VLAN 技術，這種 IT 資源將數據中心基礎設施內的網路環境進行隔離。

圖 8.2 介紹了用於表示這兩個 IT 資源的符號。

圖 8.3 展示一個場景，其中一個邏輯網路邊界包含雲端服務消費者的地端環境，另一個包含雲端服務供應商的雲端環境。這兩個邊界利用 VPN 進行連線保護，因為 VPN 通常利用點到點的加密方式在兩點之間傳輸資料封包。

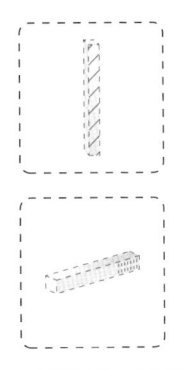

圖 8.2 用於表示虛擬防火牆（上圖）和虛擬網路（下圖）的圖示

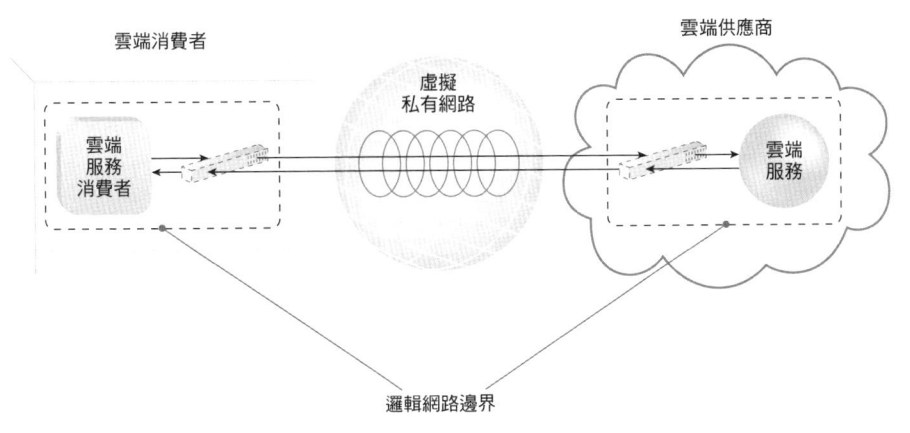

圖 8.3 圍繞在雲端服務消費者與供應商環境間的兩個邏輯網路邊界

案例研究

DTGOV 已經將其網路基礎設施虛擬化，建立有利於網路分割和隔離的邏輯網路。圖 8.4 展示每個 DTGOV 數據中心建立的邏輯網路邊界，遵循下列方針：

- 連接到網際網路和外部網路的路由器連接到外部防火牆，提供虛擬網路最外圍的控制和保護，這個虛擬網路邏輯上將網際網路與外部網路抽象化。連接到這些網路邊界的設備會被簡單的隔離，避免外部用戶存取。這些邊界內沒有任何雲端服務消費者的 IT 資源。

- 外部及內部防火牆之間建立了一個非軍事化區（demilitarized zone，DMZ）的邏輯網路邊界。DMZ 作為放置代理伺服器的虛擬網路（圖 8.3 中未顯示），這些代理伺服器提供常見網路服務（DNS、電子郵件、入口網站）的中介層，以及具有外部管理功能的網路伺服器。

- 離開代理伺服器的網路流量會經過一系列受管理的防火牆，這些防火牆隔離出管理網路邊界，邊界內有運行管理服務的伺服器，讓雲端服務消費者可以從外部存取管理服務。這些管理服務提供自助和按需求分配的雲端 IT 資源。

- 所有流向雲端 IT 資源的流量都通過 DMZ 流向雲端服務防火牆，這些防火牆隔離每個雲端服務消費者的網路邊界，而這些邊界利用抽象化的虛擬網路與其他網路隔離。

- 管理邊界和隔離的虛擬網路都連接到數據中心內部防火牆，這些防火牆管理來自其他 DTGOV 數據中心的網路流量，這些數據中心也連接到數據中心內部網路邊界的內部路由器。

虛擬防火牆分配給一個雲端服務消費者控制，以管制其虛擬 IT 資源的流量。這些 IT 資源使用與其他雲端服務消費者隔離的虛擬網路連接。虛擬防火牆和隔離的虛擬網路共同構成雲端服務消費者的邏輯網路邊界。

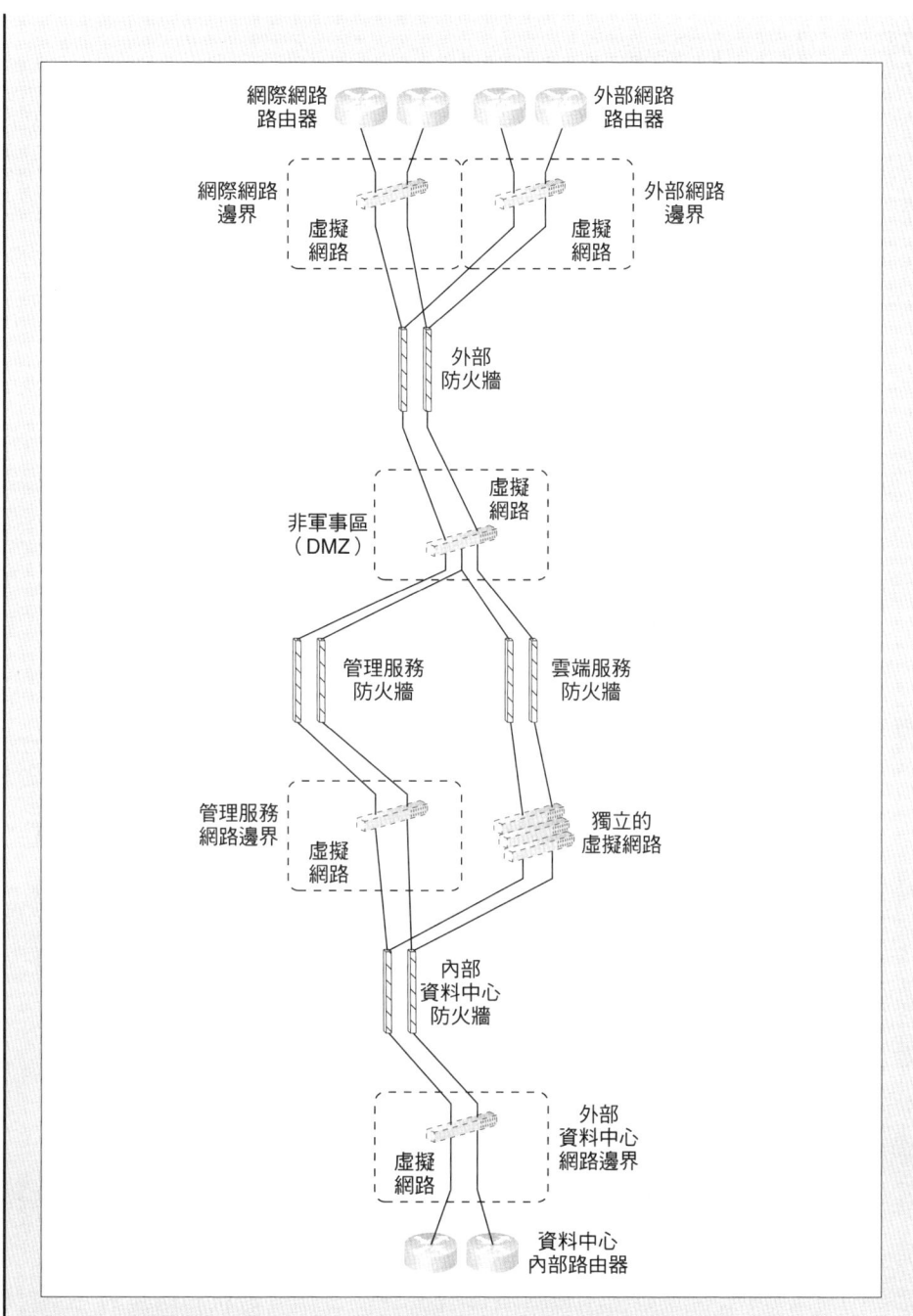

圖 8.4 邏輯網路架構，利用一系列的邏輯網路邊界、防火牆與虛擬網路所組成

8.2 虛擬伺服器

虛擬伺服器是一種虛擬化軟體，可以模擬實體伺服器。雲端服務供應商使用虛擬伺服器為雲端服務消費者提供個別的虛擬伺服器實例，將同一台實體伺服器與多個雲端服務消費者共用。圖 8.5 顯示了由 2 台實體伺服器託管的 3 台虛擬伺服器。

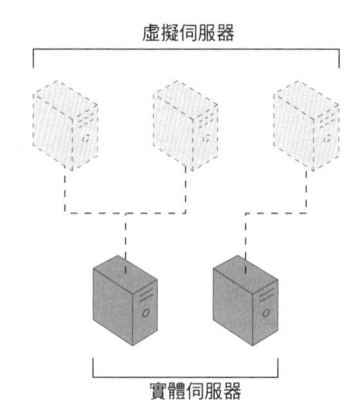

圖 8.5 第一台實體伺服器運行 2 台虛擬伺服器，第二台實體伺服器運行 1 台虛擬伺服器

> **NOTE**
> - 本書中將虛擬伺服器跟虛擬機器視為同義詞。
> - 本章提到的虛擬化基礎架構管理工具（virtual infrastructure manager，VIM）會在第 12 章的「資源管理系統」小節中詳述。

作為一種商品機制，虛擬伺服器是雲端環境最基本的組合元件。每個虛擬伺服器可以託管多種 IT 資源、雲端解決方案和各種其他雲端運算機制。從映像檔建立虛擬伺服器是一個可以隨著需求快速進行的資源分配過程。

安裝或租用虛擬伺服器的雲端服務消費者可以獨立於其他共用底層實體伺服器的雲端服務消費者，自行客製化所需的環境。圖 8.6 展示一個虛擬伺服器運行雲端服務並被雲端服務消費者 B 存取，而雲端服務消費者 A 則直接存取虛擬伺服器以執行管理任務。

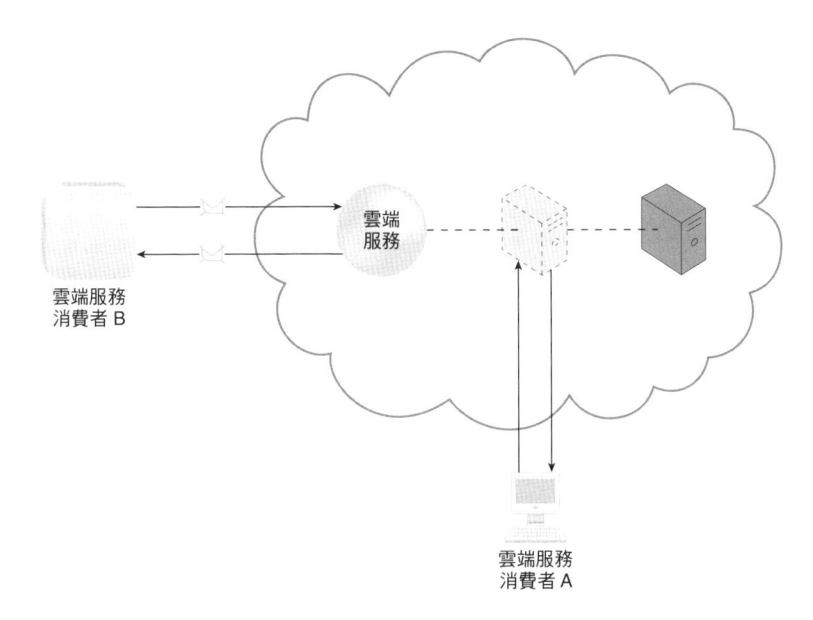

圖 8.6　虛擬伺服器運行雲端服務，同時也讓雲端服務消費者直接存取進行管理任務

案例研究

DTGOV 的 IaaS 環境包含多個受託管虛擬伺服器，這些虛擬伺服器透過多台使用相同 Hypervisor 軟體的實體伺服器控制並運作。虛擬化基礎架構管理工具（VIM）協調實體伺服器來建立虛擬伺服器實例。這個方法統一套用在每一個數據中心的虛擬層上。

圖 8.7 展示了幾個運行在實體伺服器之上的虛擬伺服器，所有伺服器都由中央 VIM 共同控制。

為了實現可隨時按需求建立虛擬伺服器，DTGOV 提供雲端服務消費者事先建立好的虛擬伺服器範本及虛擬機映像檔提供使用。

這些虛擬機映像檔包含多個檔案，其中有讓 Hypervisor 啟動虛擬機器所需的虛擬硬碟映像檔。DTGOV 提供樣本虛擬伺服器，並且提供各種不同的初始配置選項，可以根據所使用的作業系統、驅動程式和管理工具而調整。一些範本虛擬伺服器還預裝額外的應用程式伺服器軟體。

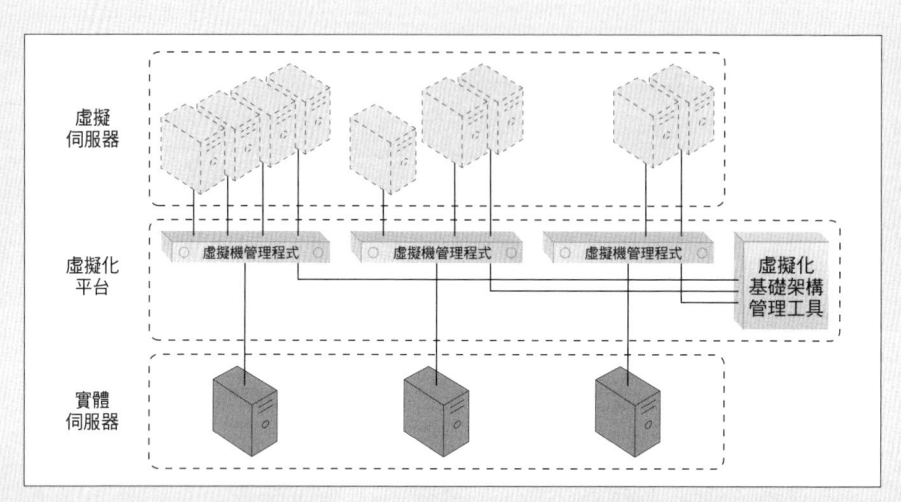

圖 8.7 虛擬伺服器透過實體伺服器的 Hypervisor 和中央虛擬化基礎架構管理工具所建立

DTGOV 提供給雲端服務消費者下列虛擬伺服器組合。每個組合都具有預先定義好地性能配置和限制：

- 小型虛擬伺服器實例：1 個虛擬處理器核心，4 GB 虛擬記憶體，root 檔案系統中有 20 GB 儲存空間
- 中型虛擬伺服器實例：2 個虛擬處理器核心，8 GB 虛擬記憶體，root 檔案系統中有 20 GB 儲存空間
- 大型虛擬伺服器實例：8 個虛擬處理器核心，16 GB 虛擬記憶體，root 檔案系統中有 20 GB 儲存空間
- 記憶體型大型虛擬伺服器實例：8 個虛擬處理器核心，64 GB 虛擬記憶體，root 檔案系統中有 20 GB 儲存空間
- 處理器型大型虛擬伺服器實例：32 個虛擬處理器核心，16 GB 虛擬記憶體，root 檔案系統中有 20 GB 儲存空間
- 超大型虛擬伺服器實例：128 個虛擬處理器核心，512 GB 虛擬記憶體，root 檔案系統中有 40 GB 儲存空間

可以從雲端儲存設備增加虛擬硬碟來增加虛擬伺服器的儲存容量。所有範本虛擬機映像檔都儲存在 1 個共用的雲端儲存設備上，只能從雲端服務消費者控制部署 IT 資源的管理工具存取。一旦需要建立一個新的虛擬伺服器，雲端服務消費者可以從清單中選擇最合適的虛擬伺服器範本。會建立並分配一個虛擬機映像檔的副本給雲端服務消費者，然後雲端服務消費者可以接手後續管理責任。

每當雲端服務消費者客製化虛擬伺服器時，分配的虛擬機映像檔就會一起更新。在雲端服務消費者啟動虛擬伺服器後，分配的虛擬機映像檔及其相關性能設定檔將被傳遞給 VIM，VIM 會從合適的實體伺服器上建立虛擬伺服器實例。

DTGOV 使用圖 8.8 所示的過程來提供建立和管理具有不同初始軟體配置和性能特徵的虛擬伺服器。

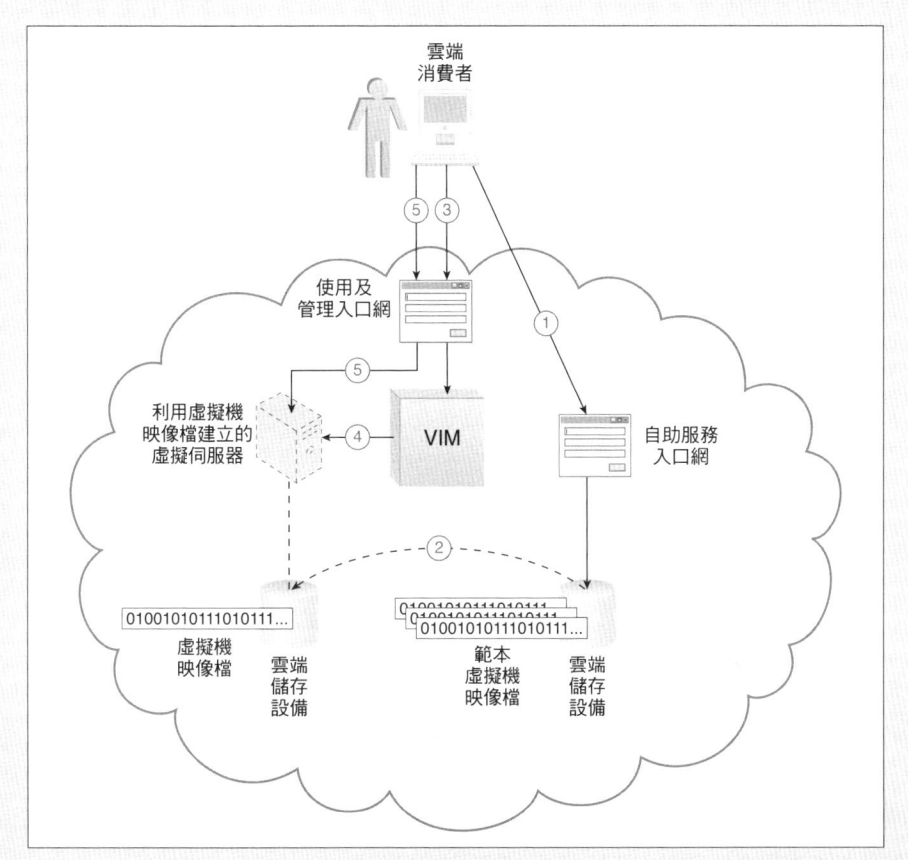

圖 8.8 雲端服務消費者使用自助服務入口網（self-service portal）選擇要建立的範本虛擬伺服器（1）。對應的虛擬機器映像檔副本會建立在雲端服務消費者控制的雲端儲存設備中（2）。雲端服務消費者透過使用與管理入口網（usage and administration portal）初始化虛擬伺服器（3），入口網與 VIM 互動，透過底層硬體來建立虛擬伺服器實例（4）。雲端服務消費者可以透過使用與管理入口網的其他功能來使用和客製化虛擬伺服器（5）。（自助服務入口網和使用與管理入口網在第 12 章中進行解釋。）

8.3 虛擬化管理程式（Hypervisor）

虛擬化管理程式機制是虛擬化基礎設施的重要元件，主要用於在實體伺服器上建立虛擬伺服器實例。Hypervisor 通常限於一台實體伺服器，並創建該伺服器的虛擬映像檔（圖 8.9）。Hypervisor 只能將生成的虛擬伺服器分配到相同規格的底層實體伺服器資源池。Hypervisor 具有有限的虛擬伺服器管理功能，例如增加虛擬伺服器的容量或將其關閉。VIM 提供一系列管理多個實體伺服器 Hypervisor 的功能。

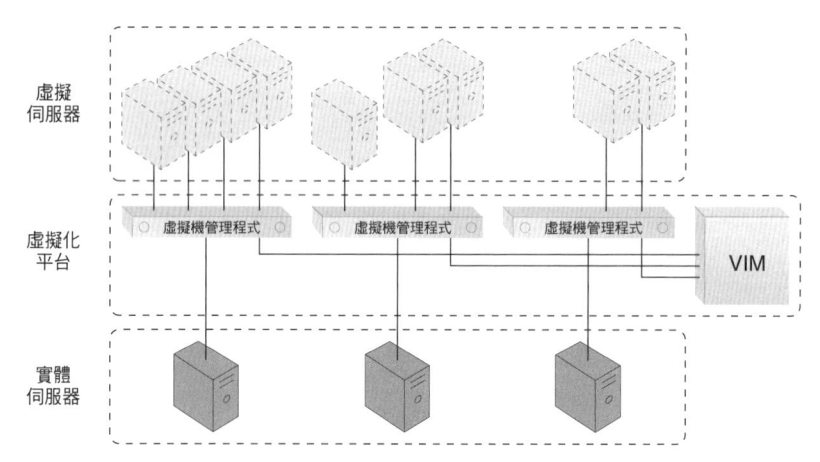

圖 8.9　虛擬伺服器透過各自實體伺服器上的 Hypervisor 建立，3 個 Hypervisor 透過同一個 VIM 共同管理

Hypervisor 軟體可以直接安裝在裸機伺服器中，並提供控制、共用和調度硬體資源使用情況的功能，例如處理能力、記憶體和 I/O。對每個虛擬伺服器的作業系統而言，這些資源都是專用資源。

8.3 虛擬化管理程式（Hypervisor）

案例研究

DTGOV 建立了一個虛擬化平台，所有實體伺服器都運行相同的 Hypervisor 軟體。VIM 協調每個數據中心中的硬體資源，以便從最合適的底層實體伺服器創建虛擬伺服器實例。因此，雲端服務消費者能夠租用具有自動縮放功能的虛擬伺服器。

為了提供靈活的配置能力，DTGOV 虛擬化平台可以在同一個數據中心內的實體伺服器之間進行虛擬伺服器的即時遷移。圖 8.10 和圖 8.11 展示了這一點，其中一個虛擬伺服器從一個繁忙的實體伺服器即時遷移到另一個空閒的伺服器，允許根據額外的工作負載的進行向上擴展。

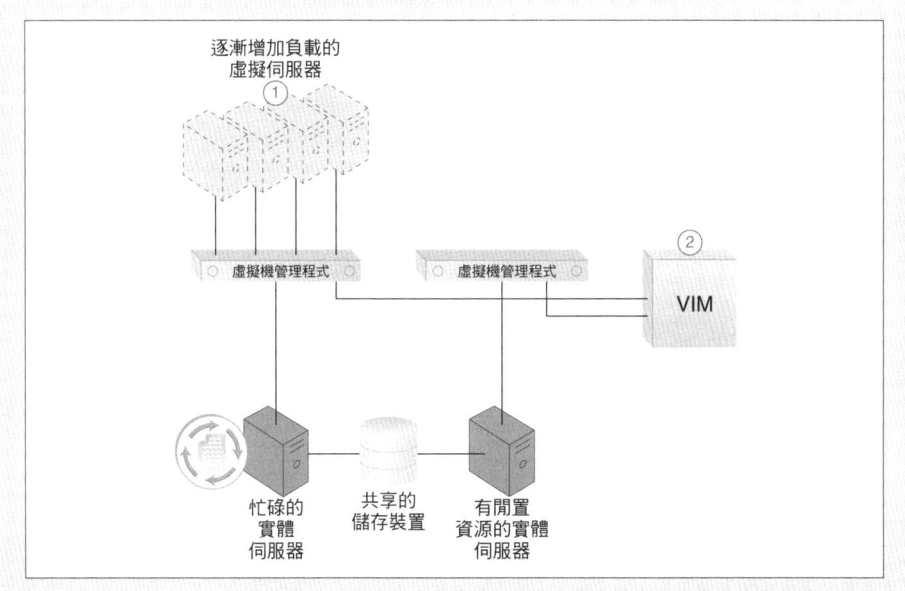

圖 8.10 具有自動擴充能力的伺服器負載量正逐漸提升（1）。VIM 判斷虛擬伺服器因為底層實體伺服器被其他的虛擬伺服器佔用而無法擴充容量（2）。

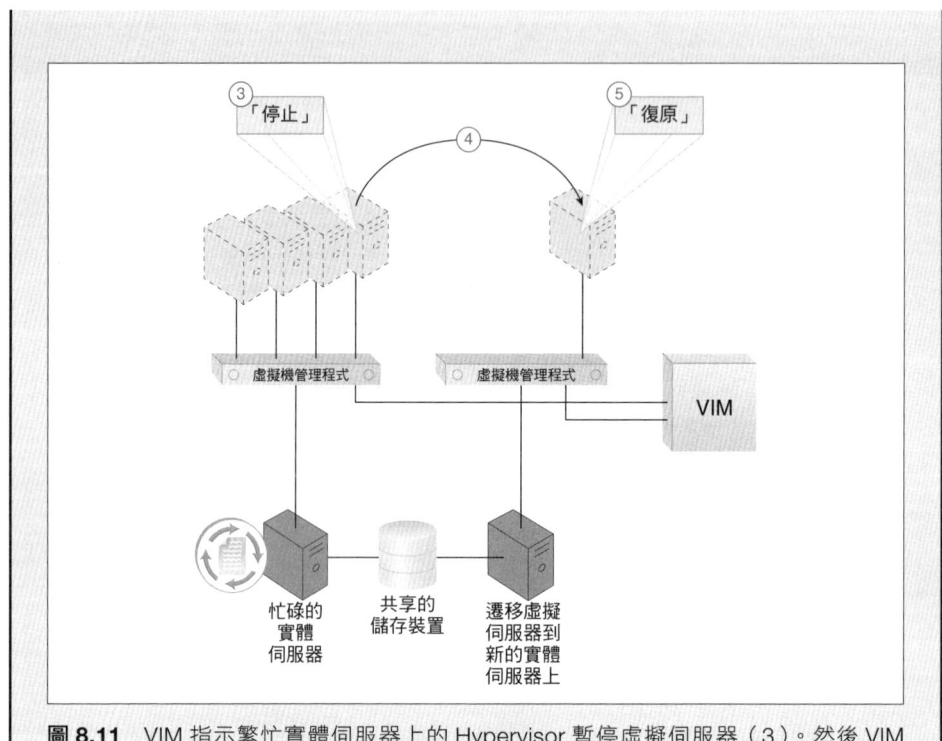

圖 8.11 VIM 指示繁忙實體伺服器上的 Hypervisor 暫停虛擬伺服器（3）。然後 VIM 指示閒置實體伺服器上建立虛擬伺服器。狀態資訊（例如未寫入硬碟的記憶體分頁和處理器暫存器）利用共享雲端儲存設備同步（4）。VIM 指示新實體伺服器上的 Hypervisor 恢復虛擬伺服器處理程式（5）。

8.4 雲端儲存裝置

*雲端儲存裝置*機制是專為雲端配置而設計的儲存設備。這些設備的實例可以像實體伺服器生成虛擬伺服器映像檔一樣進行虛擬化。雲端儲存設備通常能夠持續增加固定的容量以支援按使用量付費的機制。雲端儲存設備可以利用雲端儲存服務進行遠端存取。

> **NOTE**
> 這是一般雲端儲存裝置的基本機制。有許多其他特別設計的雲端儲存裝置，部分將在本書第三部分的架構模型中提到。

與雲端儲存相關的一個主要考量是數據的安全性、完整性及機密性，將數據委託給外部雲端服務供應商和其他協力廠商時，數據也更容易受到損害。跨越地理或國界轉移數據也可能帶來法律和監管的影響。另一個問題特別針對大型資料庫的效能。區域網路（LAN）提供本地儲存的數據，其網路可靠性和延遲水準比透過廣域網路（WAN）好。

雲端儲存的等級

雲端儲存裝置機制常見的數據儲存邏輯單元，例如：

- 檔案：資料分類並存放到資料夾中的檔案。

- 區塊：最底層也最接近硬體運作的儲存單位，區塊是可以單獨存取的最小數據單元。

- 數據集：數據集合並組織成表格（table）、分隔（delimited）或記錄（record）格式。

- 物件：數據及其關聯的元數據被組合為 Web 資源。

每個數據儲存等級通常與某種類型的技術介面有關，這種介面與特定的雲端儲存裝置及雲端儲存服務所開放的 API 也有關連（圖 8.12）。

網路儲存介面

傳統網路儲存裝置通常使用儲存介面作為分類。符合業界標準協議的儲存設備，例如用於儲存區塊的 SCSI 以及用於檔案和網路儲存的伺服器訊息區塊（server message block，SMB）、通用網際網路檔案系統（common internet file system，CIFS）和網路檔案系統（network file system，NFS）。

檔案儲存將單個數據儲存在具有不同大小和格式的單獨檔案並安置在資料夾和子資料夾中。原始檔案通常會在修改時被新建立的檔案所取代。

雲端儲存裝置機制使用這種介面時，搜尋數據和存取效能往往不會是最佳水準。檔案的處理效能和上限由選擇的檔案系統所決定。區塊儲存需要採用固定格式的數據（稱為**數據區塊**），數據區塊是可儲存和存取的最小單元，也是最接近實際儲存硬體的儲存格式。使用邏輯單元號（logical unit number，LUN）或虛擬磁碟儲存區（virtual volume block-level storage）通常效能比檔案儲存更好。

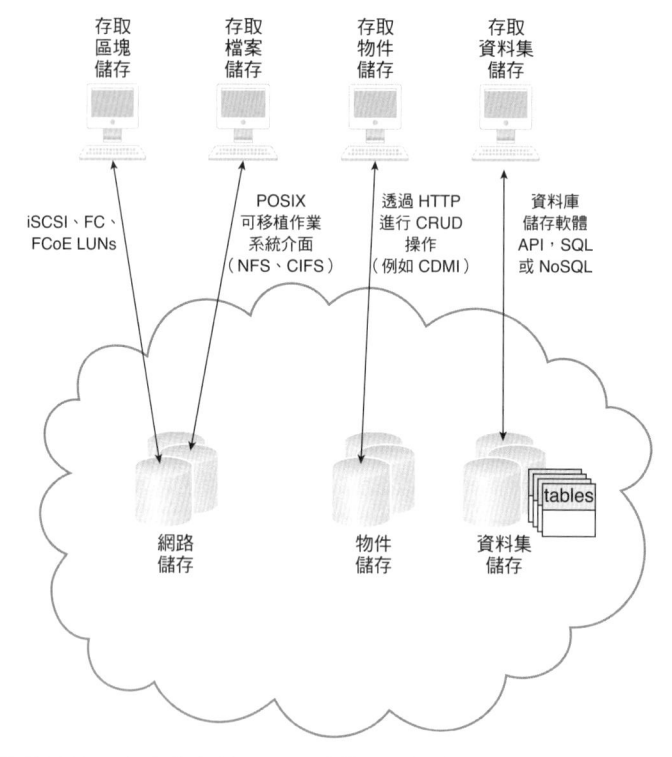

圖 8.12 不同的雲端服務消費者使用不同的儲存科技來與虛擬雲端儲存裝置互動（參考 CDMI 雲端儲存參考模型）

物件儲存介面

各種類型的數據都可以儲存為網路資源並使用。物件儲存採用可以支援各種數據和媒體類型的技術。採用這種介面的雲端儲存裝置機制通常使用 HTTP 作為主要的通訊協議，提供 REST 或網頁形式的雲端服務進行存取。儲存網路行業協會（SNIA）的雲端數據管理介面（SNIA 的 CDMI）支援物件儲存介面。

資料庫儲存介面

基於資料庫儲存介面的雲端儲存裝置機制除了基本的儲存操作外，通常還支援查詢語言。儲存裝置的管理使用標準 API 或用戶管理介面執行。

根據儲存結構，這種儲存介面主要分為以下兩大類：

關聯式資料儲存

過去許多地端 IT 環境使用關聯式資料庫或關聯式資料庫管理系統（RDBMS）儲存數據。關聯式資料庫（或關聯式儲存設備）依靠資料表將類似的數據組織成行和列。資料表可以彼此建立關聯來增加數據的結構，保護資料完整性並避免資料冗餘（這稱為資料正規化）。使用關聯式儲存通常涉及使用業界標準的結構化查詢語言（Structured Query Language，SQL）。

有各種使用關聯式資料儲存的雲端儲存裝置機制商用資料庫產品，例如 IBM DB2、Oracle Database、Microsoft SQL Server 和 MySQL。

雲端關聯式資料庫的挑戰通常與擴展性和效能相關。垂直擴充關聯式雲端儲存設備比水平擴充更複雜且成本效益更低。具有複雜關係和包含大量數據的資料庫可能會產生更高的處理成本和延遲，尤其是遠端存取雲端服務時。

非關聯式資料儲存

非關聯式儲存（也稱為 NoSQL 儲存）不使用傳統的關聯式資料庫模型，因為它為儲存的數據建立了一種「更鬆散」的結構，不強調定義關聯和數據正規化。使用非關聯式儲存的主要動機是為了避免關聯式資料庫可能帶來的潛在複雜性和處理成本。此外非關聯式儲存比關聯式儲存更具水平擴充性。

由於缺乏定義資料結構與資料模型的方法而無法定義資料格式及相關驗證方式是權衡是否使用非關聯式儲存的一個關鍵。此外非關聯式儲存庫往往不支援關聯資料庫的功能，例如交易或資料聯集。

轉移到非關聯式儲存庫的正規化數據通常會變得非正規化，也代表資料的規模通常會增長。雖然可以保留一定程度的正規化，但通常不適用於複雜的關聯。雲端服務供應商通常提供非關聯式儲存，可在多個伺服器環境中提供儲存數據的擴展性和可用性。但是，許多非關聯式儲存機制都不是開放架構，因此會嚴重限制資料可攜性。

案例研究

DTGOV 提供雲端服務消費者物件儲存介面的雲端儲存裝置存取權。開放此 API 的雲端服務可以在儲存的物件上提供基本功能，例如搜尋、建立、刪除和更新。搜尋功能使用類似於檔案系統的分層物件排列方式。DTGOV 進一步提供一個專門給虛擬伺服器的雲端服務，可以利用區塊儲存網路介面建立雲端儲存裝置。這兩種雲端服務都使用符合 SNIA 的 CDMI v1.0 API 標準。

物件雲端儲存裝置具有一個底層儲存系統，其儲存容量可以改變，並透過軟體元件開放的介面直接管理。同時這個軟體允許雲端服務消費者建立隔離的雲端儲存裝置。儲存系統使用安全憑證管理系統來管理用戶對設備資料物件的存取控制（如圖 8.13）。

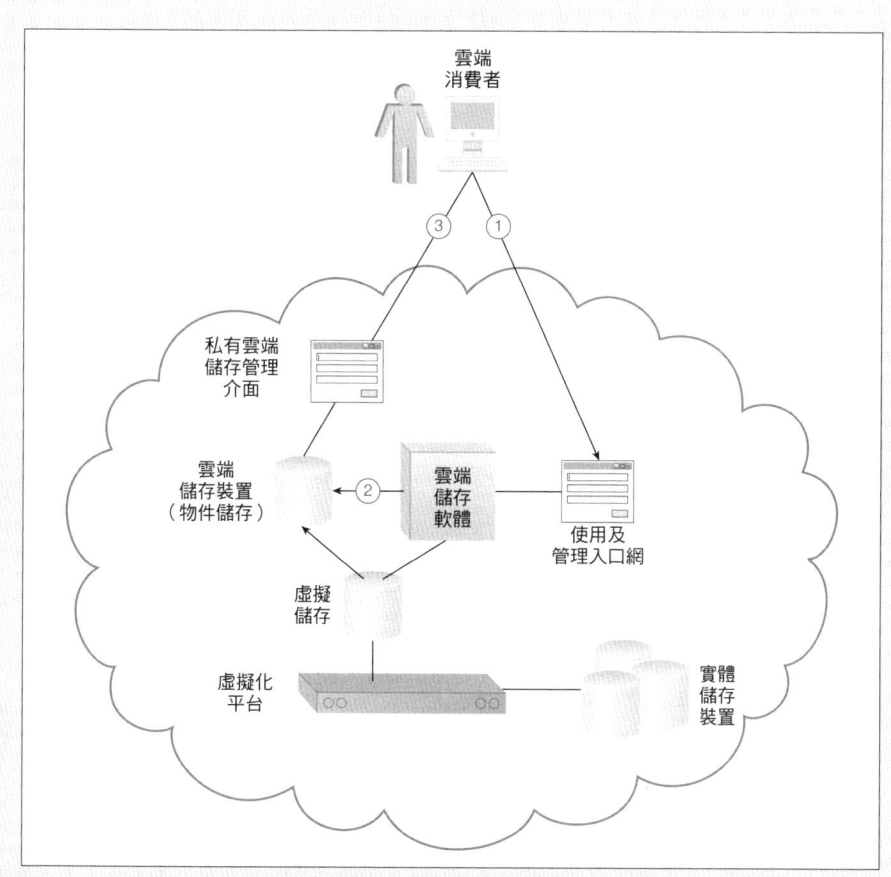

圖 8.13 雲端服務消費者透過使用與管理入口來建立雲端儲存設備並定義存取控制政策（1）。使用與管理入口網會與雲端儲存軟體互動，建立雲端儲存設備實例，並將所需的存取政策應用於資料物件（2）。每個資料物件都分配給一個雲端儲存設備，所有資料物件都儲存在同一個虛擬儲存區。雲端服務消費者使用私有的雲端儲存設備使用者介面直接與資料物件進行互動（3）。（使用與管理入口網在第 12 章中將進行解釋。）

存取控制以物件為單位授予權限，每個資料物件的建立、讀取和寫入使用各自的存取策略。允許僅限於讀取的公開存取權限。存取群組由指定的用戶組成，這些用戶必須事先使用憑證管理系統註冊。資料物件可以利用雲端儲存軟體實作的網路應用程式和網路服務介面進行存取。

雲端服務消費者的區塊雲端儲存裝置的建立由虛擬化平台管理，該平台建立 LUN 的虛擬儲存裝置（如圖 8.14）。區塊儲存設備（或 LUN）在使用之前必須由 VIM 分配給現有的虛擬伺服器使用。區塊雲端儲存裝置的容量以 1 GB 為單位表示。它可以建立固定大小儲存裝置，雲端服務消費者稍後可以進行管理並修改，也可以建立為可變大小的儲存裝置，初始容量為 5 GB，會根據使用需求自動以 5 GB 為單位增加和減少。

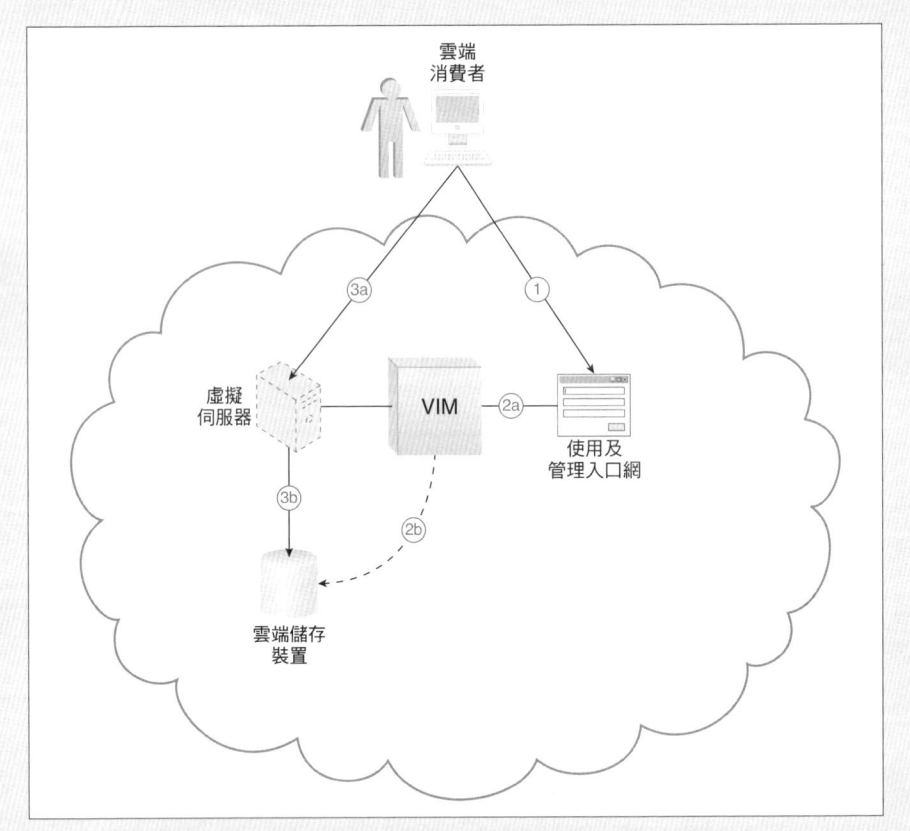

圖 8.14 雲端服務消費者透過使用與管理入口網建立雲端儲存設備，並將其分配給現有的虛擬伺服器（1）。使用與管理入口網會與 VIM 軟體互動（2a），VIM 軟體將建立並配置適當的 LUN（2b）。每個雲端儲存設備都擁有虛擬化平台控制的獨立 LUN。雲端服務消費者可以透過遠端直接登入虛擬伺服器（3a）來存取雲端儲存設備（3b）。

8.5 雲端使用量監視器

雲端使用量監視器機制是一個輕量級的自主運作軟體程式,負責收集和處理 IT 資源使用量數據。

> **NOTE**
> 這是雲端使用量監視器的基本機制,一些特殊的機制會在第 9 章描述,其他更多的內容則會在本書第三部分的雲端架構模型中敘述。

取決於設計來收集的使用量指標類型以及需要使用數據的方式,雲端使用量監視器擁有許多不同的格式。以下部分描述了 3 種常見利用代理程式實作方式。每種格式都可以設計成將收集到的使用數據轉發到日誌資料庫以供事後處理和報告。

監控代理程式

監控代理程式是一個中介程式,並以事件來驅動,作為服務代理程式駐留在現有資料通訊路徑上,以隱形的方式監控和分析資料流(圖 8.15)。這種類型的雲端使用量監視器通常用於衡量網路流量和訊息指標。

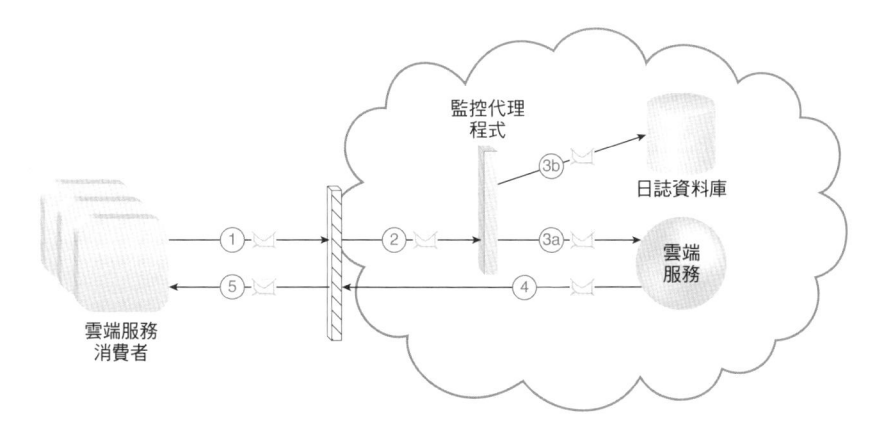

圖 8.15 雲端服務消費者向雲端服務發送請求訊息(1)。監控代理程式會攔截該訊息以收集相關的使用資料(2),然後再讓訊息繼續傳遞到雲端服務(3a)。監控代理將收集到的使用者數據儲存在日誌資料庫中(3b)。雲端服務會回覆一個回應訊息(4),該訊息會直接發回給雲端服務消費者,而不會被監控代理程式攔截(5)。

資源代理程式

資源代理程式是一個透過特殊資源監控軟體以事件驅動的方式收集使用數據的處理模組（圖 8.16）。該模組可以監視資源軟體層級預先定義好的觀察事件使用指標，例如啟動、暫停、恢復和垂直擴展。

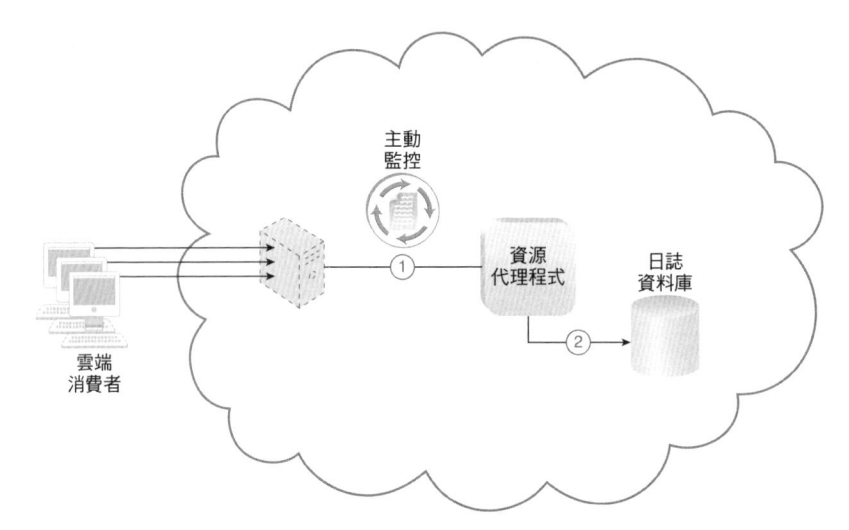

圖 8.16 資源代理程式主動監控虛擬伺服器，並偵測到使用率增加（1）。資源代理程式會收到來自底層資源管理程式的通知，指出虛擬伺服器正在向上擴充，並根據其監控指標將收集到的使用率資料儲存在日誌資料庫中（2）。

輪詢代理程式

輪詢代理程式是一個透過輪詢 IT 資源來收集雲端服務使用數據的處理模組。這種類型的雲端服務監視器通常用於定期監控 IT 資源狀態，例如正常運行時間和停機時間（圖 8.17）。

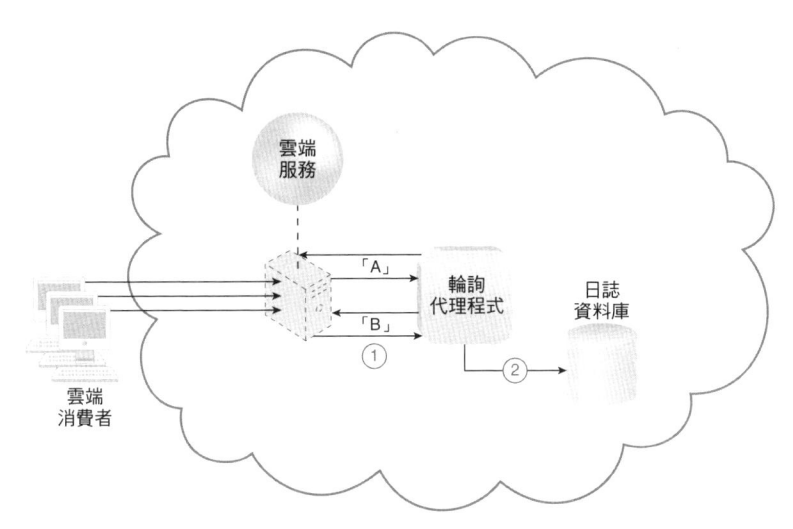

圖 8.17 輪詢代理程式會透過定期發送輪詢請求訊息來監控由虛擬伺服器託管的雲端服務狀態，並接收輪詢回應訊息（1）。這些回應訊息會在經過一定次數的輪詢週期後回報使用狀態「A」。輪詢代理程式會持續監控，直到收到使用狀態「B」（1）。接著，輪詢代理程式會把這個新的使用狀態記錄在日誌資料庫中（2）。

案例研究

DTGOV 雲端導入計畫中遇到的挑戰之一是確保能收集到準確的使用數據。以前 IT 外包模式的資源分配方法導致客戶只根據年度租賃合約中列出的實體伺服器數量計費，而不管實際使用情況。

現在 DTGOV 需要定義一個模型來按照性能等級和使用時數的計費方式租賃各種虛擬伺服器。為了達到必要的精確度，使用數據需要以非常高的精度進行測量。DTGOV 採用一個資源代理程式，該程式按照 VIM 平台生成的資源使用事件來計算虛擬伺服器使用數據。

資源代理程式的設計遵循以下的規則邏輯和指標：

1. VIM 軟體生成的每個資源使用事件可以包含以下數據：
   - 事件類型（EV_TYPE）：由 VIM 平台產生。有 5 種類型的事件：
     虛擬機啟動（在 hypervisor 上建立）
     虛擬機已啟動（開機流程完成）
     虛擬機停止（關機）
     虛擬機已停止（在 hypervisor 上終止）
     虛擬機已縮放（性能參數更改）

- 虛擬機類型（*VM_TYPE*）：代表虛擬伺服器的類型，由其性能參數決定。預先定義的潛在虛擬伺服器配置清單提供部分參數，這些參數會在虛擬機啟動或縮放時記錄在元數據中。
- 唯一虛擬機識別碼（*VM_ID*）：此識別碼由 VIM 平台提供。
- 唯一雲端使用者識別碼（*CS_ID*）：VIM 平台提供的另一個識別碼，代表雲端使用者。
- 事件時間標記（*EV_T*）：以日期時間格式表示的事件發生標識，時區為數據中心的時區，並根據 RFC 3339（符合 ISO 8601 標準）採用 UTC 格式。

2. 為雲端使用者建立的每個虛擬伺服器測量並記錄使用量。

3. 測量的使用量會針對一個測量週期進行記錄，該週期的長度由 2 個稱為 t_{start} 和 t_{end} 的時間標記決定，測量週期的預設開始時間為日曆月第一天（t_{start} = 2012-12-01T00:00:00-08:00），結束時間則為日曆月最後一天（t_{end} = 2012-12-31T23:59:59-08:00）。還支援客製測量週期。

4. 測量的使用量會每分鐘記錄一次。虛擬伺服器的使用量測量週期從虛擬伺服器在 hypervisor 上建立時開始，並在其終止時停止。

5. 在測量週期內，虛擬伺服器可以多次啟動、縮放和停止。這些虛擬機發生的連續事件組合（i = 1, 2, 3, ...）之間的每個時間間隔 i 稱為使用週期，記為 T_{cycle_i}：
   - *VM_Starting, VM_Stopping*：循環結束時虛擬機規格保持不變
   - *VM_Starting, VM_Scaled*：循環結束時虛擬機規格改變
   - *VM_Scaled, VM_Scaled*：虛擬機規格在縮放過程中及循環結束時改變
   - *VM_Scaled, VM_Stopping*：循環結束時虛擬機規格改變

6. 測量期間每個虛擬伺服器的總使用量 U_{total} 利用以下日誌資料庫中的資源使用事件公式計算：
   - 對於日誌資料庫中的每個 VM_TYPE 和 VM_ID：$U_{total\_VM\_type\_j} = \sum_{t_{start}}^{t_{end}} T_{cycle\_i}$
   - 對於每個 VM_TYPE 測量的總使用時間，每個 VM_ID 的使用向量為 U_{total}：U_{total} = { 類型 1, $U_{total\_VM\_type\_1}$, 類型 2, $U_{total\_VM\_type\_2}$, ...}

8.5 雲端使用量監視器

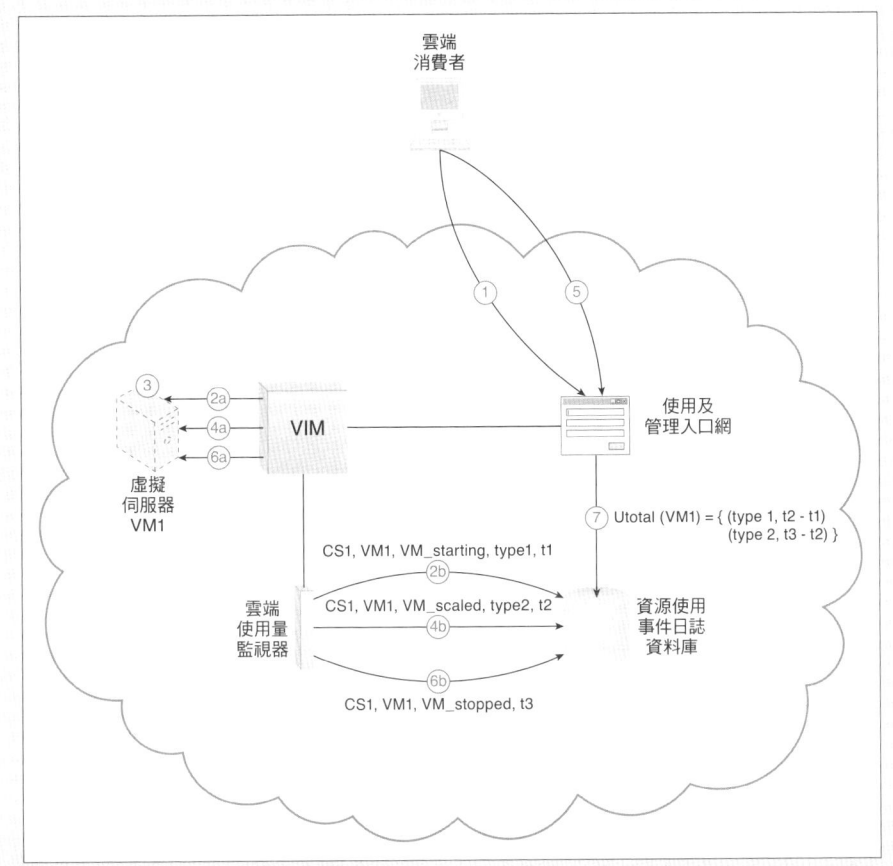

圖 8.18 描繪了資源代理程式與 VIM 的事件驅動 API 互動的情形。

圖 8.18 雲端服務消費者（CS_ID = CS1）請求建立一台虛擬伺服器（VM_ID = VM1），其配置大小為類型 1（VM_TYPE = type1）(1)。VIM 建立虛擬伺服器（2a）。VIM 的事件驅動 API 產生一個資源使用事件，時間標記為 t1。雲端使用量監控軟體代理程式擷取此事件並將其記錄在資源使用事件日誌資料庫中（2b）。虛擬伺服器使用率增加並達到自動擴展閾值（3）。VIM 將虛擬伺服器 VM1 從配置類型 1 擴展到類型 2（VM_TYPE = type2）（4a）。VIM 的事件驅動 API 產生了一個資源使用事件，時間標記為 t2，該事件由雲端使用量監控軟體代理程式擷取並記錄在資源使用事件日誌資料庫中（4b）。雲端服務消費者關閉虛擬伺服器（5）。VIM 停止虛擬伺服器 VM1（6a），其事件驅動 API 產生一個資源使用事件，時間戳記為 t3。雲端使用量監控軟體代理程式擷取此事件並將其記錄在日誌資料庫中（6b）。使用與管理入口網存取日誌資料庫並計算虛擬伺服器 VM1 的總使用量（Utotal）（7）。

8.6 資源複製

資源複製是指建立相同 IT 資源的多個實例，通常在需要提高 IT 資源的可用性和性能時使用。虛擬化技術用於實現資源複製機制，以複製雲端 IT 資源（圖 8.19）。

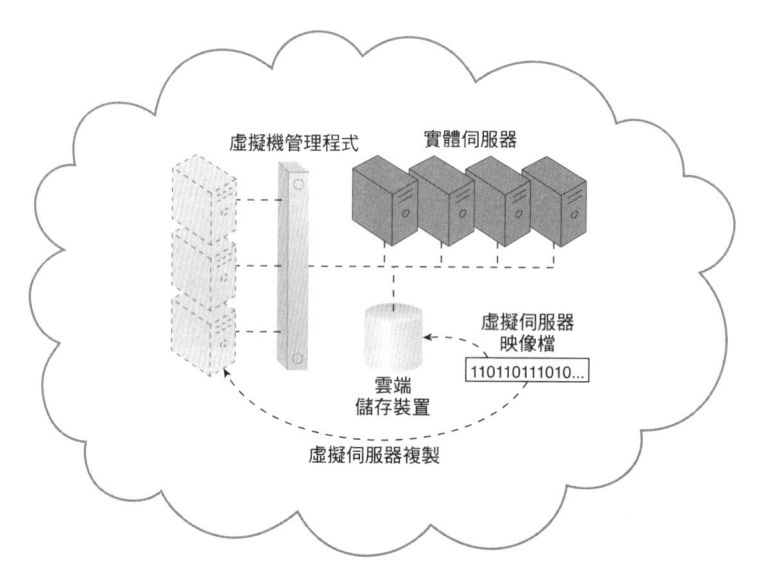

圖 8.19 Hypervisor 利用虛擬機器映像檔複製多個虛擬伺服器實例

NOTE

這是多種能夠複製 IT 資源軟體以建立 IT 資源副本的基本機制。本章節描述的虛擬機管理程式（hypervisor）機制是最常見的例子。例如虛擬化平台的虛擬機管理程式可以使用虛擬伺服器映像檔建立多個實例，或者部署和複製現成的環境和整個應用程式。其他常見複製 IT 資源的類型包括雲端服務實踐以及各種形式的數據和雲端儲存設備複製。

案例研究

DTGOV 建立了一組高可用虛擬伺服器，這些伺服器可以在發生嚴重故障時自動遷移到運行於不同數據中心的實體伺服器上。如圖 8.20 到圖 8.22 所示的場景，一個運行於某個數據中心的實體伺服器上的虛擬伺服器遇到了故障。來自不同數據中心的 VIM 協調合作，透過將虛擬伺服器重新分配到另一個數據中心運行的不同實體伺服器上來解決不可用的問題。

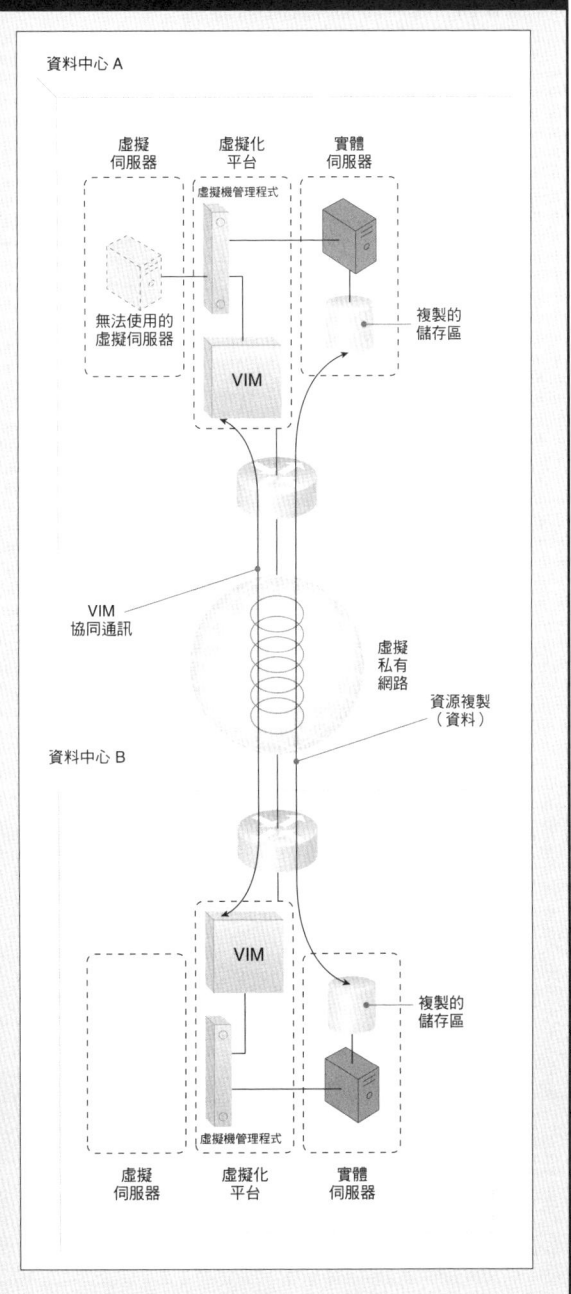

圖 8.20 高可用虛擬伺服器在資料中心 A 運作。在資料中心 A 和 B 中的 VIM 執行協調工作並偵測故障狀況。儲存的虛擬機器映像檔在兩個資料中心間複製同步，達成高可用性架構

圖 8.21 資料中心 A 的虛擬伺服器故障，資料中心 B 中的 VIM 偵測到故障狀況並且重新將高可用伺服器從資料中心 A 轉移到資料中心 B

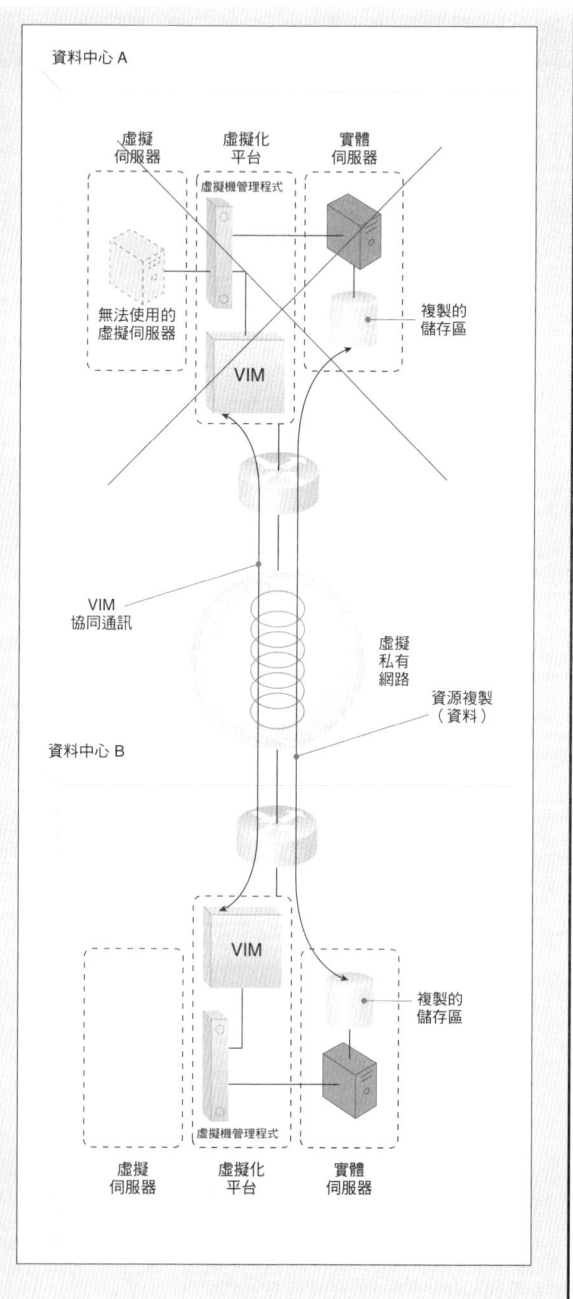

圖 8.22 在資料中心 B 中建立新的虛擬伺服器並提供服務

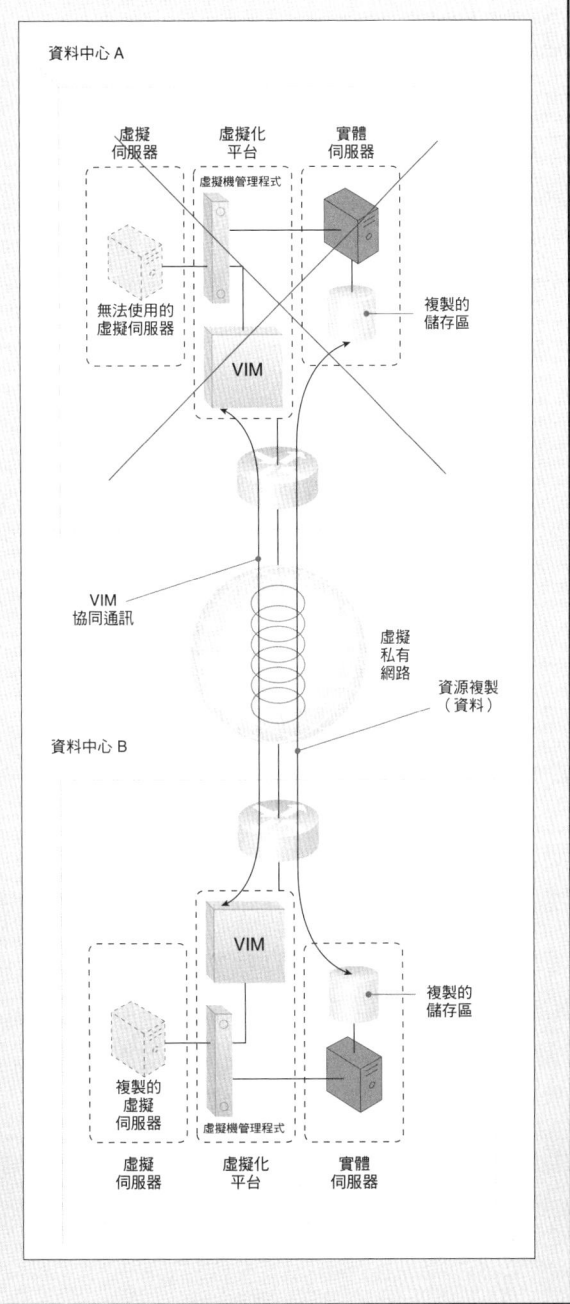

8.7 現成環境

現成環境機制（圖 8.23）是 PaaS 雲端交付模型的一個特定組成元件，它代表一個預先定義的雲端平台，包含一套安裝好的 IT 資源，供雲端服務消費者隨時使用和客製化。雲端服務消費者利用這些環境在雲上遠端開發和部署自己的服務和應用程式。常見的現成環境包括預先安裝的 IT 資源，例如資料庫、中介軟體、開發工具和管理工具。

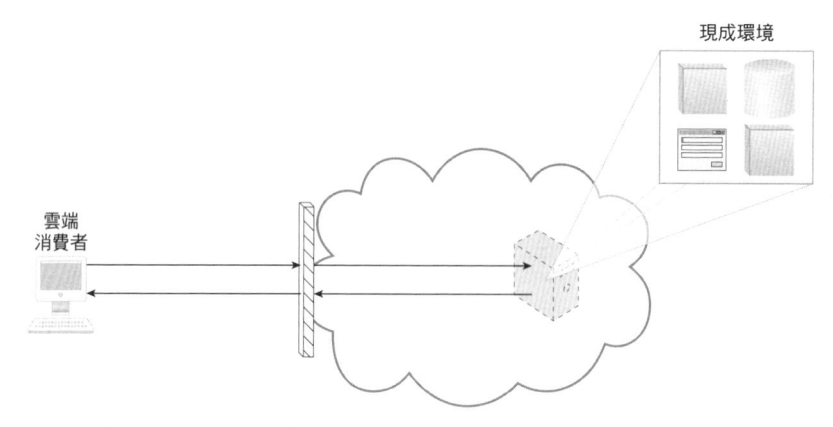

圖 8.23 雲端使用者存取運行在虛擬伺服器上的現成環境

現成環境通常配備一套完整的軟體開發工具包（SDK），該工具包可讓雲端服務消費者以程式碼存取組成偏好的程式開發堆疊技術。

多租戶平台可以使用中介軟體來支援 Web 應用程式的開發和部署。一些雲端服務供應商提供不同運算性能和計費參數的雲端服務執行環境。例如可以配置雲端服務的前端實例比後端實例能更快速地回應時間敏感的請求。前者的計費費率將不同於後者。

正如即將到來的案例研究中進一步展示的那樣，解決方案可以劃分成可以指定用於前端和後端實例呼叫的邏輯組，以最佳化執行效能和費用。

案例研究

ATN 使用租賃的 PaaS 環境開發和部署了幾個非關鍵業務應用程式。其中之一是基於 Java 的零件編號目錄 Web 應用程式，用於他們製造的交換機和路由器。該應用程式由不同的工廠使用，但不操縱交易資料，這些資料會由單獨的庫存控制系統處理。

應用程式邏輯分為前端和後端處理邏輯。前端邏輯用於處理目錄的簡單查詢和更新。後端部分包含呈現完整目錄以及關聯類似組件和舊有零件編號所需的邏輯。

圖 8.24 說明 ATN 零件編號目錄應用程式的開發和部署環境。雲端服務消費者同時扮演開發人員和終端用戶的角色。

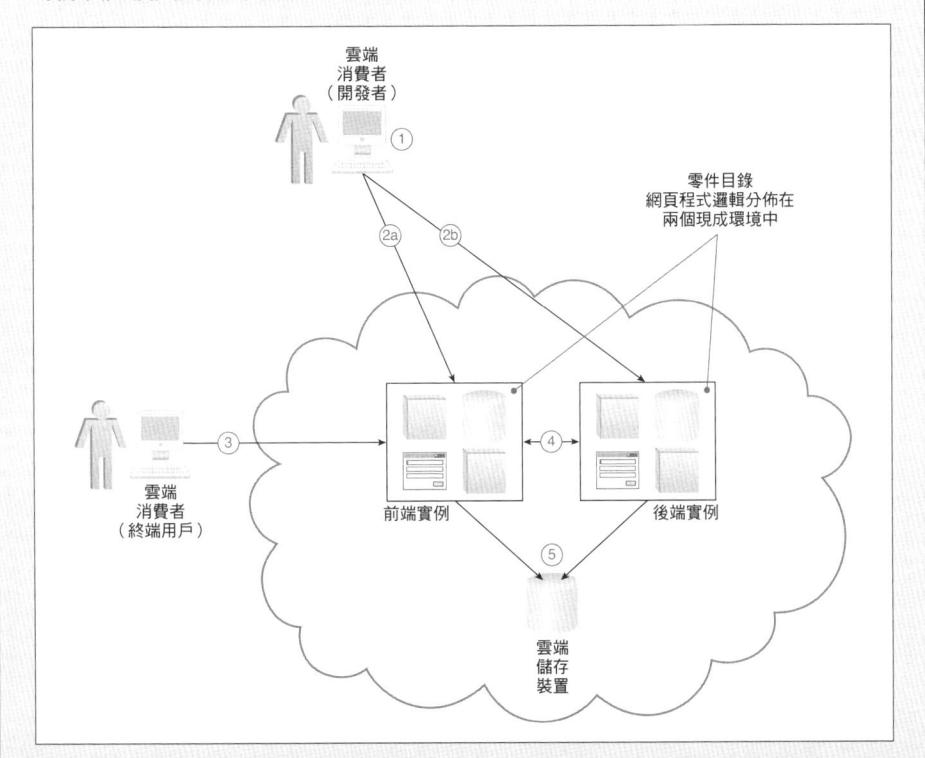

圖 8.24 開發人員使用雲端服務供應商提供的 SDK 開發零件編號目錄應用程式（1）。該應用程式軟體部署在兩個現成環境建立的平台上，分別是前端實例（2a）和後端實例（2b）。應用程式已開放使用，其中一位終端用戶存取了前端實例（3）。前端實例中運行的軟體會呼叫後端實例的一個長執行作業，該作業與終端用戶所需的處理程式相對應（4）。部署在前端和後端實例的應用程式軟體都由雲端儲存設備提供支援，該設備提供應用程式數據的永久儲存（5）。

8.8 容器

容器可以提供一種有效的方式來部署和交付雲端服務。容器化技術已經在第 6 章進行解釋。

Chapter 9

雲端專有機制

9.1 自動擴容監聽器
9.2 負載平衡器
9.3 SLA（服務水準協議）監視器
9.4 按使用量計費監視器
9.5 稽核監視器
9.6 故障轉移系統
9.7 資源叢集
9.8 多裝置仲介
9.9 狀態管理資料庫

常見的雲端技術架構包含許多可變動的部分以滿足 IT 資源和解決方案的不同使用需求。本章介紹的每種機制都滿足運行時的特定功能並支援一種或多種雲端特性。

本章將描述以下雲端專有機制：

- 自動擴容監聽器
- 負載平衡器
- 服務水準協議（SLA）監視器
- 按使用量計費監視器
- 稽核監視器
- 故障轉移系統
- 資源叢集
- 多裝置仲介
- 狀態管理資料庫

這些機制可以視為對雲端基礎設施的擴容，而且可以用各種方式組合成不同的客製化技術架構，本書第三部分提供了許多範例。

9.1 自動擴容監聽器

自動擴容監聽器（*automated scaling listener*）機制是一個服務代理程式，用於監控和追蹤雲端服務消費者和雲端服務之間的通訊，以實現動態擴容。自動擴容監聽器通常部署在靠近雲端防火牆的位置自動追蹤工作負載狀態。工作負載可以透過雲端服務消費者產生的請求量，或者透過某些類型的請求來觸發後台處理需求而決定。例如少量傳入的資料可能會產生大量的處理需求。

自動擴容監聽器可以針對工作負載波動情況提供不同類型的反應，例如：

- 根據雲端服務消費者事先定義的參數（通常稱為**自動擴容**）自動擴展或縮減 IT 資源。

- 當工作負荷超出當前閾值或低於分配的資源時，自動通知雲端服務消費者（圖 9.1）。然後雲端服務消費者可以選擇調整當前的 IT 資源配置。

不同的雲端服務供應商會用不同的名稱稱呼自動擴容監聽器的服務代理程式。

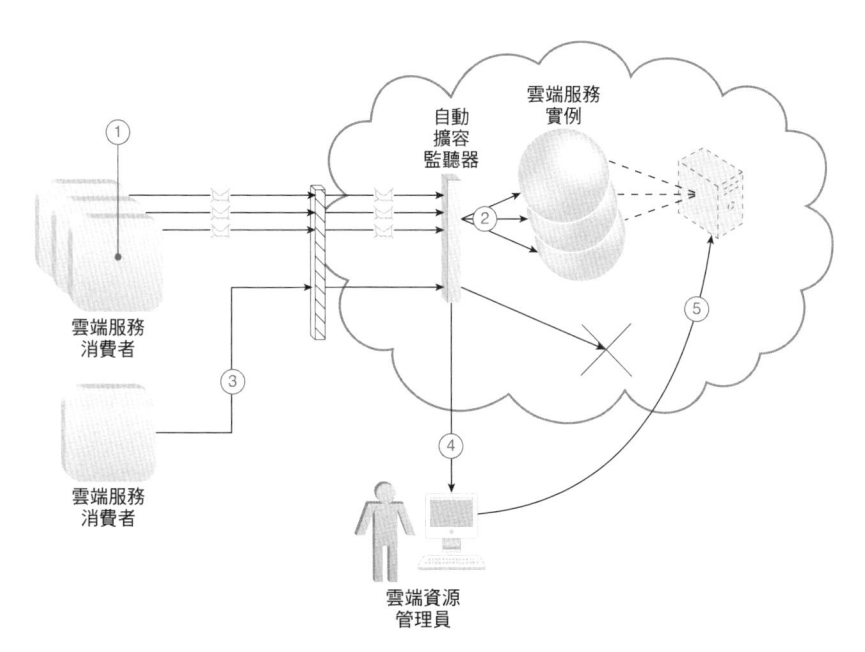

圖 9.1　3 位雲端服務消費者嘗試同時存取一個雲端服務（1）。自動擴容監聽器啟動水平擴展，並初始化 3 個新的服務實例（2）。第四位雲端服務消費者嘗試使用雲端服務（3）。由於程式設定僅允許最多 3 個雲端服務實例，自動擴容監聽器會拒絕第 4 次的存取並通知雲端服務消費者已超出工作負載限制（4）。雲端服務消費者的雲端資源管理員存取遠端管理環境，以調整配置設定提高實例限制（5）。

案例研究

> **NOTE**
> 此案例研究範例參考了第 14 章「Hypervisor 叢集架構」介紹的即時虛擬機器遷移元件,並在後續架構場景中進一步描述和展示其功能。

DTGOV 的實體伺服器垂直擴展虛擬伺服器,從最小虛擬機器配置(1 個虛擬處理器核心,4 GB 虛擬記憶體)擴展到最大配置(128 個虛擬處理器核心,512 GB 虛擬記憶體)。虛擬化平台會在運行時自動擴容虛擬伺服器,如下所示:

- 縮減:虛擬伺服器在縮減到較低性能配置的同時,繼續運行在相同的實體主機伺服器上。

- 擴增:虛擬伺服器的容量在原始實體主機伺服器上翻倍。如果原始主機伺服器資源不足,VIM 可以將虛擬伺服器即時遷移到另一個實體伺服器。遷移會在運作時自動執行且不需關閉虛擬伺服器。

由雲端服務消費者控制的自動擴容設定會決定在 Hypervisor 上監控虛擬伺服器資源使用情況的自動擴容監聽器代理程式行為。例如,一個雲端服務消費者設置了一個規則:每當資源使用率連續 60 秒超過虛擬伺服器容量的 80% 時,自動擴容監聽器就會向 VIM 平台發送擴容命令來觸發擴容流程。反之,當資源使用率連續 60 秒下降到容量的 15% 以下時,自動擴容監聽器也會命令 VIM 縮減(圖 9.2)。

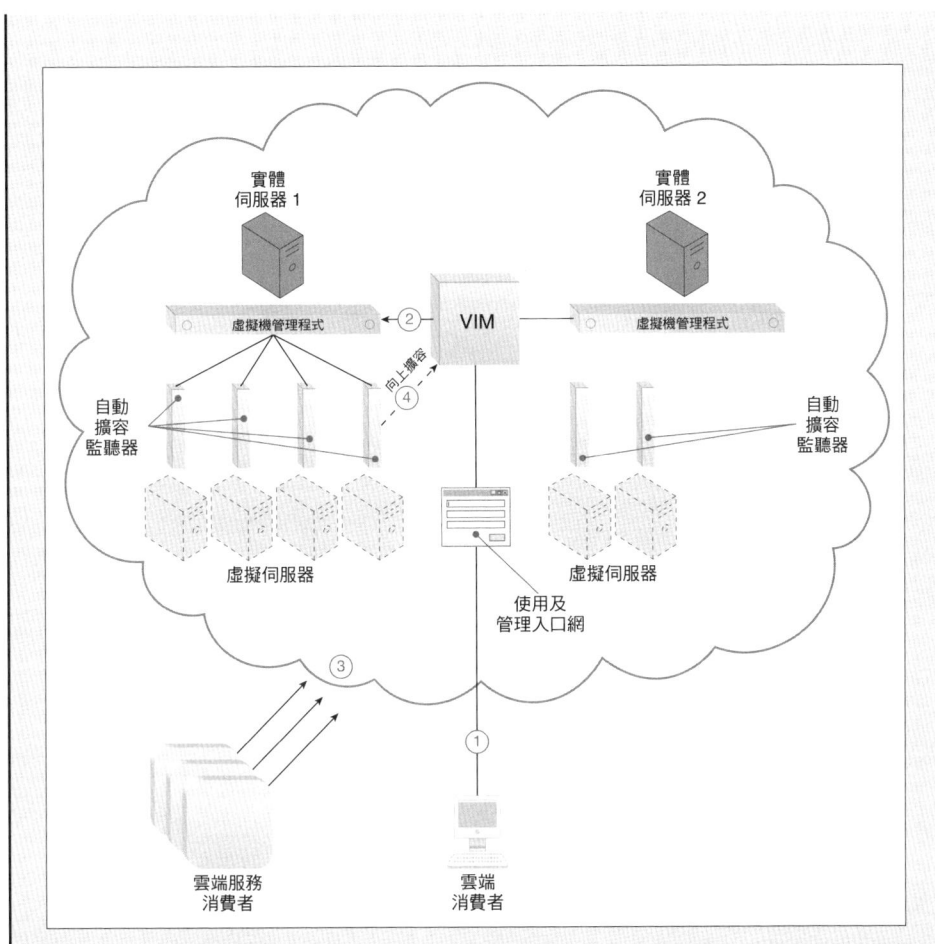

圖 9.2 雲端服務消費者建立並啟動 1 台虛擬伺服器，該伺服器包含 8 個虛擬處理器核心和 16 GB 的虛擬記憶體（1）。根據雲端服務消費者的需求，VIM 建立虛擬伺服器，並將其分配到實體伺服器 1 上，與其他 3 台正在運行的虛擬伺服器加入同一個群組（2）。雲端服務消費者的需求導致虛擬伺服器使用率在 60 秒的連續時間內增加到 CPU 容量的 80% 以上（3）。運行在 Hypervisor 上的自動擴展監聽器偵測到需要向上擴容（scale up）的需求，並向 VIM 發出指令（4）。

Chapter 9　雲端專有機制

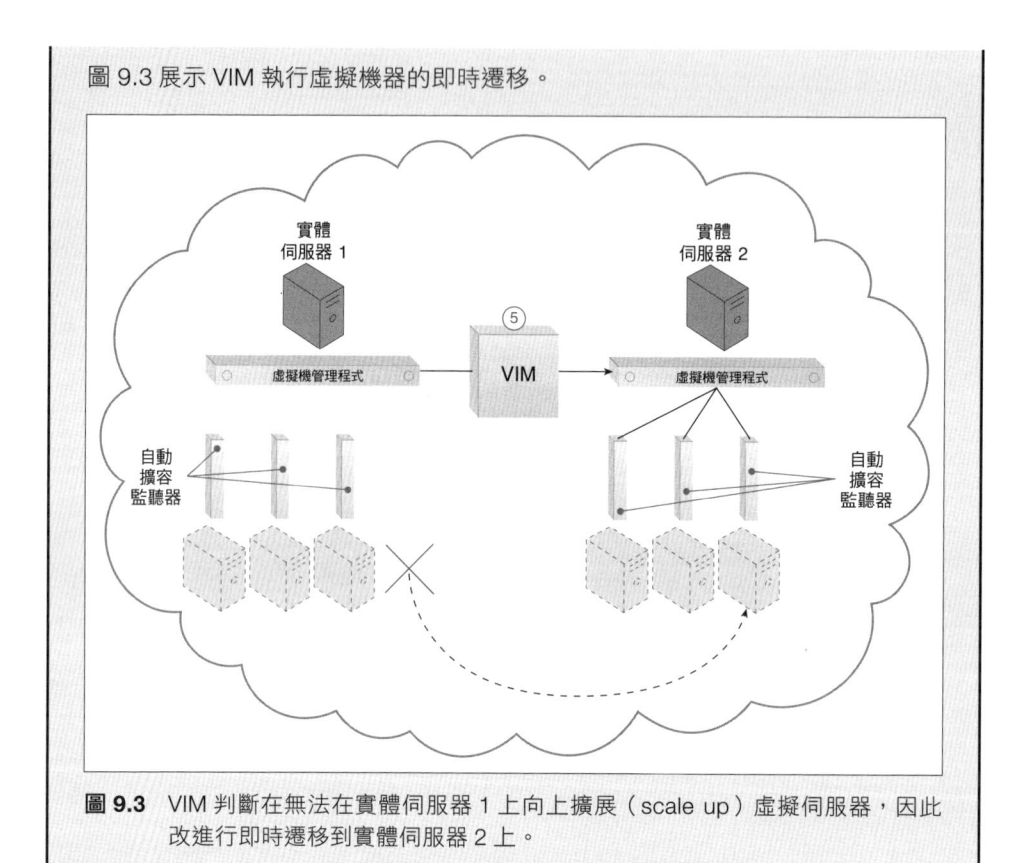

圖 9.3 展示 VIM 執行虛擬機器的即時遷移。

圖 9.3 VIM 判斷在無法在實體伺服器 1 上向上擴展（scale up）虛擬伺服器，因此改進行即時遷移到實體伺服器 2 上。

VIM 縮減虛擬伺服器在圖 9.4 中描述。

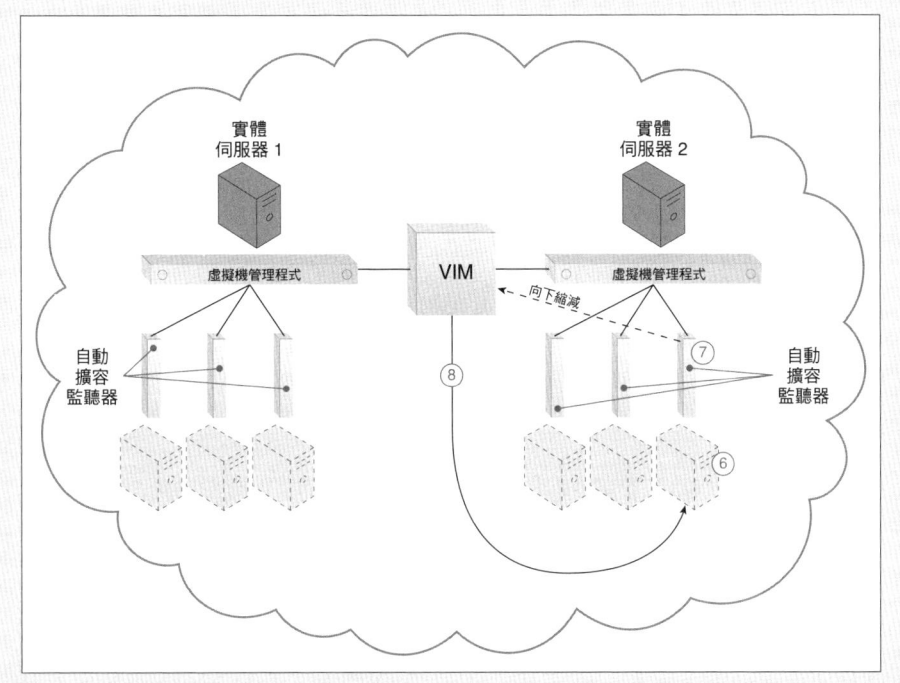

圖 9.4 虛擬伺服器的 CPU/RAM 使用率在連續 60 秒內保持在 15% 以下（6）。自動擴展監聽器偵測到需要向下縮減（scale down），並向 VIM 發出指令（7）。VIM 執行指令，縮減虛擬伺服器（8），但該虛擬伺服器仍會保持運作狀態且位於實體伺服器 2 上。

9.2 負載平衡器

水平擴容的常見方法是在兩個或更多 IT 資源之間平衡工作負載，以提高性能和容量，使其超出單一 IT 資源所能提供的水準。**負載平衡器**機制正是使用這種概念的運行時代理程式。

除了簡單的任務分配演算法（圖 9.5）之外，負載平衡器還可以執行一系列負載分配功能，其中包括：

- **非對稱分配**：將更大的工作負載分配給具有更高處理能力的 IT 資源
- **工作負載優先級**：根據工作負載的優先級進行調度、排隊、拋棄和分配
- **內容感知分配**：根據請求的內容分配不同的 IT 資源

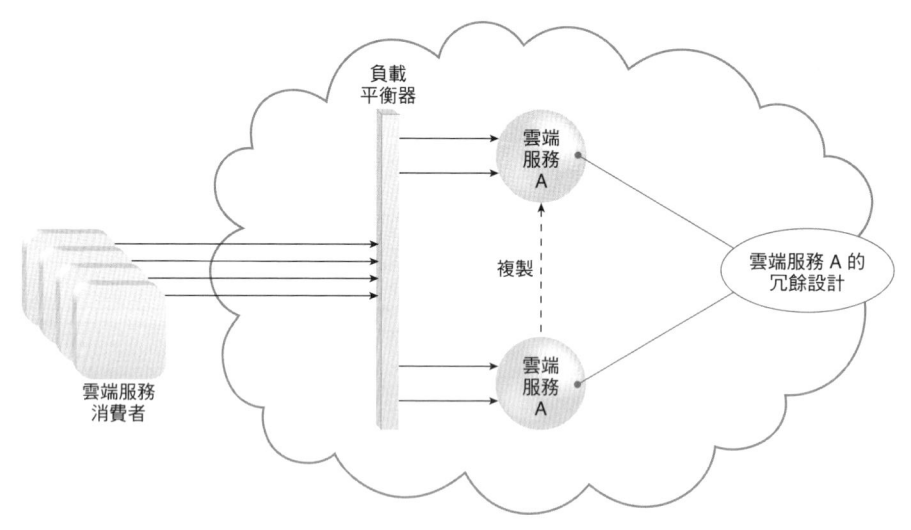

圖 9.5 負載平衡器作為服務代理程式將收到的工作請求訊息分配到 2 個冗餘的雲端服務上，為雲端服務使用者達成最大化的效能表現

負載平衡器會被編寫或設定一套性能和服務品質（QoS）規則和參數，目標是最佳化 IT 資源的利用，避免過載並最大化傳輸量。

負載平衡器機制存在以下幾種形式：

- 多層網路交換器
- 專用硬體設備
- 專用軟體系統（常用於伺服器作業系統）
- 服務代理（通常由雲端管理軟體控制）

負載平衡器通常位於產生工作負載和處理工作負載的 IT 資源之間的通訊路徑上。該機制設計為對雲端服務消費者而言不存在的透明代理程式，或者作為代理伺服器將工作負載的 IT 資源抽象化。

案例研究

ATN 雲端零件編號目錄服務即使在不同地區的多個工廠使用，也不會修改交易資料。每個月的前幾天會出現使用高峰期，這與工廠進行複雜的庫存管理任務處理時間相符。ATN 遵循了雲端服務供應商的建議，升級了雲端服務使其具有高度可擴充性來支援預期的工作負載波動。

完成必要的升級後，ATN 決定使用機器人自動化測試工具來模擬高負載狀態，測試可擴充性。這項測試需要確定應用程式是否能無縫擴充來服務比平均工作負載高 1,000 倍的峰值狀態。機器人會持續 10 分鐘的工作負載模擬。

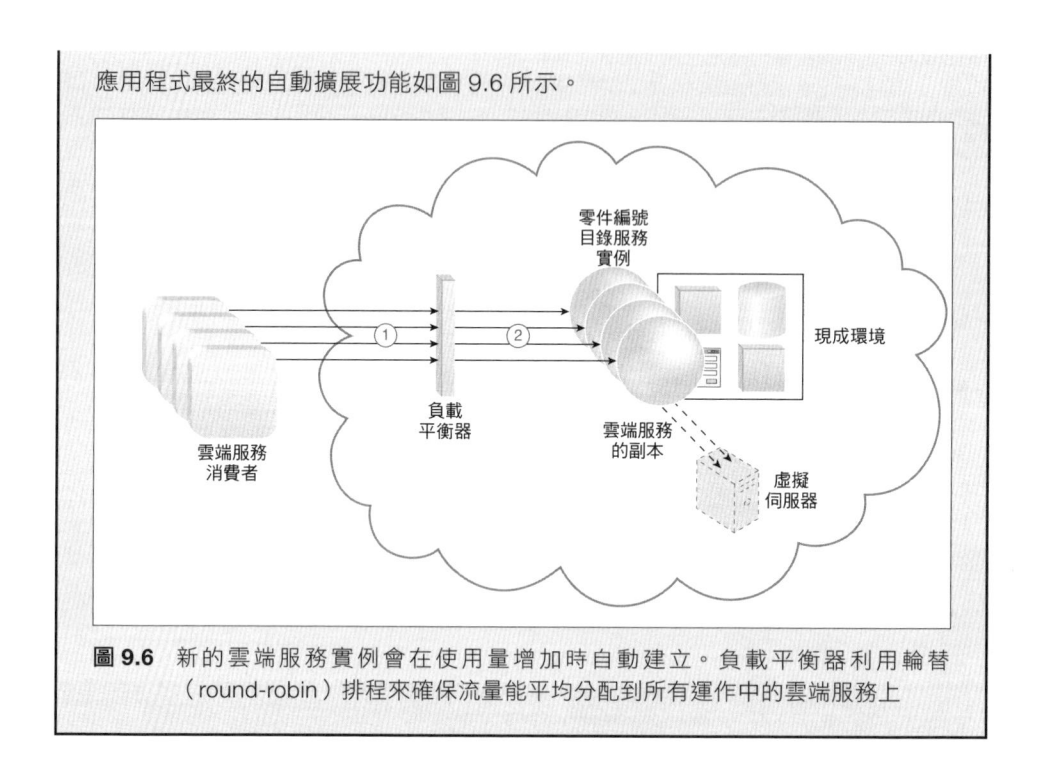

應用程式最終的自動擴展功能如圖 9.6 所示。

圖 9.6 新的雲端服務實例會在使用量增加時自動建立。負載平衡器利用輪替（round-robin）排程來確保流量能平均分配到所有運作中的雲端服務上

9.3 SLA（服務水準協議）監視器

SLA 監測機制專門用於觀察雲端服務的運行時效能，以確保其滿足合約中發佈的 SLA 服務品質（QoS）要求（圖 9.7）。SLA 監視器收集的資料由 SLA 管理系統處理，並整合為 SLA 報告指標。發生異常時，例如 SLA 監視器報告雲端服務「停止」時，系統可以主動修復或故障移轉雲端服務。

SLA 管理機制將在第 12 章討論。

圖 9.7

SLA 監視器會透過發送輪詢請求訊息（M_{REQ1} 到 M_{REQN}）來輪詢雲端服務。監視器會收到輪詢回應訊息（M_{REP1} 到 M_{REPN}），表示在每個輪詢週期中服務都是「正常」的（1a）。SLA 監視器將「正常運作」時間（涵蓋所有 1 到 N 個輪詢週期的時間範圍）儲存在日誌資料庫中（1b）。

SLA 監視器會輪詢雲端服務，並發送輪詢請求訊息（M_{REQN+1} 到 M_{REQN+M}）。但是，監視器沒有收到任何輪詢回應訊息（2a）。由於回應訊息持續超時，因此 SLA 監視器會將「停止」時間（涵蓋所有 N+1 到 N+M 個輪詢週期的時間段）儲存在日誌資料庫中（2b）。

接著，SLA 監視器會發送一個輪詢請求訊息（$M_{REQN+M+1}$），並成功收到輪詢回應訊息（$M_{REPN+M+1}$）（3a）。最後，SLA 監視器將「正常」時間儲存在日誌資料庫中（3b）。

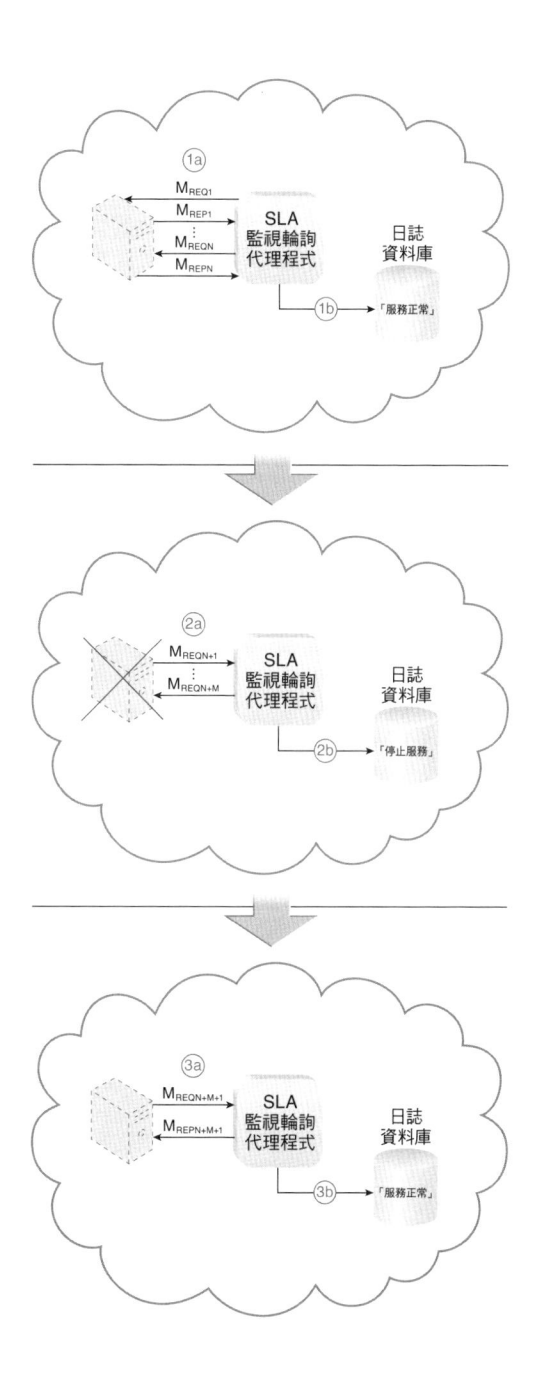

案例研究

DTGOV 租賃協議中虛擬主機的標準 SLA 規定最低 IT 資源可用性為 99.95%，使用兩個 SLA 監視器來追蹤可用性：一個使用輪詢代理程式，另一個使用一般監控代理實作。

SLA 監視器輪詢代理程式

DTGOV 的輪詢 SLA 監視器運行在外部網路邊界中，用於檢測實體伺服器是否超時並無回應。它能夠識別資料中心網路、硬體和軟體故障（刻度為分鐘），這些故障會導致實體伺服器無法回應。輪詢週期內超過 3 次 20 秒無回應才會判定 IT 資源不可用。

並生成以下 3 種類型的事件：

- *PS_Timeout*：實體伺服器輪詢超時
- *PS_Unreachable*：實體伺服器輪詢連續 3 次超時
- *PS_Reachable*：之前不可用的實體伺服器再次對輪詢做出回應

SLA 監視器代理程式

VIM 的事件驅動 API 將 SLA 監視器作為監控代理，生成以下 3 個事件：

- *VM_Unreachable*：VIM 無法訪問虛擬機器
- *VM_Failure*：虛擬機器故障並且不可用
- *VM_Reachable*：虛擬機器可訪問

輪詢代理程式生成的事件具有時間標記，這些時間標記會記錄到 SLA 事件日誌資料庫中，供 SLA 管理系統計算 IT 資源可用性。複雜的規則用於連結不同輪詢 SLA 監視器和受影響虛擬機器的事件，並丟棄所有誤報的不可用時段。

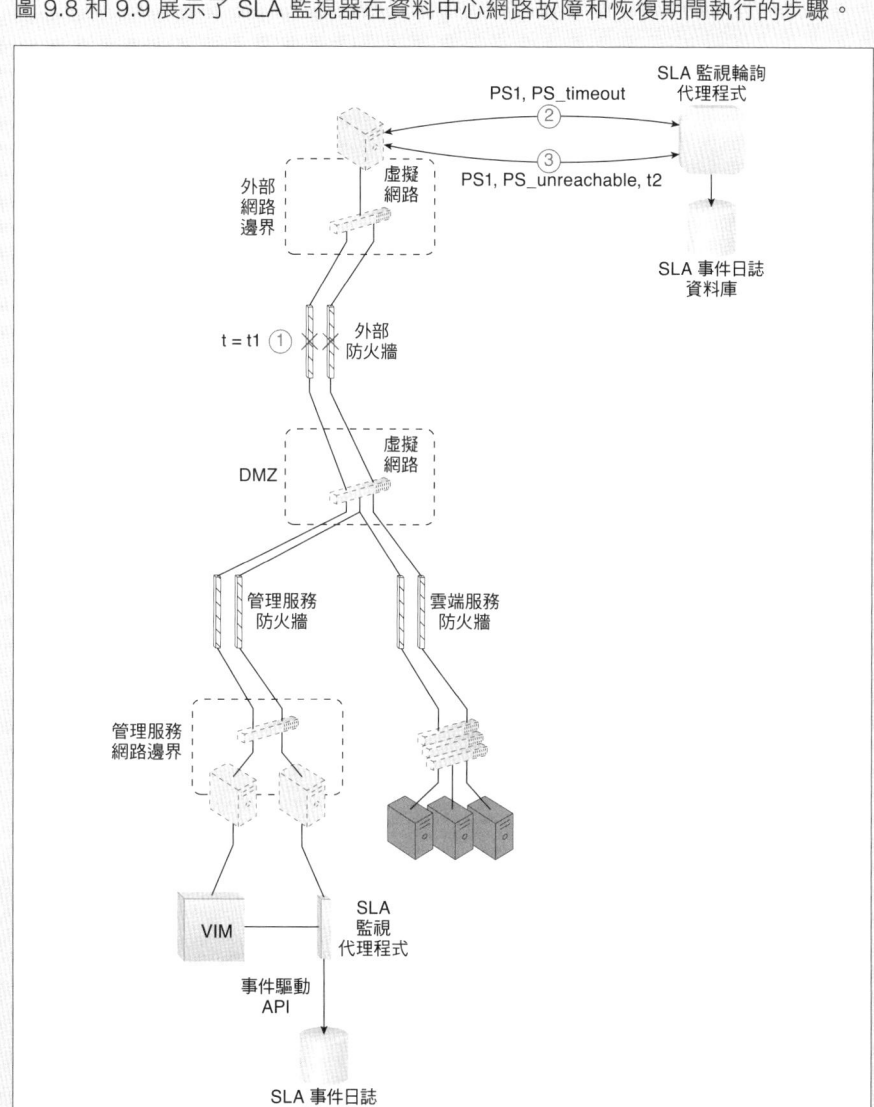

圖 9.8 和 9.9 展示了 SLA 監視器在資料中心網路故障和恢復期間執行的步驟。

圖 9.8 在時間標記 t1 時，防火牆叢集發生故障，數據中心中的所有 IT 資源全部變為不可用狀態（1）。SLA 監視器輪詢代理程式不再接收到來自實體伺服器的回應，並發出 PS_timeout 事件（2）。在連續收到 3 次 PS_timeout 事件後，SLA 監視器輪詢代理程式會開始發出 PS_unreachable 事件。此時的時間標記為 t2（3）。

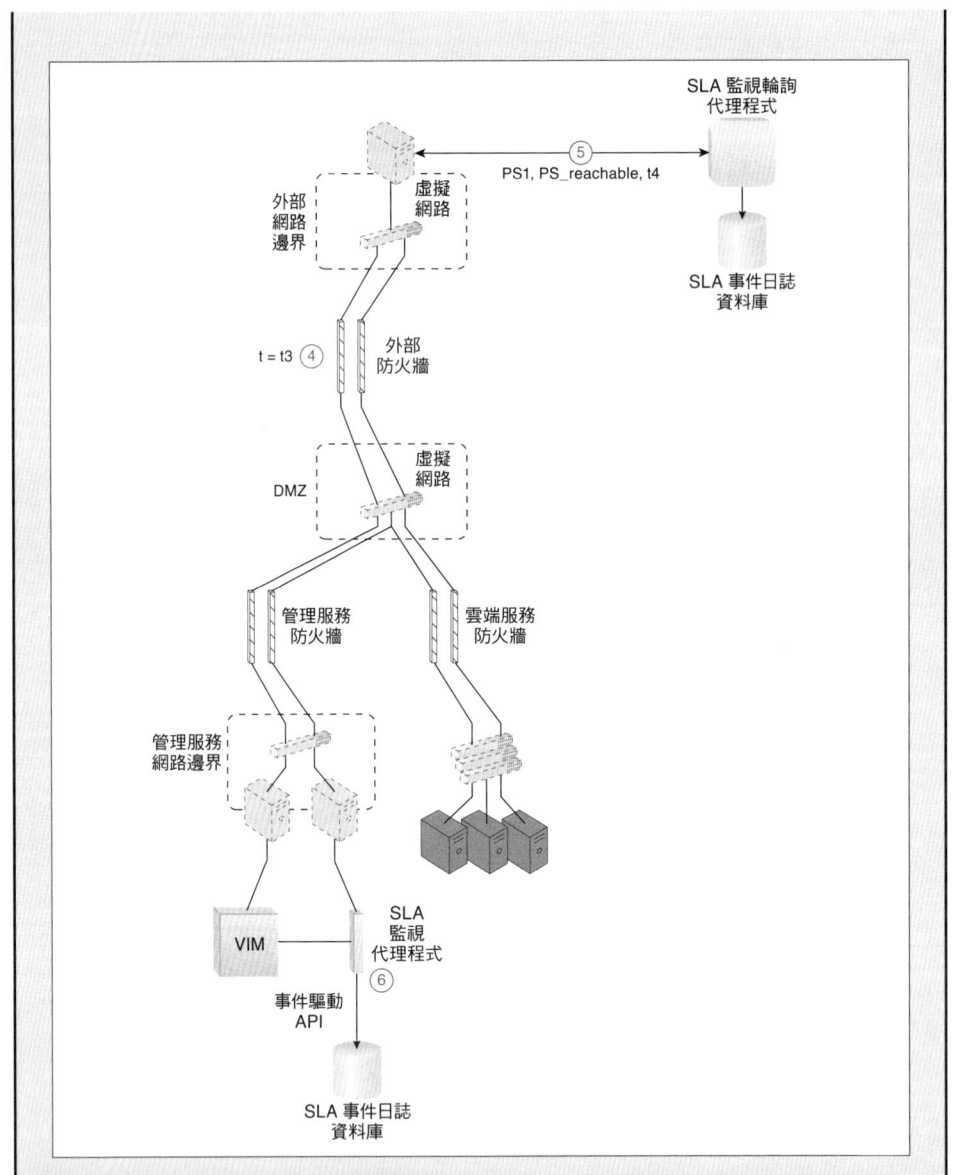

圖 9.9 在時間標記 t3 時，IT 資源恢復運作（4）。SLA 監視器輪詢代理程式開始收到來自實體伺服器的回應，並發出 PS_reachable 事件。此時的時間標記為 t4（5）。由於 VIM 平台和實體伺服器之間的通訊不再受故障影響，因此 SLA 監測代理程式沒有檢測到任何不可用時間（6）。

SLA 管理系統使用日誌資料庫中儲存的資訊來計算不可用時間段 t4 - t3，該時間段影響了資料中心中的所有虛擬伺服器。

圖 9.10 和 9.11 展示了 SLA 監視器在託管的 3 個虛擬伺服器（VM1、VM2、VM3）的實體伺服器發生故障和恢復期間執行的步驟。

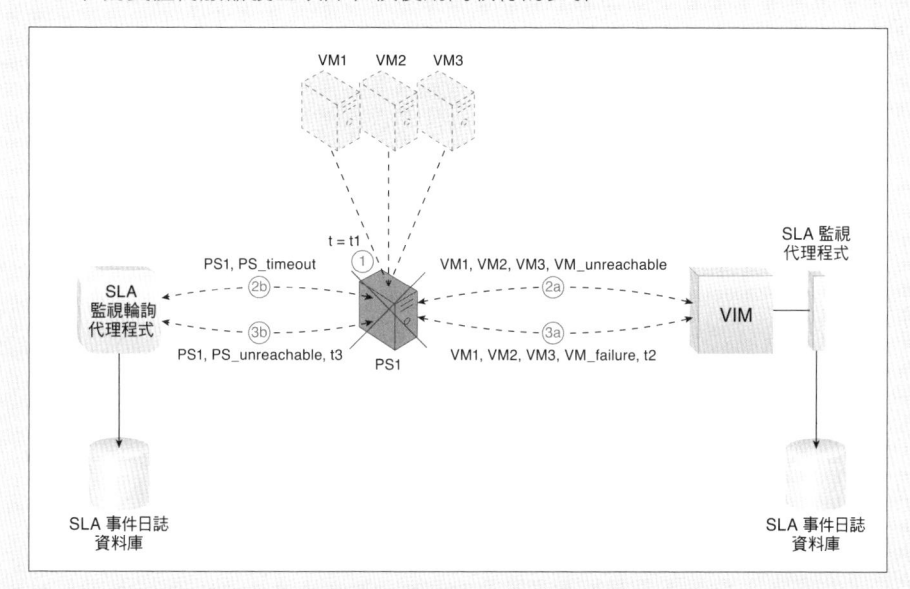

圖 9.10 在時間標記 t1 時，實體伺服器發生故障並呈現不可用狀態（1）。SLA 監測代理程式會擷取失效主機伺服器中每個虛擬伺服器生成的 VM_unreachable 事件（2a）。另外，SLA 監視器輪詢代理程式不再接收到來自主機伺服器的回應，並發出 PS_timeout 事件（2b）。在時間標記 t2 時，SLA 監測代理程式會擷取失效主機伺服器中 3 個虛擬伺服器各自生成的 VM_failure 事件（3a）。當在時間標記 t3 連續收到 3 次 PS_timeout 事件後，SLA 監視器輪詢代理程式便開始發出 PS_unavailable 事件（3b）。

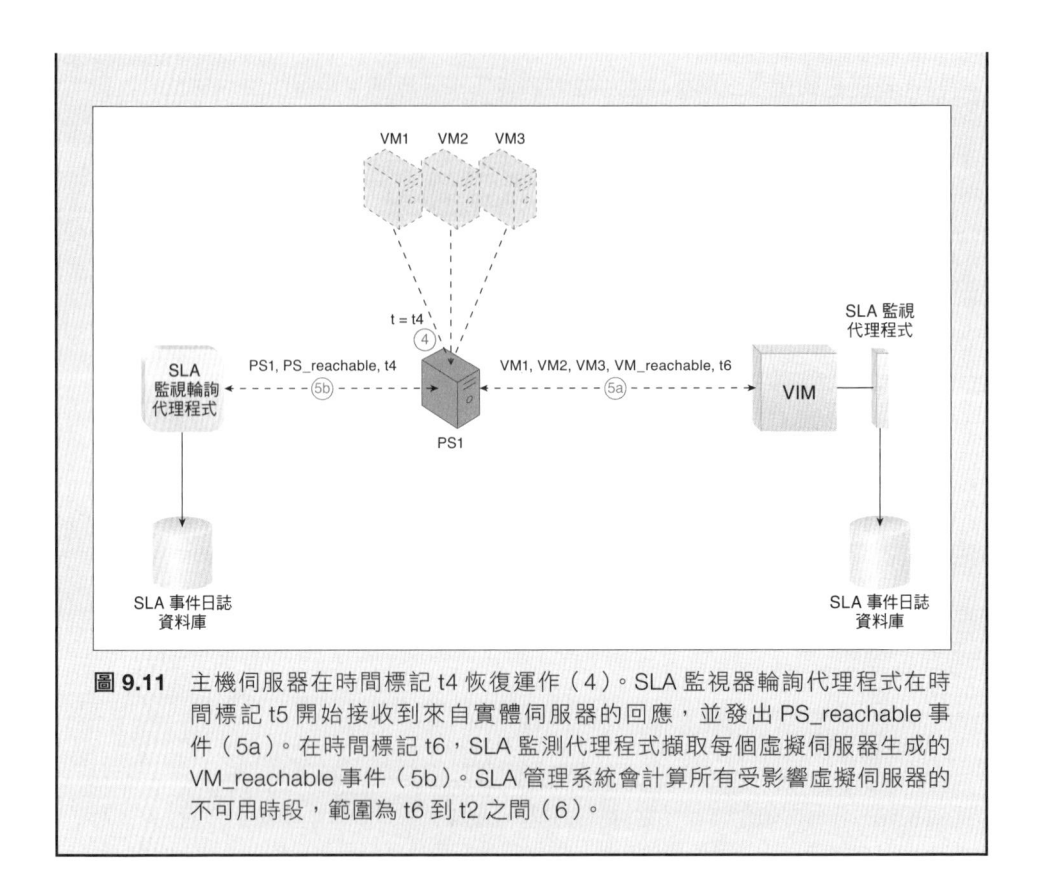

圖 9.11 主機伺服器在時間標記 t4 恢復運作（4）。SLA 監視器輪詢代理程式在時間標記 t5 開始接收到來自實體伺服器的回應，並發出 PS_reachable 事件（5a）。在時間標記 t6，SLA 監測代理程式擷取每個虛擬伺服器生成的 VM_reachable 事件（5b）。SLA 管理系統會計算所有受影響虛擬伺服器的不可用時段，範圍為 t6 到 t2 之間（6）。

9.4 按使用量計費監視器

按使用量計費監測機制會根據事先定義的計費參數測量雲端運算 IT 資源的使用狀況，並產生用來計算費用的使用日誌。

一些常見的監控參數包含：

- 請求／回應訊息的數量
- 傳輸的資料量
- 頻寬的使用量

按使用量計費監視器收集的資料會由計費管理系統處理來計算費用。計費管理系統機制將在第 12 章介紹。

圖 9.12 展示一個作為資源代理程式的按使用量計費監視器，用於確定虛擬伺服器的使用時間。

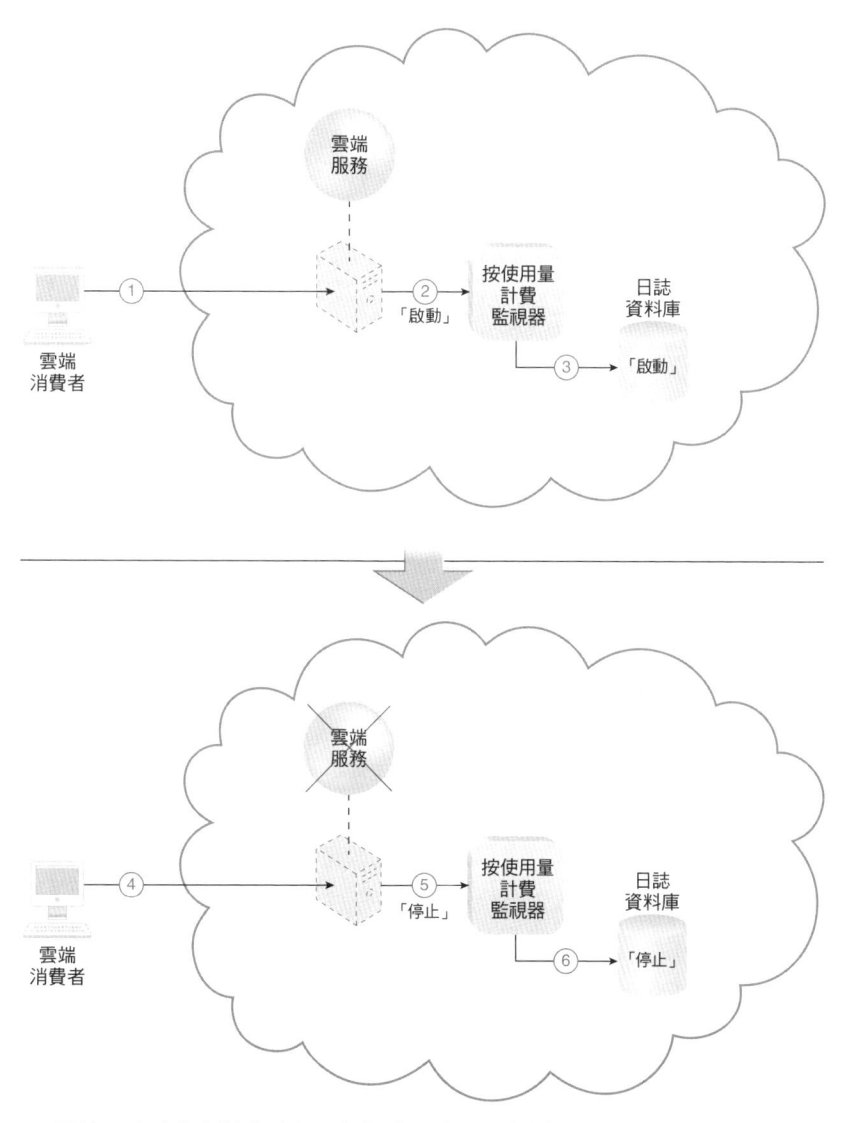

圖 9.12 雲端服務消費者請求建立一個新的雲端服務實例（1）。建立 IT 資源並依使用量計費的監控方式，資源軟體會向監控器發送「啟動」事件通知（2）。依使用量計費監視器會將時間標記儲存在日誌資料庫中（3）。稍後，雲端服務消費者要求停止雲端服務實例（4）。依使用量付費監視器會收到來自資源軟體的「停止」事件通知（5），並將該時間標記儲存在日誌資料庫中（6）。

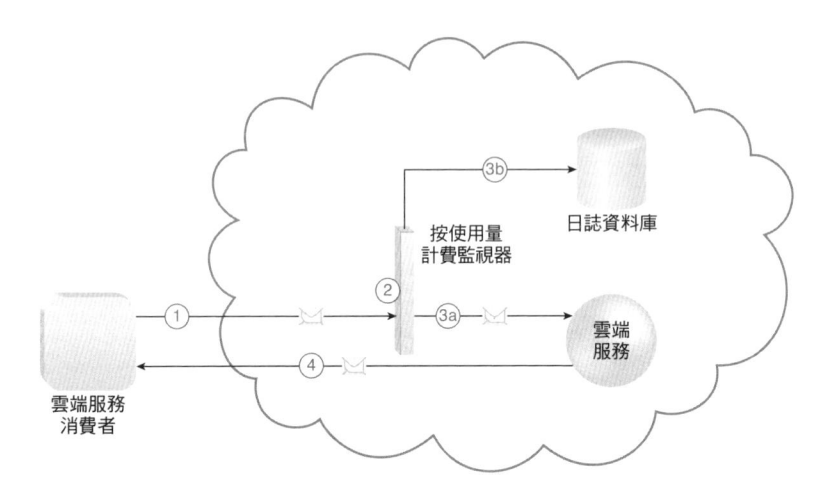

圖 9.13 展示一個設計為監控代理程式的按使用量計費監視器，可以在背後攔截和分析與雲端服務運行時的通訊狀況。

圖 9.13 雲端服務消費者向雲端服務發送請求訊息（1）。按使用量計費監視器會攔截訊息（2），然後將訊息轉發給雲端服務（3a），並根據其監控指標儲存使用資訊（3b）。雲端服務會將回應訊息轉發回雲端服務消費者，以回應所請求的服務（4）。

案例研究

DTGOV 決定投資一套商用系統，根據預先定義的「可計費」事件和可客製化的計費模式產出發票。安裝該系統會產生兩個專屬資料庫：計費事件資料庫和計費方案資料庫。

服務運作時的事件是利用雲端使用量監視器收集，這些監視器透過 VIM 的 API 實現 VIM 平台的擴容。按使用量計費監視器輪詢代理程式會定期向計費系統提供可計費事件資訊。另一個獨立的監控代理程式會提供額外的計費相關資料，例如：

- 雲端服務消費者訂閱類型：此資訊用於識別計算使用費的計費模式類型，包含使用量預繳制、按最大使用量或吃到飽的訂閱制度。
- 資源使用類別：計費管理系統使用此資訊來識別適用於每個事件不同的使用費。範例包括一般使用、保留 IT 資源使用和高級（代管）服務使用。
- 資源使用額度消耗：當服務使用合約定義 IT 資源使用額度時，使用事件的條件通常會配合使用額度的消耗和更新後的額度限制。

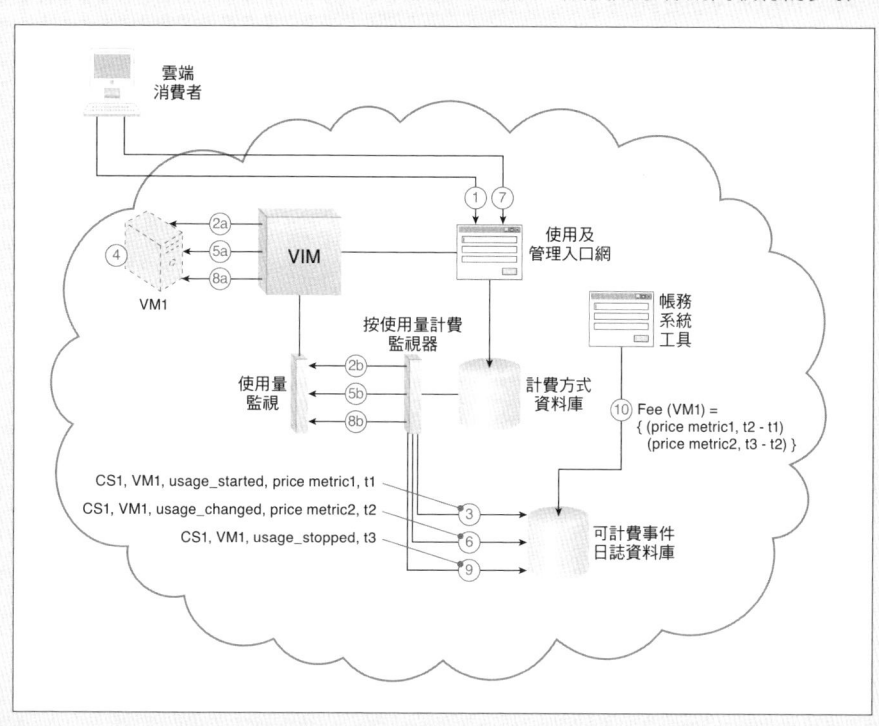

圖 9.14 展示了 DTGOV 的按使用量計費監視器在一般使用事件期間執行的步驟。

圖 9.14 雲端服務消費者（CS_ID = CS1）建立並啟動一台虛擬伺服器（VM_ID = VM1），其配置大小為類型 1（VM_TYPE = type1）（1）。VIM 按照請求建立了虛擬伺服器（2a）。VIM 的事件驅動 API 產生了一個資源使用事件，時間標記為 t1。該事件由雲端使用監視器擷取並轉發給按使用量計費監視器（2b）。按使用量計費監視器會查詢計費方式資料庫以辨識適用於資源使用情況的資費和使用量指標。系統會生成一個「開始使用」的可計費事件，並將其儲存在可計費事件日誌資料庫中（3）。虛擬伺服器的使用率增加並達到自動擴展閾值（4）。VIM 將虛擬伺服器 VM1 從配置類型 1 擴展到類型 2（VM_TYPE = type2）（5a）。VIM 的事件驅動 API 產生一個資源使用事件，時間標記為 t2。該事件由雲端使用量監視器擷取並轉發給按使用量計費監視器（5b）。按使用量計費監視器會查詢計費方式資料庫以識別適用於更新後的 IT 資源使用情況的資費和使用量指標。系統會產生一個「變更使用」的可計費事件，並將其儲存在可計費事件日誌資料庫中（6）。雲端服務消費者關閉了虛擬伺服器（7），VIM 停止了虛擬伺服器 VM1（8a）。VIM 的事件驅動 API 產生一個資源使用事件，時間標記為 t3。該事件由雲端使用量監控器擷取並轉發給按使用量計費監視器（8b）。按使用量計費監視器會查詢計費方式資料庫以識別適用於更新後的 IT 資源使用情況的資費和使用量指標。系統會產生一個「結束使用」的可計費事件，並將其儲存在可計費事件日誌資料庫中（9）。現在，雲端服務供應商可以使用帳務系統工具讀取日誌資料庫並計算虛擬伺服器的總使用費用，即 Fee（VM1）（10）。

9.5 稽核監視器

稽核監視器機制用於收集網路和 IT 資源的稽核追蹤資料，以支援（或遵循）法規和合約義務。圖 9.15 描繪了一個作為監控代理程式的稽核監視器，它會攔截「登入」請求，並將請求者的安全憑證、成功和失敗的登入嘗試都儲存在日誌資料庫中，以便將來進行稽核報告。

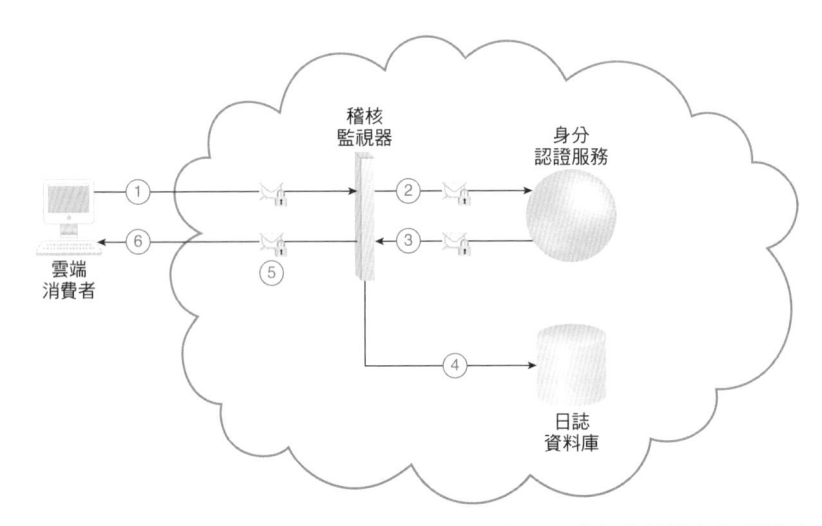

圖 9.15　雲端服務消費者嘗試存取雲端服務，並透過登入要求訊息傳送安全憑證（1）。稽核監測程式會攔截該訊息（2），並將其轉發到身分驗證服務（3）。身分驗證服務會處理安全憑證。除了登入嘗試的結果之外，系統還會為雲端服務消費者產生回應訊息（4）。稽核監測程式會攔截回應訊息，並根據組織的稽核政策需求，將所有收集到的登入事件詳情儲存在日誌資料庫中（5）。授予存取權限後，系統會將回應訊息發回給雲端服務消費者（6）。

案例研究

Innovartus 的角色扮演解決方案的一大特色是其獨特的使用者介面。然而使用先進技術的設計帶來一些授權上的限制，法律上不允許 Innovartus 向某些地區的使用者收取使用費。Innovartus 的法務部門正在努力解決這些問題。但與此同時，法務部門向 IT 部門提供了一個國家列表，列出了那些國家的使用者無法使用應用程式或需要免費使用。

為了收集使用應用程式的用戶端來源資訊，Innovartus 要求雲端服務供應商建立一個稽核監測系統。雲端服務商部署了一個稽核監測代理程式來攔截每個進入網站的消息，分析對應的 HTTP 標頭，收集終端使用者來源的詳細資訊。根據 Innovartus 的要求，雲端服務供應商還增加了一個日誌資料庫，用於收集每個終端使用者請求的所在區域資料，以便將來產生報告。Innovartus 進一步升級了應用程式，使來自特定國家／地區的終端使用者可以免費使用該應用程式（圖 9.16）。

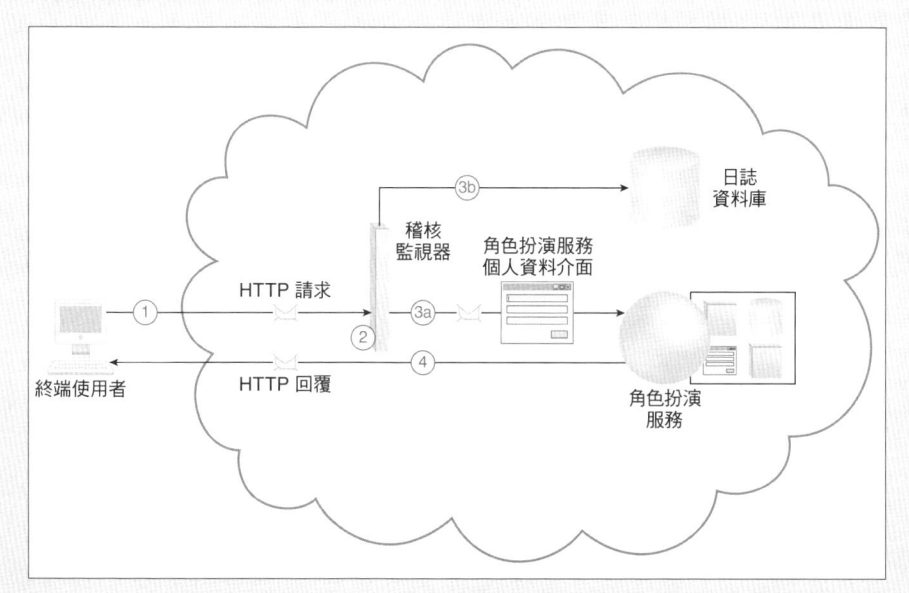

圖 9.16 終端用戶嘗試存取「角色扮演」雲端服務（1）。稽核監測程式會在背後攔截 HTTP 請求訊息，並分析訊息標頭以判斷終端使用者的地理位置（2）。稽核監測代理程式判定終端用戶來自 Innovartus 無法收費的區域（3a）。然後代理程式將訊息轉發給雲端服務（3a），並產生稽核追蹤資訊，以便儲存在日誌資料庫中（3b）。雲端服務接收 HTTP 訊息，並免費授權終端用戶存取權限（4）。

9.6 故障轉移系統

故障轉移系統機制透過既有的叢集技術提供冗餘來提高 IT 資源的可靠性和可用性。故障轉移系統被配置為當現有的 IT 資源不可用時自動切換到冗餘或備用 IT 資源上。

故障轉移系統常用於關鍵任務程式和可重複使用的服務,這些程式和服務可能為多個應用程式帶來單點故障的疑慮。故障轉移系統可以跨越多個地理區域,每個區域都託管一個或多個相同 IT 資源的冗餘資源。

故障轉移系統有時會利用資源複製機制來提供冗餘的 IT 資源,並主動監控這些實例以檢測錯誤和不可用情況。

故障轉移系統有兩種基本配置。

主動 - 主動

在主動 - 主動配置中,IT 資源的冗餘會主動同步處理工作負載(圖 9.17),並在啟動的實例之間進行負載平衡。當檢測到故障時,故障實例將從負載平衡調度程式中移除(圖 9.18)。檢測到故障後,任何保持運作的 IT 資源都會接管處理(圖 9.19)。

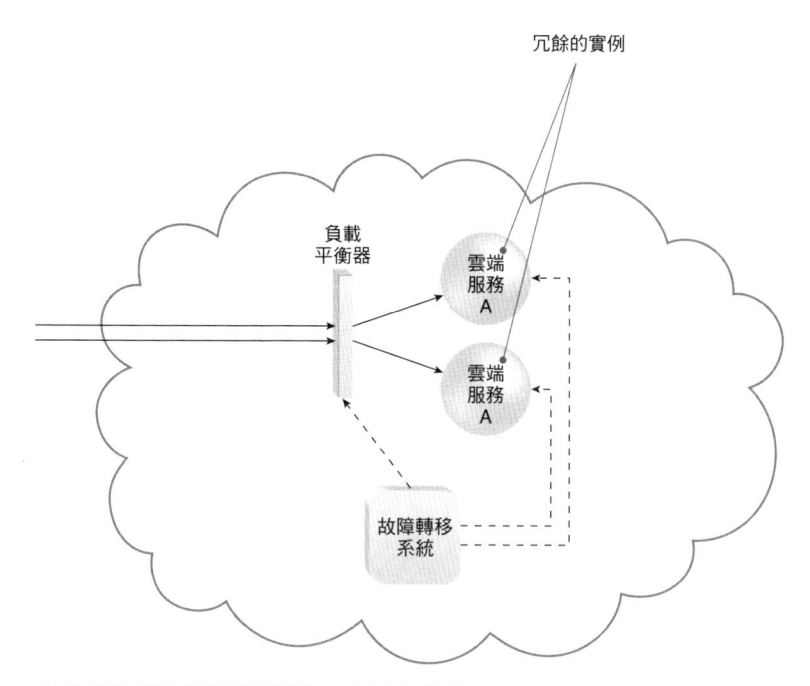

圖 9.17 故障轉移系統監測雲端服務 A 的運作狀態

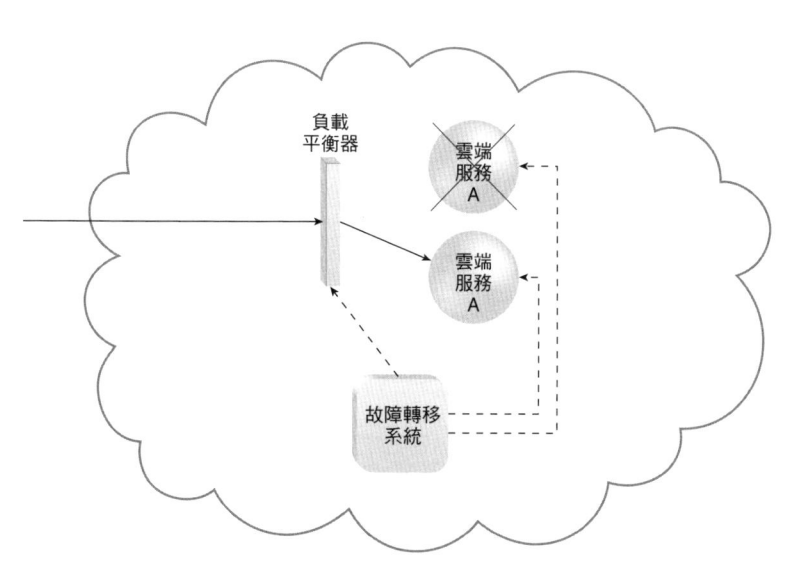

圖 9.18 當偵測到雲端服務 A 的其中一個資源故障時，故障轉移系統指示負載平衡器切換到冗餘的雲端服務 A 資源上

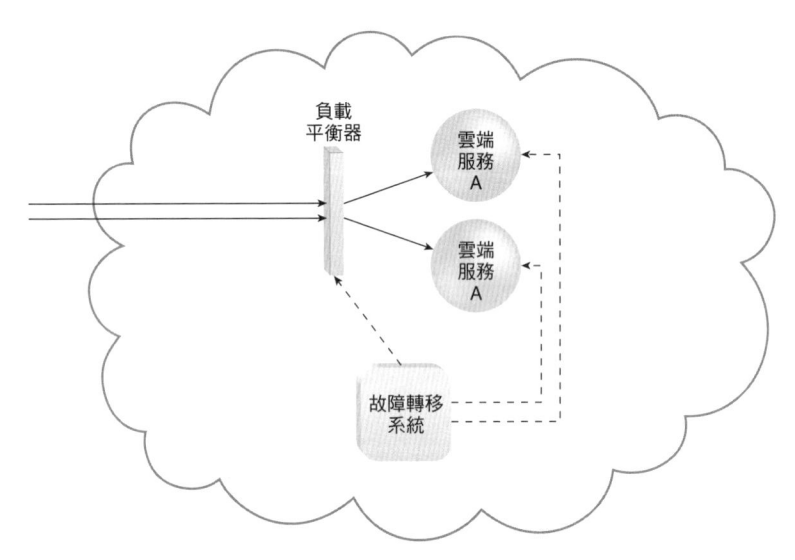

圖 9.19 失效的雲端服務 A 資源復原後進入正常服務狀態，故障轉移系統指示負載平衡器重新分配工作

主動 - 被動

在主動 - 被動配置中，備用或非使用狀態的資源會啟動來接管不可用的 IT 資源，並將相應的工作負載導向接管操作的實例（圖 9.20 至 9.22）。

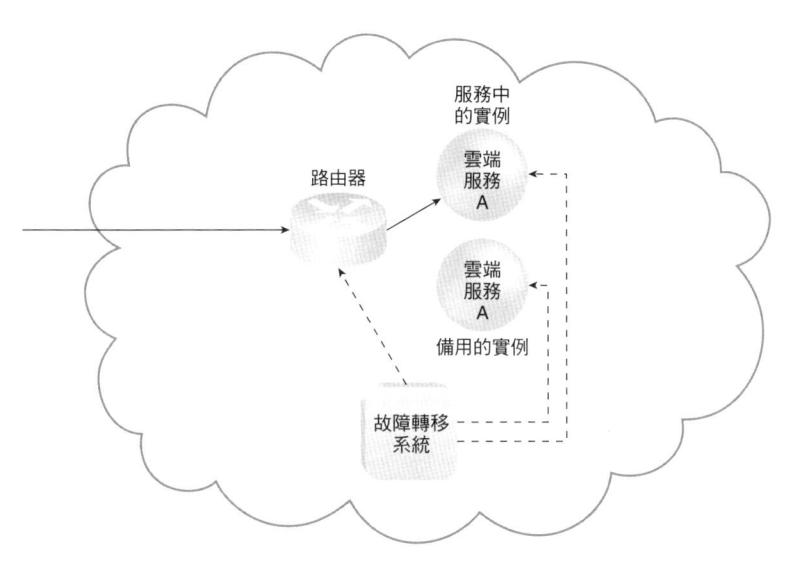

圖 9.20 故障轉移系統監測雲端服務 A 的運作狀態，雲端服務 A 的實例呈現啟用狀態並接受雲端服務消費者的請求

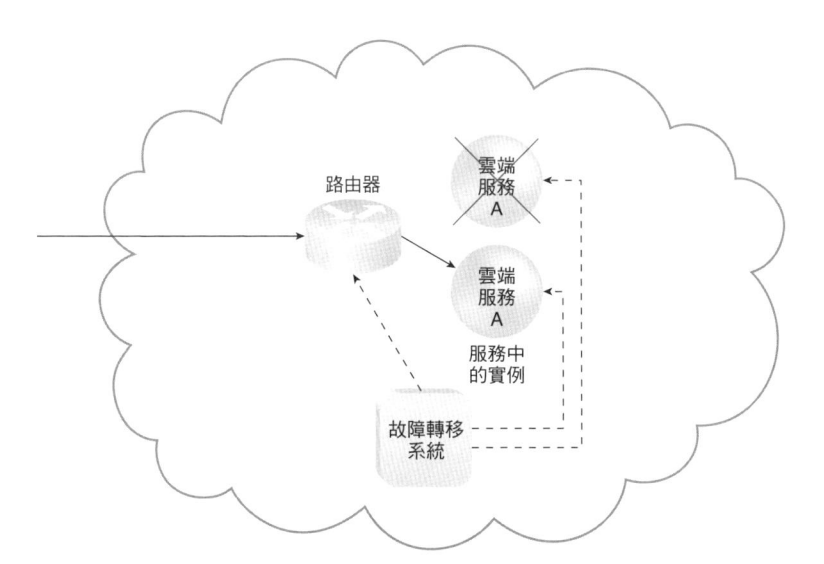

圖 9.21 故障轉移系統偵測到正在使用的雲端服務 A 實例發生故障，接著啟動原本備用的雲端服務 A 實例並重新將工作導向備用的實例。剛啟動的雲端服務 A 實例現在標示為正在使用狀態

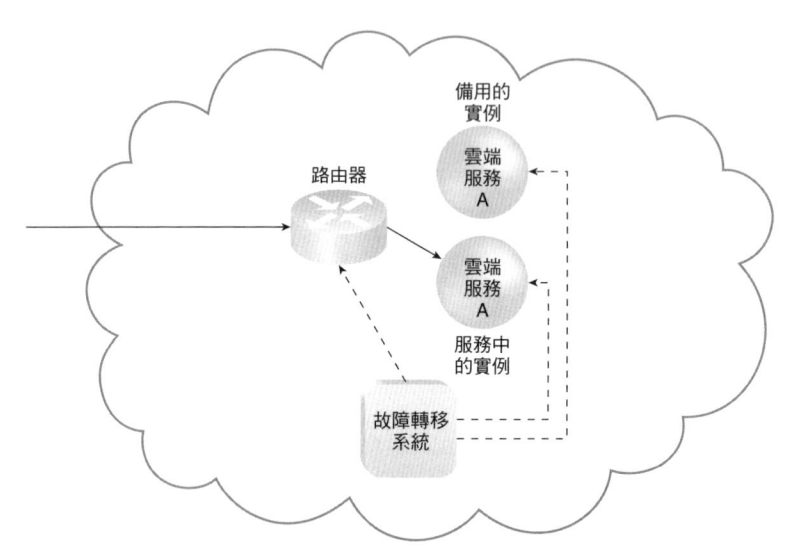

圖 9.22 故障的雲端服務 A 實例恢復或被重新複製成為備用實例，之前持續服務的雲端服務 A 實例繼續呈現正在使用狀態

一些故障轉移系統設計使用專用的負載平衡器將工作負載重新導向啟用的 IT 資源，這些負載平衡器可以檢測故障情況並將故障的 IT 資源實例從工作負載分配中排除。這種類型的故障轉移系統適用於不需要執行狀態管理並且提供無狀態處理功能的 IT 資源。在叢集和虛擬化技術的技術架構中，冗餘或備用 IT 資源實作需要分享狀態和執行環境（execution context）。在故障 IT 資源上執行的複雜任務可以在冗餘實例中保持運行狀態。

案例研究

DTGOV 建立了一個具有復原能力的虛擬伺服器來支援運行關鍵應用程式，這些關鍵應用程式會在多個資料中心進行複製。這個複製出來具有復原能力的虛擬伺服器具有主動 - 被動容錯移轉系統。如果啟用的伺服器發生故障，網路流量可以切換到位於不同資料中心的 IT 資源上（圖 9.23）。

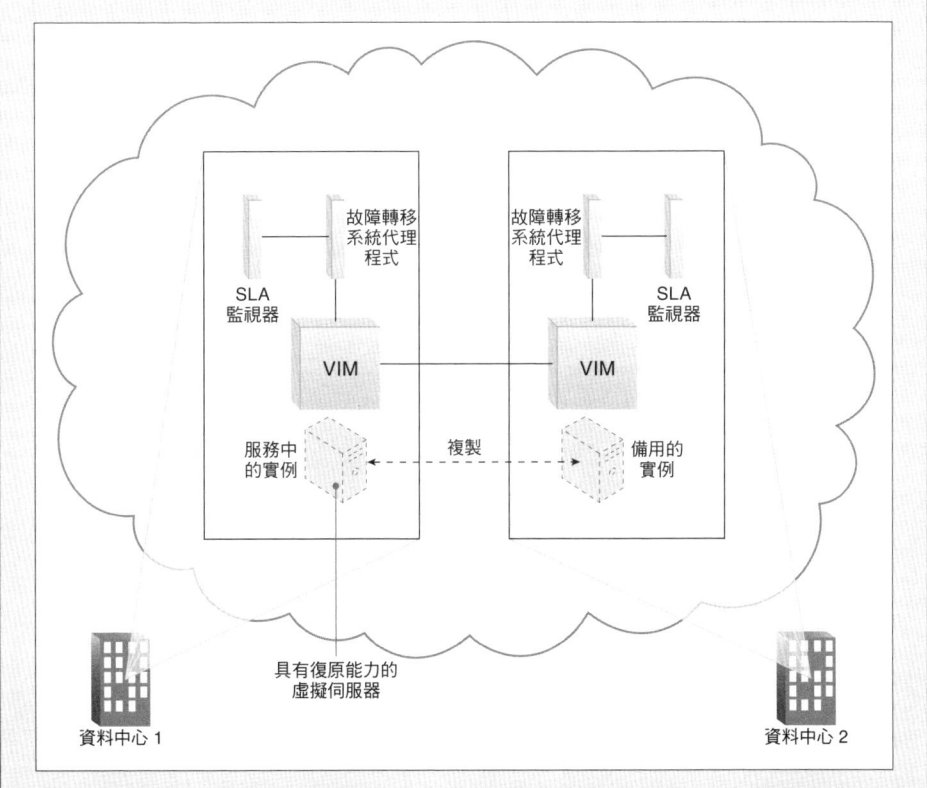

圖 9.23 透過位於兩個不同數據中心的 VIM 所執行的程式，建立一個具備復原能力的虛擬伺服器，做法是將虛擬伺服器實例複製到這兩個數據中心。其中，啟用的實例會接收網路流量，並會垂直擴展以應付需求，備用實例則沒有工作負載，並以最低配置運作。

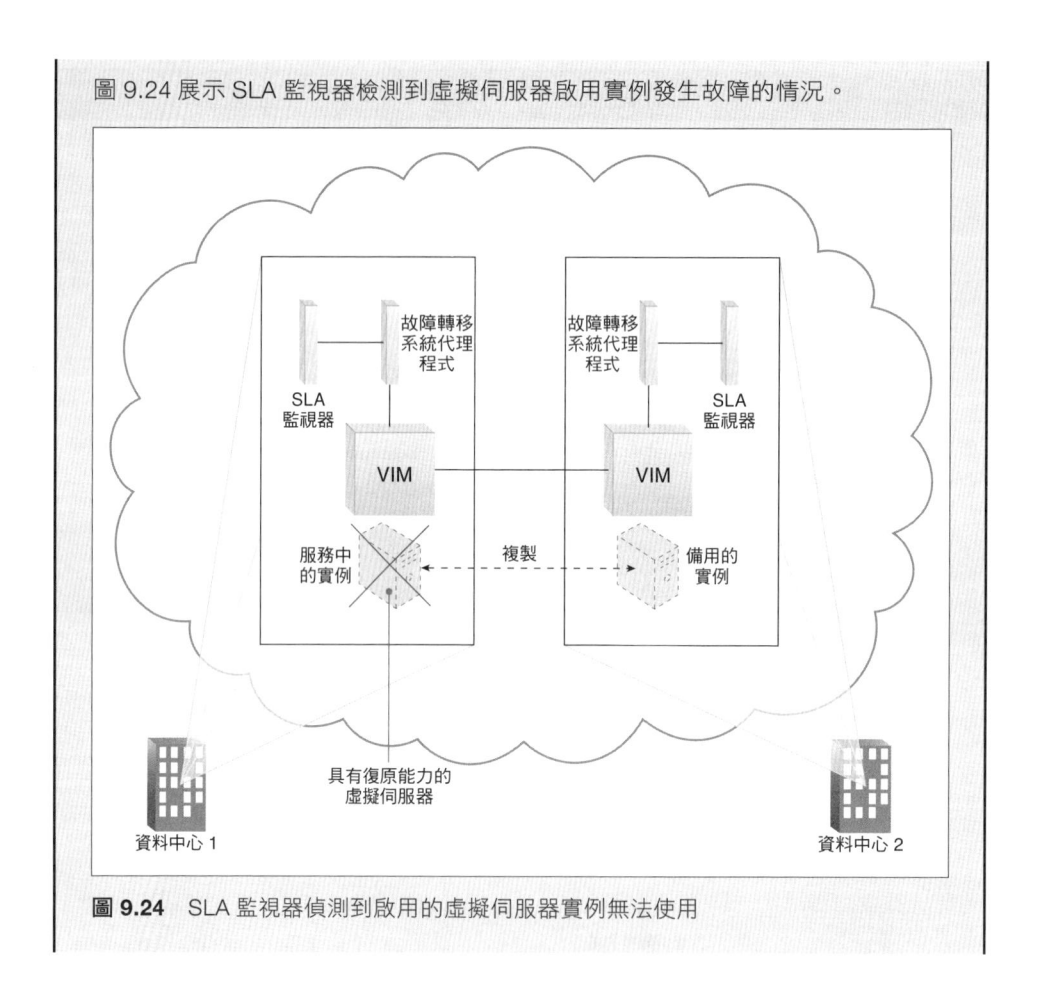

圖 9.24 展示 SLA 監視器檢測到虛擬伺服器啟用實例發生故障的情況。

圖 9.24 SLA 監視器偵測到啟用的虛擬伺服器實例無法使用

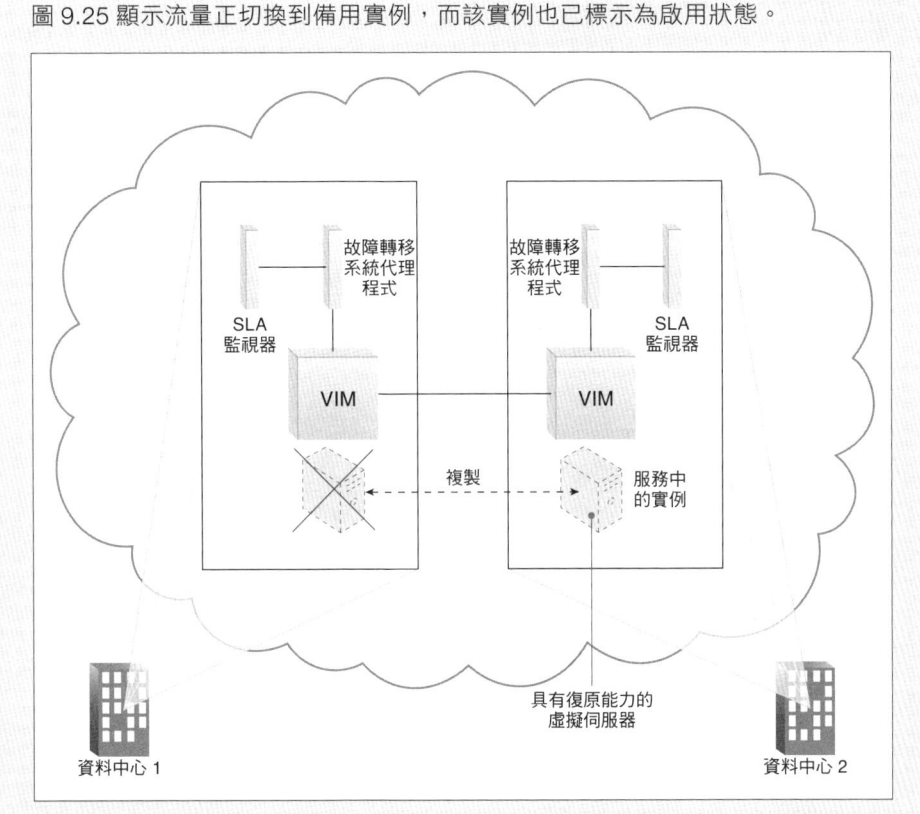

圖 9.25 顯示流量正切換到備用實例，而該實例也已標示為啟用狀態。

圖 9.25 故障轉移系統採用事件驅動的軟體代理程式實作，攔截來自 SLA 監視器有關伺服器無法使用的訊息通知。偵測到伺服器無法使用後，故障轉移系統會與 VIM 和網路管理工具進行溝通，將所有網路流量重新導向現在已成為啟用狀態的備用實例。

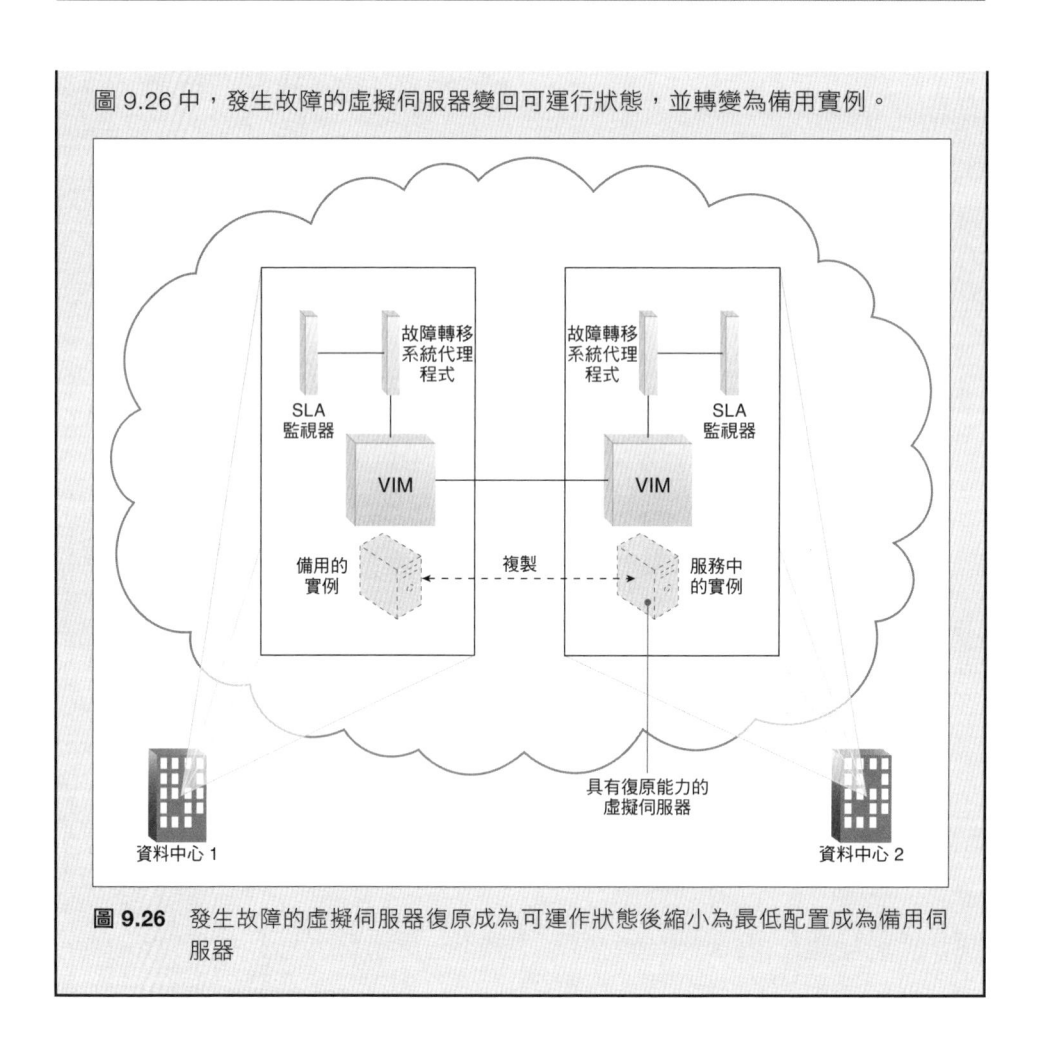

圖 9.26 中，發生故障的虛擬伺服器變回可運行狀態，並轉變為備用實例。

圖 9.26 發生故障的虛擬伺服器復原成為可運作狀態後縮小為最低配置成為備用伺服器

9.7 資源叢集

地理位置分散的雲端運算 IT 資源可以邏輯上組合成單一群組，以改善其分配和使用率。資源叢集機制（圖 9.27）用於將多個 IT 資源實例分組，以便它們可以作為一個單獨的 IT 資源運行。這會增加叢集 IT 資源的合併計算能力、負載平衡和可用性。

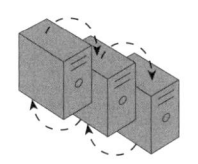

圖 9.27 虛線的曲線表示資源叢集

資源叢集架構依賴於專用高速網路連接，或叢集節點，在 IT 資源實例之間進行通訊，以協調工作負載分配、任務調度、資料共享和系統同步。運行在所有叢集節點中的分散式中介軟體叢集管理平台通常負責這些活動。這個平台具有協調功能，使分散式 IT 資源看起來像單一 IT 資源一樣運作。

常見的資源叢集類型包括：

- 伺服器叢集：實體伺服器或虛擬伺服器會聚集在一起以提高性能和可用性。運行在不同實體伺服器上的 Hypervisor 可以設定為共用虛擬伺服器執行狀態（例如記憶體分頁和處理器暫存器狀態）以建立叢集虛擬伺服器。在這種配置中通常需要實體伺服器之間能夠存取共享的儲存裝置，虛擬伺服器能夠從一台實體伺服器即時遷移到另一台實體伺服器。在這個過程中，虛擬化平台會在一個實體伺服器上暫停虛擬伺服器的執行，並在另一個實體伺服器上恢復。對於虛擬伺服器作業系統而言，這個過程是透明的，並且可以透過即時遷移將運行在超載實體伺服器上的虛擬伺服器移動到到具有足夠容量的另一台實體伺服器來提高可擴容性。

- 資料庫叢集：目的在提高資料可用性，這種高可用性資源叢集具有同步功能，可維護叢集中使用的不同儲存裝置所存放的資料一致性。冗餘的容量通常採用主動-主動或主動-被動容錯移轉系統，致力於保持同步狀態。

- 大型資料集叢集：採用資料分割和分佈以便有效地對目標資料集進行切割而不損害資料完整性或計算精確性。每個叢集節點各自處理工作負載，不需像其他叢集類型與其他節點進行大量通訊。

許多資源叢集要求叢集節點具有幾乎相同的計算能力和特性以簡化資源叢集架構的設計和維護一致性。高可用性叢集架構中的叢集節點需要存取和共享儲存裝置的 IT 資源。這可能需要節點之間存在兩層通訊，一層用於存取儲存裝置，另一層用於執行 IT 資源協調（圖 9.28）。一些資源叢集設計得具有解耦合的 IT 資源，只需要網路層即可（圖 9.29）。

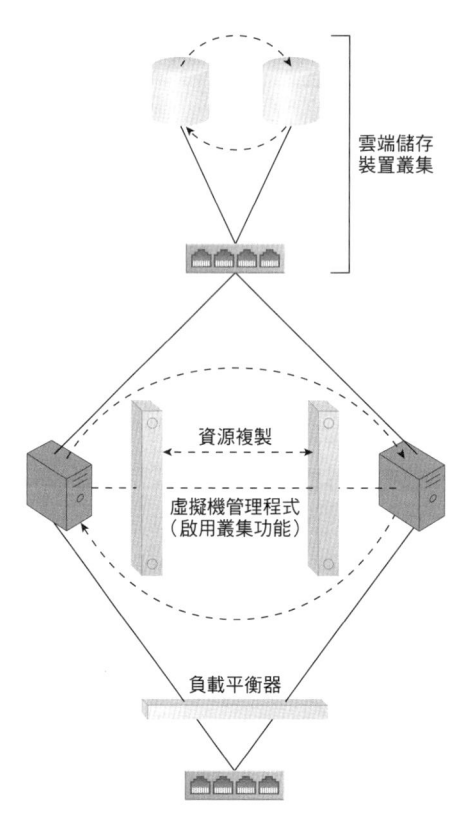

圖 9.28　負載平衡和資源複製透過開啟叢集功能的虛擬化監視器運行。專用的儲存區域網路則用於連接叢集儲存和叢集伺服器，它們能夠共用雲端儲存裝置。這簡化了儲存複製程式，該程式會獨立地在儲存叢集上執行。（有關更詳盡的描述，請參閱第 14 章的「Hypervisor 叢集架構」小節。）

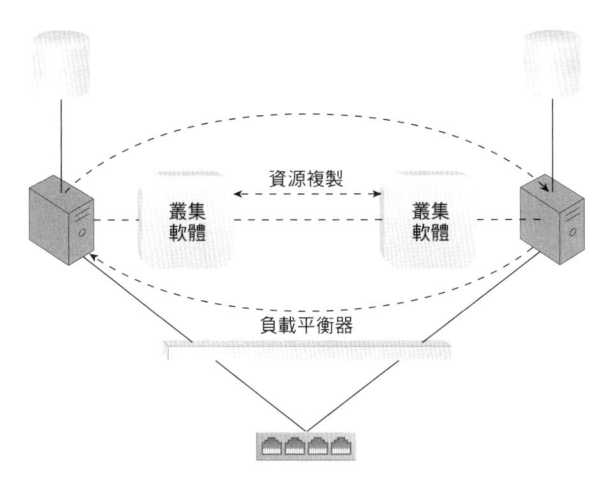

圖 9.29 解耦合的伺服器叢集，包含一個負載平衡器。此叢集沒有共用儲存空間。叢集軟體會透過網路進行資源複製功能，複製雲端儲存裝置。

資源叢集有兩種基本類型：

- 負載平衡叢集：此資源叢集專門用在叢集節點之間分配工作負載，以提高 IT 資源容量，同時保持集中化管理的 IT 資源。它通常會採用負載平衡機制，該機制可能嵌入在叢集管理平台中，也有可能作為單獨的 IT 資源配置。

- 高可用性（High-Availability，HA）叢集：高可用性叢集在出現多個節點故障時可維護系統可用性，並且對叢集中的大部分或所有 IT 資源都具有冗餘實現。它實施容錯轉移系統機制，該機制會監測故障條件並自動將工作負載從任何發生故障的節點重導向。

與具有相同計算能力的單個 IT 資源配置相比，叢集 IT 資源配置可能會比較貴。

案例研究

DTGOV 正在考慮在虛擬化平台中導入叢集虛擬伺服器，使其在高可用性叢集中運行（圖 9.30）。虛擬伺服器可以在實體伺服器之間進行即時遷移，這些實體伺服器裝由啟用叢集功能的 Hypervisor 集中控制，成為高可用硬體叢集。協調功能會保存運行中虛擬伺服器的副本快照，以便在發生故障時將其遷移到其他實體伺服器。

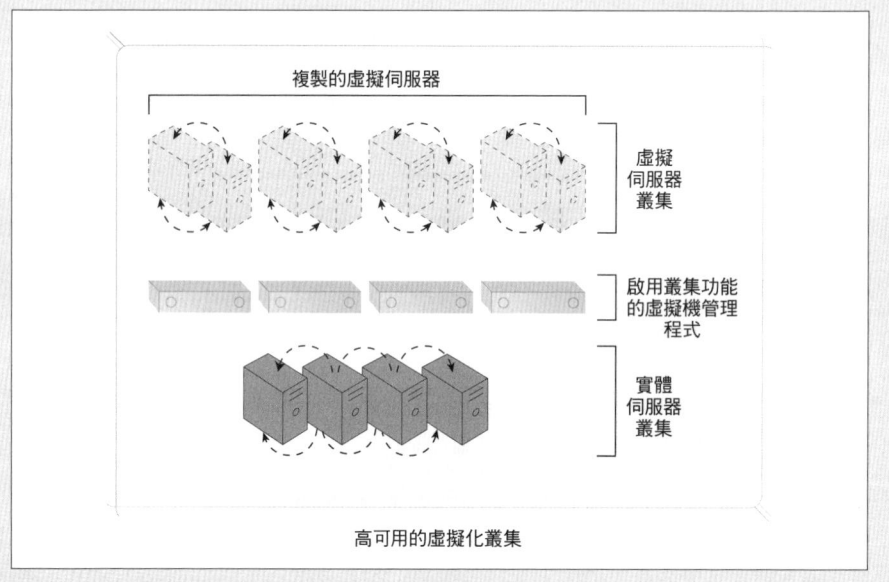

圖 9.30 透過啟用叢集的 Hypervisor，部署高可用（HA）虛擬化實體伺服器叢集，以確保實體伺服器隨時保持同步。叢集內建置的每個虛擬伺服器都會自動複製到至少 2 個實體伺服器上。

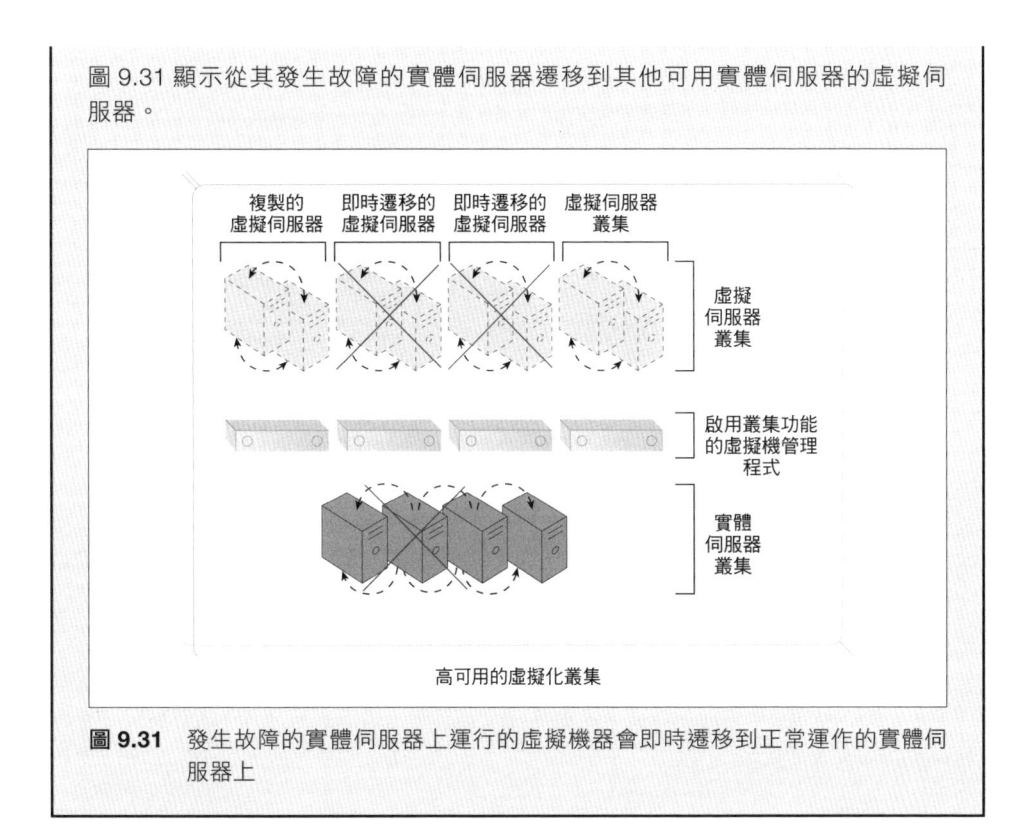

圖 9.31 顯示從其發生故障的實體伺服器遷移到其他可用實體伺服器的虛擬伺服器。

圖 9.31 發生故障的實體伺服器上運行的虛擬機器會即時遷移到正常運作的實體伺服器上

9.8 多裝置仲介

單個雲端服務可能需要被許多不同的雲端服務消費者所使用，這些消費者使用不同的主機硬體設備和通訊需求。為了克服雲端服務與不同雲端服務消費者之間的不相容性，需要建立對照邏輯來轉換運作時交換的資訊。

多裝置仲介機制用於達成運作時數據的轉換，以便雲端服務可以提供更廣泛的雲端服務消費者程式和設備存取（圖 9.32）。

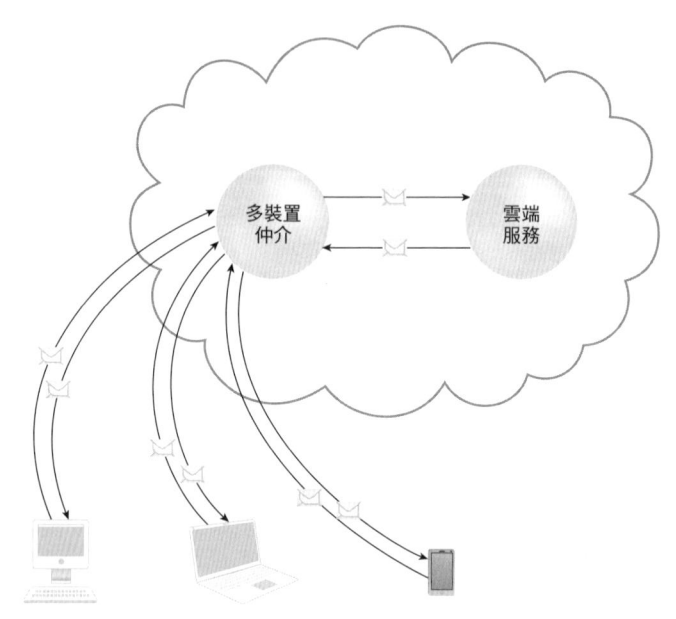

圖 9.32 多裝置仲介包含雲端服務與不同類型的雲端服務使用者裝置之間進行資料交換轉換所需的對照邏輯。本圖將多裝置仲介呈現圍一個擁有獨立 API 的雲端服務。然而此機制也可以實作為一個服務代理程式，在運行時攔截訊息以執行必要的轉換功能。

多裝置仲介通常作為閘道或包含閘道元件，例如：

- XML 閘道：傳輸和驗證 XML 資料

- 雲端儲存閘道：轉換雲端儲存協定並為儲存裝置進行編碼以方便資料傳輸和儲存

- 行動裝置閘道：將行動裝置使用的通訊協定轉換為與雲端服務相容的協定

建立轉換邏輯的層級包括：

- 傳輸協議

- 訊息傳遞協定

- 儲存裝置協議

- 資料模式／資料模型

例如，多裝置仲介可能包含對照邏輯，用來轉換行動裝置上的雲端服務消費者訪問雲端服務的傳輸和訊息的傳遞協定。

案例研究

Innovartus 決定使其角色扮演應用程式適用於各種行動裝置和智慧手機。在強化行動裝置設計的階段，困擾 Innovartus 開發團隊的一個難題是難以在不同的行動平台上提供完全相同的用戶體驗。為了解決這個問題，Innovartus 實作了一個多裝置仲介，用於攔截設備傳入消息、識別軟體平台並轉換訊息格式為伺服器端的原生應用程式格式（圖 9.33）。

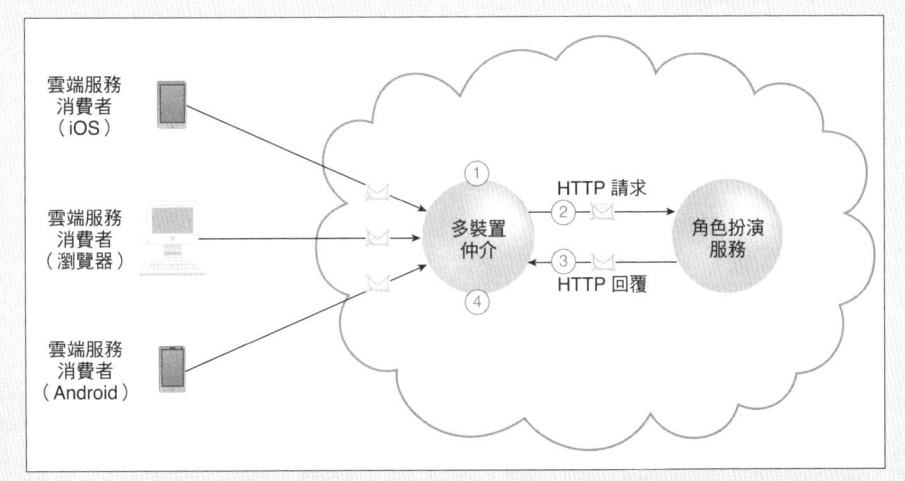

圖 9.33 多裝置仲介攔截所有接收到的訊息，並偵測來源裝置的平台（網頁瀏覽器、iOS、Android）(1)。接著，多裝置仲介會將訊息轉換成 Innovartus 雲端服務所需的標準格式 (2)。雲端服務處理完請求後，會使用相同標準格式進行回應 (3)。最後，多裝置仲介會將回應訊息轉換成來源裝置所需的格式，並將訊息傳遞回裝置 (4)。

9.9 狀態管理資料庫

狀態管理資料庫是一種儲存設備，用於臨時保存軟體程式的狀態數據。作為將狀態數據快取儲存到記憶體的替代方案，軟體程式可以將狀態數據移轉到資料庫以減少運作時所消耗的記憶體（圖 9.34 和 9.35）。這樣可以提高軟體程式和周圍基礎設施的可擴容性。狀態管理資料庫常用於雲端服務，尤其是在涉及長時間運行的服務。

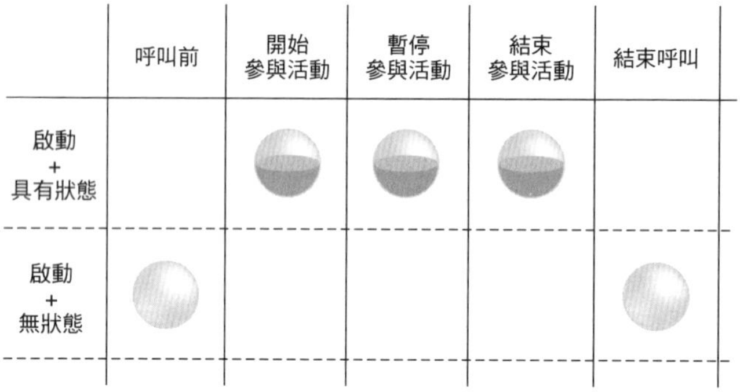

圖 9.34 在雲端服務實例的生命週期內，儘管是閒置狀態，或許都需要保存狀態並將其快取存放在記憶體

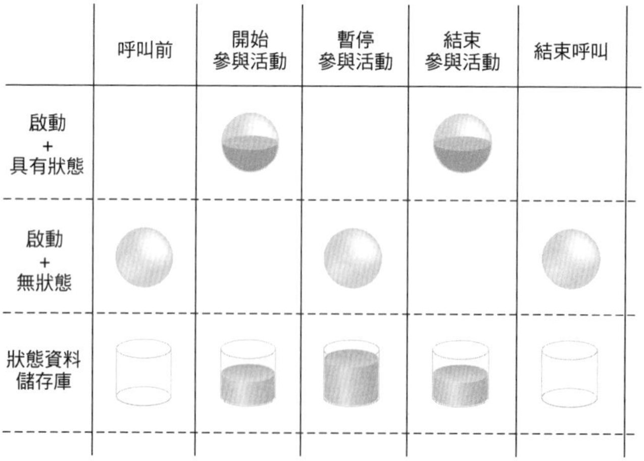

圖 9.35 透過將狀態數據轉交給狀態資料儲藏庫，雲端服務得以轉換成無狀態（或部分無狀態）。這樣一來可以暫時釋放系統資源。

案例研究

為了讓既有環境架構能夠延長狀態資訊的時間,ATN 正擴充架構並利用狀態管理資料庫機制。圖 9.36 展示了雲端服務消費者在使用既有環境時暫停活動的流程,此時環境會轉交快取狀態的數據。

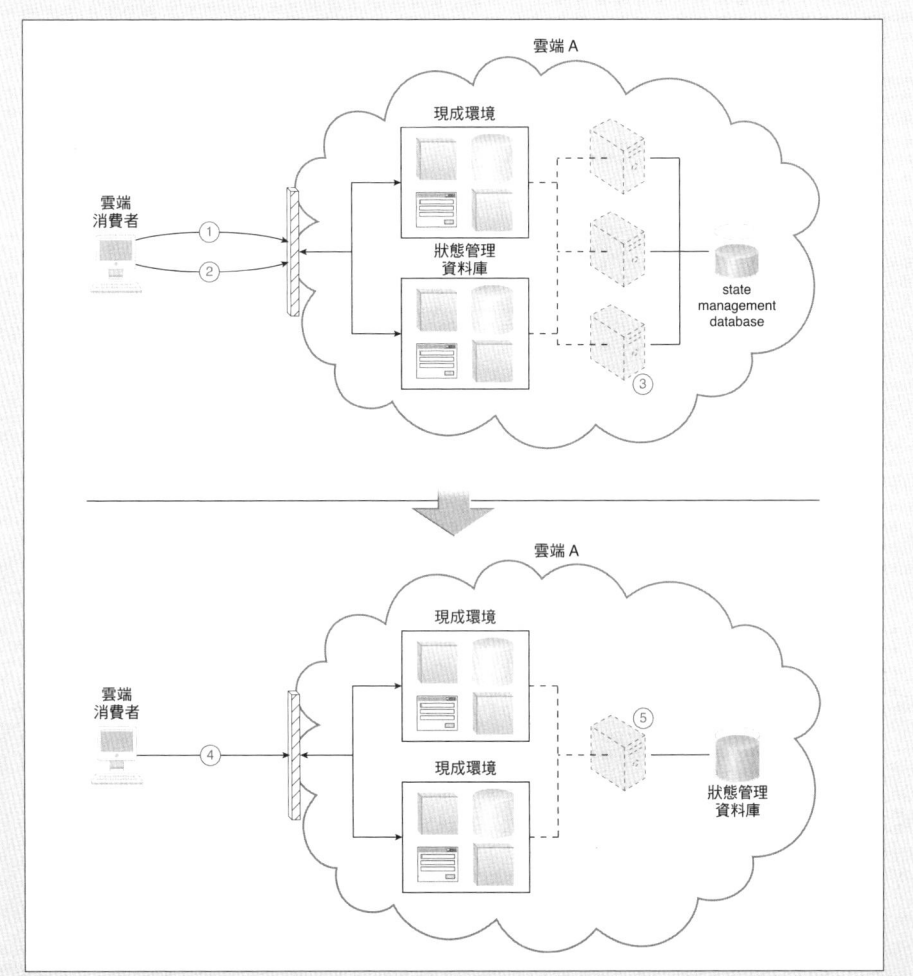

圖 9.36 雲端服務消費者存取已準備好的環境,並且需要 3 台虛擬伺服器來執行所有活動(1)。接著,雲端服務消費者暫停活動。所有狀態數據都需要保留下來,以便未來再次存取已準備好的環境(2)。底層基礎設施會自動縮減規模,方法是減少虛擬伺服器的數量。狀態數據會被保存到狀態管理資料庫中,並保留一台虛擬伺服器運行,以便雲端使用者未來登入(3)。隨後雲端使用者登入並存取已準備好的環境以繼續活動(4)。底層基礎設施會自動擴展規模,方法是增加虛擬伺服器的數量,並從狀態管理資料庫中讀取狀態數據(5)。

Chapter 10

雲端安全和網路安全存取控制機制

10.1 加密
10.2 雜湊
10.3 數位簽章
10.4 雲端安全群組
10.5 公鑰基礎設施
10.6 單一登入系統（SSO）
10.7 安全強化的虛擬伺服器映像檔
10.8 防火牆
10.9 虛擬私人網路（VPN）
10.10 生物辨識掃描器
10.11 多重因素驗證（MFA）系統
10.12 身分識別和存取管理（IAM）系統
10.13 入侵偵測系統（IDS）
10.14 滲透測試工具
10.15 用戶行為分析（UBA）系統
10.16 第三方軟體更新工具
10.17 網路入侵監視器
10.18 驗證日誌監視器
10.19 VPN 監視器
10.20 其他雲端安全存取最佳實踐與技術

Chapter 10 雲端安全和網路安全存取控制機制

這個章節將介紹下列雲端存取控制及監測功能的機制：

- 加密
- 雜湊
- 數位簽章
- 雲端安全群組
- 公鑰基礎設施系統
- 單一登入系統
- 安全強化的虛擬伺服器映像檔
- 防火牆
- 虛擬私人網路
- 生物辨識掃描器
- 多重因素驗證系統
- 身分識別和存取管理系統
- 入侵偵測系統
- 滲透測試工具
- 用戶行為分析系統
- 第三方軟體更新工具
- 網路入侵監視器
- 驗證日誌監視器
- VPN 監視器

10.1 加密

數據在預設情況下,會以可以看懂的格式編碼,稱為**明文**。當數據透過網路傳輸時,明文容易遭受未經授權甚至惡意的存取。**加密**機制是一種用於保護數據機密性和完整性的數位編碼系統。用於將明文數據編碼成受保護且不可讀取的格式。

加密技術通常使用稱為**密語**(*cipher*)的標準演算法將原始明文數據轉換成加密數據,即**密文**。存取密文並不會洩露原始明文數據,頂多只能獲取一些元數據,例如訊息長度和建立日期。當加密應用於明文數據時,數據會與稱為**加密金鑰**的字串配對,加密金鑰是經由授權方建立並共用的祕密資訊。加密金鑰用於將密文解密回原始明文格式。

加密機制可以應付網路流量竊聽、惡意中介、過度授權和信任邊界重疊等安全威脅。例如,惡意服務代理程式嘗試竊聽流量時,如果他們沒有加密金鑰,就無法解密傳輸中的訊息(圖 10.1)。

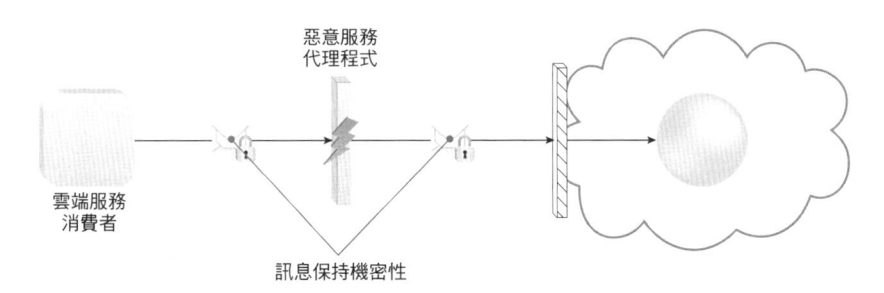

圖 10.1 惡意服務代理程式無法從加密訊息中存取數據。此外,嘗試存取可能會被雲端服務消費者發現。(使用鎖定符號表示已對訊息內容使用安全機制。)

加密有兩種常見形式,分別是對稱加密和非對稱加密。

對稱加密

對稱加密（也稱為密鑰加密）使用相同的金鑰進行加密和解密，加密和解密均由經由授權的人執行，他們會使用共用的金鑰。使用特定金鑰加密的訊息只能由相同的金鑰解密。正確解密數據的人可以證明數據是由合法持有金鑰的人所加密。由於只有擁有金鑰的授權方才能建立訊息，因此也可以確保訊息一定會通過基本的驗證檢查。這可以維護和驗證數據的機密性。

需要注意的是，對稱加密不具有「不可否認（non-repudiation）」的特徵，因為如果有多方持有金鑰，就無法確定到底是哪一方對訊息進行了加密或解密。

非對稱加密

非對稱加密使用兩個不同的金鑰，分別是私鑰和公鑰。在非對稱加密（也稱為公開金鑰加密）中，私鑰只為擁有者所知，而公鑰則公開發佈。使用私鑰加密的檔案只能用對應的公鑰正確解密。反之使用公鑰加密的檔案只能使用對應的私鑰解密。由於使用兩個不同的金鑰而非單一金鑰，因此非對稱加密的運算速度幾乎確定比對稱加密來的慢。

安全性等級取決於使用私鑰還是公鑰來加密明文數據。由於每條非對稱加密的訊息都擁有其獨有的公私鑰配對，使用私鑰加密的訊息可以被任何擁有對應公鑰的用戶解密。這種加密方法不提供任何機密性保護，即使成功解密也只能證明文本是由合法私鑰擁有者加密的。私鑰加密除了提供真實性（authenticity）和不可否認性（non-repudiation）之外，還提供完整性（integrity）保護。使用公鑰加密的訊息只能由合法的私鑰擁有者解密，這樣可以提供機密性保護，然而任何擁有公鑰的一方都可以產生密文，這意味著由於公鑰的公開性質，這種方法既不提供訊息完整性也不提供真實性保護。

> **NOTE**
>
> 加密機制用於保護 Web 的數據傳輸時，最常透過 HTTPS 實現，HTTPS 指的是使用 SSL/TLS 作為 HTTP 的底層加密協議。TLS（transport layer security，傳輸層安全）是 SSL（secure sockets layer，安全通訊端）技術的後繼者。由於非對稱加密通常比對稱加密更耗時，因此 TLS 只有在交換金鑰時使用非對稱式加密，金鑰交換完畢後，TLS 系統會切換到對稱加密。
>
> 大多數 TLS 實作主要使用 RSA 作為主要的非對稱加密演算法，而 RC4、Triple-DES 和 AES 等加密演算法則用於對稱加密。

案例研究

Innovartus 最近得知使用公共 Wi-Fi 熱點和不安全的 LAN 存取用戶註冊入口網的用戶可能以明文形式傳輸其個人用戶設定檔的詳細資訊。Innovartus 透過在入口網站使用 HTTPS 加密機制（圖 10.2）立即修正此漏洞。

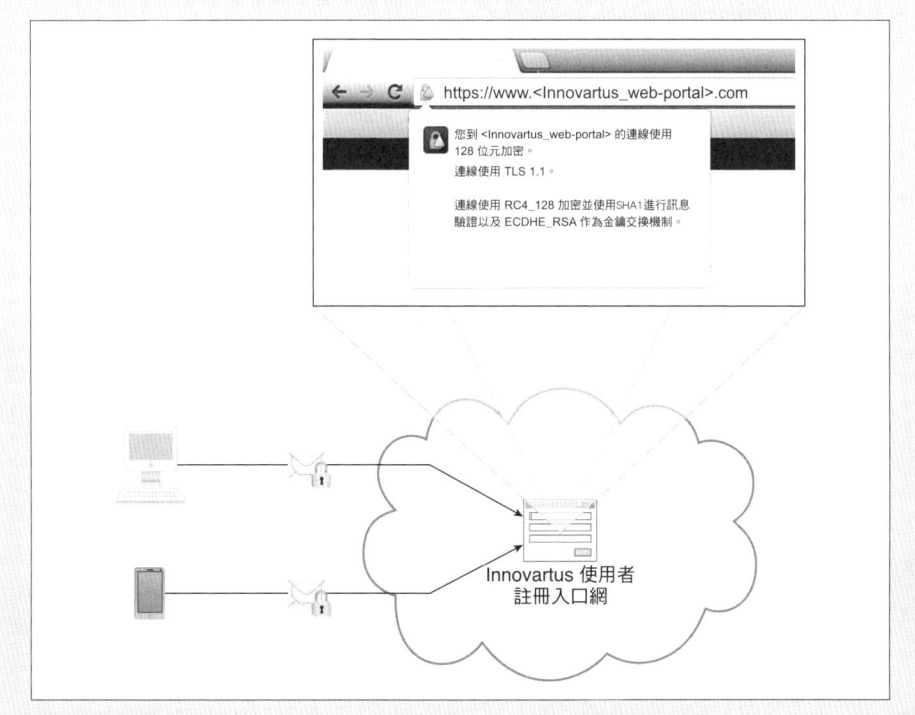

圖 10.2 在外部用戶和 Innovartus 用戶註冊入口網之間的通信頻道新增加密機制。使用 HTTPS 保護訊息的機密性。

10.2 雜湊

雜湊（*hashing*）機制用於需要單向、不可逆轉的數據保護情境。一旦對訊息使用雜湊函數，訊息就會被鎖定，且沒有金鑰可以解鎖。這種機制的常見應用是密碼儲存。

雜湊技術可以用來從訊息中計算雜湊代碼或**訊息摘要**（*message digest*），通常是固定長度且比原始訊息短。訊息發送者可以使用雜湊機制將訊息摘要附加到訊息上。接收者則對接收到的訊息使用相同的雜湊函數產生訊息摘要，並與收到訊息中附加的訊息摘要比對是否吻合。對原始數據的任何修改都會導致完全不同的訊息摘要，並清楚地表明途中遭受篡改。

除了用於保護儲存的資料之外，雜湊機制也可以解決惡意中介程式和過度授權等雲端威脅。圖 10.3 的範例說明前者的情境。

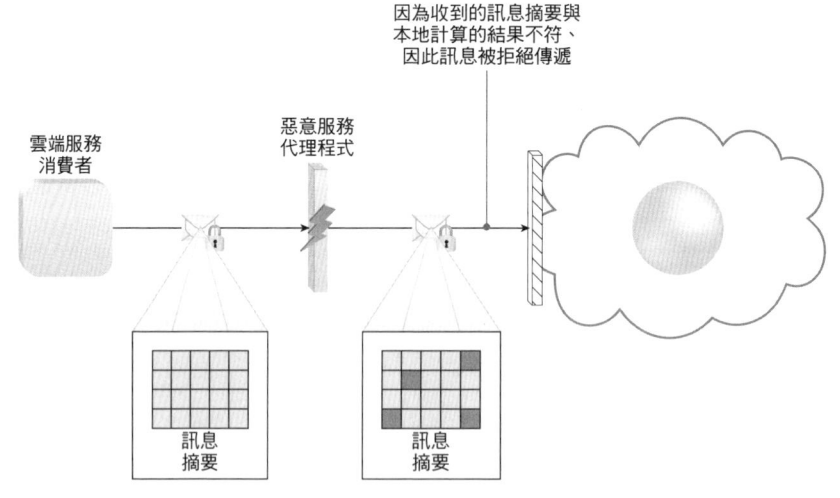

圖 10.3 當惡意服務代理程式攔截並更改訊息之前，會先使用雜湊函數來保護訊息的完整性。防火牆可以配置來偵測訊息是否經過更改，因此能夠在訊息送達雲端服務之前予以拒絕。

案例研究

被選定移植到 ATN 的 PaaS 平台的部分應用程式中，有些程式允許使用者存取和更改高度敏感的公司資料。這些資訊被託管在雲端以便信賴的合作夥伴可以使用於重要的計算和評估目的。由於擔心資料可能被篡改，ATN 決定採用雜湊機制來維護和保障資料完整性。

ATN 雲端資源管理員會與雲端服務供應商合作，在雲端部署的每個應用程式版本中加入一個摘要生成的步驟。當前摘要的值會記錄到內部的安全資料庫中，並且會定期重複流程並分析結果。圖 10.4 展示了 ATN 如何使用雜湊來確定是否有人對移植的應用程式進行任何非授權的操作。

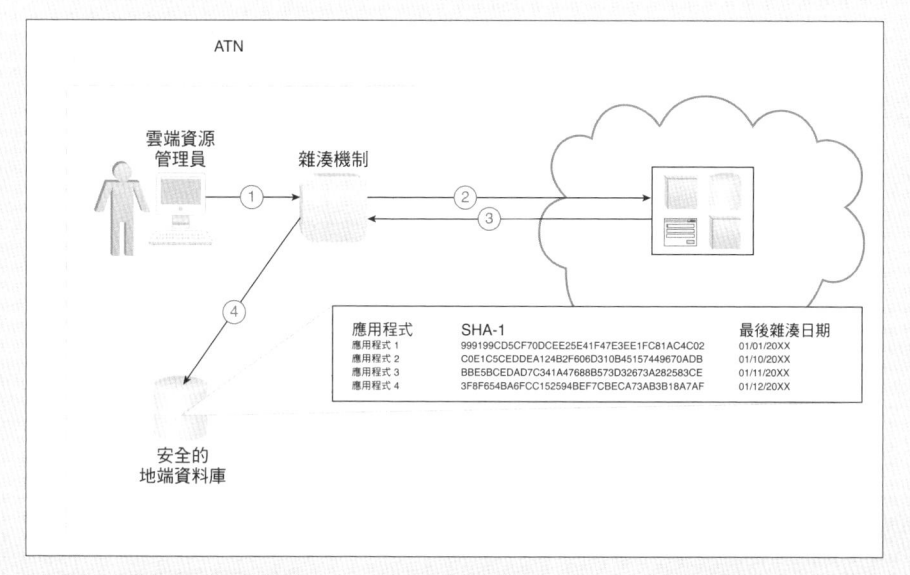

圖 10.4 當存取 PaaS 環境（1）時，會啟動雜湊程式（1）。接著會檢查已移植到此環境的應用程式（2），並計算其訊息摘要（3）。訊息摘要會被儲存在公司內部的安全資料庫中（4），如果任何訊息摘要的值與儲存中的值不符合，就會發出通知。

10.3 數位簽章

數位簽章機制是一種透過驗證和不可否認性來提供數據真實性（authenticity）和完整性（integrity）的方法。在傳輸訊息之前，會加上數位簽章，如果訊息在之後遭受任何未經授權的修改，簽章就會失效。數位簽章可作為證明所接收到的訊息與合法發送者所建立的訊息相同的憑證。

建立數位簽章會用到雜湊和非對稱加密這兩種技術，本質上數位簽章是由私鑰加密過的訊息摘要並且附加在原始訊息上。接收者會使用對應的公鑰解密數位簽章以驗證其有效性，並得到訊息摘要。也可以對原始訊息使用雜湊機制來產生訊息摘要。如果這兩種不同程式產生的結果相同，就表示訊息保持了完整性。

數位簽章機制有助於降低惡意中介、過度授權和信任邊界重疊等安全威脅（圖 10.5）。

10.3 數位簽章　**277**

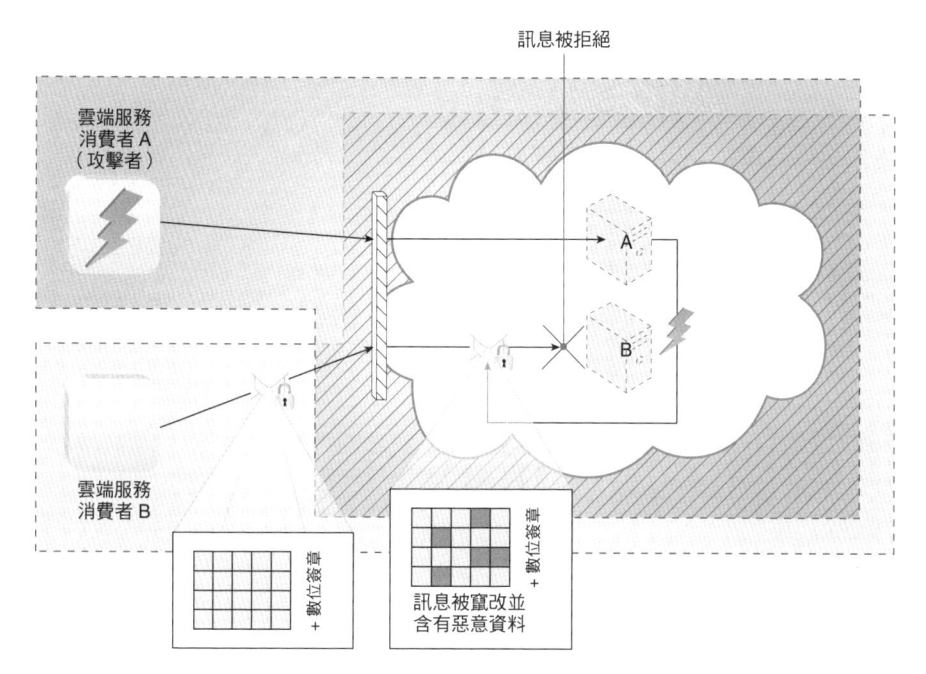

圖 10.5　雲端服務消費者 B 發送了一條經過數位簽章的訊息，但該訊息被受信賴的攻擊者雲端服務消費者 A 篡改了。即使位於信任邊界內，虛擬伺服器 B 仍被設定為在處理接收訊息之前驗證數位簽章。由於數位簽章無效，訊息被視為非法訊息，因此被虛擬伺服器 B 拒絕。

案例研究

隨著 DTGOV 的客戶擴展到包含公部門組織，許多雲端運算政策變得不再適用而需要修改。由於公部門組織經常處理戰略資訊，因此需要建立安全防護措施來保護數據免於竄改，並利用稽核制度來對應可能影響政府營運的活動。

DTGOV 著手實施數位簽章機制，專門用於保護使用 Web 的管理環境（圖 10.6）。IaaS 環境中的虛擬伺服器自助配置服務以及即時 SLA 和計費的追蹤功能都利用入口網執行。因此，用戶的錯誤或惡意操作可能會產生法律和財務影響。

數位簽章可為 DTGOV 提供保證每個執行的操作都連結到合法的發起者。由於只有加密金鑰與合法擁有者持有的密鑰相符合時，數位簽章才會被接受，因此未經授權的存取預期將變得不可能。由於數位簽章可以確認訊息完整性，用戶將無法竄改訊息。

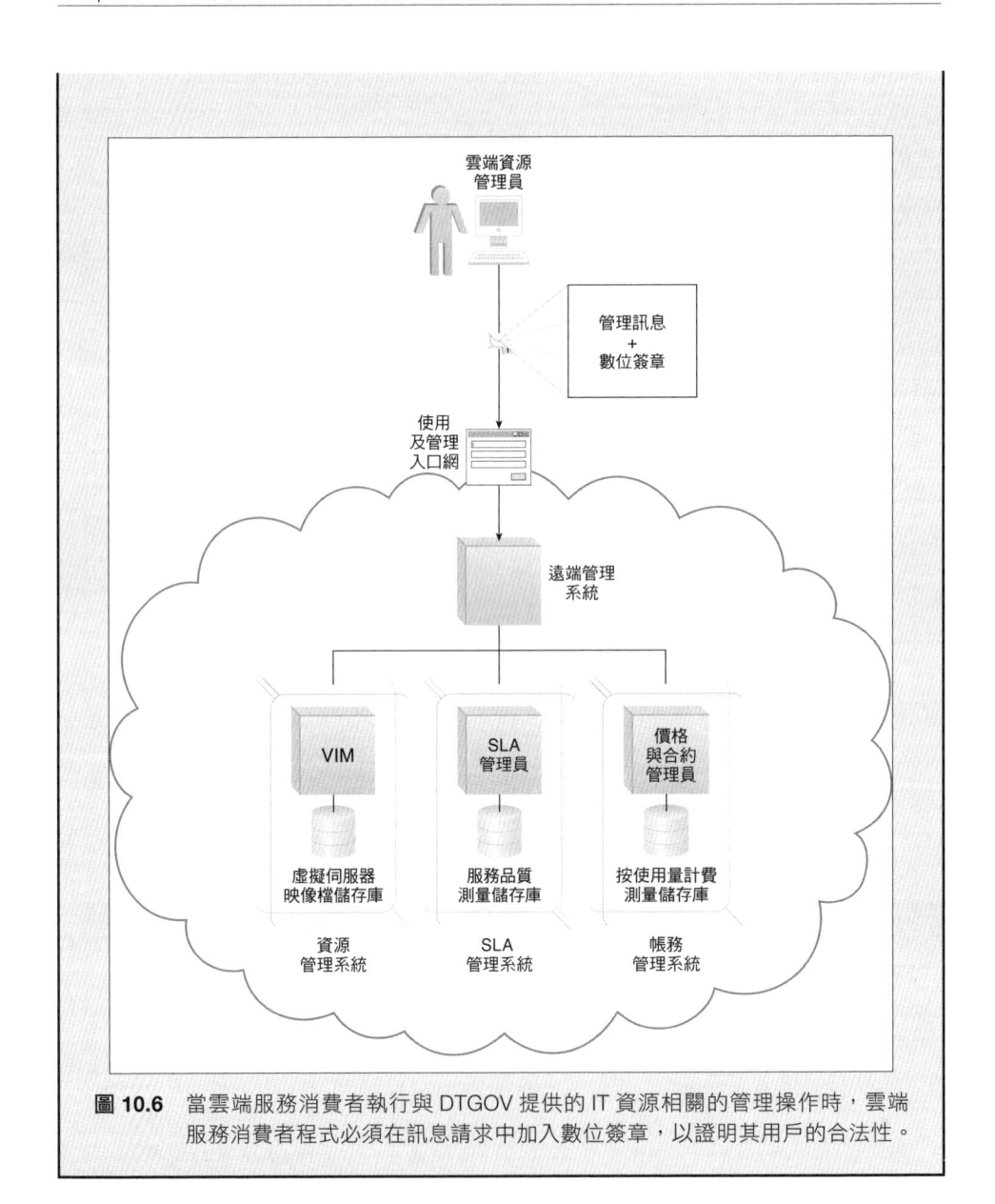

圖 10.6 當雲端服務消費者執行與 DTGOV 提供的 IT 資源相關的管理操作時，雲端服務消費者程式必須在訊息請求中加入數位簽章，以證明其用戶的合法性。

10.4 雲端安全群組

與劃分陸地和水域的水壩和堤防類似，在 IT 資源之間設立障礙可以提高對數據的保護。雲端資源分割是一種為不同用戶和群組建立獨立實體和虛擬 IT 環境的過程。例如，可以根據個別的網路安全需求來分割組織內的廣域網路（WAN）。或者建立一個具有彈性防火牆的網路，用於存取外部網際網路，而建立另一個沒有防火牆的網路，因為只有內部用戶使用且無法存取網際網路。

資源分割透過將各種實體 IT 資源分配給虛擬機器來實現虛擬化。由於來自不同雲端服務消費者的組織信任邊界在共用相同的底層實體 IT 資源時會重疊，因此需要針對公共雲端環境進行最佳化。

雲端的資源分割過程會建立基於安全性原則而決定的*雲端安全群組*機制。網路被分割成邏輯的雲端安全群組，這些群組形成邏輯的網路邊界。每個雲端的 IT 資源至少被分配到一個邏輯的雲端安全群組。每個邏輯的雲端安全群組都被分配特定規則，用於控制安全群組之間的通訊。

運行在同一台實體伺服器上的多個虛擬伺服器可以成為不同的邏輯雲端安全群組成員（圖 10.7）。虛擬伺服器還可以進一步劃分為公有 - 私有群組、開發 - 生產群組，或者雲端資源管理員配置的任何其他指定群組。

雲端安全群組劃分了可以採用不同安全措施的區域。正確使用的雲端安全群組有助於在安全漏洞發生時限制對 IT 資源未經授權的存取。此機制可用於應付阻斷服務、過度授權、信任邊界重疊、虛擬化攻擊和容器化攻擊威脅，並且與邏輯網路邊界機制密切相關。

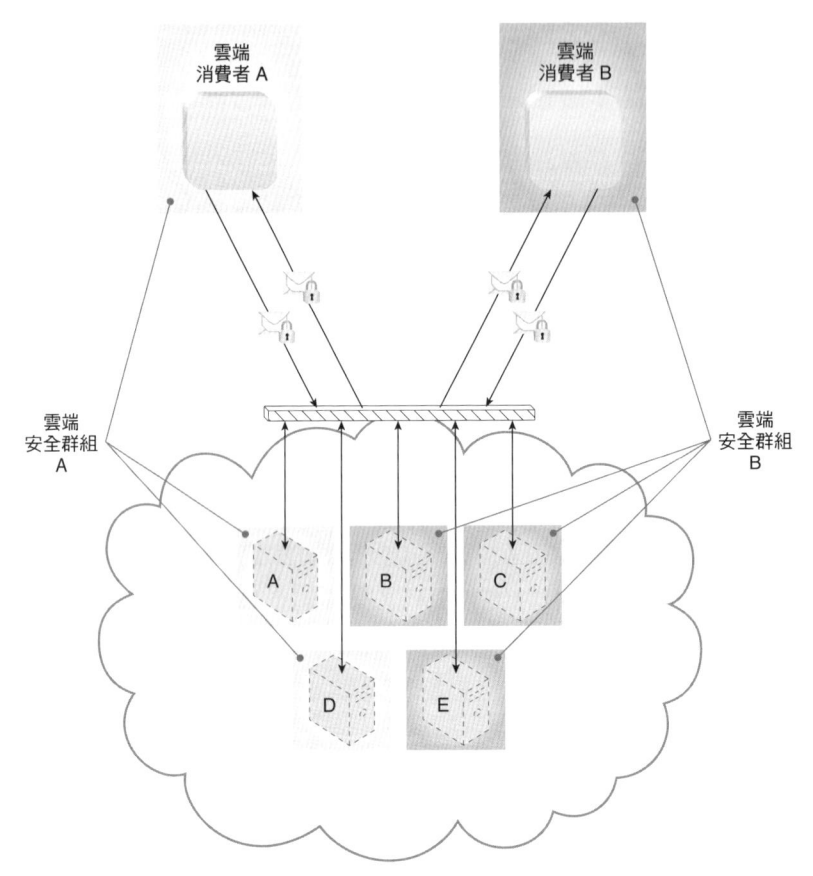

圖 10.7 雲端安全群組 A 包含虛擬伺服器 A 和 D，並分配給雲端服務消費者 A。雲端安全群組 B 由虛擬伺服器 B、C 和 E 組成，並分配給雲端服務消費者 B。如果雲端服務消費者 A 的憑證資訊被竊取，攻擊者也只能存取和破壞位於雲端安全群組 A 中的虛擬伺服器，從而保護位於雲端安全群組 B 的虛擬伺服器 B、C 和 E。

案例研究

隨著 DTGOV 轉型成為雲端服務供應商，託管公部門客戶數據的安全性也引起關注。一組雲端安全專家團隊參與 DTGOV 合作定義雲端安全群組、數位簽章和 PKI 機制。

在將安全政策整合到 DTGOV 的管理入口網環境前，會分割為不同的資源等級。為了符合服務水準協議（SLA）所保證的安全需求，DTGOV 會將 IT 資源分配到適當的邏輯雲端安全群組（圖 10.8）。每個邏輯雲端安全群組都有自己的安全政策，明確規定 IT 資源的隔離和控制級別。

DTGOV 會告知客戶有這些新的安全政策的可以使用。雲端服務消費者可以選擇性地使用它們，但也因此會增加費用。

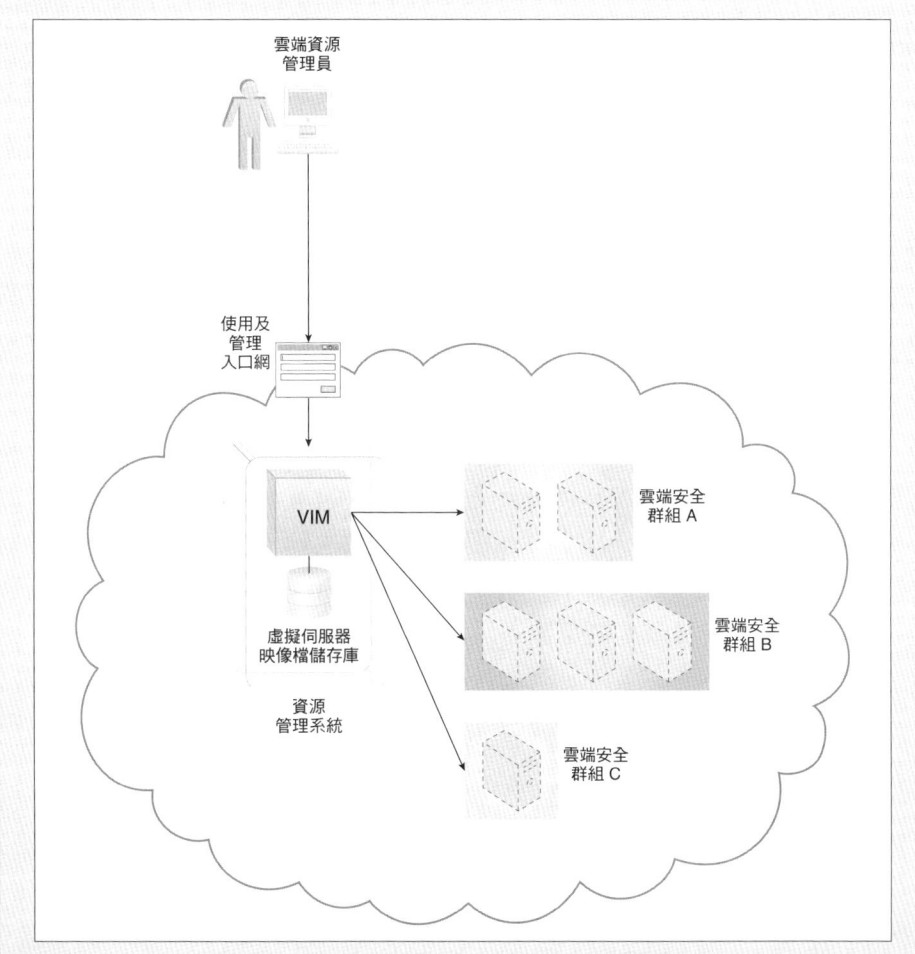

圖 10.8 當外部雲端資源管理員存取管理入口網建立虛擬伺服器時，系統會評估所要求的安全憑證，並對應到內部安全政策，這個政策會將對應的雲端安全群組分配給新建立的虛擬伺服器。

10.5 公鑰基礎設施系統

公鑰基礎設施（public key infrastructure，PKI）系統機制是一種常見的非對稱金鑰頒發管理方法，它由一系列協定、數據格式、規則和實作所組成，使大型系統能安全地使用公鑰加密。此系統用於連結公鑰與其對應的金鑰擁有人（稱為公鑰識別），同時支援驗證金鑰的有效性。PKI 系統依賴數位憑證，數位憑證是一種經過數位簽章的數據結構，將公開金鑰與證書擁有者的身分以及相關資訊，例如有效期綁定在一起。數位憑證通常由第三方證書頒發機構（certificate authority，CA）進行數位簽章，如圖 10.9 所示。

雖然大多數數位憑證由少數幾個受信賴的憑證機構授權，例如 VeriSign 和 Comodo 所頒發，但也可以採用其他方法來生成數位簽章。大型組織，例如 Microsoft 可以作為自身的憑證授權機構，向其客戶和大眾頒發證書，因為只要擁有適當的軟體工具，即使是個人用戶也可以生成證書。

建立可接受的憑證授權信任等級需要時間但必要。嚴格的安全措施、大量基礎設施投資和營運流程都會為建立憑證授權的信譽做出貢獻。憑證授權的信任度和可靠性越高，證書就越受到重視和信賴。PKI 系統是實施非對稱加密、管理雲端服務消費者和雲端服務供應商身分資訊，以及幫助防禦惡意中介和過度授權威脅的可靠方法。

PKI 系統機制主要用於對抗過度授權的威脅。

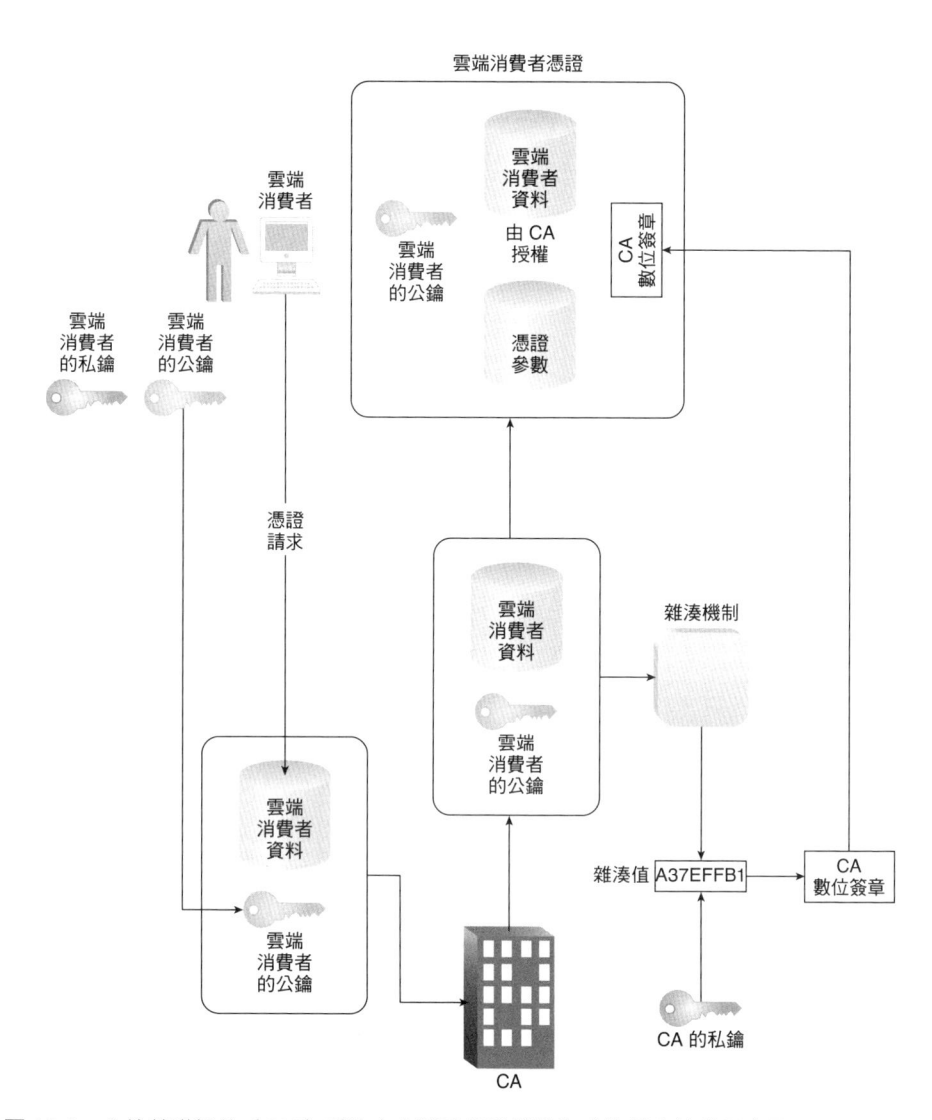

圖 10.9 公鑰基礎設施（PKI）系統中由證書頒發機構生成的證書的常見步驟

Chapter 10 雲端安全和網路安全存取控制機制

案例研究

DTGOV 要求其客戶使用數位簽章存取其 Web 管理環境。這些數位簽章應由經過認可的證書頒發機構（CA）認證的公開金鑰生成（圖 10.10）。

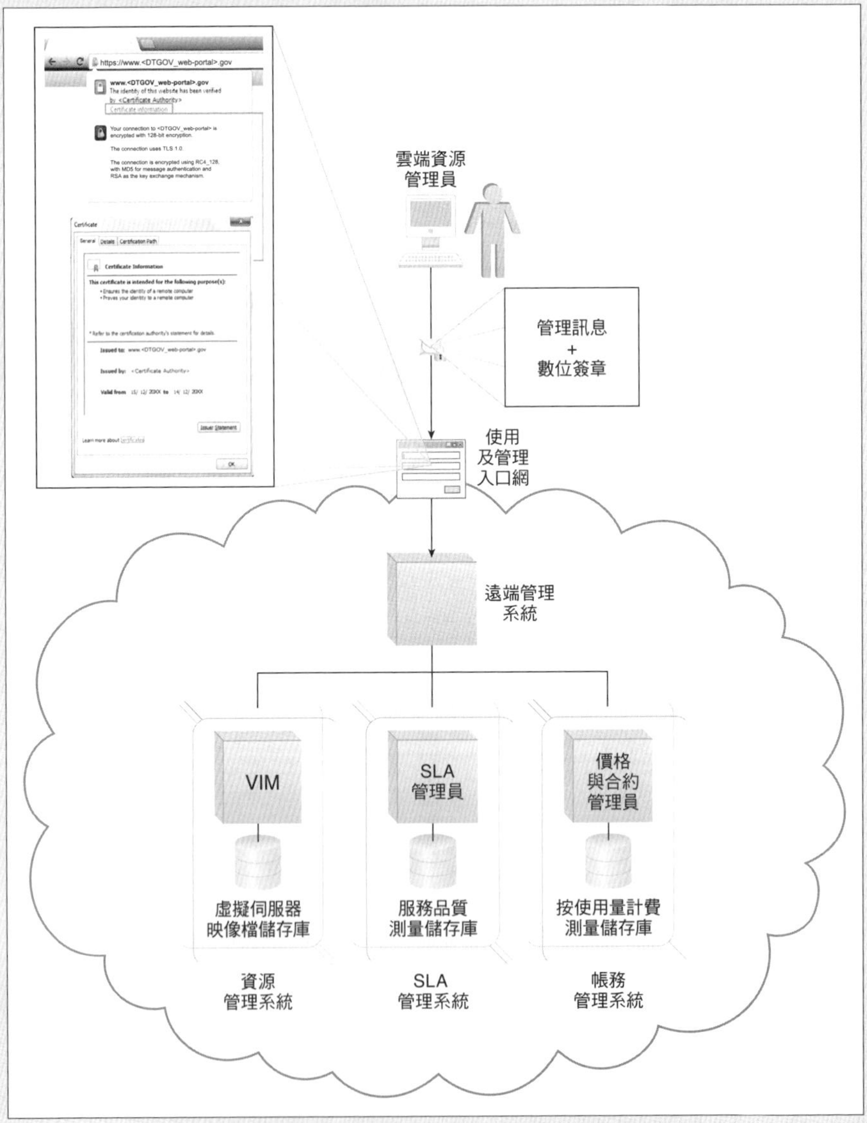

圖 10.10 外部雲端資源管理員使用數位證書存取 Web 管理環境。DTGOV 在 HTTPS 連線中使用受信賴的證書頒發機構簽名的數位證書。

10.6 單一登入（Single Sign-On，SSO）系統

在多個雲端服務之間傳遞雲端服務消費者的身分驗證和授權資訊是一項挑戰，尤其是同一個活動中需要使用大量雲端服務或雲端 IT 資源的情況。單一登入（single sign-on，SSO）系統機制使雲端服務消費者能透過安全代理程式進行身分驗證，安全代理程式會建立一筆安全資訊（security context），只要雲端服務消費者訪問其他雲端服務或雲端 IT 資源，安全資訊就會一直保持有效。否則雲端服務消費者在接下來的每次請求時都需要重新驗證。

SSO 系統機制使相互獨立的雲端服務和 IT 資源能夠產生和傳遞運作時的身分驗證和授權憑證。雲端服務消費者一開始提供的憑證在活動（session）階段保持有效，且安全資訊可以被共用（圖 10.11）。當雲端服務消費者需要訪問不同雲端的雲端服務時，SSO 系統機制的安全代理會發揮作用（圖 10.12）。

SSO 系統機制並不會直接解決第 7 章列出的任何雲端安全威脅。它主要提高了雲端環境在訪問和管理分散式 IT 資源和解決方案的可用性。

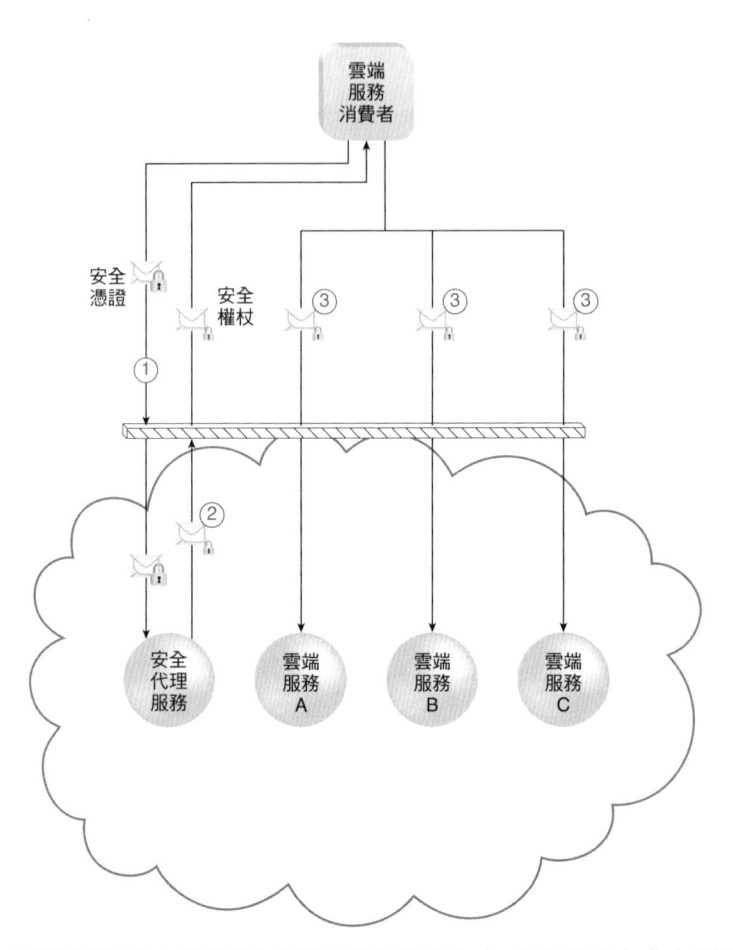

圖 10.11 雲端服務消費者提供登入憑證給安全代理（1）。安全代理在成功驗證後會回傳一個驗證通行證（帶有小鎖符號的訊息）（2），其中包含雲端服務消費者身分資訊，以便在雲端服務 A、B 和 C 中自動驗證該雲端服務消費者（3）。

10.6 單一登入（Single Sign-On，SSO）系統

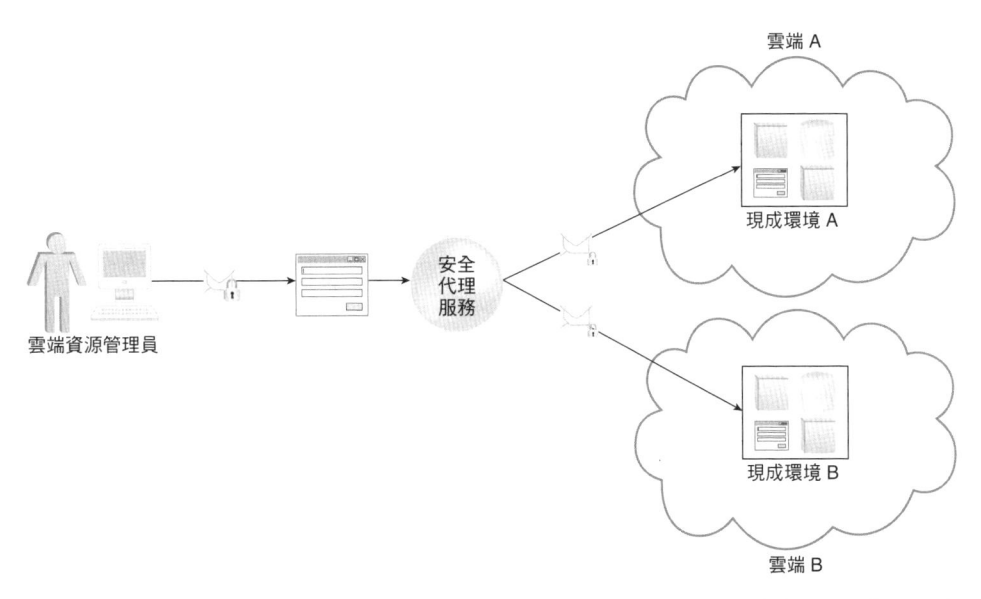

圖 10.12 安全代理會將收到的憑證傳遞到橫跨兩個不同雲端的現成環境中。安全代理服務負責選擇與每個雲端聯繫時適當的安全流程。

案例研究

雖然 ATN 成功地將應用程式遷移到新的 PaaS 平台，但也產生許多對於 PaaS 託管 IT 資源的反應能力和可用性的新擔憂。ATN 計畫將更多應用程式轉移到 PaaS 平台，但他們決定透過另一家雲端服務供應商建立第二個 PaaS 環境來實現。這讓他們能夠在為期 3 個月的評估期內比較不同的雲端服務供應商。

為了適應這種分散式雲端架構，使用 SSO 系統機制來建立一個安全代理服務，達成跨越兩個雲端環境傳遞登錄憑證的目標（圖 10.12）。這使得一個雲端資源管理員能夠存取兩個 PaaS 環境中的 IT 資源，而無須個別登錄到每個環境。

10.7 安全強化的虛擬伺服器映像檔

如同之前所討論的，虛擬伺服器是從一個範本配置，稱為虛擬伺服器映像檔（或虛擬機器映像檔）建立的。安全強化是指移除系統中非必要的軟體程式，以減少攻擊者可以利用的潛在漏洞。安全強化的範例包括刪除冗餘程式、關閉不必要的連接埠、停用未使用服務、內部 root 帳戶和訪客存取權限。

安全強化的虛擬伺服器映像檔是經過安全強化處理的虛擬服務實例範本（圖 10.13）。通常經過強化後的虛擬伺服器範本會比原始標準映像檔更加安全。

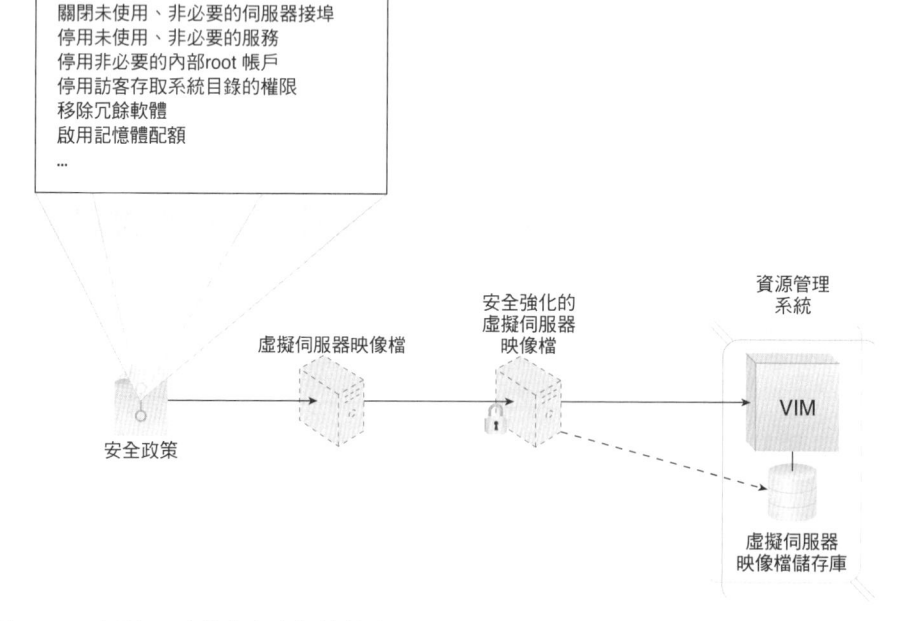

圖 10.13 雲端服務供應商會根據其安全政策強化標準虛擬伺服器映像檔。強化後的映像檔範本會儲存在資源管理系統的虛擬伺服器映像檔儲存庫中，成為該系統的一部分。

安全強化的虛擬伺服器映像檔有助於對抗阻斷服務、過度授權和信任邊界重疊等威脅。

案例研究

使用雲端安全群組後，DTGOV 提供給雲端服務消費者的其中一個安全功能是讓使用者可以選擇強化特定群組內部分或全部的虛擬伺服器（圖 10.14）。雖然每個強化後的虛擬伺服器映像檔都需要額外費用，卻能讓雲端服務消費者省去自行強化系統的負擔。

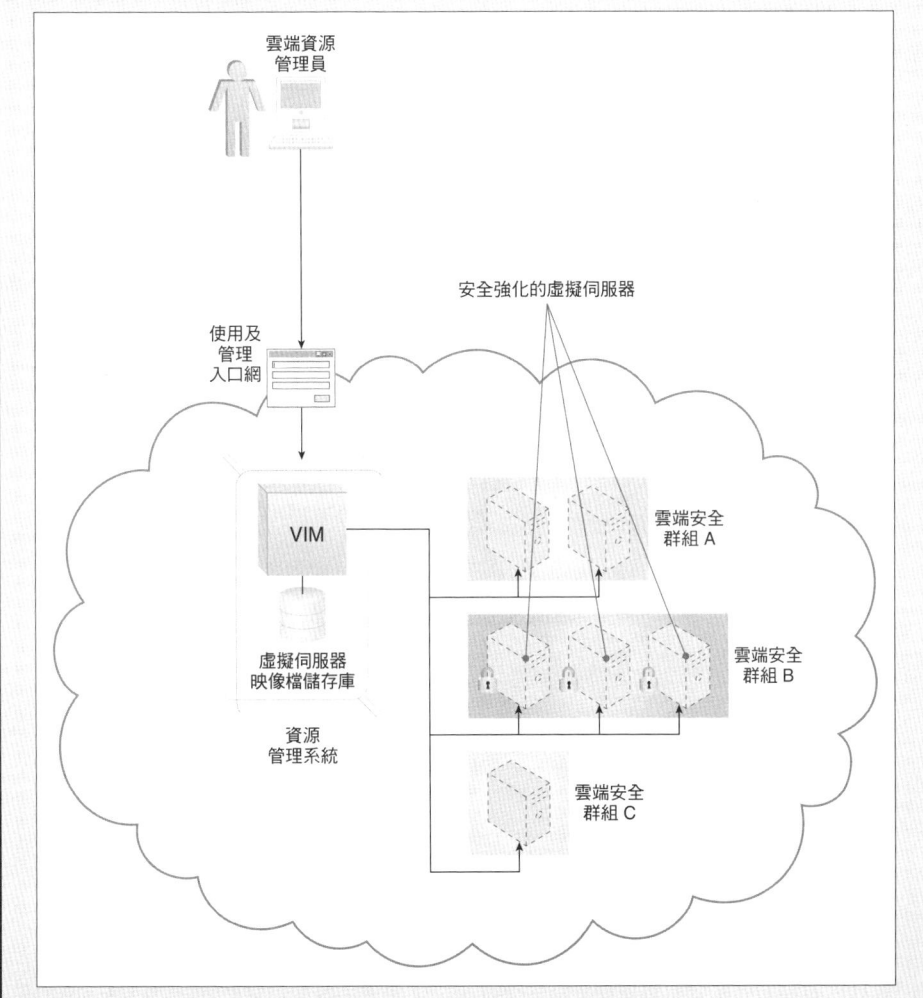

圖 10.14 雲端資源管理員選擇了強化虛擬伺服器映像檔的選項，套用於雲端安全群組 B 中配置的虛擬伺服器。

10.8 防火牆

防火牆是一個網路閘口，可根據既定的安全政策限制網路之間的存取訪問，成為網路與一個或多個外部網路之間的介面，並根據一些條件選擇接受或拒絕封包來監管通過它的網路流量。有實體防火牆和虛擬防火牆兩種選擇（圖 10.15）。

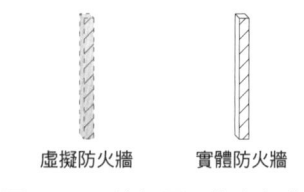

圖 10.15 這個圖示代表實體和虛擬防火牆

防火牆用於攔截所有進出的流量並辨識是否與預先定義的規則相符合來控制流量的傳輸並來保護組織。

實體防火牆可以保護網路設備的實體連接。但無法過濾虛擬網路中的流量，因為這些虛擬化的網路環境並沒有與實體設備相連結。在這樣的環境中，可以部署虛擬防火牆來為虛擬網路提供相同類型的保護（圖 10.16）。虛擬和實體防火牆整合在一起以提供涵蓋實體和虛擬網路的共同防護非常普遍。

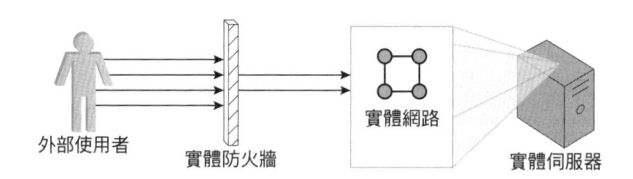

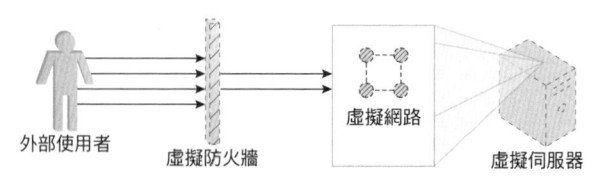

圖 10.16 實體防火牆會針對實體網路過濾流量，而虛擬防火牆則會針對虛擬網路過濾流量

一些防火牆的實作會依賴防火牆代理程式，防火牆代理程式是部署在個別軟體環境上運作的程式。這些代理程式可以提供更針對性的保護等級。使用代理程式的防火牆可以稱為**分散式防火牆**，因為整體防火牆功能由中央防火牆及代理程式共同提供。

> **NOTE**
>
> 現代的防火牆產品可以涵蓋其他機制的各種功能，例如入侵檢測系統（IDS）的功能以及數位病毒掃描和解密系統的功能。一些防火牆產品利用資料科學技術，例如機器學習和人工智慧（AI），使防火牆能夠不斷擴展保護網路流量的能力。

> **案例研究**
>
> 作為 DTGOV 雲端遷移策略的一部分，在每個客戶端網路中部署虛擬防火牆非常重要，可以確保所有客戶端不僅免於來自網際網路的未經授權存取，也避免彼此之間的互連問題。為每個客戶端部署虛擬防火牆使 DTGOV 能夠根據每個不同政府機構的需求自訂網路存取權限。

10.9 虛擬私人網路（VPN）

虛擬私人網路（VPN）（圖 10.17）是一種加密連線機制，允許遠端用戶存取受防火牆保護的網路中的設備。此機制提供了一個安全的通訊隧道供數據在網路之間傳輸。通常用於在不可信賴的網路，例如網際網路上建立加密的私人網路延伸連線。VPN 被實作為虛擬網路。

虛擬私有網路
（VPN）

圖 10.17 這個圖示代表虛擬私人網路機制

VPN 僅允許具有足夠安全許可的授權方遠端存取數據，同時阻止其他人存取，來保護對內部資訊資產的使用。VPN 通常使用加密技術來對 VPN 連線的所有流量進行身分驗證、授權和加密。

VPN 有 2 種類型：

- **安全 VPN（Secure VPN）**：這類型的 VPN 以加密和身分驗證的方式發送和接收流量。伺服器和用戶端都同意安全設定，VPN 之外的任何人都無法修改這些參數。

- **受信任的 VPN（Trusted VPN）**：這類型的 VPN 可能不使用加密，而是信任 VPN 供應商能確保在該 VPN 路徑中沒有其他人使用相同的 IP 位址。在受信任的 VPN 中，只有供應商可以更改、寫入或刪除 VPN 通訊通道中的數據。

混合 VPN 結合了安全 VPN 的加密屬性和受信任 VPN 的專用連接屬性。

NOTE

常見的 VPN 協議包括 OpenVPN、L2TP/IPSec、SSTP、IKEv2、PPTP 和 WireGuard。它們各自提供不同的速度、安全性以及設定難易度。

案例研究

DTGOV 辨識出某些客戶政府機構需要能夠從遠端位置安全地存取儲存在雲端儲存伺服器中受保護的數據。專用的實體連線並非隨處都可用，使得許多客戶端必須使用網際網路來存取這類數據。利用 VPN 連接，DTGOV 可以確保透過網際網路安全存取受保護的數據。

10.10 生物辨識掃描器

生物辨識技術是一種基於生理或行為特徵來確定個人身分的技術。由於生物辨識數據來自這些獨特的用戶特徵，因此不可能遺失或忘記，攻擊者也難以偽造。這克服了密碼和權杖可能會出現的一些問題，密碼和權杖容易遺失、忘記、被盜或以其他方式被攻擊者破解。

生物辨識掃描器（圖 10.18）是一種透過掃描或擷取生理或行為特徵，例如筆跡、簽名、指紋、眼睛、聲音或臉部識別來驗證用戶身分的機制。

生物辨識掃描器驗證主要可以識別的資訊分為 2 種類型：

圖 10.18 這個圖示代表生物識別掃描器機制

- **生理特徵識別**：可以是生物特徵或形態特徵的。生理特徵識別包括 DNA、血液、唾液和尿液檢測，通常由醫療團隊和警方取證部門使用，並不會真正使用於網路安全防護機制。形態特徵識別包括指紋、手形或靜脈圖案、眼睛（包括虹膜和視網膜）和臉型。

- **行為特徵識別**：包括聲音識別、簽名動態（包括筆的移動速度、加速度、施加的壓力和傾斜度）、鍵盤敲擊力度、我們使用某些物品的方式、步態（走路時發出的腳步聲）和其他類型的姿勢。

不同類型的識別資訊和測量結果的可靠性並不相同。生理測量通常具有終生保持穩定且不易受壓力影響的優點，而行為測量則會隨著不同的人生階段和壓力等級而改變（圖 10.19）。

一些生物辨識掃描器機制結合了不同類型的生物辨識掃描器，以擴大安全驗證範圍和提高識別精確度。此類系統稱為**多模式生物辨識掃描器**，需要至少兩個生物辨識憑證才能進行身分驗證。例如，多模式生物辨識掃描器系統可能需要同時進行人臉和指紋識別來驗證用戶。

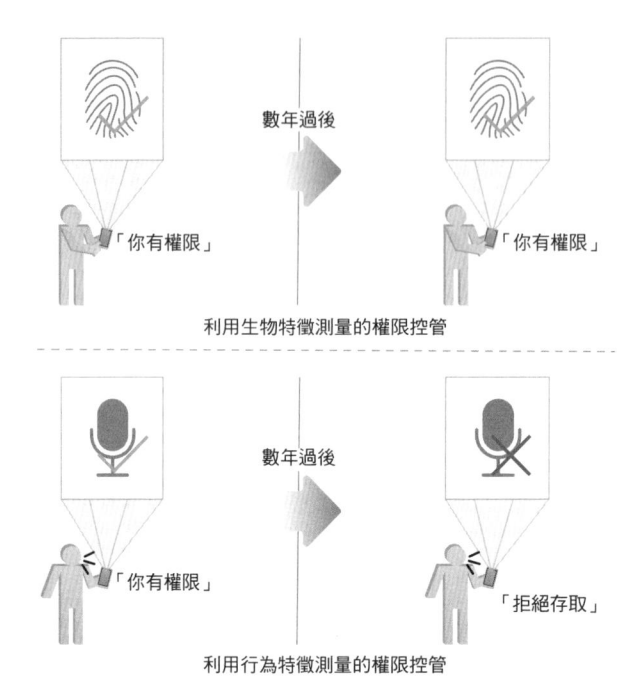

圖 10.19 指紋通常隨著時間推移保持不變，使其成為一種可靠的生理特徵識別方式。然而，一個人的聲音可能會隨著年齡、疾病或其他因素而改變，使其成為一種不太可靠的行為特徵識別方式。

僅限於驗證一個識別資訊的生物辨識掃描器也可以稱為單模式生物辨識掃描器。

案例研究

為保障使用產品的兒童隱私，Innovartus 認為僅允許授權的監護人存取雲端帳戶非常重要。因此 Innovartus 決定提供父母選擇，可要求必須要透過指紋掃描才能存取帳戶。為了實現此功能，Innovartus 採用了生物辨識掃描器機制，並提供給行動裝置用戶使用。這項功能可以協助確保只有父母和其他授權監護人才能存取儲存個人資料的雲端帳戶。

10.11 多重因素驗證（MFA）系統

多重因素驗證（*multi-factor authentication*，MFA）系統（圖 10.20）使用兩種或更多因素（驗證器）來實現身分驗證。它在登入過程中要求用戶提供一種驗證方式，然後再要求第二種驗證方式來完成登入。驗證方法的類型彼此獨立，因此惡意用戶難以獲得未經授權的存取權限。

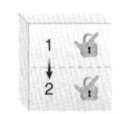

多重因素驗證
（MFA）系統

圖 10.20 這個圖示代表多因素驗證系統機制

MFA 系統使用的因素通常包括：

- 用戶知道的資訊，例如密碼或 PIN 碼（圖 10.21）
- 用戶擁有的物品，例如數位簽章或權杖
- 用戶本身的一部分，例如生物辨識識別資訊或測量結果

使用者

多因素驗證
（MFA）系統

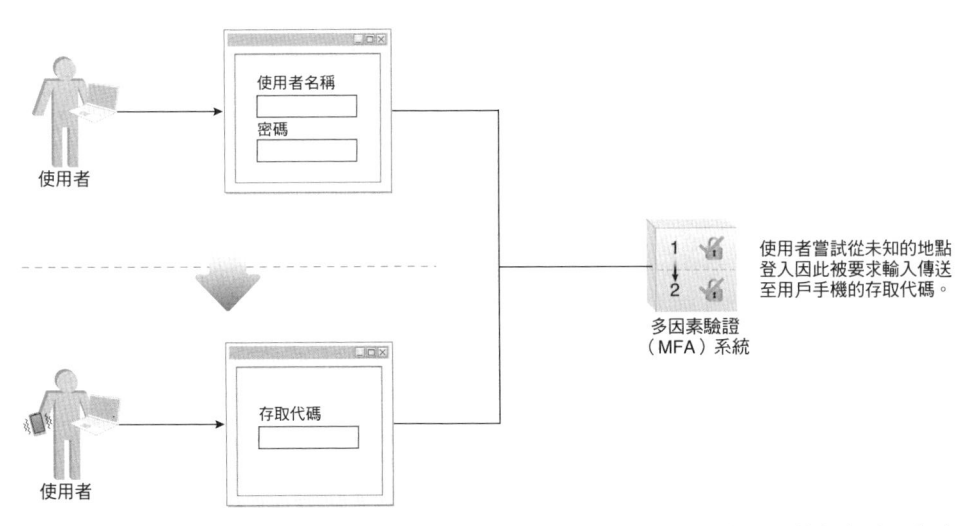

使用者嘗試從未知的地點登入因此被要求輸入傳送至用戶手機的存取代碼。

使用者

圖 10.21 MFA 系統會在偵測到用戶嘗試從新的地點存取資料後，要求用戶執行多重因素驗證步驟。

MFA 系統還以支援：

- **基於位置的驗證**：一種更進階的 MFA，基於用戶的 IP 地址和地理位置進行驗證。

- **基於風險的驗證**：一種根據用戶嘗試存取帳戶時的相關資訊或行為分析的驗證，例如用戶嘗試登入的時間或地點、登入是否由已知或新設備執行、有多少次登入嘗試失敗等等。這也稱為**自適應驗證**（*adaptive authentication*）。

MFA 系統通常在組織內部與 VPN 一起使用，使員工能夠遠端存取公司伺服器。

案例研究

一些使用 Innovartus 產品的兒童家長要求特定人士代表他們存取子女的雲端帳戶。為了確保代理「監護人」確實是提出存取要求的人士，Innovartus 提供雲端帳戶限制只能透過多重因素驗證的方式存取，例如向授權方的行動裝置發送一次性密碼（OTP）驗證。

10.12 身分識別與存取管理（IAM）系統

身分識別與存取管理（*IAM*）*系統*機制涵蓋透過必要元件和政策來控制和追蹤用戶身分以及 IT 資源、環境和系統的存取權限。

具體來說，IAM 系統機制由以下 4 個主要部分組成：

- **驗證**：用戶名和密碼組合仍然是 IAM 系統管理最常見用戶的驗證憑證形式，同時也支援數位簽章、數位憑證、生物識別硬體（指紋掃描器）、專用軟體（例如語音分析程式）以及可以將使用者帳戶綁定到註冊的 IP 或 MAC 地址。

- 授權：授權元件定義正確的權限控制維度，並監督身分、存取控制權限和 IT 資源之間的關係。

- 用戶管理：與系統的管理功能相關，用戶管理程式負責建立新的用戶身分和權限群組、重置密碼、定義密碼策略以及管理權限。

- 憑證管理：憑證管理系統為使用者帳戶建立身分和存取控制規則，從而減輕過度授權的威脅。

雖然 IAM 系統機制的目標與 PKI 系統機制類似，但其實施範圍是不同的，因為除了分配特定級別的使用者許可權之外，其結構還涵蓋存取控制和策略。

IAM 系統機制主要用於應對過度授權、阻絕服務、信任邊界重疊威脅、虛擬化攻擊和容器化攻擊威脅。

IAM 系統（圖 10.22）是一種透過預先定義的用戶角色和存取權限來識別、驗證和授權用戶的成熟機制。

身分識別與存取管理（IAM）系統

圖 10.22 這個圖示代表身分識別與存取管理系統

IAM 系統可以：

- 驗證用戶

- 為用戶分配角色

- 為用戶或用戶群組分配存取級別（圖 10.23）

IAM 系統可以利用以下方式識別、驗證和授權用戶：

- 唯一密碼：一直以來 IAM 系統最常使用的數位認證類型。

- 預先共用金鑰（Pre-Shared Key，PSK）：一種密碼在允許存取的相同 IT 資源之間共用的數位認證方式。它提供了便利性，但安全性不如使用個別密碼。

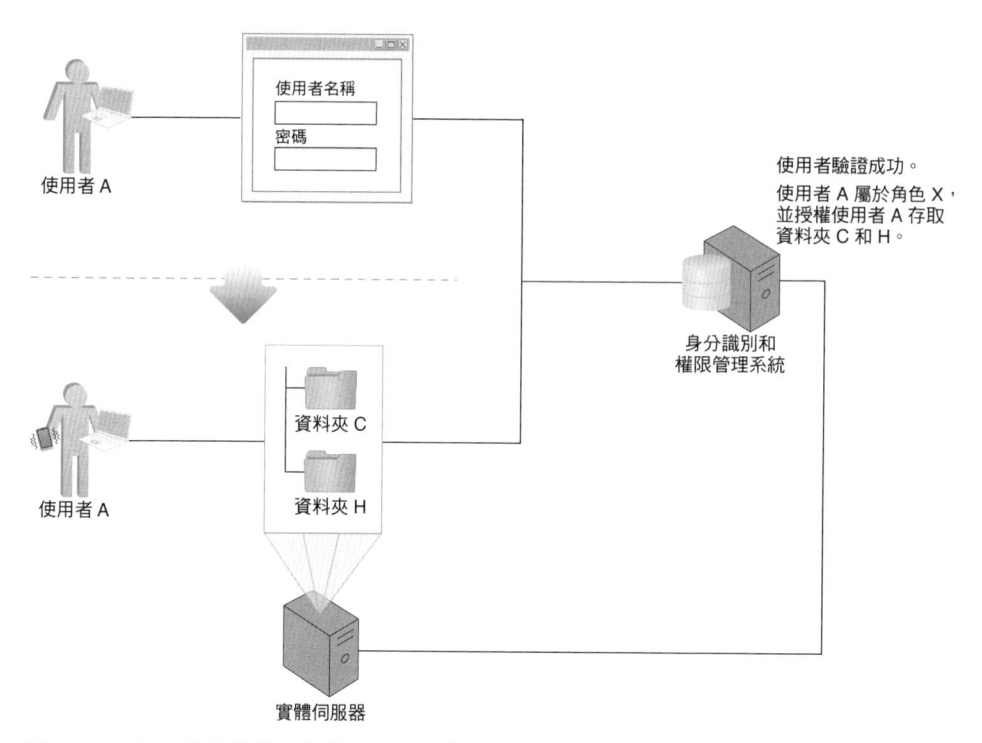

圖 10.23　IAM 系統驗證了使用者 A，並識別使用者屬於角色 X。基於該用戶的角色，IAM 系統授權使用者存取實體檔案伺服器上的兩個特定資料夾。

- 行為驗證：為了存取敏感資訊或關鍵系統，IAM 可以包含或與生物辨識掃描器結合使用來提供行為認證。例如，它可以分析鍵盤敲擊力度或滑鼠使用特徵，以立即確定使用者的登入行為是否超出正常範圍。

- 其他生物識別技術：IAM 系統可以使用其他生物識別進行更加精確的驗證。

現代的 IAM 系統可以採用人工智慧技術來幫助評估使用者模式和行為。系統可能會收集使用者存取資料歷史，人工智慧系統可以利用這些資料來學習使用者行為，並比較最近的使用者行為和歷史紀錄的使用者行為時作為參考。

> **案例研究**
>
> 經過多次公司收購，ATN 的老舊系統環境變得複雜且架構相異。由於冗餘和類似的應用程式和資料庫同時運行，導致維護成本增加。使用者憑證的傳統儲存庫也同樣雜亂無章。
>
> 現在，ATN 已將一些應用程式移植到 PaaS 環境，新的用戶被建立和設置來授予存取權限。既然新的雲端身分群組已經建立好，CloudEnhance 的諮詢顧問建議 ATN 利用此機會啟動 IAM 系統前導計畫。
>
> ATN 表示同意並設計了一個專門的 IAM 系統，用於新的 PaaS 環境中監管安全邊界。使用這個系統分配給雲端 IT 資源的身分與地端身分不同，地端身分最初是根據 ATN 的內部安全性原則定義的。

10.13 入侵偵測系統（IDS）

入侵檢測系統（IDS）機制（圖 10.24）可以檢測未經授權或入侵的活動。它是許多網路的第一道防線。IDS 參考已知攻擊數據的資料庫來協助識別可疑活動。現代系統利用機器學習和人工智慧技術來幫助辨識新的攻擊或新攻擊者產生的活動。

入侵偵測系統（IDS）

圖 10.24 這個圖示代表入侵偵測系統

根據所使用的機器學習或人工智慧技術類型，可以進行不同形式的入侵偵測。

例如，異常檢測系統會為每個資訊資產建立基準線，代表「正常行為」的設定檔。此設定檔會考慮組織攻擊面中每個設備的使用頻寬和其他指標，並對任何偏離此基準線的活動產生警報。由於每個資訊資產都是獨特的，因此可以建立這些自訂設定檔，使攻擊者更難知道哪些特定活動可以避免觸發警報。

這類功能可以幫助檢測零日攻擊，因為系統不依賴先前已知的入侵模式資料庫，而是專注於偏離基準線的行為。

入侵檢測系統機制主要分為兩種類型：

- **被動式**：之前描述的場景就是一個被動式 IDS 的範例，其主要職責是檢測入侵並發出警報。

- **主動式**：主動式 IDS（也稱為入侵偵測和防護系統）額外設計為在檢測到可疑入侵時採取行動。

一般來說，入侵偵測和防護系統是被動式 IDS 和存取控制設備的組合，使用這個系統可以阻止入侵者。

案例研究

由於每個客戶組織的機敏資料都不允許離開安全範圍，DTGOV 的一些法務客戶曾遭到竊取機敏資料的攻擊，例如未結案案件的資料。因此，DTGOV 決定安裝入侵偵測系統（IDS），以便在檢測到攻擊者試圖滲透 DTGOV 其中一個客戶建立的安全範圍時，能夠立即採取行動。

10.14 滲透測試工具

滲透測試工具機制（圖 10.25）用於執行滲透測試，也稱為滲透測試。它是測試網路或系統是否暴露安全性漏洞的方法。可以幫助組織瞭解當前網路安全環境的能力，洞悉哪些攻擊更可能成功，並允許安全專業人員模擬實際攻擊。

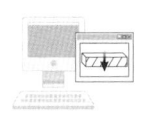

滲透測試工具

圖 10.25 這個圖示代表滲透測試工具機制

使用現代和改進的滲透測試技術來徹底檢查當今的攻擊媒介是否存在潛在漏洞，這些技術包括：

- 自動化滲透測試

- 雲端滲透測試

- 社交工程學滲透測試（評估使用者如何應對網路釣魚等威脅）

10.14 滲透測試工具　**301**

圖 10.26 展示了幾種滲透測試場景。

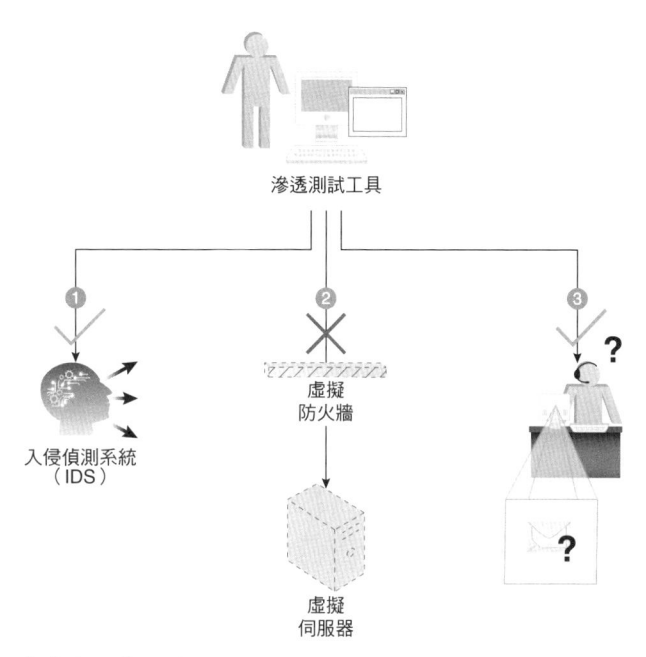

圖 10.26 安全專業人員使用滲透測試工具來驗證入侵偵測系統（IDS）(1) 是否運作正常。接著，滲透測試工具揭露了虛擬防火牆 (2) 中的漏洞。最後，它嘗試（但未成功）欺騙人類員工打開網路釣魚電子郵件 (3)。

滲透測試可以完全自動化地進行讓組織對安全基礎設施進行更頻繁的測試。這可以建立對網路安全環境持續有效的評估。

案例研究

DTGOV 已經實施了許多安全措施和控制機制來保護客戶的資料和 IT 資源。然而所有機制的有效性，無論是單獨還是作為一個整體，從未經過評估。DTGOV 定期使用滲透測試工具測試安全控管措施，以確保其有效性。

具體來說，滲透測試工具用於專門設計和安排的演習中，以測試和驗證某些雲端安全機制的運行狀況。這可以幫助 DTGOV 進一步調整和改進其安全架構。

10.15 用戶行為分析（UBA）系統

用戶行為分析（*user behavior analytics*，UBA）系統（圖 10.27）會即時監控用戶行為，以建立「正常用戶活動」的基準，用來識別可能採取惡意活動的異常用戶行為。監控行為可以包括嘗試打開、查看、刪除和修改檔案、修改關鍵系統設置，以及啟動網路通信。UBA 系統可以即時阻止可疑行為或終止惡意軟體。一些進階的 UBA 解決方案著重於網路和外圍系統活動，例如登錄以及應用程式和系統事件。其他可能著重於系統本身更細微的元資料，例如用戶對檔案和電子郵件的活動。

用戶行為分析系統
（UBA）系統

圖 10.27 這個圖示代表用戶行為分析系統機制

UBA 系統利用資料科學和技術。系統需要透過活動日誌、檔案訪問、登錄、網路活動和其他類型的歷史活動來學習識別正常行為。利用各種機器學習分析技術以及人工智慧和神經網路的使用，UBA 系統可以建立基準線，從中預測什麼是正常的，什麼是異常的（圖 10.28）。

10.15 用戶行為分析（UBA）系統

- 通常僅需一次嘗試就能登入
- 每天上五點定時會登出
- 通常只會存取兩個財務試算表
- 不會寄送信件給外部使用者

- 經過五次嘗試才順利登入
- 晚上七點才登入
- 嘗試複製超過20個財務試算表
- 寄送信件給外部收件者

用戶行為分析系統

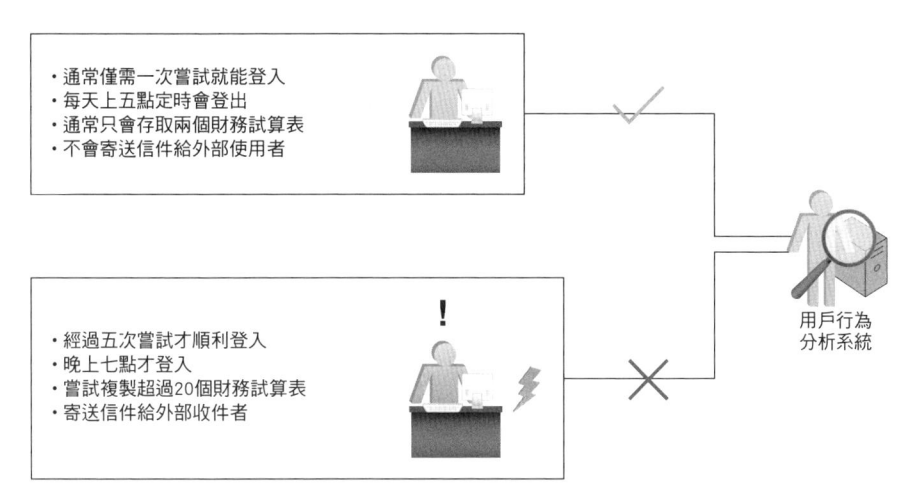

圖 10.28 用戶行為分析系統偵測到使用者可疑的行為

UBA 系統的其他功能包括：

- **處理大量用戶活動**：檔案系統可能非常龐大，敏感數據也可能稀疏分散。為了能夠識別攻擊者，UBA 系統需要能夠跨越潛在的海量數據搜尋和分析關鍵元數據和許多用戶活動。

- **即時警報**：UBA 系統的攻擊者檢測演算法必須能夠幾乎即時發出警報，因為攻擊者存取和複製敏感資料的時間窗口可能非常短。

案例研究

DTGOV 知道用戶無法像他們期望般快速有效地接受雲端安全意識培訓。因此，DTGOV 採用了用戶行為分析（UBA）系統，用來監控和識別使用者行為並識別特定用戶何時可能是一位攻擊者或入侵者。

UBA 系統會分析 DTGOV 所有客戶的終端使用者行為，並學習他們的常見行為模式，以便於在任何未經授權的用戶嘗試使用合法用戶的帳戶時加以識別。

10.16 第三方軟體更新工具

與網路安全相關的軟體漏洞通常在第三方廠商的軟體發布新版本後才會出現。發生這種情況時，開發人員會嘗試透過發佈升級程式或補丁程式來儘快修復漏洞，這些程式需要套用在該軟體的所有使用版本中才能修復遇到的漏洞。系統管理員套用更新或補丁程式所需的時間越長，該漏洞被攻擊的可能性就越高。第三方廠商軟體更新程式機制（圖 10.29）可以幫助管理員自動執行修補或更新第三方軟體程式的流程。

圖 10.29 這個圖示代表第三方軟體更新工具機制

這個機制如下運作：

- 根據管理員定義的基準決定所需的更新和修補程式級別。

- 根據這個基準審查所有相關的第三方軟體程式，並辨識每個程式所需的更新和修補程式。

- 利用安全的管道從中央儲存庫下載補丁程式和更新，以確保軟體未被篡改。它們會儲存在本地以供進一步修復。

- 修復過程（由工具自動執行的更新、升級或修補程式活動）會根據需要進行排程或執行（圖 10.30）。

> **NOTE**
> 這種機制僅適用於第三方軟體程式。對於組織自己開發的軟體和應用程式，可以使用 DevOps 等方法，由組織的開發團隊更有效地進行更新和修補程式的發佈。

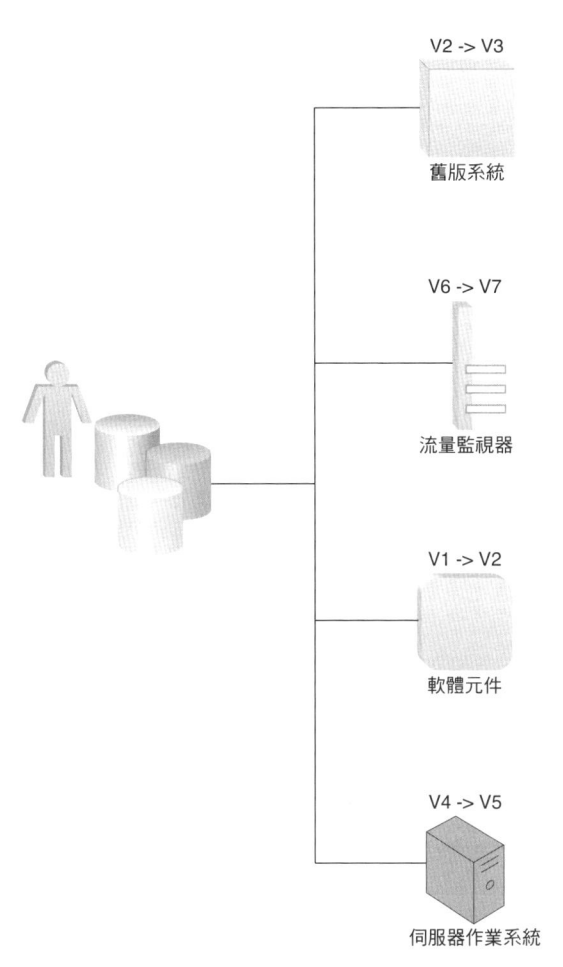

圖 10.30　第三方軟體更新工具會針對以下幾種類別的程式執行一系列預先排定的更新和修補：舊版系統、軟體元件、服務代理程式和虛擬伺服器作業系統。

案例研究

DTGOV 管理大量雲端資源，其中包含數千台虛擬伺服器，其作業系統需要定期更新，以確保作業系統開發商修復漏洞後盡快安裝修補程式。由於需要定期更新的雲端虛擬伺服器數量龐大，因此手動執行此任務並不現實。

DTGOV 為管理的虛擬伺服器上所安裝的每種作業系統都啟用了第三方軟體更新工具。這樣它就可以確保作業系統在安全性漏洞修補程式和修復程式可用後立即更新。

10.17 網路入侵監視器

網路入侵監視器機制（圖 10.31）專門用於監控不同子網路之間的網路封包，以發現任何可疑活動。它會將發現的資訊報告回中央網路入侵偵測系統（IDS），由該系統協調其行為。

此機制可以用於簽章或異常檢測。前者是被動的，後者是自主且主動的，並且可以設定自動回應辨識出來的威脅。

網路入侵監視器

圖 10.31 這個圖示代表網路入侵監視器機制

案例研究

作為電信業的網路設備供應商之一，ATN 非常關注連接所有雲端資源的虛擬網路安全性。ATN 深知網路如何被入侵，並希望確保如果自身的雲端網路遭到入侵，ATN 可以採取立即行動適當處理入侵者。

ATN 認為網路入侵監視器是一種機制可以在網路被入侵時通知組織內相關人員。它甚至會提供足夠的入侵資訊，使 ATN 的 IT 安全專家能夠及時回應並避免所有潛在的組織損失。

10.18 驗證日誌監視器

驗證日誌監視器機制（圖 10.32）會掃描歷史紀錄，其中包含用戶嘗試存取受保護的網路資源時的驗證事件資訊。這些資訊可用於解決存取障礙和修正驗證規則。

此監視器收集的數據中還包含驗證規則數據，例如超時時間，它表示用戶在首次獲得存取權限後可以存取資源的時間長度。

驗證日誌監視器

圖 10.32 這個圖示代表驗證日誌監視器

> **案例研究**
>
> DTGOV 需要管理非常大量的用戶存取權限。對於 DTGOV 協助客戶管理的各種雲端資源，過去都是由管理員手動執行這項繁重的任務。人工輸入資料容易出現錯誤，導致使用者抱怨帳戶可能被未經授權的存取。
>
> DTGOV 決定使用驗證日誌監視器來定期分析那些抱怨存取權限被不當使用的用戶所產生的存取相關資訊。這可以幫助他們確定可能發生入侵事件的實際時間。擁有這些資訊後，DTGOV 可以繼續審查受影響用戶所授予的存取權限，查看存取是否符合最初要求的許可權。

10.19 VPN 監視器

VPN 監視器（圖 10.33）會追蹤和收集有關 VPN 連線的資訊，例如哪些用戶已連線（或正在連線）、使用的連線類型，以及在特定時間內傳輸的數據量。對於連線嘗試失敗的情況，它會記錄連線問題並向管理員發送通知。此機制有助於識別網路異常狀況。

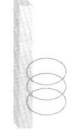

圖 10.33 這個圖示代表 VPN 監視器機制

> **案例研究**
>
> 許多允許透過 VPN 遠端存取雲端數據和系統的 DTGOV 客戶抱怨他們的數據可能被未授權的人存取。為了驗證此行為，DTGOV 使用 VPN 監視器。DTGOV 分析 VPN 監視器收集到的資訊，以識別潛在透過 VPN 進行的未授權存取。

10.20 其他雲端安全存取最佳實踐與技術

以下列出其他第三方廠商雲端安全存取最佳實踐和技術：

- 雲端存取安全代理（Cloud Access Security Brokers，CASB）：專為保護雲端應用程式和服務而設計的安全解決方案。這些解決方案通常部署於雲端服務消費者和供應商之間，允許組織強制執行安全性原則並取得雲端使用情況的能見度。

- 安全存取服務邊緣（Secure Access Service Edge，SASE）：一種網路架構，結合了網路安全和廣域網路功能，目的在提供安全存取雲端應用程式和資源的能力。

- 雲端安全態勢管理（Cloud Security Posture Management，CSPM）：一種雲端安全解決方案，可提供組織雲端基礎架構的持續監控和管理，以確保符合安全政策和法規。

- 雲端工作流保護平台（Cloud Workflow Protection Platforms，CWPP）：一種保護雲端環境中發生的各種工作流程和程序的雲端安全工具。這些平台有助於確保這些工作流程不會被未經授權的存取、資料洩露和其他安全威脅。

- 雲端基礎設施權限管理（Cloud Infrastructure Entitlement Management，CIEM）：一種管理和監控雲端資源存取（例如伺服器、資料庫和應用程式）的安全性解決方案。CIEM 可幫助組織確保只有授權人員才能存取雲端基礎設施，降低資料洩露和未經授權的修改風險。此解決方案可提供用戶存取權限和活動的能見度，使組織能夠即時檢測和回應可疑行為。

Chapter 11

雲端安全和網路資料安全機制

11.1 數位病毒掃描和解密系統
11.2 惡意程式分析系統
11.3 資料遺失防護系統
11.4 信任平台模組（TPM）
11.5 資料備份與還原系統
11.6 活動日誌監視器
11.7 流量監視器
11.8 資料遺失防護監視器

本章描述以下用於建立數據存取控制和雲端資料監控功能的機制：

- 數位病毒掃描和解密系統
- 惡意程式分析系統
- 資料遺失防護（Data Loss Prevention，DLP）系統
- 信任平台模組（Trusted Platform Module，TPM）
- 資料備份與還原系統
- 活動日誌監視器
- 流量監視器
- 資料遺失防護監視器

11.1 數位病毒掃描和解密系統

數位病毒掃描和解密系統（圖 11.1）是進階的防病毒系統，包含用戶端和伺服器端元件。用戶端元件透過掃描檔案的方式來檢測，包括掃描可執行檔是否符合特定模式或透過檢測病毒活動的啟發式偵測法來檢測病毒。它會嘗試刪除病毒程式和還原原始檔內容來清除已識別出來的病毒感染。

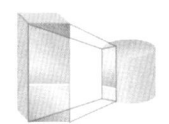

圖 11.1 這個圖示代表數位病毒掃描和解密系統機制

伺服器端元件負責維護收集到的病毒資訊資料庫，並利用資料科學技術來分析和學習可用資訊，以協助識別和對抗新的潛在病毒或病毒變種。用戶端元件會定期從伺服器端元件接收更新的情報，以提高檢測和清除病毒的能力。數位病毒掃描和解密系統通常還提供以下功能：

通用解密

這個功能可以檢測高度複雜的病毒，同時保持快速的掃描速度。可執行檔會透過通用解密掃描程式的檢查，該程式包含 3 個基本元素：

- 中央處理器（CPU）模擬器：一種軟體模擬出來的電腦，用於運行可執行檔，而不是底層處理器上直接執行。

- 病毒碼特徵掃描器：軟體透過掃描可執行檔來查詢已知病毒碼的特徵。

- 模擬控制模組：控制可執行檔執行的軟體。

數位免疫系統

這個功能使系統能夠捕獲病毒，分離加密資訊，然後將其自動送交到中央病毒分析中心對病毒進行檢查並建立病毒特徵碼。然後將病毒特徵碼與原始樣本進行測試，如果成功則會將特徵碼發送回伺服器以部署在用戶端元件（圖 11.2）。

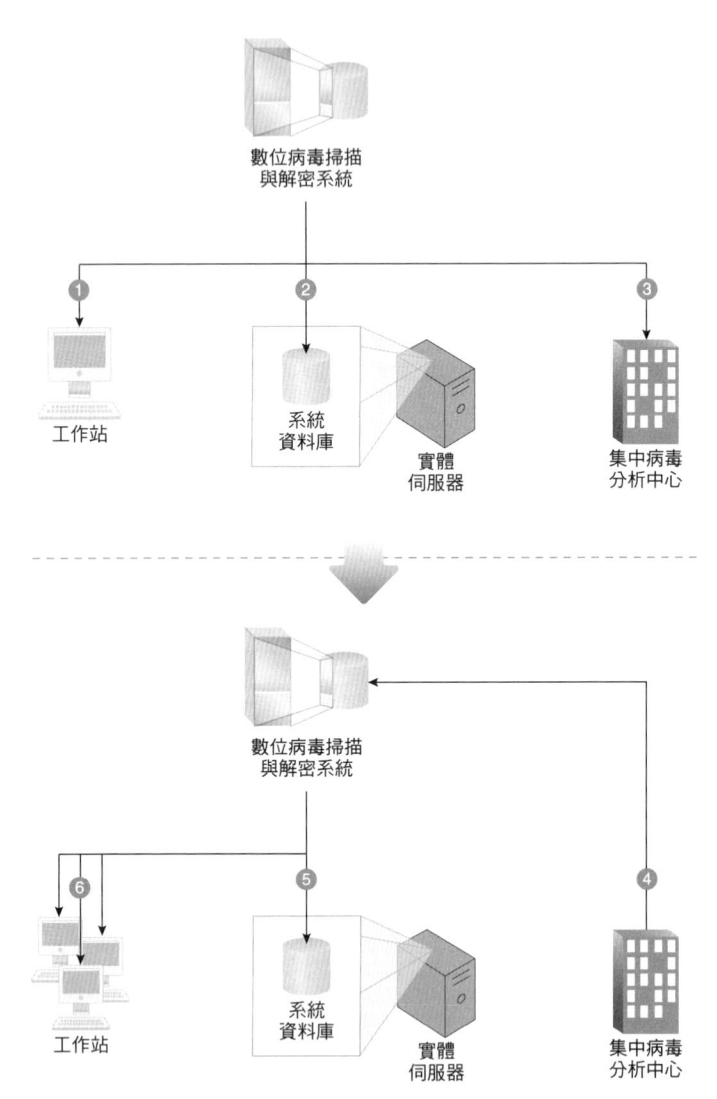

圖 11.2 數位病毒掃描和解密系統的用戶端元件在工作站上檢測到病毒（1）。伺服器端元件會將病毒資訊記錄在中央資料庫中（2），並進一步轉發到中央病毒分析中心（3），在那裡病毒會分配到一個病毒特徵碼。病毒特徵碼會回送到伺服器端元件（4），由伺服器端元件記錄（5），並分發到系統保護下的所有工作站（6）。

> **案例研究**
>
> 許多為 DTGOV 客戶工作的用戶會連接到 DTGOV 在雲端部署和管理的系統及 IT 資源。遺憾的是，自從一開始遷移到雲端後，部分的基礎設施就已經被數種病毒成功攻擊。
>
> DTGOV 在其新的雲端安全防禦策略中採用了數位病毒掃描和解密系統。該系統顯著降低了病毒在雲端資源中傳播的風險。

11.2 惡意程式分析系統

惡意程式分析系統（圖 11.3）是一種能夠快速分析大量惡意程式碼的機制，產生報告供人類分析師判斷惡意程式執行的動作。現代的惡意程式分析系統仰賴機器學習技術來執行和不斷改進其惡意軟體檢測的能力。

圖 11.3 這個圖示代表惡意程式分析系統機制

這些系統的大型處理能力使它們能夠利用工作負載相關事件、應用程式日誌、基礎設施指標、稽核和其他來源的惡意程式碼行為詳細資料來加速安全檢查。惡意程式分析系統還能夠發出有關惡意或異常模式的警報（圖 11.4）。

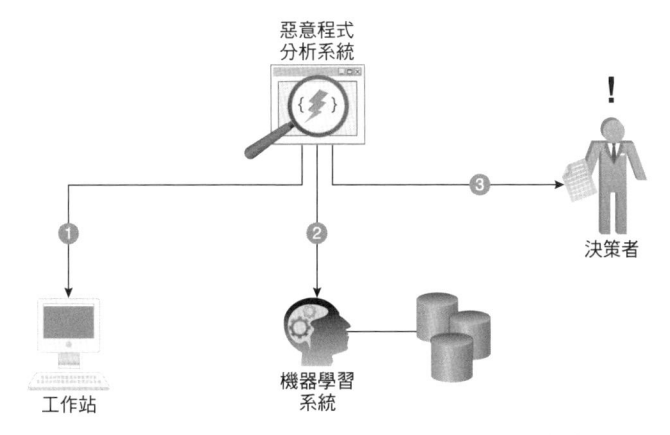

圖 11.4 自動化惡意程式分析系統在工作站上檢測到惡意程式（1），並即時分析程式碼（2），以提醒安全專業人員並提供報告查閱（3）。

使用這個機制可以幫助組織防禦零日攻擊，因為收集的情報並不一定來自歷史入侵偵測，而是基於模型能夠即時識別新的惡意軟體資料分析結果。

惡意程式分析系統主要分為兩種類型：

- 靜態分析：此類系統能夠在稱為沙箱的安全且隔離環境執行惡意程式碼，受控的環境使安全專業人員能夠觀察惡意軟體的運作情況而不會對其組織業務環境帶來潛在的影響和風險。

- 動態分析：此類系統可以深入瞭解惡意程式碼的功能。它利用自動沙箱技術，省去惡意程式碼對檔案進行操作後需要逆向對檔案進行檔案工程所需的時間。

一些攻擊者會開發惡意程式使其在沙箱環境中運作時保持非啟動狀態。因此靜態和動態惡意程式碼分析系統的混合組合可以提供一種可靠的方法，透過隱藏沙箱的存在來檢測更為複雜的惡意程式碼。

案例研究

Innovartus 曾遭受過多種不同病毒攻擊的困擾，因此決定使用惡意程式分析系統來防禦未來此類的攻擊。

該系統幫助 Innovartus 辨識原本需要專精且深入的程式碼分析才能發現的複雜攻擊。

11.3 資料遺失防護系統

資料遺失防護（*data loss prevention*，*DLP*）系統（圖 11.5）是一種工具，可供安全專業人員用於管理分散式資訊資產的安全性並配置存取權限，隨著工作人員越來越分散，這也變得愈發困難。DLP 通常用來避免內部員工未經授權或意外分享機密資料。

圖 11.5 這個圖示代表資料遺失防護系統機制

DLP 機制的功包括：

- 裝置控制：允許管理員控制使用者可以儲存或複製資料的裝置。例如可以用來阻止使用者將可能包含機密的資料儲存在 USB 隨身碟或 SD 卡上。

- 內容感知保護：允許管理員監控和控制檔案、電子郵件和其他可能包含資料的檔案，主要是為了確保無法從檔案提取任何機密資訊。

- 資料掃描：此功能可以跨不同裝置掃描檔案、電子郵件和數位文件，以標記可以被視為機密的資料。資訊資產可以被標記為機密，提供其他機制為來作為參考。

- 強制加密：用於確保任何允許離開組織的內容都經過加密，以保證只有授權方才能存取。

圖 11.6 展示其中一些功能。

DLP 系統可以作為雲端服務，用於監控雲端檔案分享應用程式和網站。

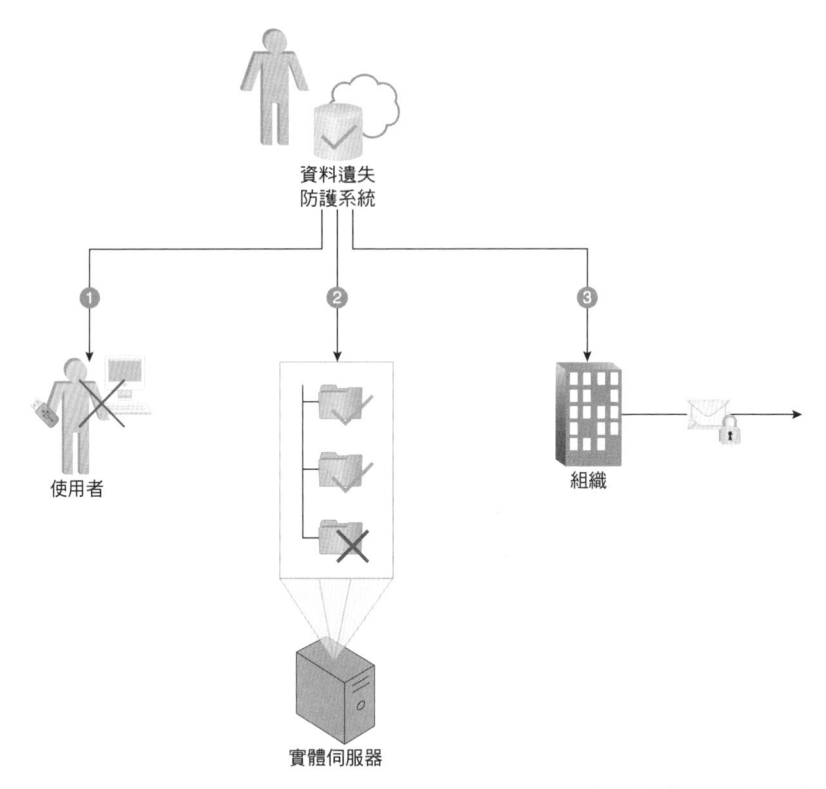

圖 11.6 一位安全專業人員使用 DLP 系統阻止用戶將公司資料儲存到 USB 隨身碟（1），掃描公司伺服器上資料夾中的檔案以識別包含機密資料的資料夾（2），並強制對即將發送出組織外部的電子郵件進行加密（3）。

案例研究

DTGOV 的某些客戶是政府執法機構，他們需要對某些資料保密。為了防止機密資料以未經授權的方式分享，DTGOV 專門為這些客戶建立了雲端資料遺失防護系統。

此系統會檢查任何被複製或移動的資料，以查看其中是否有屬於機密或絕密等級的資料。如果是，則資料將無法離開客戶雲端環境中指定的範圍。

11.4 信任平台模組（TPM）

信任平台模組（*TPM*）（圖 11.7）是一種用於儲存驗證設備（「平台」）數據的機制，例如個人電腦、筆記型電腦、手機和平板電腦。TPM 可以是晶片的形式，並在生產過程中燒錄獨特的密鑰。

TPM 晶片在每次設備啟動時都會進行測量。這些測量包括對 BIOS 程式碼、BIOS 設置、TPM 設置、開機引導程式和作業系統核心進行雜湊運算，所以很難製作出測量結果會相同的替代版本模組，或者雜湊值相同的測量結果。最後將這些測量值與已知的良好值進行驗證。

在啟動過程中，TPM 機制會驗證連接到處理器的硬體元件特性，並與儲存在 TPM 中的設備資訊進行對比。如果它們不同，則確認硬體已被篡改（圖 11.8）。

圖 11.7　這個圖示代表信任平台模組機制

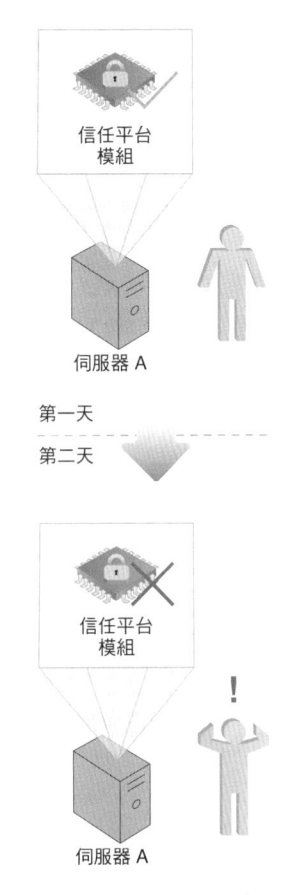

圖 11.8　第 1 天，管理員啟動了一台實體伺服器。TPM 機制驗證硬體正常。第 2 天，管理員再次啟動同一台伺服器，但這次 TPM 機制顯示硬體確認資訊與其測量值不符合。管理員因此意識到伺服器可能被篡改。

> **案例研究**
>
> 對家長來說，孩子在使用 Innovartus 提供的虛擬玩具時的安全性非常重要。因此 Innovartus 必須確保沒有任何惡意程式碼可以在任何雲端虛擬伺服器上運行。
>
> 為了實現這一點，他們在託管的雲端虛擬伺服器的每個實體伺服器上安裝了 TPM。它使用 TPM 將虛擬機器管理程式（Hypervisor）和每個執行在這些伺服器上的作業系統載入到記憶體之前，驗證它們的真實性。這可以確保這些實體伺服器的硬體元件或任何其他運行在這些伺服器上的邏輯不會遭到篡改。同時也確保不會有惡意軟體與虛擬玩具產品一起運行的可能性。

11.5 資料備份與還原系統

資料備份與還原系統（圖 11.9）是一種機制，在因網路攻擊、網路竊取、實體竊取或硬體或軟體故障導致數據遺失或損毀時提供快速的資料恢復方法。

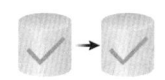

資料備份與
還原系統

圖 11.9 這個圖示代表資料備份與還原系統機制

資料備份與還原系統其實是將重要資料複製到單獨的儲存庫中，為組織提供一個備援機制，以便從中恢復資料（圖 11.10）。

這種機制的許多變化都仰賴將備份資料放在雲端。雲端服務供應商通常提供備份即服務（BaaS）產品，可以簡化資料備份和還原的過程，因為不需要安裝和設定儲存裝置和額外的軟體，例如作業系統。

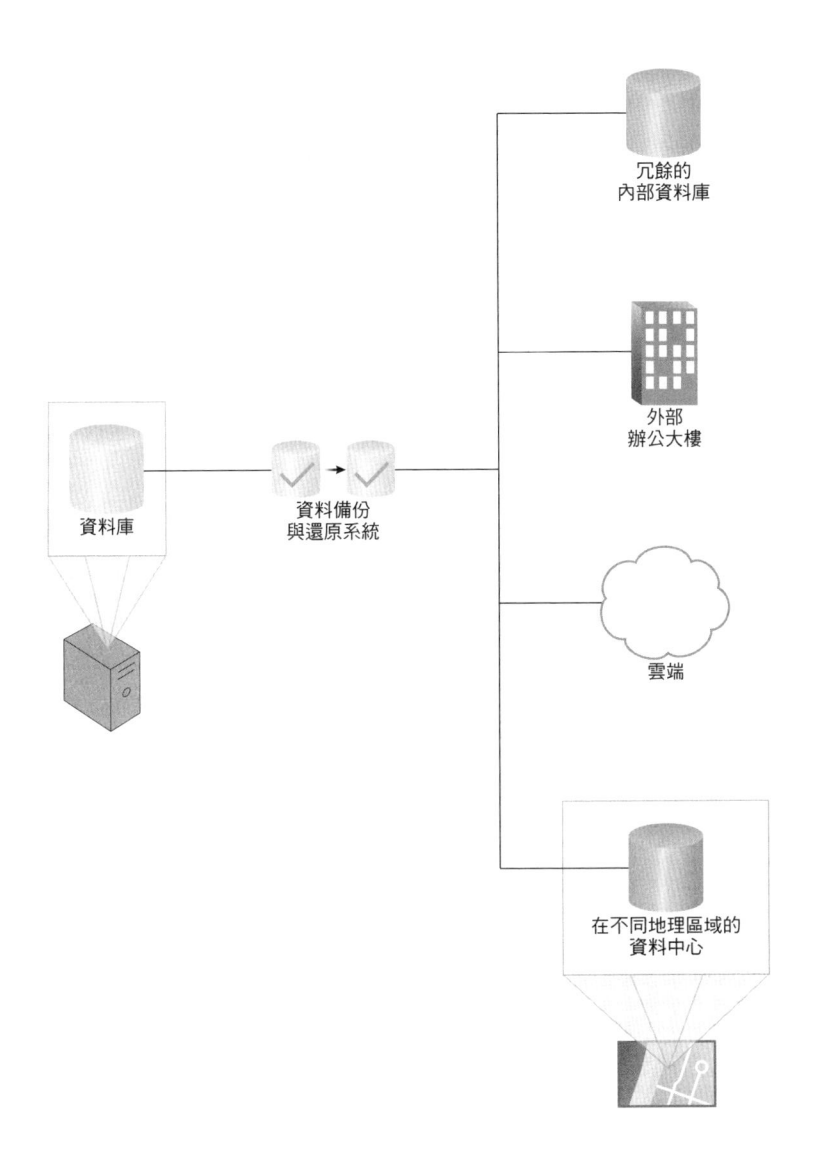

圖 11.10 資料備份與復原系統機制使用的一種常見技術稱為「3-2-1 備份方法」，該方法要求將資料存放在 3 個不同的位置，使用 2 種不同的儲存媒介，並將額外的副本存放在其他地方或不同的地理區域。

案例研究

對於 DTGOV 替眾多客戶在雲端儲存和處理的海量資料來說，DTGOV 肩負重任，需要確保無論雲端環境發生任何故障或中斷，客戶始終可以存取資料。

資料備份和還原系統可幫助 DTGOV 確保客戶儲存和處理的重要資料被複製到安全可用的媒介中，並且儲存位置不會與原始資料可能相同的環境或營運風險相同。這樣如果原始資料不可用，則可以使用副本來還原資料。

11.6 活動日誌監視器

活動日誌監視器（圖 11.11）會掃描歷史紀錄檔或資料庫，嘗試檢測網路活動模式，以找出可能顯現安全性漏洞的跡象。活動紀錄數據可能來自事件紀錄檔、裝置設定紀錄檔、作業系統紀錄檔和其他來源。

活動日誌監視器

圖 11.11 這個圖示代表活動日誌監視器機制

案例研究

當家長向 Innovartus 投訴其雲端帳戶可能遭到未經授權的存取時，公司需要能驗證此類聲明。

為此，他們使用活動日誌監視器來搜尋所有針對該帳戶的嘗試存取紀錄，無論成功與否。這個監視器會提供有關任何可能表示惡意行為的活動模式資訊，Innovartus 可以研究這些資訊來驗證每個投訴的合理性。

11.7 流量監視器

流量監視器機制（圖 11.12）負責監控網路流量，以審查和分析流量活動，查找可能對網路效能、可用性和安全性產生不利影響的異常情況。此機制可為網路管理員提供即時數據和網路設備的長期使用趨勢。

流量監視器

圖 11.12 這個圖示代表流量監視器機制

案例研究

用於連接雲端資源的虛擬網路中會發生許多類型的安全事件，這些安全事件會觸發特定的網路相關事件。因此，為了配合網路入侵監視器，ATN 安裝了流量監視器機制來蒐集有關網路行為的資料，可以與網路入侵監視器的資訊相連結，以更具體地識別入侵或網路漏洞的類型，使 ATN 能夠採取最有效的措施來對抗入侵。

11.8 資料遺失防護監視器

資料遺失防護監視器（圖 11.13）目標是利用擷取技術來保護重要數據，該技術可以當作數位記錄器，在資料洩露事件發生後進行回放以供事後調查。這些紀錄可以用於後續調查。

此機制可以透過提醒發送者、接收者、內容所有人和系統管理員資料洩露事件而簡化補救過程。

資料遺失保護監視器

圖 11.13 這個圖示代表資料遺失防護監視器機制

資料遺失防護監視器通常用於保護組織最重要的資訊資產，例如原始程式碼、內部備忘錄和專利申請。它可以檢測穿越任何連接埠或協議的多種不同內容類別，以發現未知威脅。監視器可以找到並分析網路上傳輸的敏感資訊，並套用規則來防止未來的風險。這個機制還可以提供有關是誰發送了資料、資料去向何處以及如何發送資料的報告作為額外資訊。

NOTE

資料遺失防護監視器可以幫助組織遵守資料遺失監控法規要求，例如 PCI、GLBA、HIPAA 和 SOX 規範。

案例研究

為了支援執法單位客戶嚴格的數據要求，DTGOV 在任何活動時依靠資料遺失防護監視器，例如複製或移動資料且不符合法規和政策時通知他們。

Chapter 12

雲端管理機制

12.1 遠端管理系統
12.2 資源管理系統
12.3 服務品質協議（SLA）管理系統
12.4 帳務管理系統

Chapter 12　雲端管理機制

雲端 IT 資源需要安裝、配置、維護和監控，本章節介紹的系統涵蓋了各種管理機制來滿足這些需求。這些機制促進對 IT 資源的控制與演進，是雲端平台和解決方案技術架構中非常重要的一部分。

本章節描述以下管理相關機制：

- 遠端管理系統
- 資源管理系統
- 服務品質協議（SLA）管理系統
- 帳務管理系統

這些系統通常提供整合式 API，可以作為獨立產品、客製化應用程式或與各種產品套件或多功能應用程式結合使用。

12.1 遠端管理系統

遠端管理系統機制（圖 12.1）為外部雲端資源管理員提供工具和使用者介面，用於配置和管理雲端 IT 資源。

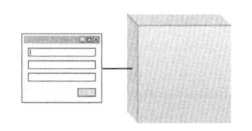

遠端管理系統

圖 12.1　本書中的這個圖示代表遠端管理系統，其中使用者介面通常會有標籤來表明這是哪一種類型的入口網。

遠端管理系統可以建立一個入口網，用於存取本章節所述各種基礎系統的管理和功能，包括資源管理系統、SLA 管理系統和帳務管理系統（圖 12.2）。

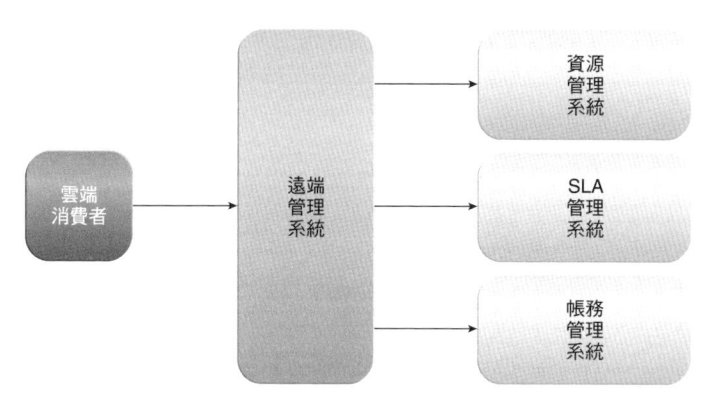

圖 12.2　遠端管理系統會將底層管理系統抽象化，以便將管理控制功能公開並集中提供外部雲端資源管理員使用。該系統提供客製化的用戶控制台，同時程式也可以利用 API 與底層管理系統進行互動。

遠端管理系統提供的工具和 API 通常由雲端服務供應商開發和客製化入口網，為雲端服務消費者提供各種管理控制功能。遠端管理系統可以建立以下兩種主要的入口網：

- 使用和管理入口網：這個通用入口網集中了各種雲端 IT 資源的管理控制功能，也可以進一步提供 IT 資源使用報告。這個入口網是第 13 章到第 15 章涵蓋的眾多雲端技術架構的一部分。

  使用及管理入口網

- 自助服務入口網：本質上是一個購物網站，允許雲端服務消費者搜尋雲端服務供應商提供的最新雲端服務和 IT 資源清單（通常是租用）。雲端服務消費者可以向雲端服務供應商發送選擇的項目進行配置。這個入口網主要與第 14 章描述的快速配置架構有關。

  自助服務入口網

圖 12.3 展示包含遠端管理系統以及使用和管理入口網和自助服務入口網的場景。

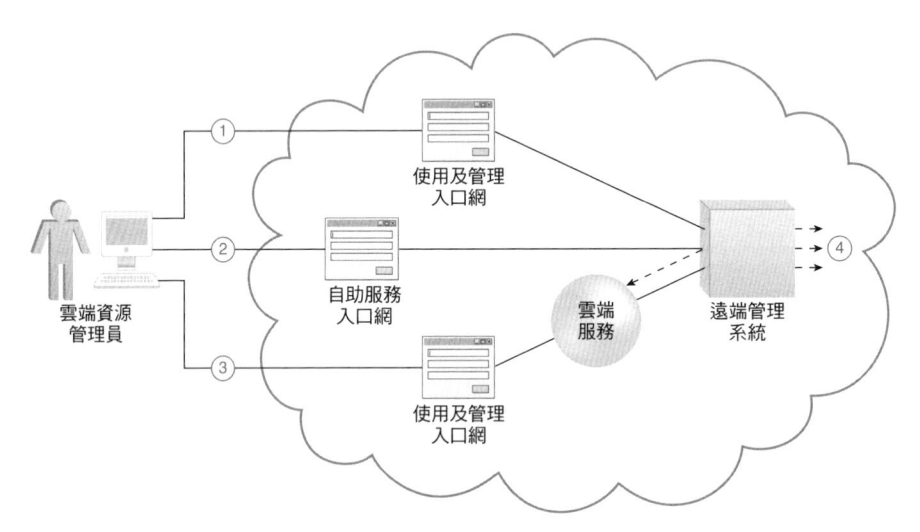

圖 12.3 一位雲端資源管理員進入使用和管理入口網（1）配置先前租用的虛擬伺服器（圖中未顯示）以準備運行服務。然後，雲端資源管理員使用自助服務入口網選擇並請求配置一個新的雲端服務（2）。接著，雲端資源管理員再次存取使用和管理入口網，在虛擬伺服器上設定新配置的雲端服務（3）。在整個過程中，遠端管理系統會與必要的管理系統互動以執行所需的步驟（4）。

具體取決於以下因素：

- 雲端服務消費者租用或使用雲端服務供應商的雲端產品類型或雲端交付模型

- 雲端服務供應商授權雲端服務消費者的存取控制權限

- 遠端管理系統所連接的底層管理系統

雲端服務消費者可以透過遠端系統管理主控台執行以下常見任務：

- 配置和設定雲端服務
- 按需求調整雲端服務配置和釋出 IT 資源
- 監控雲端服務狀態、使用情況和性能
- 監控服務品質（QoS）和 SLA 達成率
- 管理租用成本和使用費
- 管理使用者帳戶、安全憑證、授權和存取控制
- 追蹤租用服務的內部和外部存取紀錄
- 規劃和評估 IT 資源配置
- 容量規劃

雖然遠端系統管理系統提供的使用者介面往往是雲端服務供應商專有的，但雲端服務消費者更傾向於使用標準化 API 的遠端管理系統。這使雲端服務消費者能夠投資建立自己的前端平台，以確保他們可以在決定轉移到支援相同標準化 API 的另一個雲端服務供應商時繼續使用此控制台。如果雲端服務消費者有興趣的話，也可以進一步利用標準化 API 來租用和集中管理來自多個雲端服務供應商的 IT 資源或位於雲端和地端環境的 IT 資源（圖 12.4）。

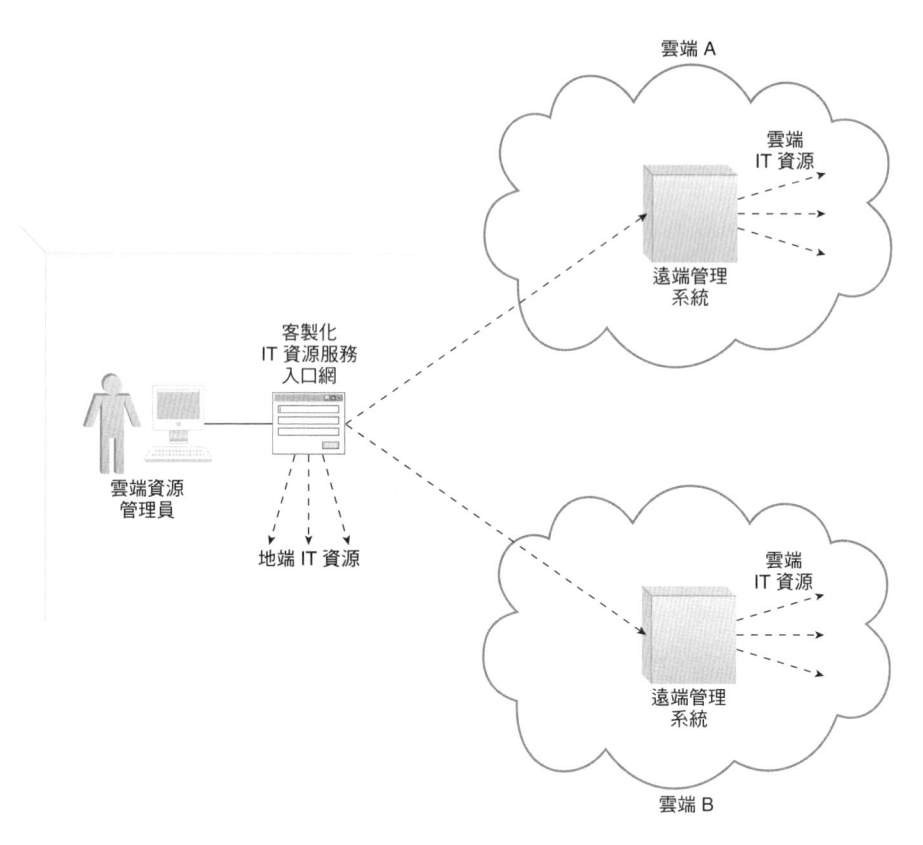

圖 12.4 不同雲的遠端管理系統發布標準化 API 使雲端服務消費者能夠開發一個客製化入口網，將雲端 IT 資源和地端部署的 IT 資源管理功能集中到單一 IT 資源管理入口網中。

案例研究

DTGOV 向雲端服務消費者提供用戶友善的遠端管理系統一段時間，最近他們決定需要進行升級以容納不斷增長的雲端服務消費者數量和日益多樣化的需求。DTGOV 正計畫一個開發項目來拓展遠端管理系統以滿足以下需求：

- 雲端服務消費者需要能夠自己配置虛擬伺服器和虛擬儲存設備。該系統需要與支援雲端環境 VIM 平台的專有 API 互相操作來實現自助配置功能。
- 需要納入單一登入機制（第 10 章有描述）來集中授權和控制雲端服務消費者的存取權限。

- 需要一個公開的 API 支援對虛擬伺服器和雲端儲存設備進行設定、啟動、停止、釋放、垂直擴展 / 縮減以及複製的命令。

為了滿足這些需求，會開發一個自助服務入口網，並擴展 DTGOV 現有的使用和管理入口網的功能。

12.2 資源管理系統

資源管理系統機制用於協調 IT 資源，以回應雲端服務消費者和雲端服務供應商執行的管理操作（圖 12.5）。該系統的核心是虛擬化基礎架構管理工具（VIM），它協調伺服器硬體，以便能從最合適的底層實體伺服器建立虛擬伺服器實例。VIM 是一種商用產品，可用於跨越多個實體伺服器管理各種虛擬 IT 資源。例如，VIM 可以跨越不同實體伺服器建立和管理多個 Hypervisor，或者將一個實體伺服器上的虛擬伺服器分配到另一個實體伺服器（或資源池）。

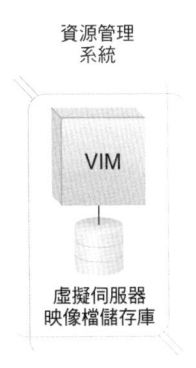

圖 12.5 資源管理系統，包含一個 VIM 平台和一個虛擬機器映像檔儲存庫。VIM 平台可能還會有其他儲存庫，例如專門用於存放營運資料的儲存庫。

以下任務通常透過資源管理系統實現自動化：

- 管理用來建立預先準備好的實例的虛擬 IT 資源範本，例如虛擬伺服器映像檔

- 啟動、暫停、恢復和終止虛擬 IT 資源實例時，分配和釋放虛擬 IT 資源到可用的實體基礎設施中
- 協調其他機制，例如資源複製、負載平衡和容錯轉移系統的 IT 資源
- 在整個雲端服務實例的生命週期中確保能夠使用和維護安全性原則
- 監控 IT 資源的運行狀況

雲端服務供應商或雲端服務消費者的雲端資源管理員可以存取資源管理系統功能。為雲端服務供應商工作的管理員通常可以直接存取資源管理系統的原生控制台。

資源管理系統通常會開放 API 來允許雲端服務供應商建置遠端管理系統入口網，這些入口網可以客製化並透過使用和管理入口網選擇性地向雲端服務消費者組織外的雲端資源管理員提供資源管理控制功能。這兩種存取形式在圖 12.6 中都有描繪出來。

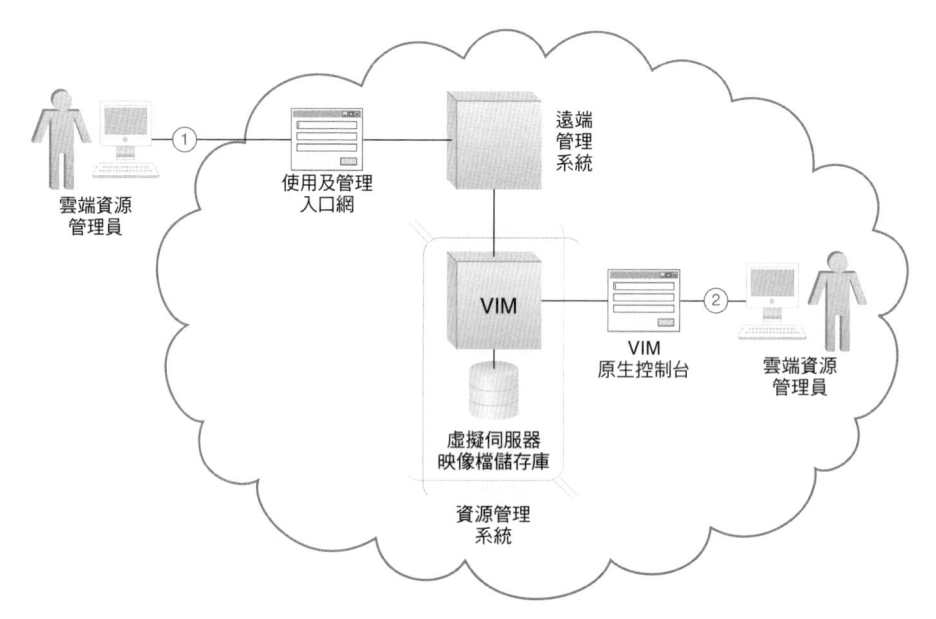

圖 12.6 雲端服務消費者的雲端資源管理員從外部透過使用和管理入口網來管理租用 IT 資源（1）。雲端服務供應商的雲端資源管理員則使用 VIM 提供的原生使用者介面來執行內部的資源管理任務（2）。

> **案例研究**
>
> DTGOV 的資源管理系統是新購買的 VIM 產品的擴充，提供以下主要功能：
> - 管理虛擬 IT 資源，靈活地跨不同數據中心分配 IT 資源池的資源
> - 管理雲端服務消費者資料庫
> - 在邏輯網路邊界中隔離虛擬 IT 資源
> - 管理可立即建立實體的虛擬伺服器映像檔範本儲存庫
> - 自動複製（「快照」）虛擬伺服器映像檔以建立虛擬伺服器
> - 根據使用率閾值自動垂直擴展／縮減虛擬伺服器，以便在實體伺服器之間進行即時虛擬伺服器遷移
> - 用於建立和管理虛擬伺服器和虛擬儲存設備的 API
> - 用於建立網路存取控制規則的 API
> - 用於垂直擴展／縮減虛擬 IT 資源的 API
> - 用於跨多個數據中心遷移和複製虛擬 IT 資源的 API
> - 透過 LDAP 介面與單一登入機制互動操作
>
> 此外，還實作客製化的 SNMP 指令腳本，與網路管理工具互動操作，以便跨多個數據中心建立隔離的虛擬網路。

12.3 服務品質協議（SLA）管理系統

服務品質協議（SLA）管理系統機制代表多種商用雲端管理產品，這些產品提供與 SLA 數據的管理、收集、儲存、報告和運行通知有關的功能（圖 12.7）。

圖 12.7 服務品質協議（SLA）管理系統，包含一個 SLA 管理器和 QoS（服務品質）量測儲存庫。

SLA 管理系統的部署通常會包含一個儲存庫，基於預先定義的指標和報告參數儲存和檢索收集到的 SLA 數據。也進一步依賴一或多個 SLA 監控機制來收集 SLA 數據，然後可以將這些數據接近即時地提供給使用和管理入口網，以便對正在使用的雲端服務提供持續的回饋（圖 12.8）。單一雲端服務監控的指標與對應雲端配置合約中保障的 SLA 維持一致。

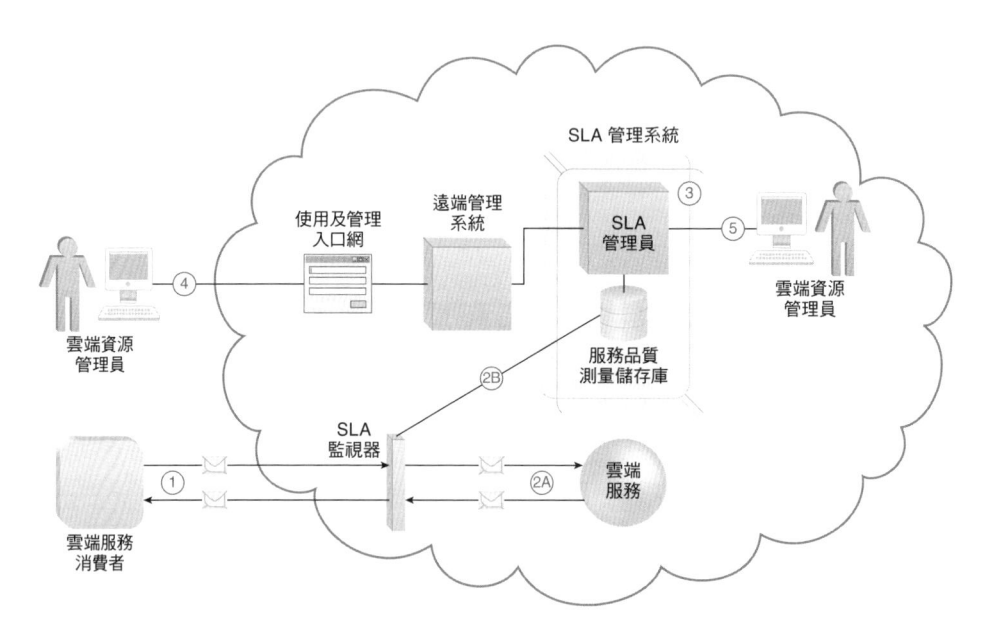

圖 12.8 雲端服務使用者與雲端服務進行互動（1）。SLA 監視器攔截交換的訊息，評估互動狀況，並根據雲端服務 SLA 定義的服務品質保障內容收集相關的運作資料（2A）。蒐集的數據會儲存在屬於 SLA 管理系統中的一部分的儲存庫中（2B）。外部雲端資源管理員可以透過使用和管理入口網（4）查詢並產生報告，內部雲端資源管理員也可以透過 SLA 管理系統的原生使用者介面（5）查詢並產生報告。

> **案例研究**
>
> DTGOV 採用一個與現有 VIM 互動操作的 SLA 管理系統。這項整合讓 DTGOV 的雲端資源管理員利用 SLA 監視器監控多種託管 IT 資源的可用性。
>
> DTGOV 利用 SLA 管理系統的報告設計功能建立以下預先定義的報告,並提供以下客製化儀表板:
>
> - 個別數據中心可用性儀表板:透過 DTGOV 的公司雲端入口網開放存取,儀表板即時顯示每個數據中心裡每組 IT 資源的整體營運狀況。
> - 個別雲端服務消費者可用性儀表板:此儀表板顯示單一 IT 資源的即時營運狀況。每個 IT 資源的資訊只能由雲端服務供應商和租用或擁有該 IT 資源的雲端服務消費者存取。
> - *個別雲端服務消費者 SLA 報告*:此報告整合並總結雲端服務消費者 IT 資源的 SLA 統計數據,包括停機時間和其他具有時間標記的 SLA 事件。
>
> SLA 監視器產生的 SLA 事件代表虛擬化平台控制的實體和虛擬 IT 資源狀態和性能。SLA 管理系統利用一個客製化的 SNMP 軟體代理程式與網路管理工具互動,代理程式負責接收 SLA 事件通知。
>
> SLA 管理系統還透過專有 API 與 VIM 互動,將每個網路的 SLA 事件與受影響的虛擬 IT 資源連結。系統包含一個專有資料庫來儲存 SLA 事件(例如虛擬伺服器和網路停機時間)。
>
> SLA 管理系統提供一個 REST API,DTGOV 使用它與其中央遠端管理系統進行互動。專有 API 包含可以批次處理帳務管理系統的服務元件實作。DTGOV 利用這個功能定期提供停機時間數據,並轉換為雲端服務消費者消費時可以用來折抵的免費額度。

12.4 帳務管理系統

帳務管理系統機制專門用來收集和處理雲端服務供應商計費和雲端服務消費者帳單相關的使用數據。具體來說,帳務管理系統依靠按使用量計費監視器來收集運作時的使用資料,這些資料儲存在儲存庫中,然後系統元件從中提取資料來計費、產生報告和開立發票(圖 12.9 和圖 12.10)。

圖 12.9 帳務管理系統，包含一個價格和合約管理器以及一個按使用量計費量測儲存庫。

帳務管理系統可以定義不同的定價策略，以及針對每個雲端服務消費者或每個 IT 資源的客製化定價模型。定價模型可以從傳統的按使用次數、固定費率或根據分配量來計算的計費模型，或它們之間的任意組合。

計費方式可以是預先付費和使用後付費兩種方式。使用後付費可以包含預先定義的限制，也可以設定為（需雲端服務消費者同意）允許無限使用（也導致後續帳單沒有上限）。當設定限制時，通常以使用配額的方式呈現。當超出配額時，帳務管理系統可以阻止雲端服務消費者進一步的資源使用請求。

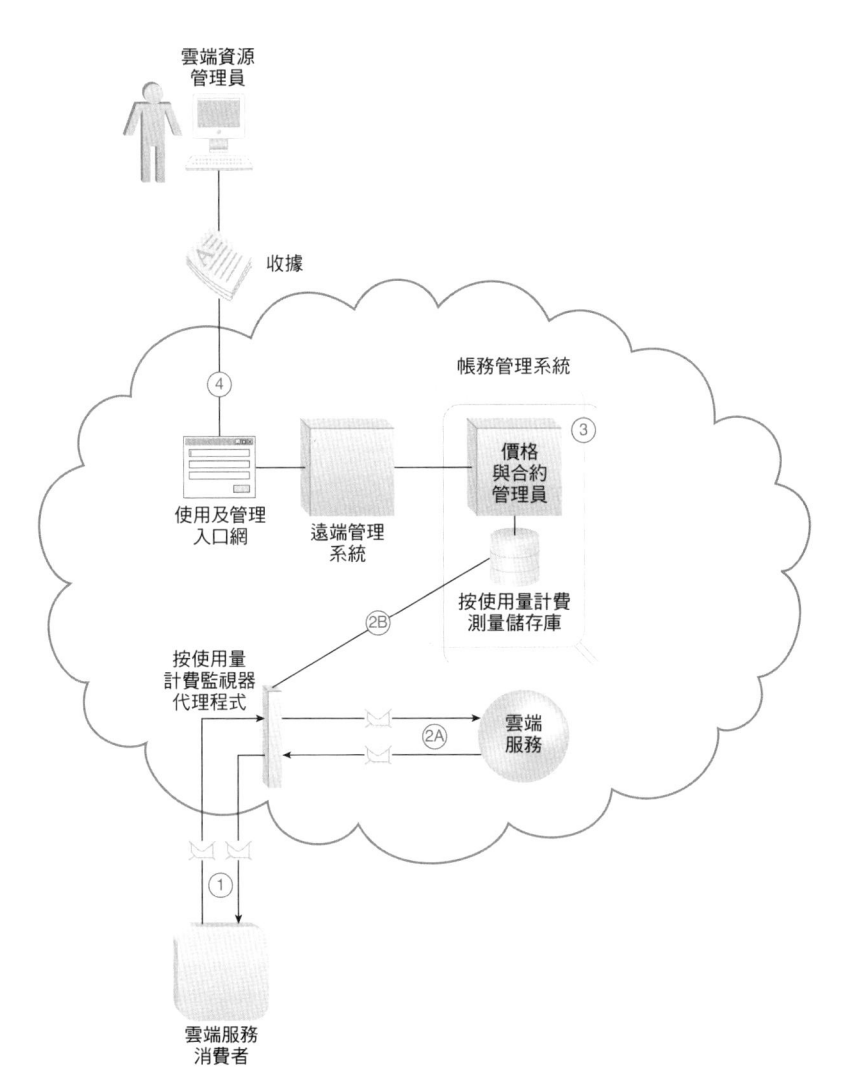

圖 12.10 雲端服務使用者與雲端服務進行互動（1）。按使用量付費監視器會追蹤使用情況並收集與計費相關的數據（2A），然後這些數據轉發到帳務管理系統中的儲存庫（2B）。該系統會定期計算並統合雲端服務使用費，為雲端服務使用者產生帳單（3）。帳單可以透過使用和管理入口網提供給雲端服務使用者（4）。

案例研究

DTGOV 決定建立一個帳務管理系統，使他們能夠根據自訂計費事件，例如訂閱和 IT 資源使用量來建立帳單。帳務管理系統經過客製化，可以處理必要的事件和定價方案資料。

包含以下兩個相應的專有資料庫：

- 可計費事件儲存庫
- 定價方案儲存庫

使用情況事件會從 VIM 平台擴充實作的按使用量付費監視器中收集。諸如虛擬伺服器啟動、停止、垂直擴展/縮減和停用等詳細的使用情況事件會儲存在 VIM 平台管理的儲存庫中。

按使用量付費監視器會定期向帳務管理系統提供對應的計費事件。標準定價模型適用於大多數雲端服務消費者合約，但協商特殊條款時可以進行客製化。

PART III

雲端運算的架構

第十三章：基礎雲端架構

第十四章：進階雲端架構

第十五章：特殊雲端架構

雲端科技架構將雲端環境中的功能領域透過明確定義的互動、行為、各種雲端運算機制與其他特殊雲端科技元件的組合形式化。

第 13 章涵蓋的基本雲端架構模型，會建立適用於大多數雲端環境的技術架構基礎層。第 14 和 15 章描述許多進階和專用模型，是在第 13 章的基礎上建構，增加更複雜且更聚焦的解決方案架構。

> **NOTE**
>
> 在接下來 3 個章節中描述的大部分雲端架構都可以在 Thomas Erl 與 Amin Naserpour 合著同屬「Pearson 數位企業系列」系列的另一本著作《Cloud Computing Design Patterns》（暫譯：雲端運算設計模式）中找到更詳細的內容。想瞭解更多資訊，請參考 www.thomaserl.com/books。

Chapter **13**

基礎雲端架構

13.1　工作負載分配架構
13.2　資源池架構
13.3　動態擴展架構
13.4　彈性資源容量架構
13.5　服務負載平衡架構
13.6　雲端彈性擴展架構
13.7　彈性磁碟配置架構
13.8　冗餘儲存架構
13.9　多雲端架構

本章描述以下基礎雲端架構模型：

- 工作負載分配
- 資源池
- 動態擴展
- 彈性資源容量
- 服務負載平衡
- 雲端彈性擴展
- 彈性磁碟配置
- 冗餘儲存
- 多雲端

每個架構通常都會有一些在第二部分提到過的雲端運算機制參與其中。

13.1 工作負載分配架構

IT 資源可以透過增加一個或多個相同的 IT 資源以及一個負載平衡器來實現水平擴展，負載平衡器擁有運作邏輯能夠在可用 IT 資源之間均勻分配工作負載（圖 13.1）。成立的**工作負載分配架構**取決於負載平衡演算法和運行時邏輯的複雜性，可以在一定程度上減少 IT 資源過度利用和利用不足的問題。

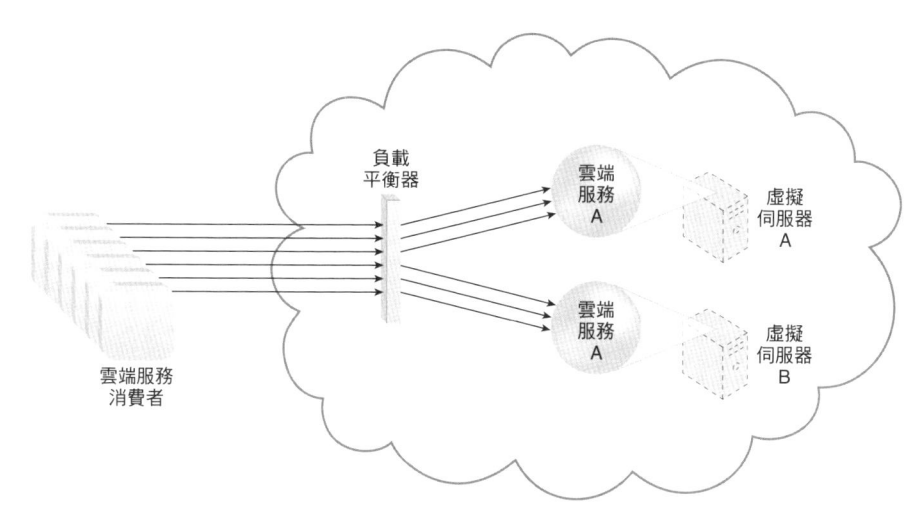

圖 13.1 雲端服務 A 的冗餘副本運行在虛擬伺服器 B。負載平衡器會攔截雲端服務使用者請求，並將它們導向虛擬伺服器 A 和 B，以確保平均分配工作負載。

這個基本架構模型可以應用於任何 IT 資源，工作負載分配功能通常用於支援分散式虛擬伺服器、雲端儲存裝置和雲端服務。考慮負載平衡的不同面向，特定 IT 資源的負載平衡系統通常會有一些架構上的特殊變體，例如：

- 本章後面介紹的服務負載平衡架構
- 第 14 章介紹的虛擬伺服器負載平衡架構
- 第 15 章描述的虛擬交換器負載平衡架構

除了基本的負載平衡器機制以及可以使用負載平衡的虛擬伺服器和雲端儲存裝置機制之外，下列機制也可以成為雲端架構的一部分：

- **稽核監視器**：分配工作負載時，為了滿足法規要求，可能因為處理資料的 IT 資源類型以及所在的地理位置決定是否啟用稽核監視器。
- **雲端使用量監視器**：可以使用各種監視器來追蹤運作時的工作負載和資料處理。
- *Hypervisor*：執行的工作負載可能需要在 Hypervisor 與虛擬伺服器之間進行分配。

- 邏輯網路邊界：邏輯網路邊界隔離雲端客戶的網路邊界，具體取決於工作負載的分佈方式和地點。

- 資源叢集：處於主動 - 主動模式的叢集式 IT 資源通常用支援不同叢集節點之間的工作負載平衡。

- 資源複製：此機制可以根據運行時工作負載分配需求產生虛擬化 IT 資源的新實例。

13.2 資源池架構

資源池架構使用一個或多個資源池，相同的 IT 資源分組並由系統自動維護且確保它們保持同步。

以下是常見的資源池範例：

實體伺服器資源池：由具有網路連線的伺服器組成，已安裝作業系統和其他必要的應用程式，隨時可以使用。

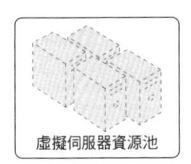

虛擬伺服器資源池：通常使用雲端客戶在配置過程中，從幾種可用範本裡選擇一種進行配置。例如，雲端客戶可以設定一個擁有 4 GB RAM 的中階 Windows 伺服器資源池或一個擁有 2 GB RAM 的低階 Ubuntu 伺服器資源池。

儲存資源池或雲端儲存裝置資源池：利用檔案儲存裝置或區塊儲存裝置組成，其中包含空的或裝滿的雲端儲存裝置。

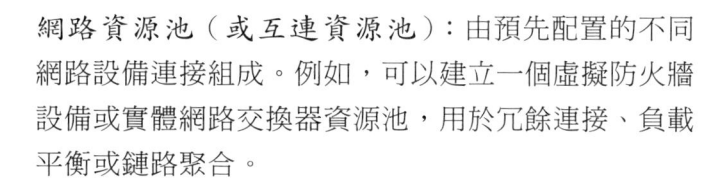

網路資源池（或互連資源池）：由預先配置的不同網路設備連接組成。例如，可以建立一個虛擬防火牆設備或實體網路交換器資源池，用於冗餘連接、負載平衡或鏈路聚合。

CPU 資源池：可隨時分配給虛擬伺服器，通常細分到單一處理核心。

實體記憶體資源池：可以在新建的實體伺服器或垂直擴展實體伺服器時使用。

每種類型的 IT 資源可以建立專用資源池，每個資源池可以組成更大的資源池，在這種情況下，每個獨立的資源池就成為更大資源池中的子資源池（圖 13.2）。

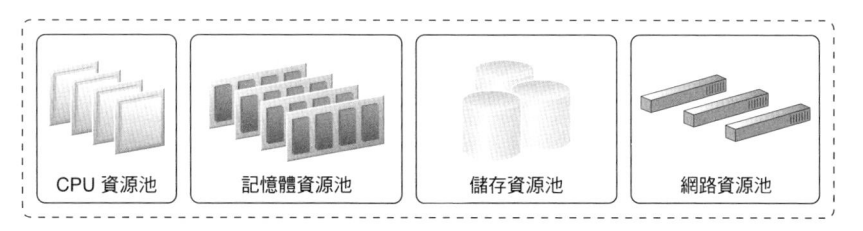

圖 13.2 資源池範例，由中央處理器、記憶體、雲端儲存設備和虛擬網路設備等 4 個子資源池所組成。

資源池可以變得非常複雜，可以為特定雲端客戶或應用程式建立多個資源池。可以建立階層架構來形成父資源池、同級資源池和巢狀資源池，以方便滿足各種需求（圖 13.3）。

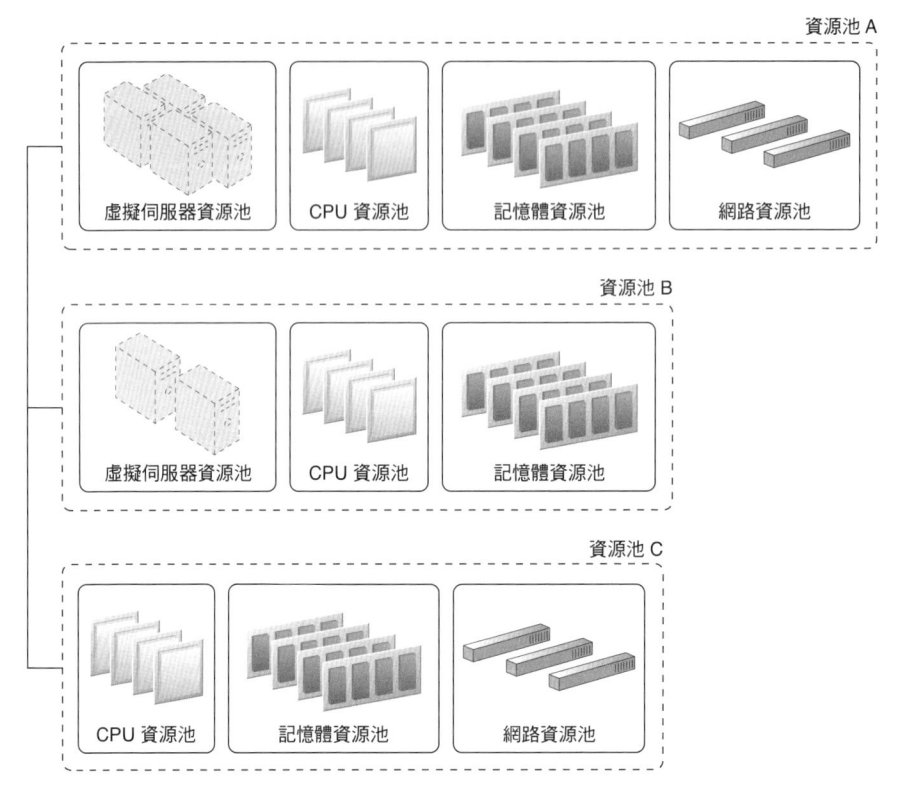

圖 13.3 可以從整個雲端共用的通用 IT 資源儲備中建立資源池 B 和資源池 C 的。而另一種替代方案是從分配給雲端客戶的較大資源池 A 中分割出來的同級資源池建立資源池 B 和資源池 C。

同級資源池通常來自於實體分組的 IT 資源,而不是分佈在不同資料中心的 IT 資源。同級資源池相互隔離,這樣每個雲端客戶只能存取各自的資源池。

在巢狀資源池模型中,較大的資源池被細分為較小的資源池,這些較小的資源池將相同類型的 IT 資源組合在一起(圖 13.4)。巢狀資源池可用於將資源池分配給同一雲端客戶組織中的不同部門或群組。

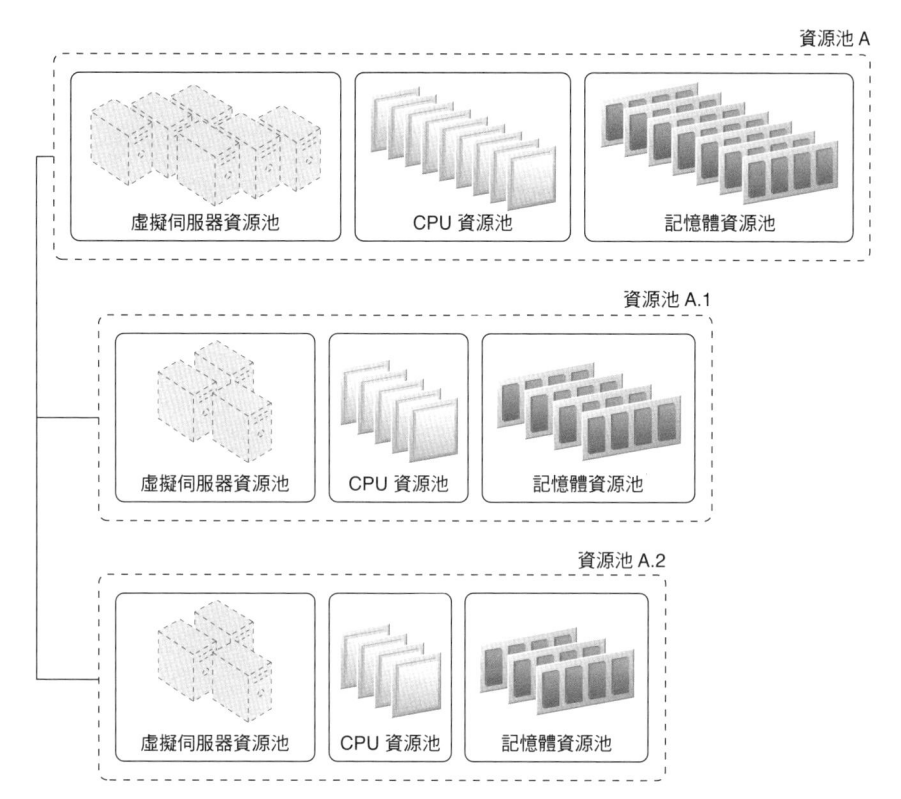

圖 13.4 巢狀資源池 A.1 和資源池 A.2 與資源池 A 包含相同的 IT 資源類型，但數量不同。巢狀資源池通常用來配置相同的雲端服務，需要使用相同類型的 IT 資源並快速透過相同配置產生實體。

定義好資源池後，可以從每個資源池中建立多個 IT 資源實例，並存放在記憶體中的「使用中」IT 資源池作為紀錄。

除了雲端儲存裝置和虛擬伺服器（這些都是常見的資源池機制）之外，下列機制也可以成為這個雲端架構的一部分：

- **稽核監視器**：此機制監控資源池使用情況，以確保遵守隱私和法規要求，尤其是資源池包含雲端儲存裝置或載入到記憶體中的資料時。

- 雲端使用量監視器：各種雲端使用量監視器參與資源池 IT 資源和任何底層管理系統所需的運作追蹤和同步。

- *Hypervisor*：Hypervisor 機制除了運行虛擬伺服器（有時也運行資源池）之外，還負責為虛擬伺服器提供存取資源池的權限。

- 邏輯網路邊界：邏輯網路邊界在邏輯上組織和隔離資源池。

- 按使用量計費監視器：按使用量計費監視器會收集有關各個雲端客戶如何從各種資源池中分配和使用 IT 資源的使用和計費資訊。

- 遠端管理系統：此機制用於與後端系統和程式互動，透過前端入口網提供資源池管理功能。

- 資源管理系統：資源管理系統機制為雲端客戶提供管理資源池的工具和權限管理選項。

- 資源複製：此機制用來為資源池產生新的 IT 資源實例。

13.3 動態擴展架構

動態擴展架構是一種觸發預先定義擴展條件時，會從資源池中動態分配 IT 資源的架構模型。動態分配資源可以根據使用需求的波動調整使用率，且無須人工介入即可有效回收不必要的 IT 資源。

自動擴容監聽器設有工作負載閾值，用來指示何時需要增加新的 IT 資源到運行中的工作負載中。此機制可以提供邏輯來確保根據個別雲端客戶的配置合約條款動態提供多少額外的 IT 資源。

以下為常用的動態擴展類型：

- **動態水平擴展**：根據負載的波動來擴展和縮減 IT 資源實例。自動擴容監聽器會監控請求的狀況並根據需求和權限向資源複製機制發出信號，啟動 IT 資源複製。

- **動態垂直擴展**：當需要調整單一 IT 資源的處理能力時，會對 IT 資源實例進行向上和向下的擴展。例如，可以對負載過重的虛擬伺服器動態增加記憶體，或者可以增加處理核心。

- **動態遷移**：將 IT 資源重新導向具有更大容量的主機。例如，資料庫可能需要從每秒 I/O 容量為 4 GB 的磁帶式 SAN 儲存裝置移至另一個每秒 I/O 容量為 8 GB 的磁碟式 SAN 存放裝置。

圖 13.5 至圖 13.7 展示了動態水平擴展的過程。

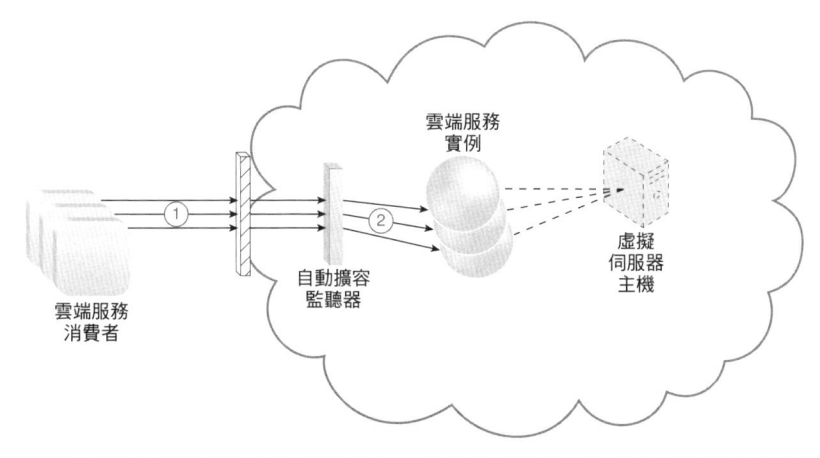

圖 13.5 雲端服務使用者正向雲端服務發送請求（1）。自動擴容監聽器會監控雲端服務，以確定是否超過預先定義的容量閾值（2）。

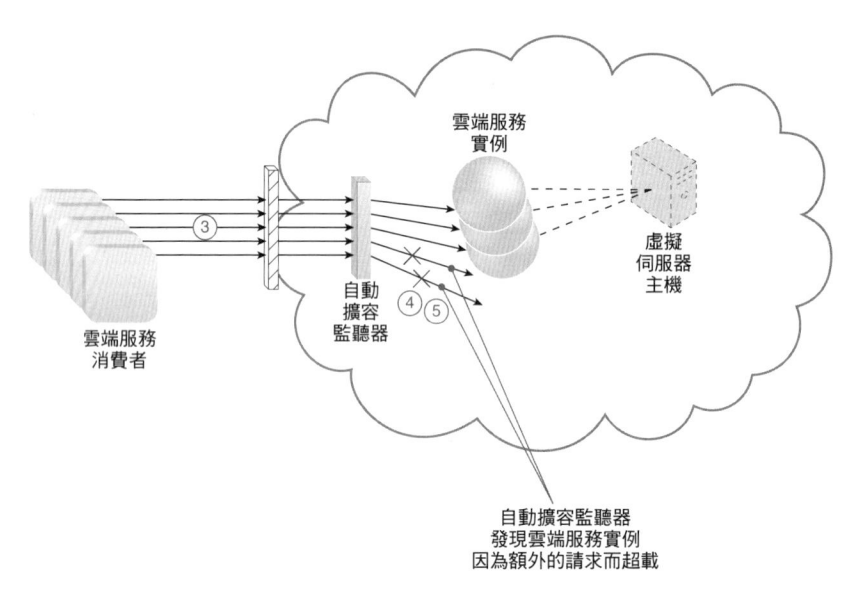

圖 13.6 雲端服務使用者發送的請求數量增加（3）。工作負載超過性能閾值。自動擴容監聽器會根據預先定義的擴展策略確定接下來要採取的措施（4）。如果認為雲端服務可以進行額外的擴展，則自動擴容監聽器會啟動擴展流程（5）。

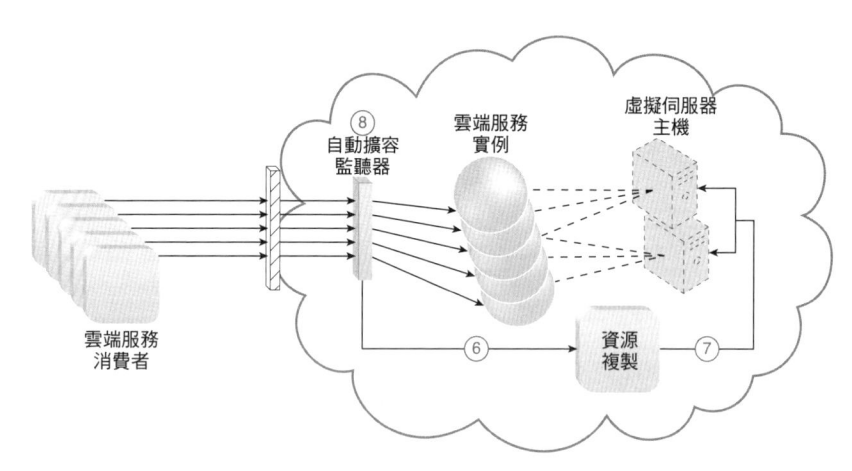

圖 13.7 自動擴容監聽器會向資源複製機制發送信號（6），該機制會建立更多雲端服務實例（7）。現在額外的負載已經得以處理，自動擴容監聽器會根據需要繼續監控和擴展 IT 資源（8）。

動態擴展架構可以應用於各種 IT 資源，包括虛擬伺服器和雲端儲存裝置。除了核心的自動擴容監聽器和資源複製機制之外，以下機制也可以用於這種的雲端架構：

- 雲端使用量監視器：專用的雲端使用量監視器可以追蹤運作時使用情況，以反應這個架構產生的動態使用量起伏。

- *Hypervisor*：動態擴展系統會呼叫 Hypervisor 建立或刪除虛擬伺服器實例，或者進行 Hypervisor 的自行擴展。

- 按使用量計費監視器：按使用量計費監視器會參與 IT 資源的擴展來收集使用成本資訊。

13.4 彈性資源容量架構

彈性資源容量架構主要與虛擬伺服器的動態配置有關，它利用一個系統在運行的 IT 資源處理需求不斷變化時動態分配和回收 CPU 和記憶體（圖 13.8 和 13.9）。

擴展技術使用資源池，與 Hypervisor 或 VIM 互動，以便在運行時分配和釋放 CPU 和記憶體資源。運作時會監控虛擬伺服器的處理狀態，在達到容量閾值之前透過動態分配從資源池中取得額外的處理能力。虛擬伺服器及託管的應用程式和 IT 資源會垂直向上擴展回應需求。

這種類型的雲端架構可以設計成智慧自動化引擎腳本透過 VIM 而非直接發送到 Hypervisor 來發送擴展請求。參與彈性資源配置系統的虛擬伺服器可能需要重新開機才能使動態資源配置生效。

智慧自動化引擎

智慧自動化引擎將管理任務透過執行含有工作流程編輯的腳本進行自動化。

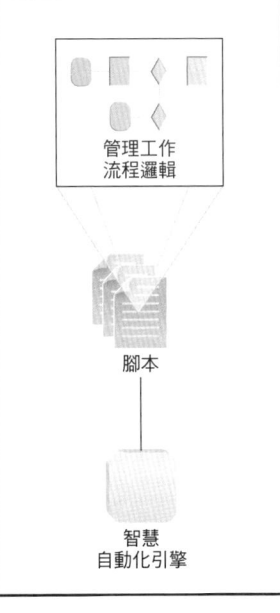

管理工作流程邏輯

腳本

智慧自動化引擎

這個雲端架構可以包含一些下列額外機制：

- **雲端使用量監視器**：專用的雲端使用量監視器會在擴展之前、期間和之後收集 IT 資源的資源使用資訊，協助虛擬伺服器定義未來的處理能力閾值。

- **按使用量計費監視器**：按使用量計費監視器負責收集隨著彈性配置而波動的資源使用成本資訊。

- **資源複製**：這個架構模型使用資源複製來產生用來擴展的 IT 資源新實例。

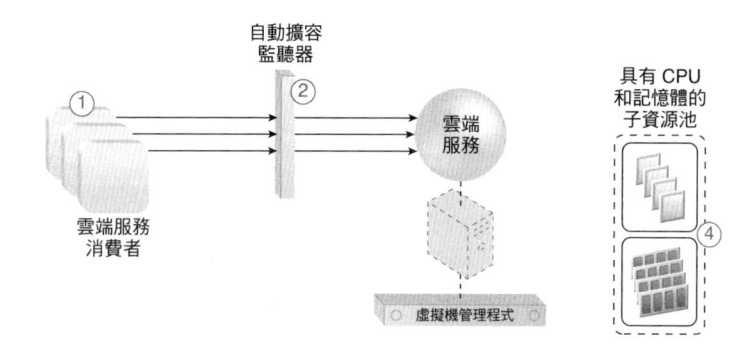

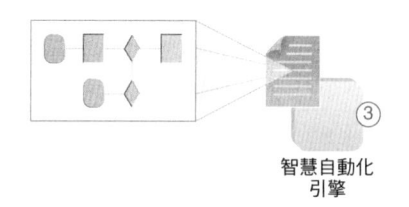

圖 13.8 雲端服務使用者正持續向雲端服務發送請求（1），這些請求由自動擴容監聽器監控（2）。部署具有工作流程邏輯的智慧自動化引擎腳本（3），該腳本能夠透過資源分配請求通知資源池（4）。

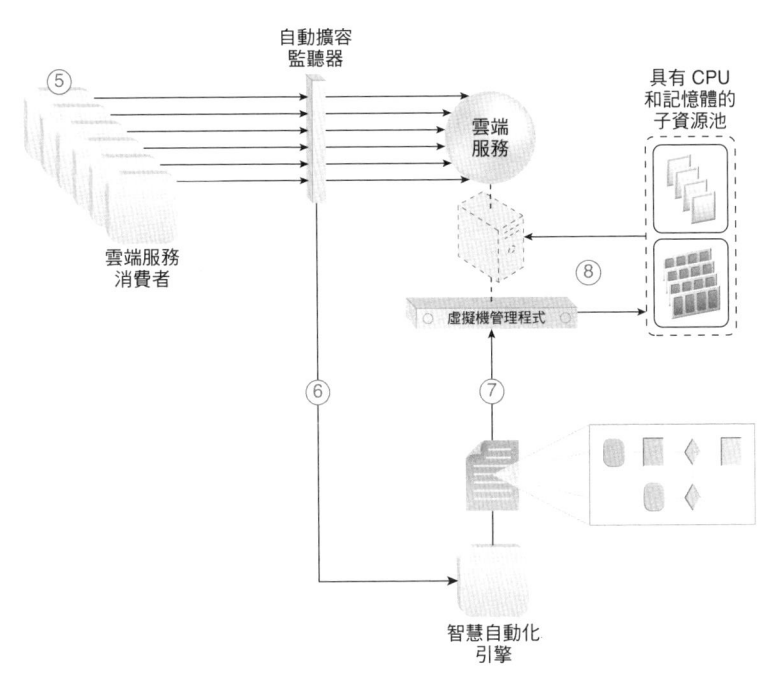

圖 13.9 雲端服務使用者請求增加（5），導致自動擴容監聽器向智慧自動化引擎發出信號執行腳本（6）。腳本運行工作流程邏輯，指示 Hypervisor 從資源池分配更多 IT 資源（7）。Hypervisor 將額外的 CPU 和記憶體分配給虛擬伺服器，從而可以處理額外的負載（8）。

13.5 服務負載平衡架構

服務負載平衡架構可以被視為工作負載分配架構的一種特殊變體，專門用於擴展雲端服務。透過建立部署冗餘的雲端服務，並增加負載平衡系統來動態分配工作負載。

複製出來的雲端服務可以組合成資源池，而負載平衡器則被定位為外部或內建元件，允許主機伺服器自行平衡工作負載。

根據預期的工作負載和伺服器環境的處理能力，可以將每個雲端服務的多個實例組合為資源池的一部分，該資源池可以更有效地回應請求量的波動。

負載平衡器的位置可以獨立於雲端服務或伺服器（圖 13.10），也可以作為應用程式或伺服器環境內建的一部分。後者情況下，具有負載平衡邏輯的主要伺服器可以與鄰近伺服器通訊以平衡工作負載（圖 13.11）。

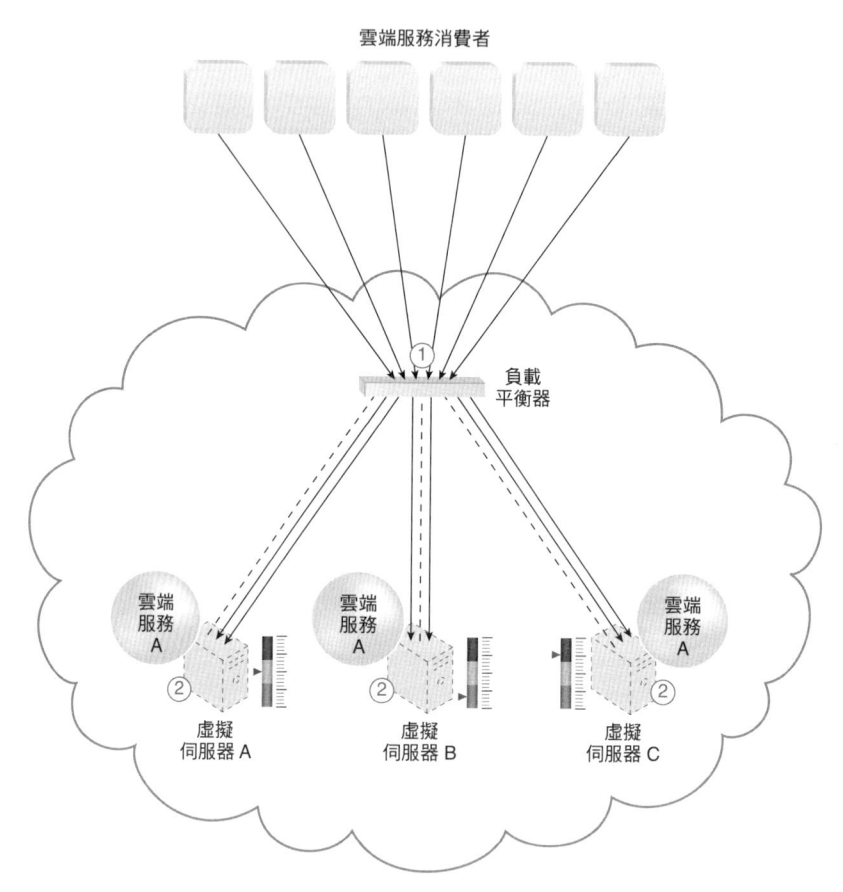

圖 13.10 負載平衡器會攔截雲端服務使用者發送的消息（1），並將它們轉發給虛擬伺服器，使工作負載的處理能力可以進行水平擴展（2）。

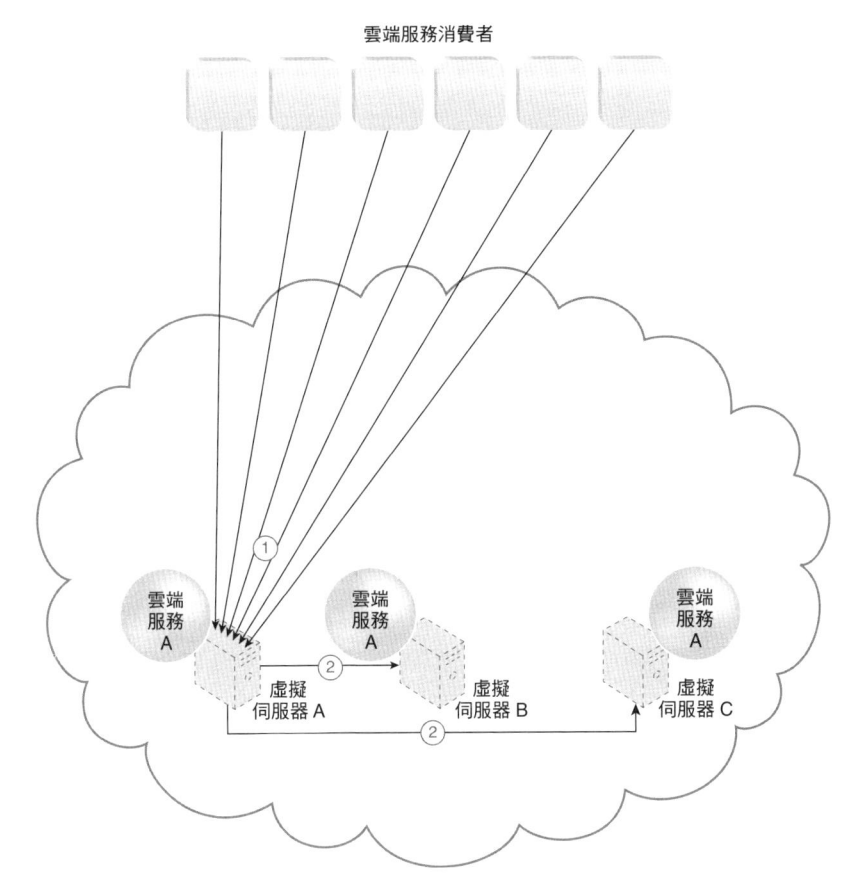

圖 13.11 雲端服務使用者請求被送到位於虛擬伺服器 A 上的雲端服務 A（1）。該雲端服務包含內建的負載平衡邏輯，該邏輯能夠將請求分配到位於鄰近的虛擬伺服器 B 和 C 上的雲端服務 A（2）。

服務負載平衡架構除了負載平衡器之外，還可以包含以下機制：

- **雲端使用量監視器**：雲端使用量監視器可能參與監控雲端服務實例及各自 IT 資源使用狀況，以及收集各種運行時監控和使用資料。

- **資源叢集**：採用主動 - 主動叢集組架構，以幫助跨叢集的不同成員平衡工作負載。

- **資源複製**：資源複製機制用於產生新的雲端服務實施，以支援負載平衡需求。

13.6 雲端彈性擴展架構

雲端彈性擴展架構建立了一種動態擴展形式，只要達到預先定義的容量閾值，就會將地端部署的 IT 資源擴展或「爆發」到雲端。對應的雲端 IT 資源會預先進行冗餘部署，但會在雲端彈性擴展發生之前保持非活動狀態。不再需要它們後，雲端 IT 資源將被釋放，架構會「回縮」到地端部署環境。

雲端彈性擴展是一種靈活的擴展架構，它為雲端服務消費者提供了只有需要更高使用需求時才使用雲端 IT 資源的選項。此架構模型的基礎是自動擴容監聽器和資源複製機制。

自動擴容監聽器決定何時將請求導向雲端 IT 資源，資源複製將狀態資訊在地端和雲端部署的 IT 資源之間保持同步（圖 13.12）。

除了自動擴容監聽器和資源複製之外，還可以使用許多其他機制來自動化此架構的爆發式擴展和動態收縮，主要取決於要擴展的 IT 資源的類型。

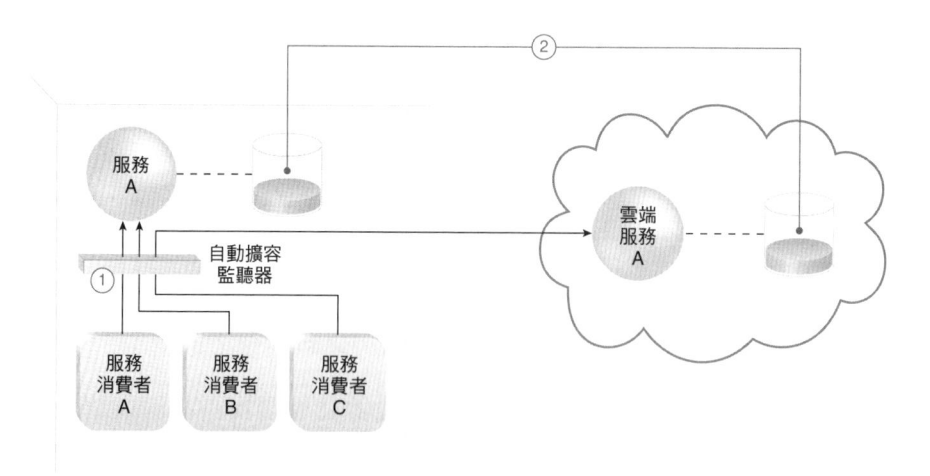

圖 13.12 自動擴容監聽器會監控部署在地端的服務 A 使用情況，一旦超過服務 A 的使用閾值，就會將服務消費者 C 的請求重導向雲端的冗餘部署（雲端服務 A）(1)。資源複製系統用於保持狀態管理資料庫同步 (2)。

13.7 彈性磁碟配置架構

雲端服務消費者通常會根據固定分配的磁碟儲存空間容量作為雲端儲存空間付費的標準，費用由磁碟容量決定，並不與實際資料儲存消耗量有關。圖 13.13 透過雲端服務消費者配置一台具有 Windows Server 作業系統和 3 個 150 GB 硬碟的虛擬伺服器的情況來演示這一點。即使雲端服務消費者尚未安裝任何軟體，但在安裝作業系統後仍會被收取使用 450 GB 儲存空間的費用。

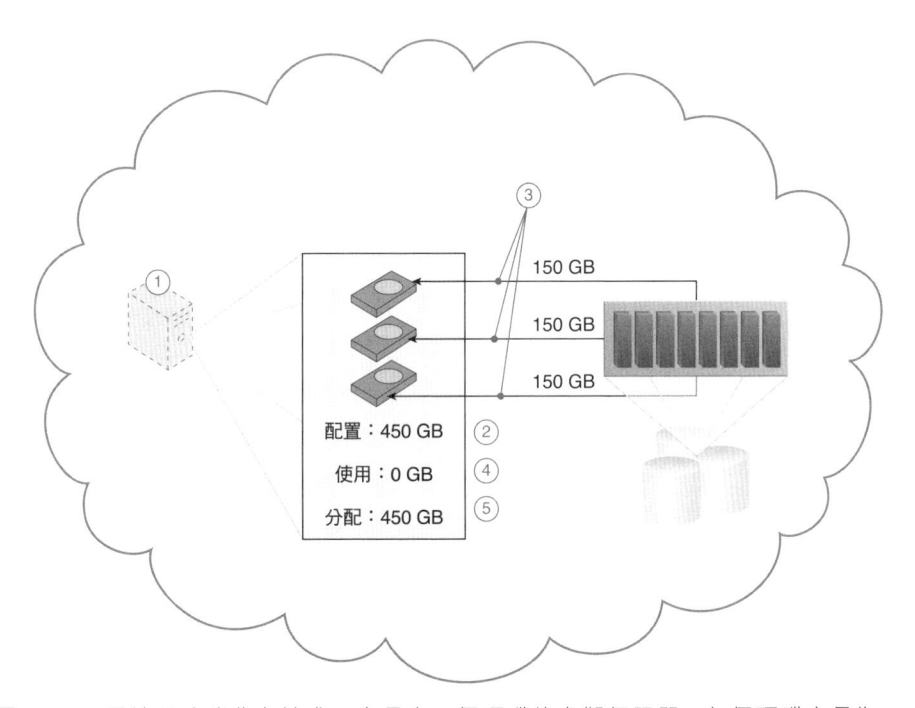

圖 13.13 雲端服務消費者請求一台具有 3 個硬碟的虛擬伺服器，每個硬碟容量為 150 GB（1）。虛擬伺服器按照彈性磁碟配置架構進行配置，總磁碟空間為 450 GB（2）。雲端服務供應商會將這 450 GB 分配給虛擬伺服器（3）。雲端服務消費者尚未安裝任何軟體，實際使用的空間目前為 0 GB（4）。由於 450 GB 已經分配並為雲端服務消費者保留，因此在收取 450 GB 的磁碟使用費（5）。

彈性磁碟配置架構建立了一個動態儲存裝置配置系統，可確保雲端服務消費者僅對實際使用的確切儲存容量進行精確的計費。此系統使用精簡配置（thin-provisioning）技術進行儲存空間的動態分配，並進一步透過運作使用情況監控來收集計費的準確使用資料（圖 13.14）。

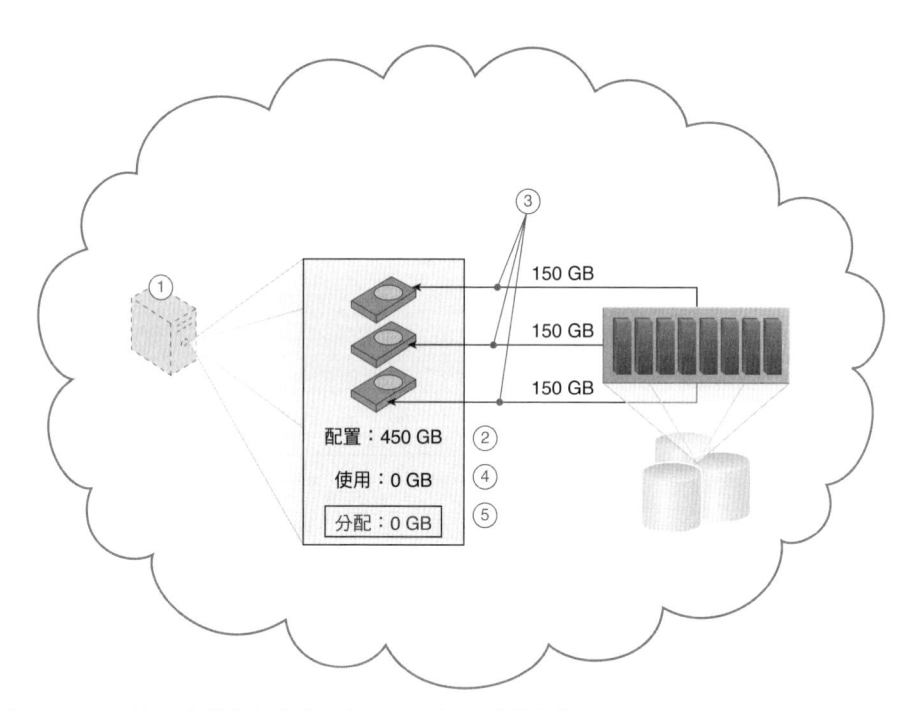

圖 13.14 雲端服務消費者請求一台具有 3 個硬碟的虛擬伺服器，每個硬碟容量為 150 GB（1）。依據彈性磁碟配置架構，該虛擬伺服器配置總計 450 GB 的磁碟空間上限（2）。這 450 GB 代表此虛擬伺服器允許使用的最大磁碟空間，但目前尚未保留或分配任何實際磁碟空間（3）。雲端服務消費者尚未安裝任何軟體，實際使用的空間目前為 0 GB（4）。由於分配的磁碟空間等於實際使用的空間（目前為零），因此雲端服務消費者無須為任何磁碟空間付費（5）。

處理動態儲存裝置分配的虛擬伺服器上安裝了精簡配置軟體，透過 Hypervisor 執行，而按使用量計費監視器則會追蹤和報告詳細的計費相關磁碟使用資料（圖 13.15）。

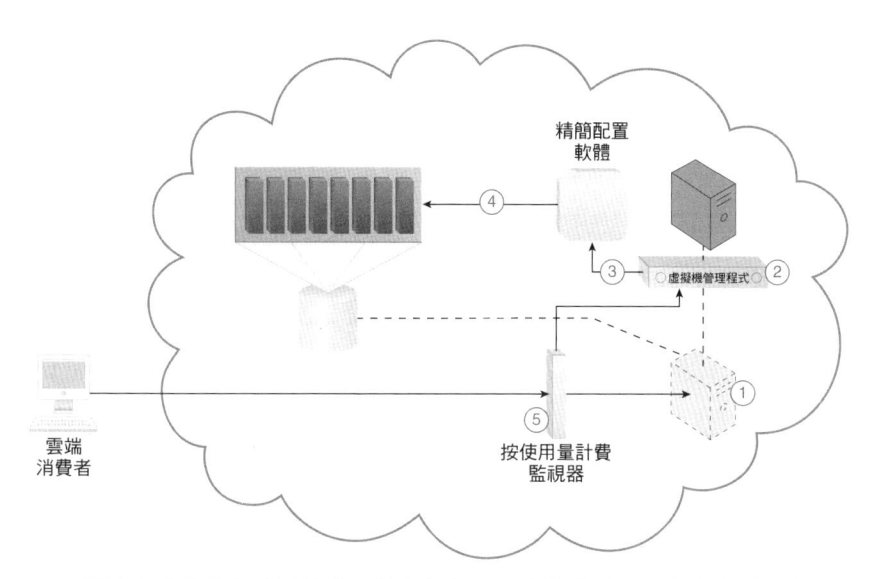

圖 13.15 雲端服務消費者發送請求，新虛擬伺服器實例啟動配置程式（1）。在配置過程中，選擇硬碟為動態磁碟或精簡配置磁碟（2）。Hypervisor 會呼叫動態磁碟分配元件，為虛擬伺服器建立精簡磁碟（3）。虛擬伺服器磁碟會透過精簡配置程式建立，並保存到一個大小接近於零的資料夾中。隨著應用程式的安裝以及額外檔被複製到虛擬伺服器上，此資料夾及其檔案的大小會增加（4）。按使用量計費監視器會追蹤實際動態分配的儲存空間，以便進行計費（5）。

除了雲端儲存裝置、虛擬伺服器、Hypervisor 和按使用量計費監視器之外，還可以將以下機制包含在此架構中：

- 雲端使用量監視器：專用的雲端使用量監視器可以追蹤和記錄儲存使用情況的波動。

- 資源複製：當彈性磁碟配置系統需要將動態磁碟儲存空間轉換為靜態磁碟儲存空間時，會使用到資源複製機制。

13.8 冗餘儲存架構

雲端儲存裝置偶爾會因網路連線問題、控制器或一般硬體故障或安全性漏洞而發生故障和中斷。損壞的雲端儲存裝置可靠性會產生漣漪效應，並對依賴其可用性的所有雲端服務、應用程式和基礎架構元件造成故障影響。

冗餘儲存架構使用第二個雲端儲存裝置副本作為容錯轉移系統的一部分，系統會與主雲端儲存裝置中的資料同步。只要主設備發生故障，儲存服務閘道器就會將雲端服務消費者請求轉移到輔助設備（圖 13.16 和 13.17）。

LUN

邏輯單元號（Logical Unit Number）是一個邏輯磁碟，用來表示實體磁碟中的一個磁區。

LUNs

儲存服務閘道器

儲存服務閘道器（Storage Service Gateway）元件作為外部存取雲端儲存服務的中介，負責自動將雲端服務消費者的請求導向正確的資料儲存區。

儲存服務閘道器

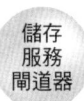

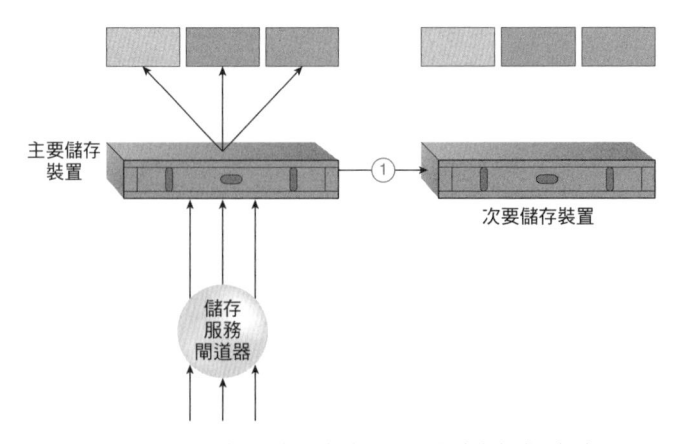

圖 13.16　主要雲端儲存設備會定期複製資料到次要雲端儲存設備（1）。

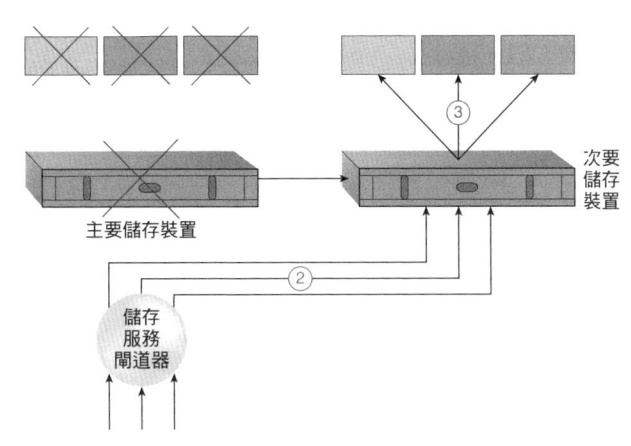

圖 13.17 主要儲存裝置無法使用，儲存服務閘道器會將雲端服務消費者請求轉發到次要儲存裝置（2）。次要儲存裝置會將請求轉發到 LUN（邏輯單元號），使雲端服務消費者能夠繼續存取他們的資料（3）。

這種雲端架構主要依賴於儲存複製系統，該系統使主要雲端儲存裝置與次要雲端儲存裝置保持同步（圖 13.18）。

出於經濟方面的考量，雲端服務供應商可能會將次要雲端儲存裝置放置在與主雲端儲存裝置不同的地理區域。但是對於某些類型的資料，這可能會帶來法律問題。次要雲端儲存裝置的位置會影響同步的協議和方法，因為某些複製傳輸協議會存在距離限制。

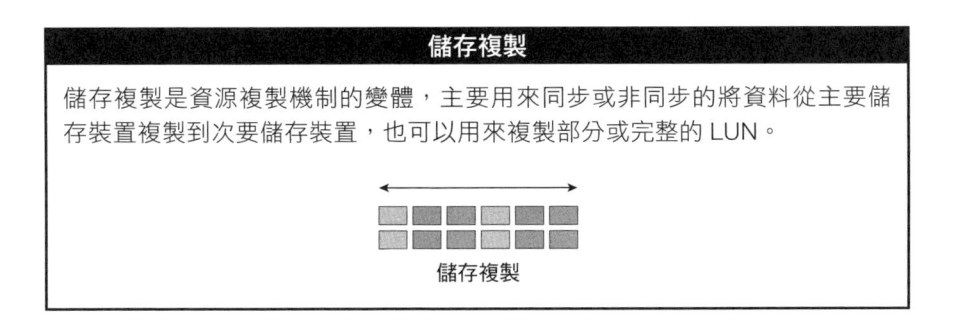

儲存複製

儲存複製是資源複製機制的變體，主要用來同步或非同步的將資料從主要儲存裝置複製到次要儲存裝置，也可以用來複製部分或完整的 LUN。

儲存複製

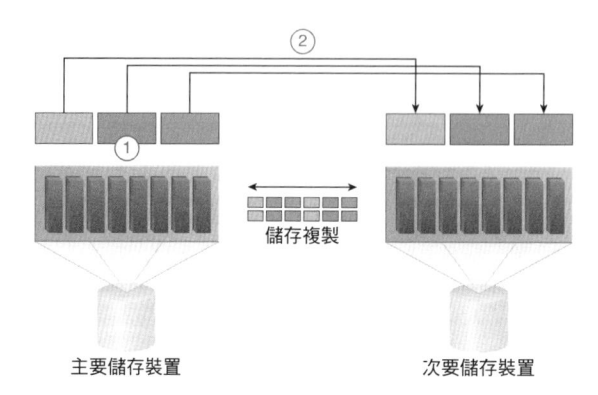

圖 13.18 儲存複製（Storage replication）用於使次要儲存設備與主要儲存設備保持同步。

一些雲端服務供應商使用具有雙陣列和雙儲存控制器的儲存裝置來提高設備冗餘，並將次要儲存裝置放置在不同的物理位置以實現雲端平衡和災難恢復目的。在這種情況下，雲端服務供應商可能需要透過第三方雲端服務供應商租用網路連接來建立兩個設備之間的複製。

13.9 多雲端架構

將兩個或以上的公有雲結合的雲端架構稱為**多雲端架構**（圖 13.19）。此種架構中組合的不同雲端環境可能透過任何一種雲端交付模型，基礎設施即服務（IaaS）、平台即服務（PaaS）或軟體即服務（SaaS）提供資源。採用多雲端架構的一個根本原因是避免依賴單一雲端服務供應商而產生供應商鎖定（vendor lock-in）。

在使用多雲端架構時，雲端服務消費者通常會因為優勢或其他雲端服務供應商可能沒有的效益，選擇提供特定資源或服務的供應商。

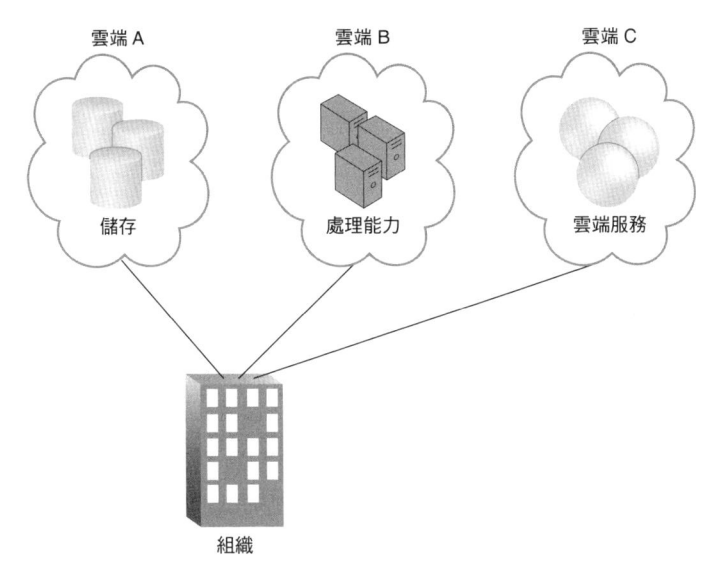

圖 13.19 組織利用來自不同雲端的各種資源，充分發揮每個雲的優勢，同時避免供應商鎖定。

選擇其中一家雲端服務供應商的原因包含下列可能：

- **地理位置**：資源的物理位置因為法規而讓雲端服務消費者使用本地雲端服務供應商
- **經濟考量**：價格或計費模式
- **營運考量**：尋求更高的容量、更強的彈性或更好的性能
- **功能考量**：尋找更多功能、雲端服務消費者所需的特定功能，或整體上更好的品質

為了讓雲端服務消費者能夠使用分佈在不同雲端中的 IT 資源，雲端資源管理員會使用集中式遠端系統管理系統，該機制透過各自的 API 連接到每個雲端服務供應商的管理系統（圖 13.20）。這使雲端服務消費者可以從集中管理所有雲端 IT 資源，然後像來使用單一雲端一樣輕鬆地存取它們。

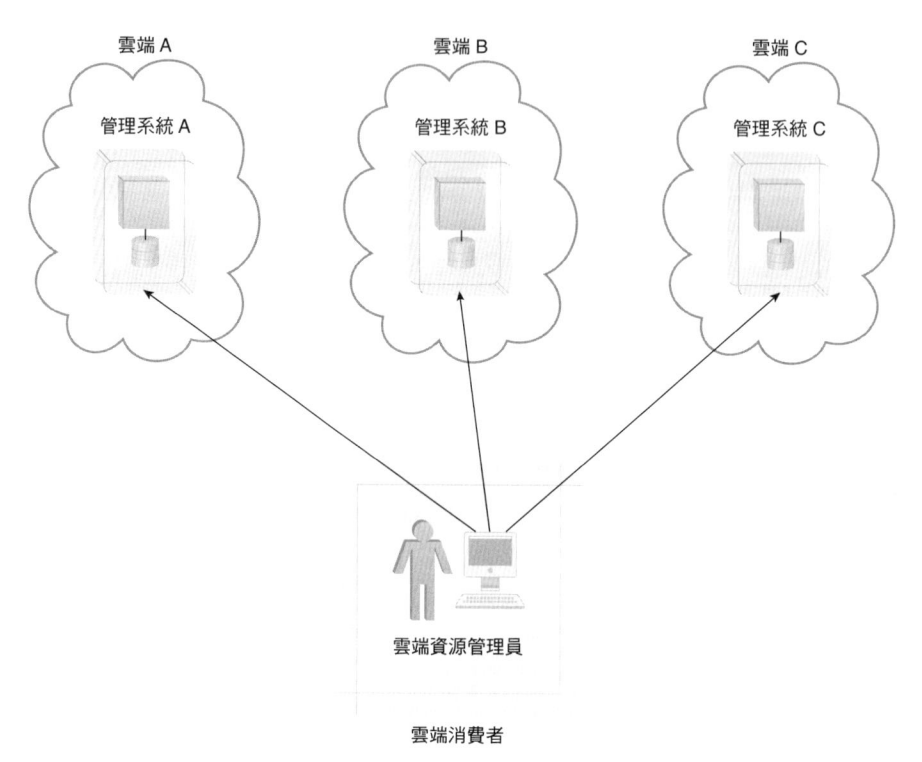

圖 13.20 雲端資源管理員使用遠端系統管理系統機制，連接到每個不同雲端服務供應商各自的管理系統，以便從集中管理資源。

使用多雲端架構所產生的最終業務效益對於每個不同的雲端服務消費者而言可能有很大的差異。無論組織的目標是最大化業務敏捷性、加快交付新產品的速度，還是最佳化雲端應用程式和自動化營運，多雲端架構都能為組織提供靈活性，可以混合搭配來自多個相互競爭的雲端服務供應商雲端產品、創新和服務。

案例研究

ATN 公司內部有一個尚未遷移到雲端的解決方案，叫做遠端上傳模組。客戶會每天使用它上傳會計和法律檔案到中央檔案庫的程式。由於每天收到的檔案數量不可預測，使用高峰期會突然出現。

目前，當遠端上傳模組達到處理上限時，會拒絕上傳檔案。這給使用者帶來問題，因為他們有時需要在一天結束或某個截止日期之前封存特定檔案。

ATN 公司決定利用雲端環境，建立一個圍繞在地端部署的遠端上傳模組服務，實現雲端彈性擴展架構。這使得它能夠在地端部署超出閾值時擴展到雲端（圖 13.21 和 13.22）。

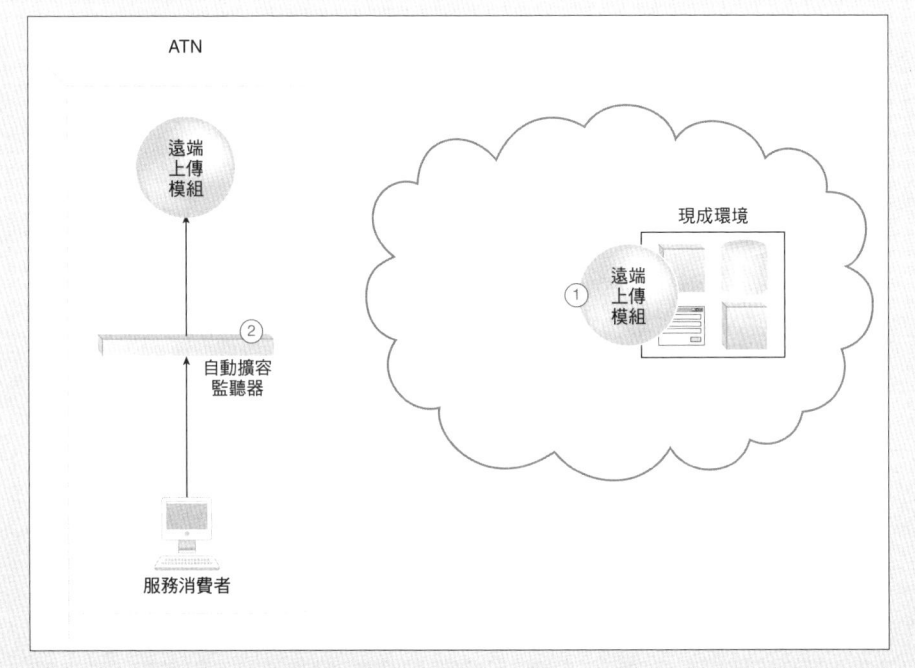

圖 13.21　ATN 公司在租用的現成雲端環境中部署了一個雲端遠端上傳模組服務，該服務是原有地端部署服務的雲端版本（1）。自動擴容監聽器會監控服務使用者發出的請求（2）。

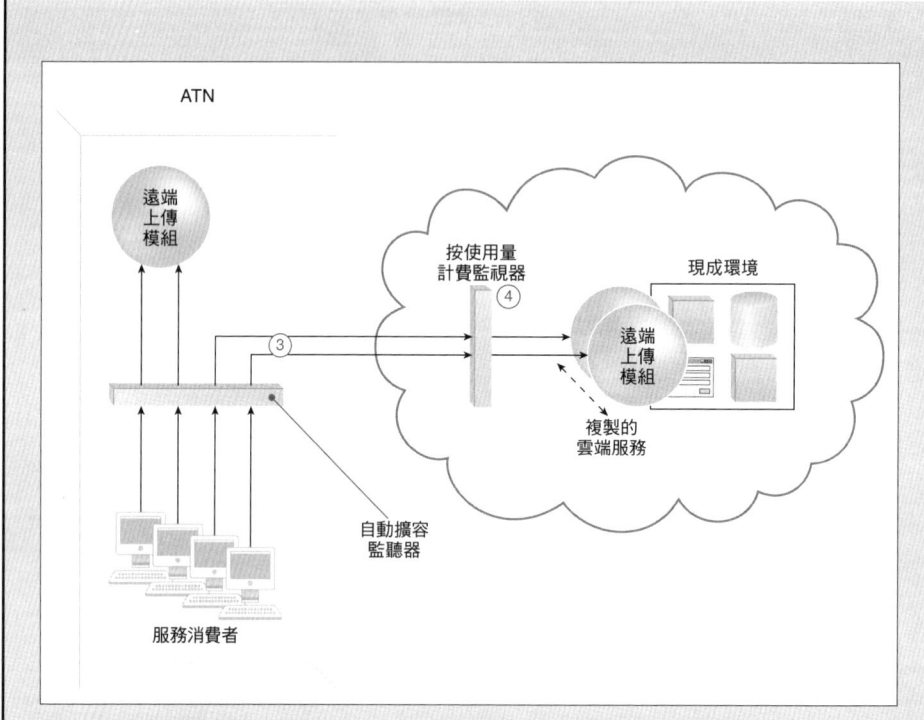

圖 13.22 自動擴容監聽器檢測到服務使用者使用量已經超出地端的遠端上傳模組服務處理上限，並開始將超量的請求轉移到雲端的遠端上傳模組（3）。雲端服務供應商的按使用量計費監視器會追蹤來自地端自動擴容監聽器的請求，以收集計費資料，並且會透過資源複製按照需求建立遠端上傳模組的雲端服務實例（4）。

當服務使用量下降到足以讓地端部署的遠端上傳模組再次處理使用者請求的水準時，就會呼叫「回縮」系統。雲端服務的實例會釋放，並且不再產生額外的雲端相關使用費用。

Chapter 14

進階雲端架構

- 14.1　Hypervisor 叢集架構
- 14.2　虛擬伺服器叢集架構
- 14.3　負載平衡虛擬伺服器實例架構
- 14.4　不中斷服務轉移架構
- 14.5　零停機架構
- 14.6　雲端平衡架構
- 14.7　彈性災難復原架構
- 14.8　分散式資料自主權架構
- 14.9　資源預留架構
- 14.10　動態故障檢測和復原架構
- 14.11　快速配置架構
- 14.12　儲存工作負載管理架構
- 14.13　虛擬私有雲端架構

本章將探討以下雲端技術架構：

- Hypervisor 叢集
- 虛擬伺服器叢集
- 負載平衡虛擬伺服器實例
- 不中斷服務轉移
- 零停機
- 雲端平衡
- 彈性災難復原
- 分散式資料自主權
- 資源預留
- 動態故障檢測和復原
- 快速配置
- 儲存工作負載管理
- 虛擬私有雲

這些模型代表獨特且複雜的架構層，其中幾個可以建立在第 13 章所涵蓋的基礎環境之上。每個架構都會記載相關機制。

14.1 Hypervisor 叢集架構

Hypervisor 負責建立和託管多台虛擬伺服器。由於這種依賴性，任何造成 Hypervisor 故障的情況都可能波及運作中的虛擬伺服器（圖 14.1）。

> **心跳**
>
> 心跳（Heartbeats）是系統層級的訊息交換，包含 Hypervisor 之間、Hypervisor 和虛擬伺服器之間、Hypervisor 和 VIM 之間

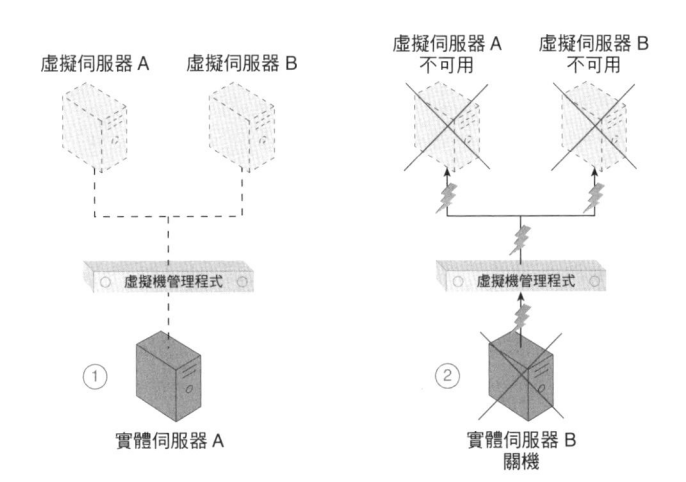

圖 14.1 實體伺服器 A 執行一個 Hypervisor，該 Hypervisor 又託管虛擬伺服器 A 和 B（1）。當實體伺服器 A 發生故障時，Hypervisor 和兩個虛擬伺服器也隨之失效（2）。

*Hypervisor 叢集架構*可在多台實體伺服器上建立高可用性 Hypervisor 叢集。如果指定的 Hypervisor 或其底層實體伺服器變得不可用，則託管的虛擬伺服器可以移動到另一台實體伺服器或 Hypervisor 以確保持續運作（圖 14.2）。

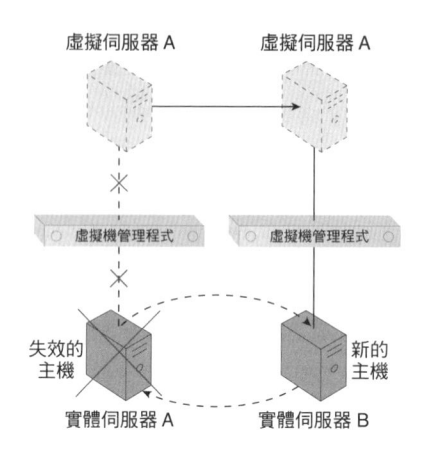

圖 14.2 實體伺服器 A 不可用導致其 Hypervisor 失效。虛擬伺服器 A 被遷移到實體伺服器 B，實體伺服器 B 的 Hypervisor 與實體伺服器 A 屬於同一個 Hypervisor 叢集。

Hypervisor 叢集透過中央 VIM 控制，VIM 定期向 Hypervisor 發送心跳訊息以確認它們已啟動並正在運作。未確認的心跳訊息會導致 VIM 啟動即時虛擬機器遷移程式，將受影響的虛擬伺服器動態移動到新主機。

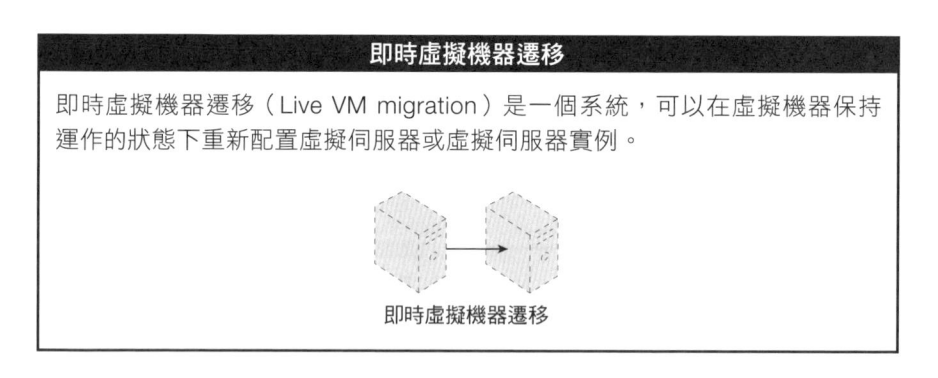

即時虛擬機器遷移

即時虛擬機器遷移（Live VM migration）是一個系統，可以在虛擬機器保持運作的狀態下重新配置虛擬伺服器或虛擬伺服器實例。

即時虛擬機器遷移

Hypervisor 叢集使用共用雲端儲存設備來即時遷移虛擬伺服器，如圖 14.3 至 14.6 所示。

除了構成此架構模型核心的 Hypervisor 和資源叢集機制，以及受叢集環境保護的虛擬伺服器之外，還可以納入以下機制：

- **邏輯網路邊界**：透過此機制建立的邏輯邊界確保其他雲端服務消費者的任何 Hypervisor 都不會意外的分配給特定的叢集。
- **資源複製**：同一叢集中的 Hypervisor 彼此通知狀態和可用性。叢集中發生的任何變更，例如建立或刪除虛擬交換機，都會透過 VIM 複製到所有 Hypervisor 中。

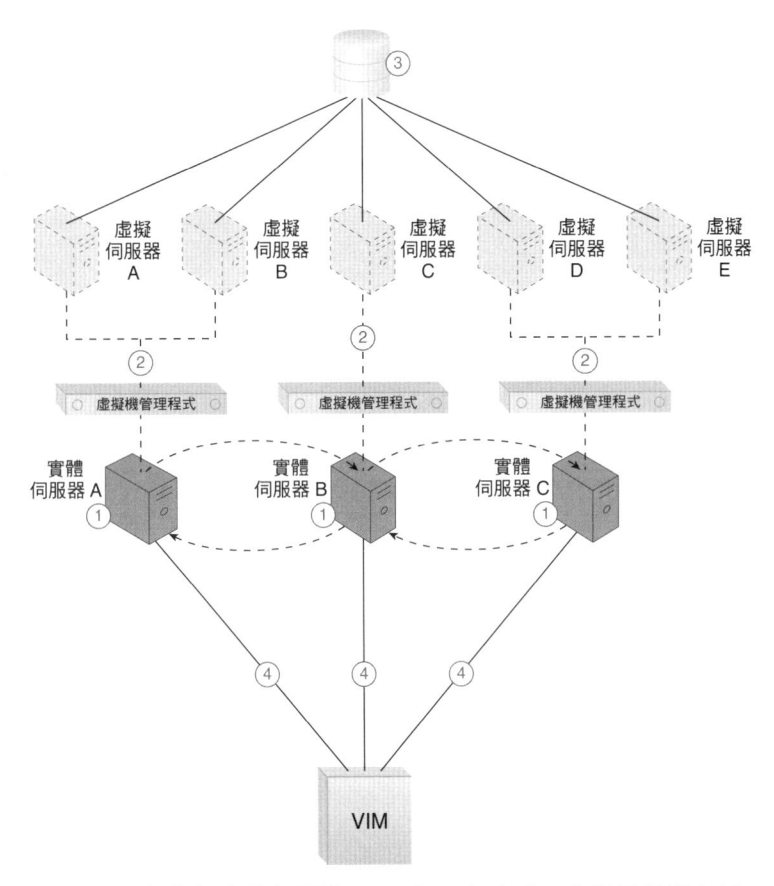

圖 14.3 Hypervisor 安裝在實體伺服器 A、B 和 C 上（1）。虛擬伺服器由 Hypervisor 建立（2）。存有虛擬伺服器配置文件的共用雲端儲存裝置放置在共用雲端儲存設備中，供所有 Hypervisor 存取（3）。透過中央 VIM 在 3 台實體伺服器主機上啟用 Hypervisor 叢集（4）。

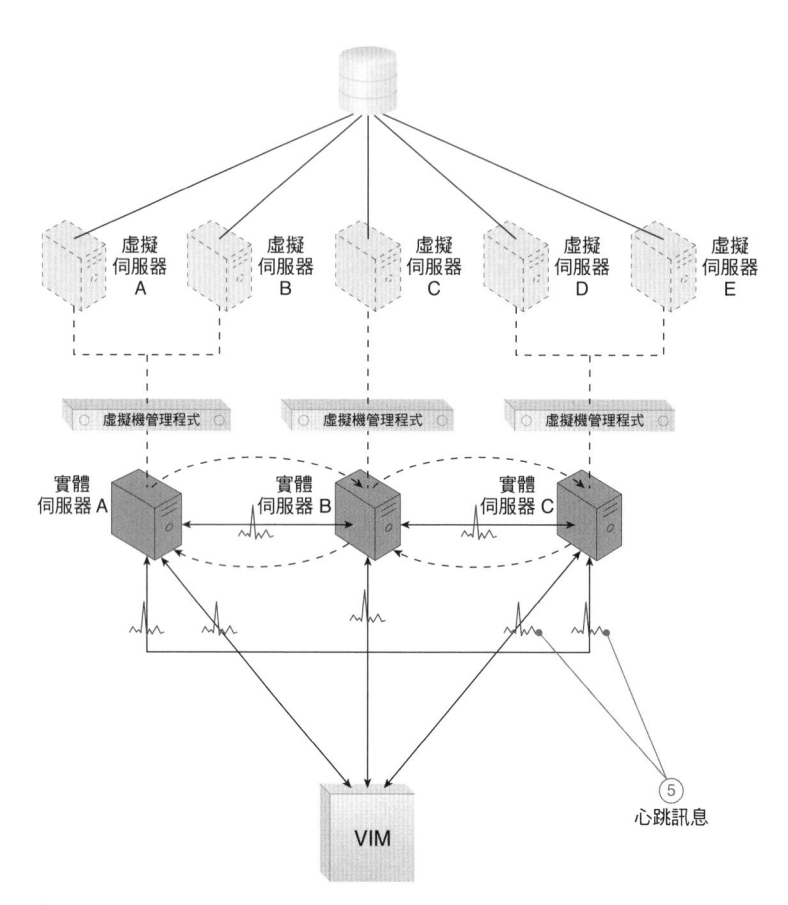

圖 14.4 實體伺服器根據預先定義的時間表與 VIM 互相交換心跳訊息（5）。

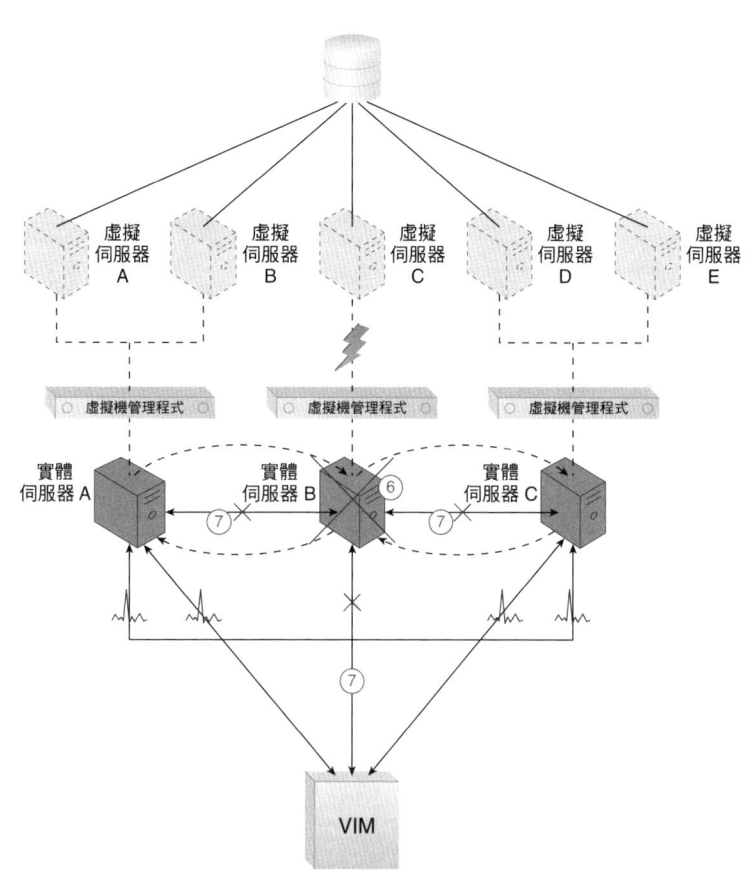

圖 14.5 實體伺服器 B 發生故障變得不可用，危及虛擬伺服器 C（6）。其他實體伺服器和 VIM 停止接收來自實體伺服器 B 的心跳訊息（7）。

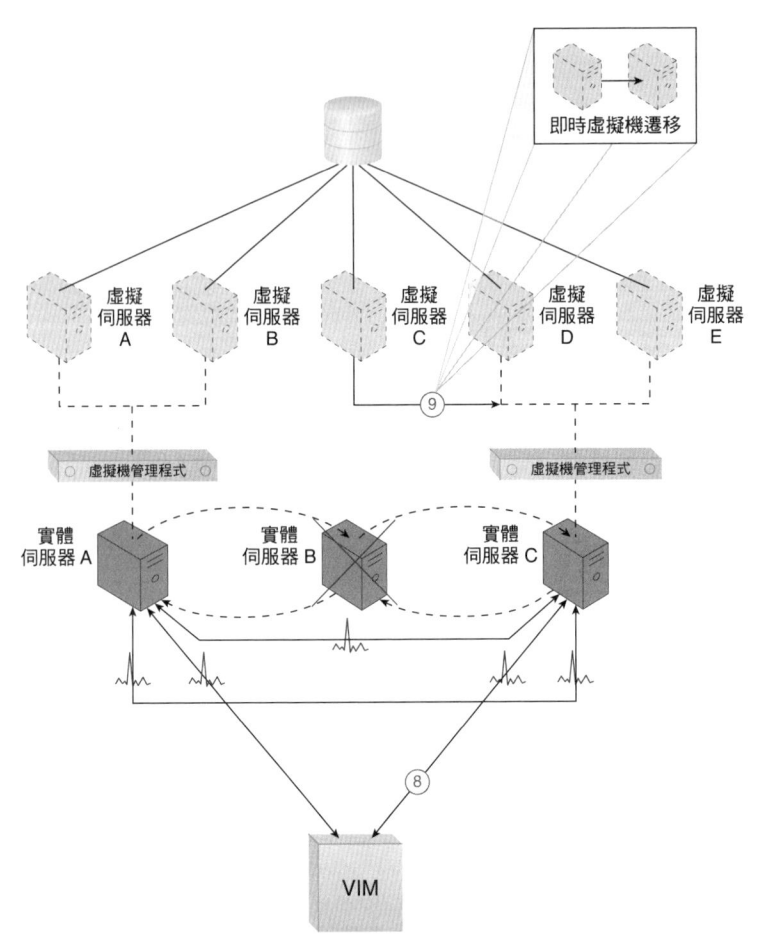

圖 14.6 VIM 評估叢集中其他 Hypervisor 的可用容量後,選擇實體伺服器 C 作為接管虛擬伺服器 C 的新主機(8)。虛擬伺服器 C 被即時遷移到實體伺服器 C 上運行的 Hypervisor,在恢復正常使用前,可能需要重新啟動(9)。

14.2 虛擬伺服器叢集架構

虛擬伺服器叢集架構代表在運行 Hypervisor 的實體伺服器部署一個或多個虛擬伺服器叢集。此架構專注於利用雲端虛擬化技術為伺服器叢集提供效率、彈性與擴展性。

每一個虛擬伺服器在運行 Hypervisor 的獨立實體伺服器上建立實例（圖 14.7）。提供虛擬基礎設施，在這個基礎上配置虛擬伺服器叢集以實現不同目的，例如大數據分析、服務導向架構、分散式 NoSQL 資料庫以及先進的容器管理平台。

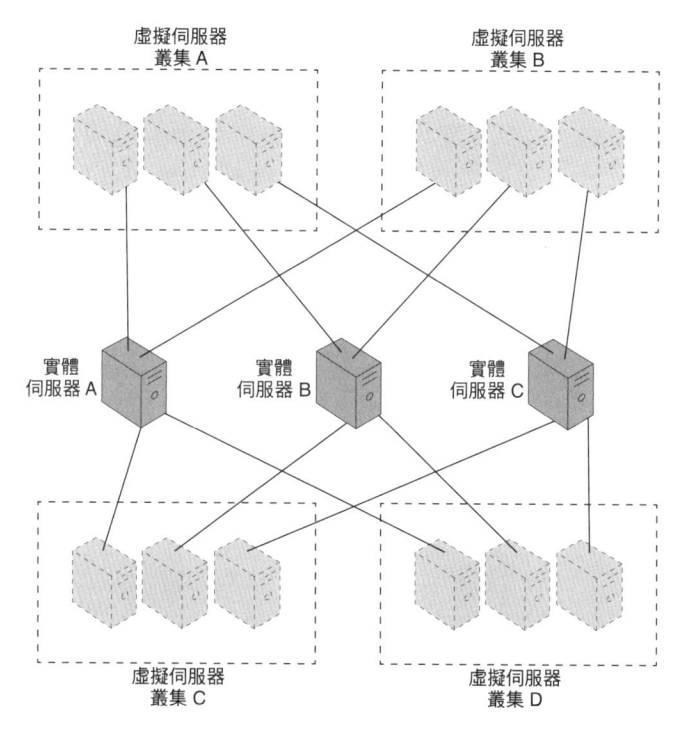

圖 14.7 實體伺服器 A、B 和 C 正運行 Hypervisor，允許每個主機託管多個虛擬伺服器。（這些虛擬伺服器由資源叢集機制配置為虛擬伺服器叢集。）

除了 Hypervisor、資源叢集和虛擬伺服器之外，還可以將以下機制納入此架構：

- 邏輯網路邊界：邏輯網路邊界可確保虛擬伺服器叢集被包圍在一個互相連接的環境中，使所有節點可以安全的彼此通訊。

- 資源複製：同一叢集中的虛擬伺服器會彼此通知其狀態和可用性。叢集中發生的任何更改（例如建立或刪除虛擬交換機）都需要複製到所有虛擬伺服器上。

14.3 負載平衡虛擬伺服器實例架構

在操作和管理隔離的實體伺服器之間確保跨伺服器工作負載能夠平衡是一個有挑戰性的任務。一台實體伺服器很容易比相鄰的其他實體伺服器最終託管更多的虛擬伺服器或接收更大的工作負載（圖 14.8）。隨著時間的推移，實體伺服器過度利用和未充分利用的情形都會急劇增加導致持續的性能影響（對於過度利用的伺服器而言）和持續的浪費（對於未充分利用的伺服器失去的潛在處理能力）。

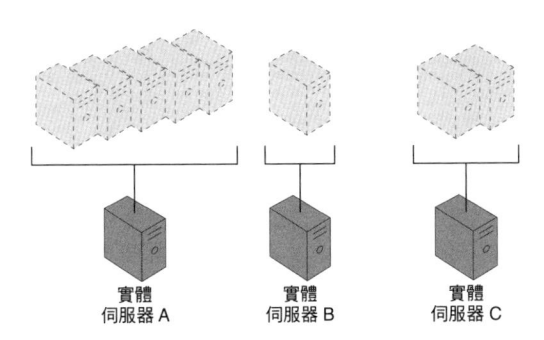

圖 14.8　3 台實體伺服器必須託管不同數量的虛擬伺服器實例，導致伺服器同時存在過度利用和未充分利用的情況。

負載平衡虛擬伺服器架構建立了一個容量監控系統，在工作分配到實體伺服器之前，動態計算虛擬伺服器實例和工作負載（圖 14.9）。

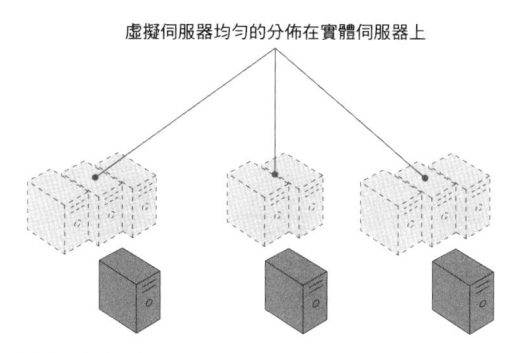

圖 14.9 虛擬伺服器實例更均勻地分佈在實體伺服器上。

容量監控系統由雲端使用量監視器、即時 VM 遷移程式和容量規劃器組成。容量監視器追蹤實體和虛擬伺服器的使用情況，並向容量規劃器報告任何重大波動，容量規劃器負責根據虛擬伺服器的使用量動態計算實體伺服器的運算容量。如果容量規劃器決定將虛擬伺服器移動到另一台主機以分配工作負載，則發送信號通知即時 VM 遷移程式移動虛擬伺服器（圖 14.10 至 14.12）。

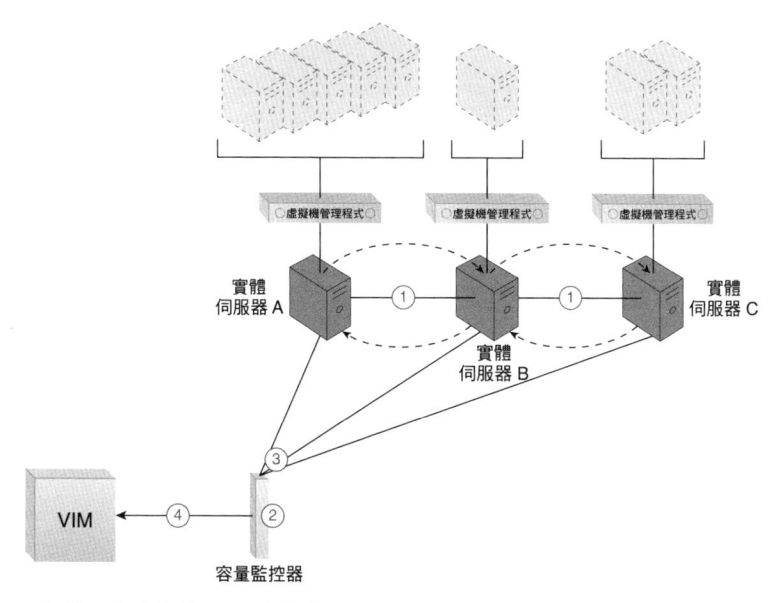

圖 14.10 負載平衡虛擬伺服器建立在 Hypervisor 叢集架構的基礎之上（1）。容量監視器定義策略和閾值（2），比較實體伺服器容量與虛擬伺服器處理狀況（3）。容量監視器向 VIM 回報過度使用情況（4）。

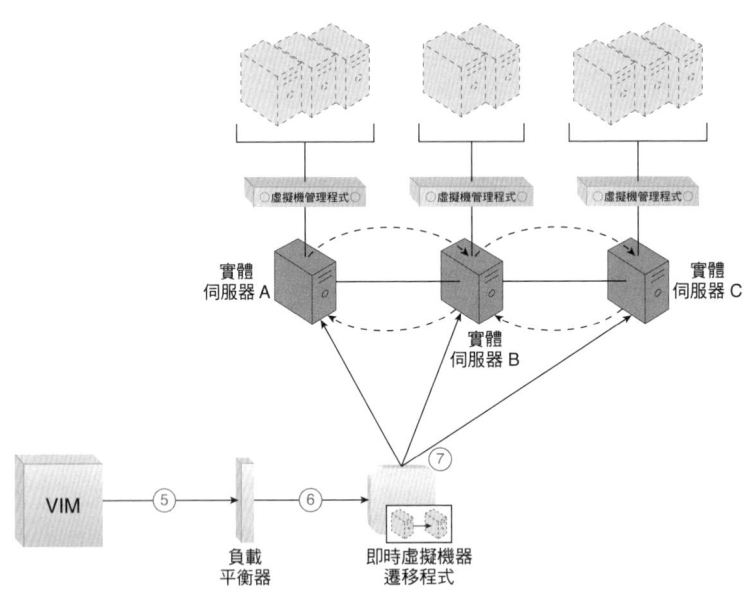

圖 14.11 VIM 發送信號通知負載平衡器根據預先定義的閾值重新分配工作負載（5）。負載平衡器啟動即時 VM 遷移程式來移動虛擬伺服器（6）。即時虛擬機器遷移將選定的虛擬伺服器從一個實體主機移動到另一個實體主機（7）。

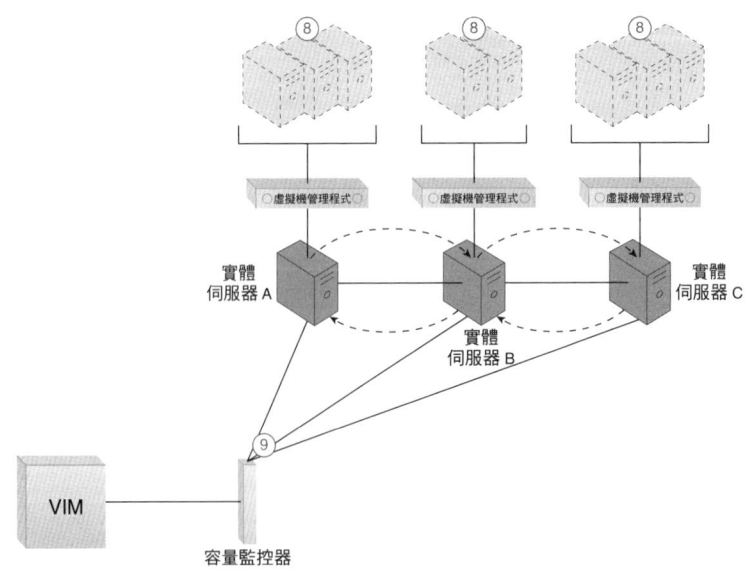

圖 14.12 工作負載在叢集中的實體伺服器之間保持平衡（8）。容量監視器繼續監控工作負載和資源消耗（9）。

除了 Hypervisor、資源叢集、虛擬伺服器和（容量監控）雲端使用量監視器之外，此架構中還可以包括以下機制：

- **自動擴容監聽器**：自動擴容監聽器可使用於啟動負載平衡的流程並透過 Hypervisor 動態監控虛擬伺服器的工作負載。

- **負載平衡器**：負載平衡器機制負責在 Hypervisor 之間分配虛擬伺服器的工作負載。

- **邏輯網路邊界**：邏輯網路邊界確保用來重新配置虛擬伺服器的目的地符合 SLA 和隱私法規。

- **資源複製**：作為負載平衡功能的一部分，可能需要複製虛擬伺服器實例。

14.4 不中斷服務轉移架構

雲端服務可能由於多種原因而變得不可用，例如：

- 運行時使用需求超出處理能力
- 更新維護強制要求暫時停機
- 永久遷移到新的實體伺服器

如果雲端服務變得不可用，雲端服務消費者的請求通常會被拒絕並導致異常情況。即使停機是計畫中的，也不希望停止提供雲端服務給雲端服務消費者使用。

不中斷服務轉移架構建立了一個系統，預先定義的事件會觸發運行時雲端服務的複製或遷移而避免任何中斷。雲端服務中的活動不需透過冗餘機制來擴展或縮減雲端服務，而是在運行時透過在新的主機上增加額外的部署來暫時轉移到另一個託管環境。同樣地當原始部署需要進行維護停機時，雲端服務消費者的請求可以暫時導向額外的部署。雲端服務部署和任何雲端服務活動的重新導向也可以是永久的，以配合雲端服務遷移到新的實體伺服器主機。

底層架構的關鍵在於停用或刪除原始雲端服務部署之前，保證新的雲端服務部署成功且可以接收並回應雲端服務消費者的請求。一種常見的方法是使用即時 VM 遷移來移動託管雲端服務的整個虛擬伺服器。自動擴容監聽器或負載平衡器機制可在觸發雲端服務消費者請求時進行臨時重新導向，以反映縮放和工作負載分配的要求。這兩種機制都可以聯繫 VIM 啟動即時 VM 遷移流程，如圖 14.13 至 14.15 所示。

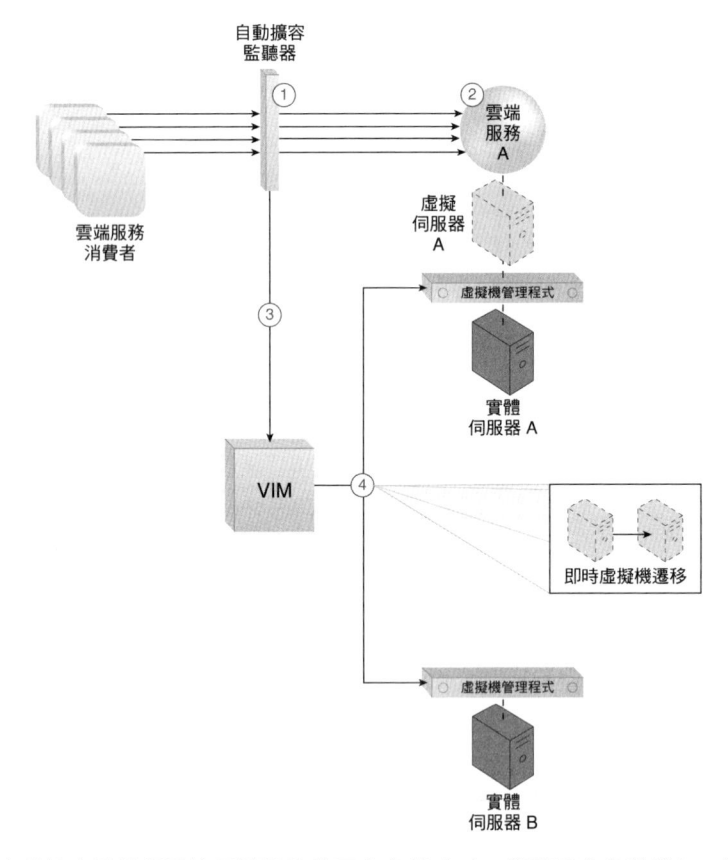

圖 14.13 自動擴容監聽器監控雲端服務的工作負載（1）。隨著工作負載增加，達到雲端服務預先定義的閾值（2），導致自動擴容監聽器向 VIM 發送信號啟動重新導向（3）。VIM 使用即時虛擬機遷移程式指示來源 Hypervisor 和目標 Hypervisor 執行運作中重新配置（4）。

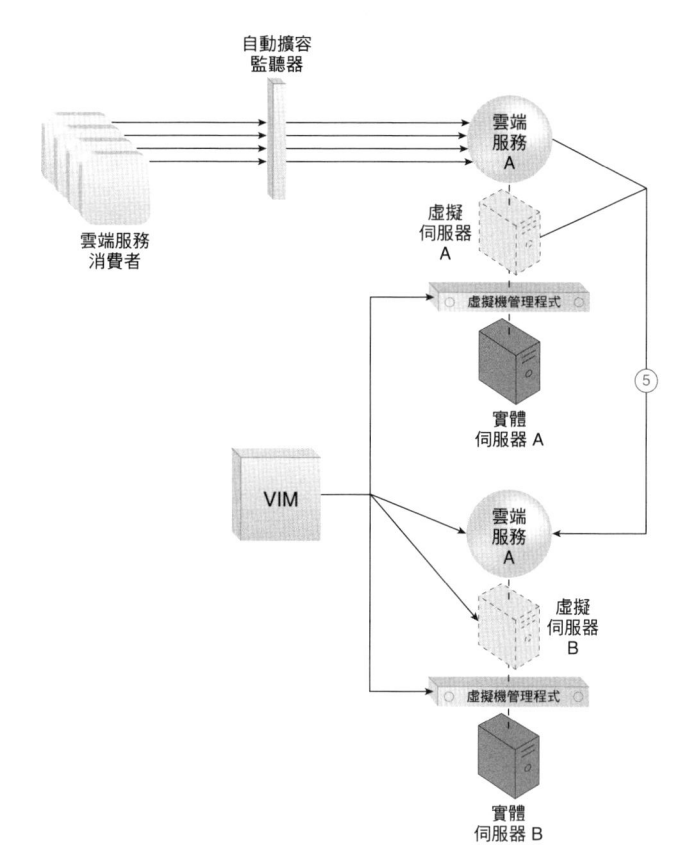

圖 14.14 透過實體伺服器 B 上的目標 Hypervisor，建立虛擬伺服器及其託管的雲端服務的第二個副本（5）。

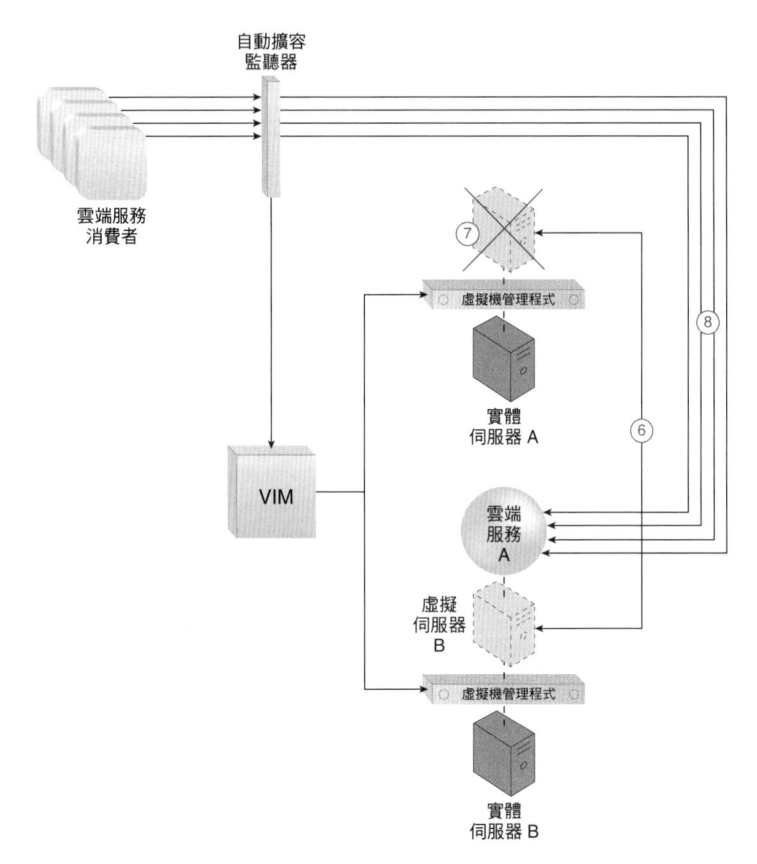

圖 14.15 兩個虛擬伺服器實例的狀態已同步（6）。確認雲端服務消費者的請求已成功與實體伺服器 B 上的雲端服務交換後，從實體伺服器 A 中刪除第一個虛擬伺服器實例（7）。雲端服務消費者的請求現在僅發送到實體伺服器 B 上的雲端服務（8）。

根據虛擬伺服器磁碟和配置的位置，虛擬伺服器遷移可以透過以下兩種方式之一進行：

- 如果虛擬伺服器磁碟儲存在本地儲存設備或連接到來源主機的獨佔遠端儲存設備上，則在目標主機上建立虛擬伺服器磁碟的副本。副本建立後，兩個虛擬伺服器實例會進行同步，並且虛擬伺服器文件會從原始主機中刪除。

- 如果虛擬伺服器的文件儲存在來源主機和目標主機之間共用的遠端儲存設備上，則無須複製虛擬伺服器磁碟。虛擬伺服器的所有權只是從原始實體伺服器轉移到目標實體伺服器，並且虛擬伺服器的狀態會自動同步。

此架構可以由持久性虛擬網路配置架構支持，以便保留遷移的虛擬伺服器上已經定義的網路配置，保持與雲端服務消費者的連接。

除了自動擴容監聽器、負載平衡器、雲端儲存設備、Hypervisor 和虛擬伺服器之外，此架構也可以包含下列其他機制：

- 雲端使用量監視器：可以使用不同類型的雲端使用量監視器來持續追蹤 IT 資源的使用情況和系統活動。

- 按使用量付費監視器：按使用量付費監視器用來收集針對來源位置和目標位置的 IT 資源服務使用成本計算的數據。

- 資源複製：資源複製機制用於在目標位置實例化雲端服務的影子副本（shadow copy）。

- *SLA 管理系統*：此管理系統負責處理 SLA 監視器提供的 SLA 數據，以在雲端服務複製或重新導向期間和之後確保雲端服務可用性。

- *SLA 監視器*：此監控機制收集 SLA 管理系統所需的 SLA 訊息，如果可用性保證仰賴此架構，則 SLA 監視器會變得很重要。

NOTE

無中斷服務遷移技術架構和第 15 章介紹的直接 I/O 存取架構存在衝突，無法結合使用。具有直接 I/O 存取功能的虛擬伺服器被鎖定在實體伺服器上，無法使用這種方式遷移到其他主機。

14.5 零停機架構

實體伺服器自然是其託管的虛擬伺服器的單點故障。因此，當實體伺服器發生故障或受到損害時，任何（或所有）託管虛擬伺服器的可用性都可能受到影響。這使得要讓雲端服務供應商向雲端服務消費者發出零停機保證具有挑戰性。

零停機架構建立在一個複雜的故障轉移系統，允許在虛擬伺服器的原始實體伺服器主機發生故障時，將虛擬伺服器動態移動到不同的實體伺服器主機（圖 14.16）。

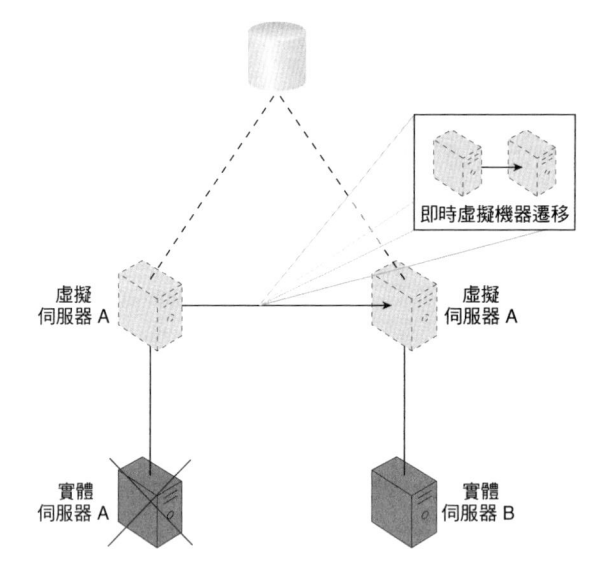

圖 14.16 實體伺服器 A 發生故障，觸發即時虛擬機器遷移程式，將虛擬伺服器 A 動態遷移到實體伺服器 B。

多台實體伺服器組成一個群組，該群組由容錯系統控制，能夠不間斷地將活動從一台實體伺服器切換到另一台。即時虛擬機遷移元件通常是此類高可用性雲端架構的核心。

所產生的容錯性確保了在實體伺服器發生故障的情況下，託管的虛擬伺服器會被遷移到備用實體伺服器。所有虛擬伺服器都儲存在共享磁碟上（根

據持久性虛擬網路配置架構），以便同一群組的其他實體伺服器主機可以存取文件。

除了故障轉移系統、雲端儲存設備和虛擬伺服器機制之外，以下機制也可以成為此架構的一部分：

- 稽核監視器：可能需要此機制來檢查虛擬伺服器的重新導向是否將託管的數據重新導向禁止的地點。
- 雲端使用量監視器：此機制用於監測雲端服務消費者的實際 IT 資源使用情況，以幫助確保不會超出虛擬伺服器容量。
- *Hypervisor*：每個受影響實體伺服器上的 Hypervisor 的虛擬伺服器也同樣受到影響。
- 邏輯網路邊界：邏輯網路邊界提供並維護所需的隔離，以確保每個雲端服務消費者在虛擬伺服器重新導向後保持在自己的邏輯邊界內。
- 資源叢集：使用資源叢集機制來建立不同類型的主動 - 主動叢集群組，這些群組合作提高虛擬伺服器託管的 IT 資源可用性。
- 資源複製：此機制可以在主虛擬伺服器發生故障時建立新的虛擬伺服器和雲端服務實例。

14.6 雲端平衡架構

雲端平衡架構建立一個專門的架構模型，在多個雲端之間實現 IT 資源的負載平衡。

跨越多個雲來平衡雲端服務消費者的請求可以達成：

- 提升 IT 資源的性能和可擴展性
- 增加 IT 資源的可用性和可靠性
- 改進負載平衡和 IT 資源的最佳化

雲端平衡功能主要使用自動擴容監聽器和故障轉移系統機制的組合（圖 14.17）。更多元件（或更多其他機制）可以組成完整的雲端平衡架構的一部分。

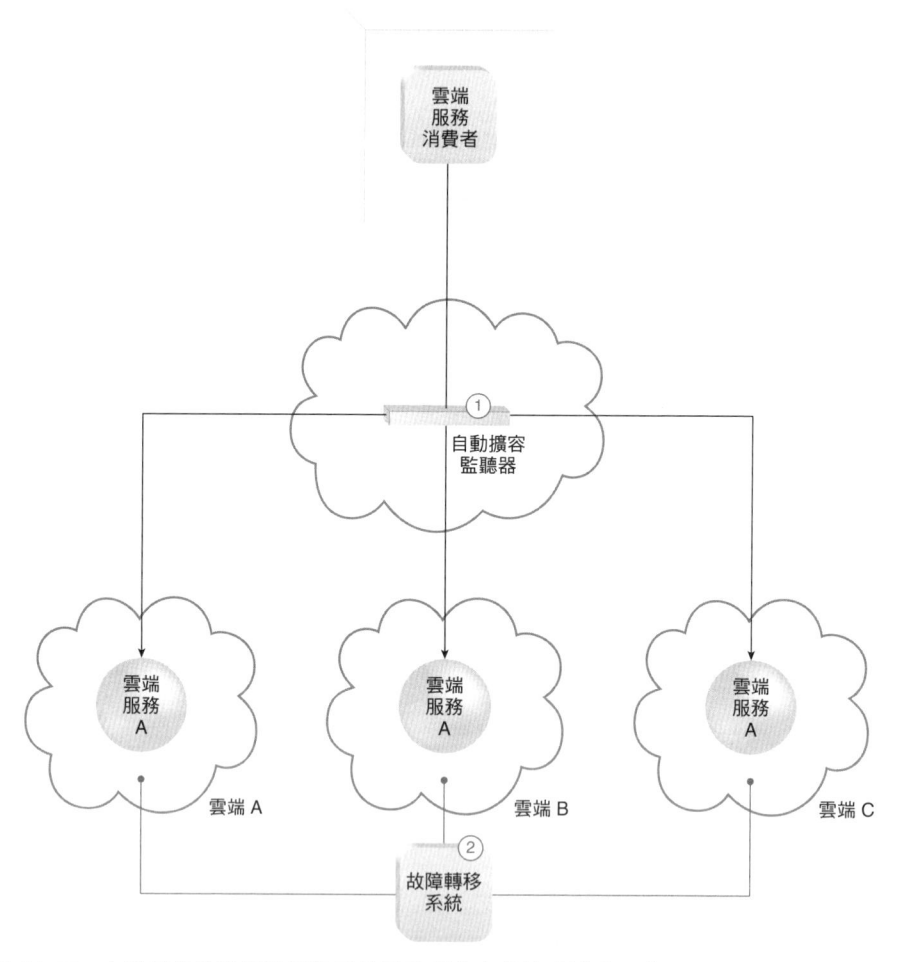

圖 14.17 自動擴容監聽器透過將雲端服務消費者的請求導向分佈在多個雲端上雲端服務 A 的冗餘部署來控制雲端平衡的過程（1）。故障轉移系統透過跨雲端故障轉移系統為此架構帶來彈性（2）。

作為第一步，可以採用下列兩種機制：

- 自動擴容監聽器根據目前的縮放和性能要求將雲端服務消費者請求重新導向到其中一個冗餘 IT 資源部署上。

- 故障轉移系統確保冗餘 IT 資源能夠在 IT 資源或底層託管環境出現故障時進行跨雲端故障轉移。IT 資源故障狀況會公布，以便自動擴容監聽器避免無意中將雲端服務消費者請求導向不可用或不穩定的 IT 資源。

為了使雲端平衡架構有效運行，自動擴容監聽器需要了解雲端平衡架構範圍內的所有冗餘 IT 資源。

若如果無法手動同步跨雲端 IT 資源，則可能需要採用資源複製機制來自動同步。

14.7 彈性災難復原架構

自然或人為災害隨時可能無預警地發生。IT 企業可以建立災難復原策略，以確保在破壞事件或重要 IT 系統受到功能限制的情況下，可以使用這些系統冗餘實施的第二個遠端位置接管。這就是**彈性災難復原架構**的目的。

雲端服務供應商提供高可用性的雲端 IT 資源，使雲端環境成為保護地端 IT 資源免受災害影響的理想次要站點。在公有雲中部署時，隨處存取和彈性雲端的特性可以支持這種架構，因為雲端資源隨時隨地可用，並且可以透過多種方式存取。

彈性災難復原架構使用資源複製機制在企業技術架構中建立所有關鍵資源的冗餘副本。然後將這些副本放置在遠端位置，預計會與原始副本保持同步，以便在原始位置發生重大災難時替換原始副本（圖 14.18）。

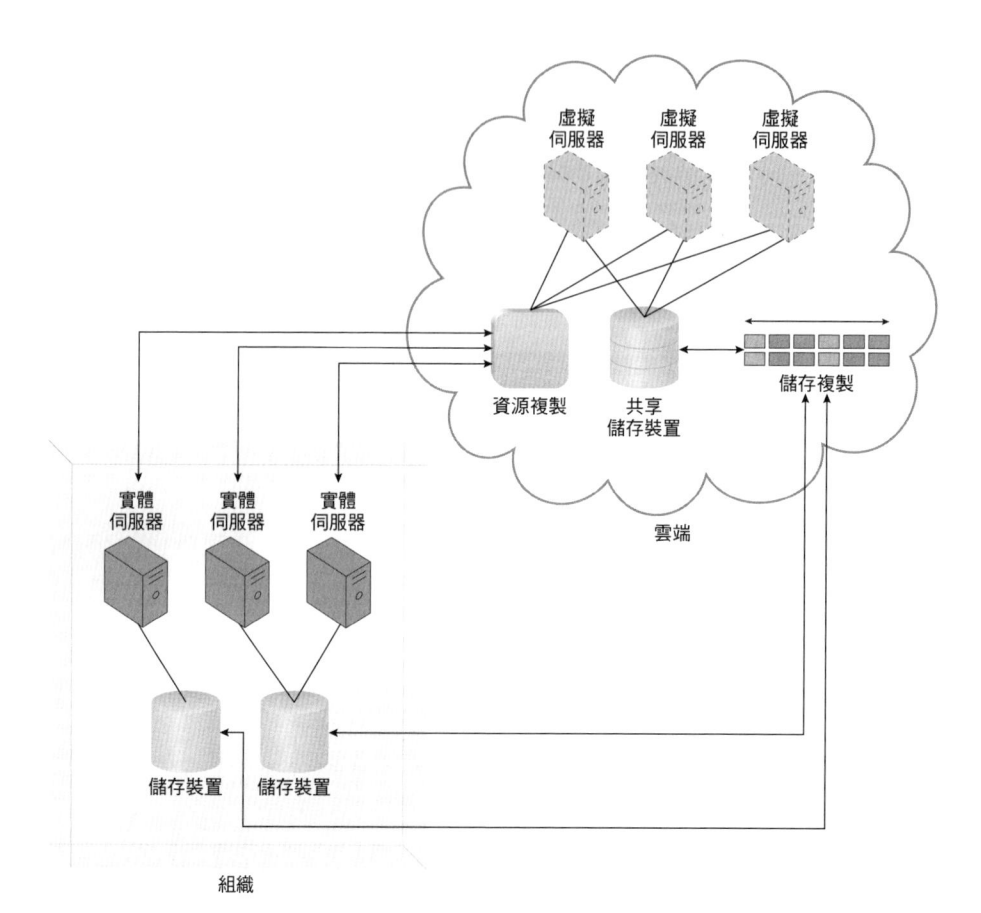

圖 14.18 一個組織使用資源複製機制在公有雲中建立實體基礎設施的虛擬副本部署。儲存複製機制將本地數據與雲端上的副本進行同步。

資源複製機制使架構中雲端的複製 IT 資源與原始副本保持持續同步。

此架構中可以包含下列其他機制：

- *Hypervisor*：Hypervisor 機制允許將本地的實體或虛擬伺服器透過雲端環境中的實體伺服器託管冗餘的虛擬伺服器副本。

- **虛擬伺服器**：虛擬伺服器機制可以用來確保地端的實體或虛擬伺服器與雲端上的冗餘資源保持同步。
- **雲端儲存設備**：雲端儲存設備機制可以在複製的雲端站點中儲存來自原始地端站點的冗餘數據副本。

14.8 分散式資料自主權架構

資料，特別是個人資料的確切管理規定，可能因國家和地區而異。通常此類法規要求資料持有者需要確保受法規保護的資料存放於特定地理範圍內。通常雲端服務消費者被視為雲端資料的官方資料持有者，而雲端服務供應商通常不需要遵守這些類型的法規。

雲端服務供應商通常使用複雜的資料複製系統來實現冗餘等級，為提供的雲端儲存服務提供高可用性。副本通常在地理上分散，以保證最高等級的可用性，因為這種分佈方式比較容易與潛在的故障進行隔離。

然而，地理分佈可能會導致雲端服務供應商將受保護的資料副本存放在可能違反雲端服務消費者必須遵守的資料保護法規的地點。**分散式資料自主權架構**是一種模型，透過確保分散式的資料儲存在符合法規的地點來避免這種情況。此架構能保證受保護的資料儲存在一個或多個特定的物理位置。

分散式資料主權架構的一個重要設計考量是確保雲端服務供應商使用的資料複製機制可以針對法規進行配置。此架構還仰賴於資料治理管理機制來協調受保護資料能存放在符合本地或不同地區法規的適當儲存地點（圖 14.19）。

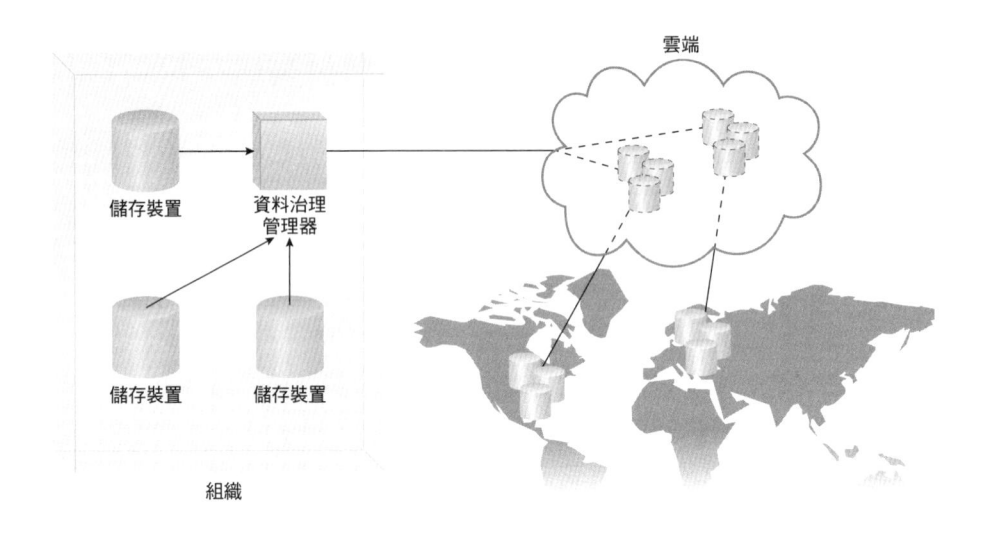

圖 14.19 一個組織使用資料治理管理機制來確保其雲端儲存的資料位於根據地區資料保護法規必須存放的位置。

除此之外，以下機制也是架構中的一部分：

- 雲端儲存設備：雲端儲存設備機制將受保護的資料儲存在組織必須遵守的地區法規位置。

- 稽核監視器：需要此機制來檢查本地資料是否複製到禁止的位置。

- 儲存複製：儲存複製機制將提升復原力而製作的資料副本保存在地理位置符合儲存保護法規的儲存設備中。

> **NOTE**
> 另一種方法是雲端服務消費者在每個需要遵守法規的不同地區選擇當地雲端服務供應商，建立一個多雲端架構（如第 13 章所述），其中每個雲屬於不同的雲端服務供應商。

14.9 資源預留架構

根據 IT 資源如何設計用於共享情境以及它們可用的容量狀況，併發存取可能會導致運行時的例外情形，稱為**資源限制**。當兩個或多個雲端服務消費者被分配共享同一個 IT 資源時，如果 IT 資源沒有足夠的容量來滿足這些雲端服務消費者的全部處理需求，就會發生資源限制。因此，一個或多個雲端服務消費者會遇到性能下降，或者可能完全拒絕存取。雲端服務本身可能會關閉，導致所有雲端服務消費者都無法使用。

當不同的雲端服務消費者同時存取 IT 資源（尤其不是專門設計為能夠共享的資源）時，可能會發生其他類型的執行衝突。例如，巢狀和同級資源池導入了**資源借用**的概念，即一個資源池可以臨時從其他資源池借用 IT 資源。當借用的 IT 資源被雲端服務消費者長時間使用而未歸還時，就會觸發執行衝突。也不可避免會導致資源限制的情況再次發生。

資源預留架構建立了一個系統，將使用下列其中一種模式為特定的雲端服務消費者保留資源（圖 14.20 至 14.22）：

- 單一 IT 資源
- 部分 IT 資源
- 多個 IT 資源

這個系統避免上述資源限制和資源借用條件來保護雲端服務消費者免受彼此影響。

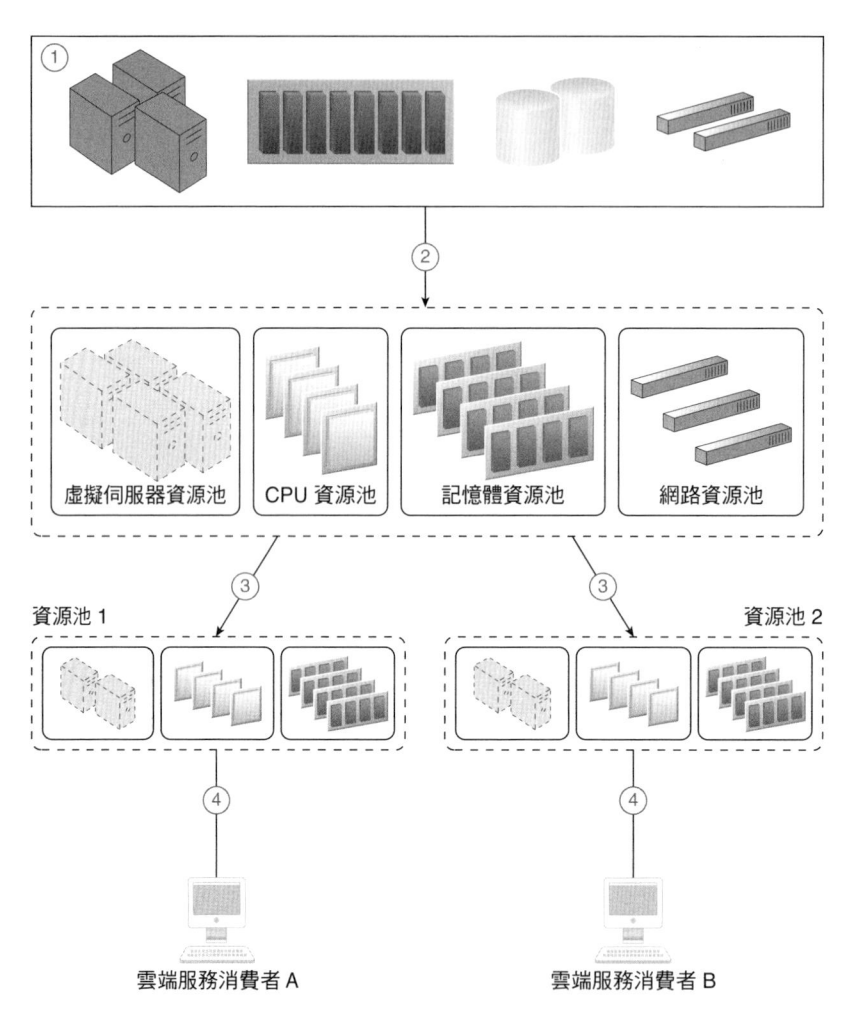

圖 14.20 建立一個實體資源組（1），並根據資源池架構從中建立一個父資源池（2）。從父資源池中建立兩個較小的子資源池，並使用資源管理系統定義資源限制（3）。雲端服務消費者可獲得自己的專屬資源池存取權限（4）。

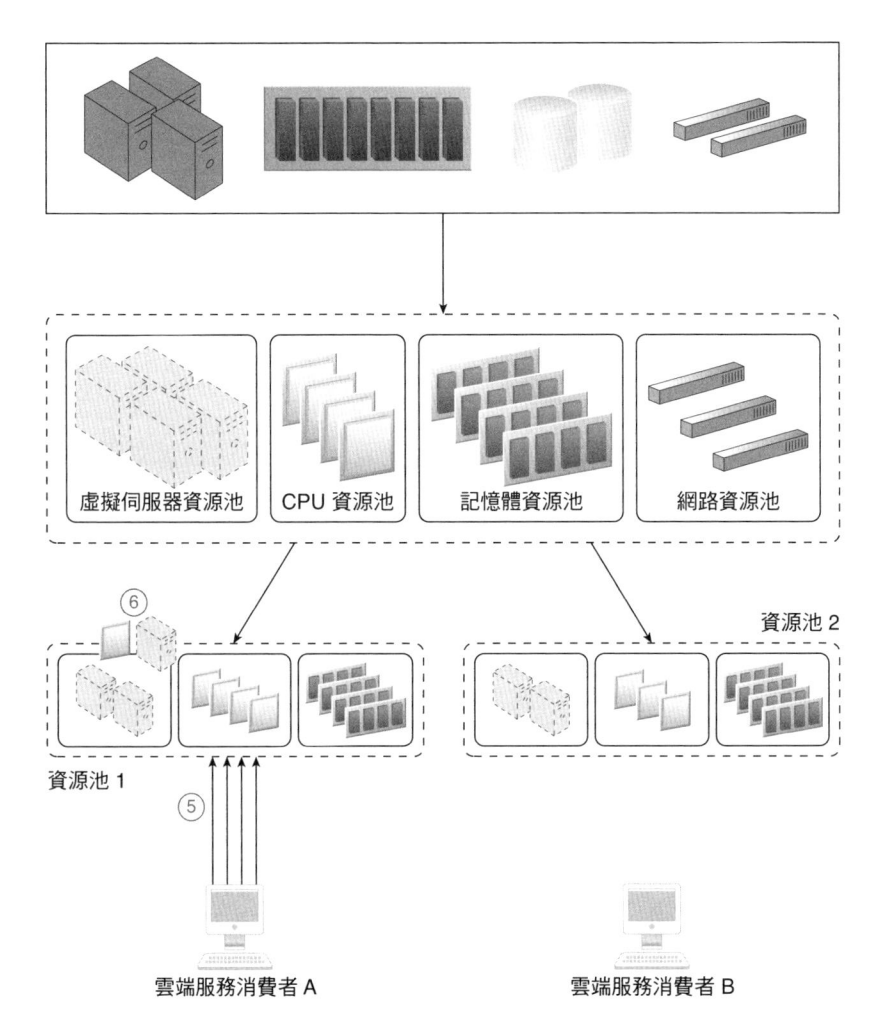

圖 14.21 來自雲端服務消費者 A 的請求增加導致更多的 IT 資源分配給該雲端服務消費者（5），這代表需要從資源池 2 借用一些 IT 資源。借用的 IT 資源量受步驟 3 中定義的資源限制所約束，以確保雲端服務消費者 B 不會遇到任何資源限制（6）。

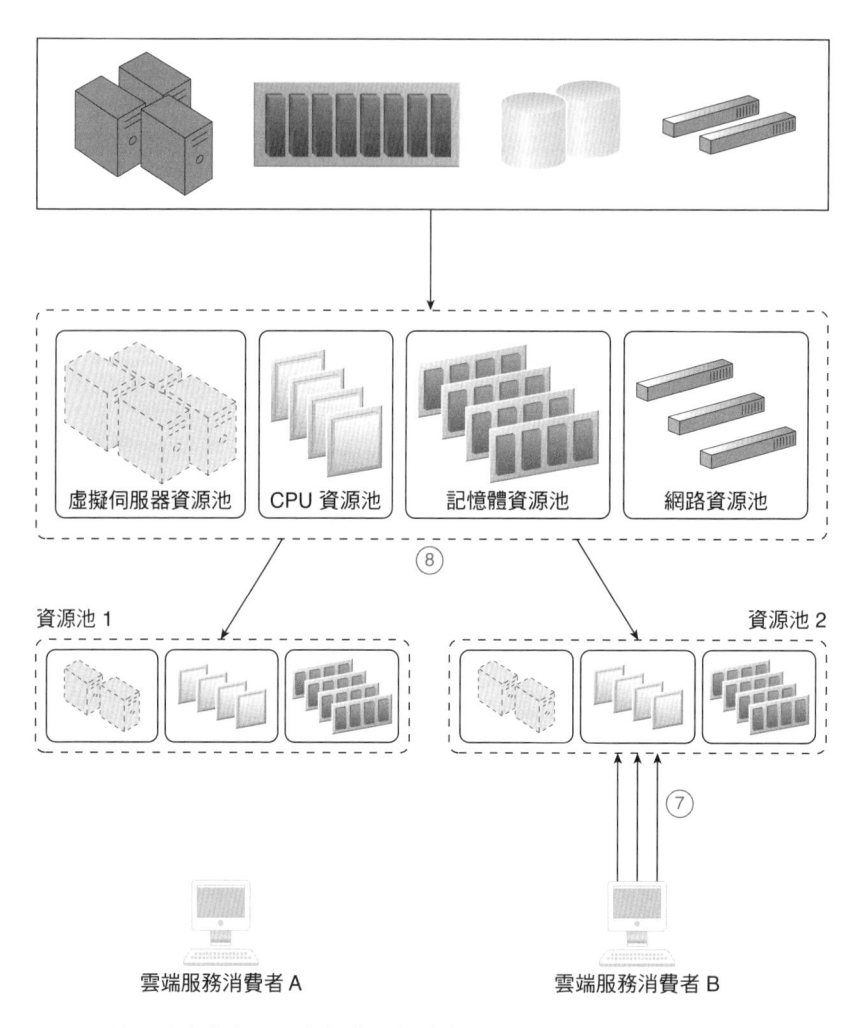

圖 14.22 雲端服務消費者 B 現在提出更多請求和使用需求,可能很快需要利用資源池中所有可用的 IT 資源(7)。資源管理系統強制資源池 1 釋放 IT 資源並將其移回資源池 2,以供雲端服務消費者 B 使用(8)。

建立 IT 資源預留系統可能需要資源管理系統機制的參與,該機制用於定義單一 IT 資源和資源池的使用額度。預留鎖定每個資源池需要保留的 IT 資源量,資源池擁有的餘裕 IT 資源還是可以共享和借用。遠端管理系統機制也用於提供前端客製化,以便雲端服務消費者可以管理控制預留的 IT 資源分配。

此架構中通常預留的機制類型是雲端儲存設備和虛擬伺服器。架構中可能包含的其他機制包括：

- **稽核監視器**：稽核監視器用於檢查資源預留系統是否符合雲端服務消費者稽核、隱私和其他法規要求。例如，它可能會追蹤預留 IT 資源的地理位置。

- **雲端使用量監控器**：雲端使用量監控器可以監控觸發預留 IT 資源分配的閾值。

- *Hypervisor*：Hypervisor 機制可能會對不同的雲端服務消費者保留資源，以確保能為他們正確分配到保障的 IT 資源。

- **邏輯網路邊界**：此機制建立必要的邊界，以確保預留的 IT 資源專門提供給雲端服務消費者。

- **資源複製**：此元件需要隨時了解每個雲端服務消費者的 IT 資源消耗限制，以便快速複製和配置新的 IT 資源。

14.10 動態故障偵測與復原架構

雲端環境可能包含大量 IT 資源，這些資源可被眾多雲端服務消費者同時存取。任何 IT 資源都可能遇到需要手動干預才能解決的故障情況。手動管理和解決 IT 資源的故障通常效率很低且不切實際。

動態故障偵測與復原架構建立一個恢復監控系統來監測和反應各種預先定義的故障場景（圖 14.23 和 14.24）。該系統通知並提報自身無法自動解決的故障情況。它依賴一個特殊的雲端使用量監控器，稱為智慧監控器，主動追蹤 IT 資源並針對預先定義的事件採取事先定義好的行為。

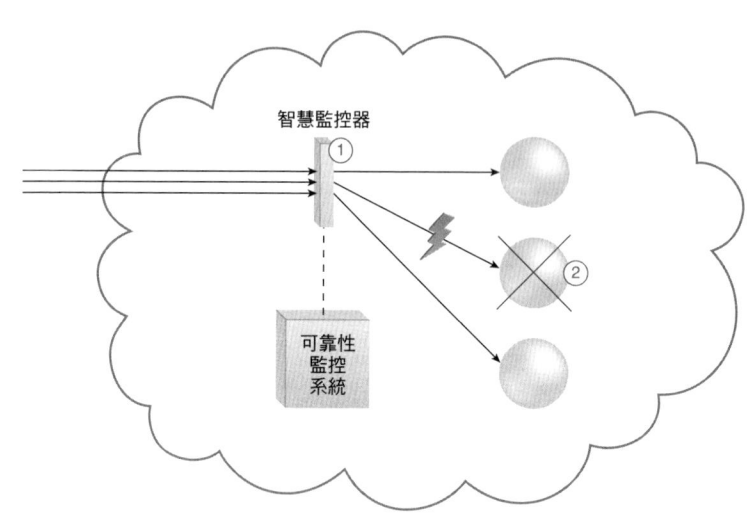

圖 14.23 智慧監控器會追蹤雲端服務消費者的請求（1），並偵測到某項雲端服務發生故障（2）。

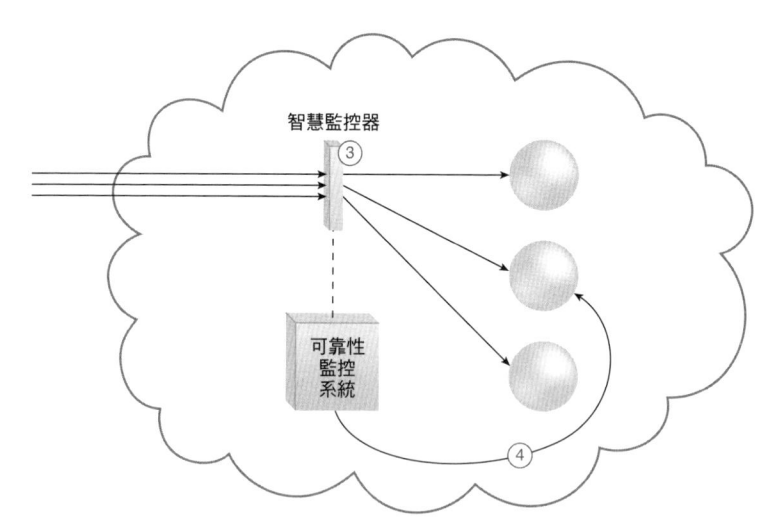

圖 14.24 智慧監控器會通知監控系統（3），監控系統會根據預先定義的策略還原雲端服務讓雲端服務恢復運行（4）。

恢復監控系統執行以下五個核心功能：

- 監視
- 確認事件
- 對事件採取行動
- 報告
- 提報（escalating）

可以為每個 IT 資源定義恢復策略順序，以確定發生故障情況時智慧監控器需要採取的步驟。例如，恢復策略可以設定在發出通知之前需要先嘗試自動執行一次恢復作業（圖 14.25）。

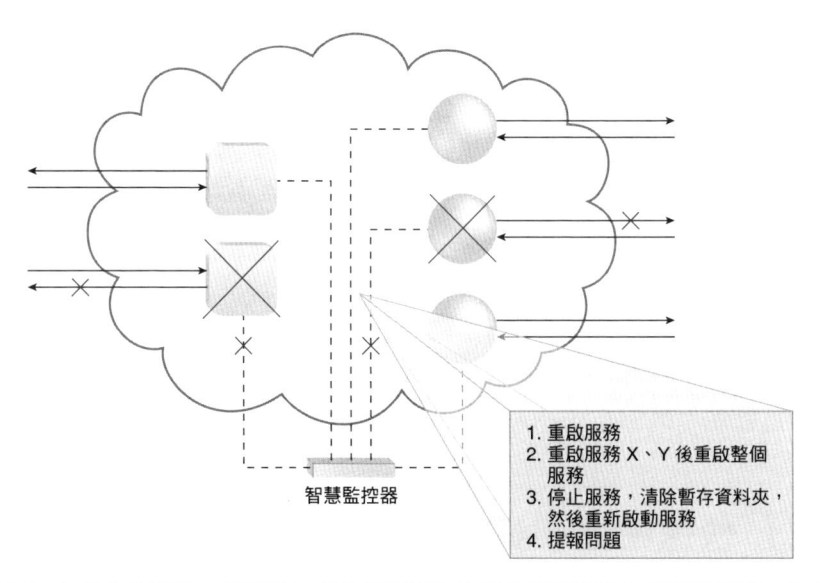

圖 14.25 在發生故障時，智慧監控器會根據預先定義的策略逐步恢復雲端服務，並在問題比預期更嚴重時提報處理流程。

智慧監視器通常採取以下一些行動來提報問題：

- 執行批次檔
- 發送控制台訊息
- 發送簡訊
- 發送電子郵件
- 發送 SNMP 陷阱
- 記錄工單

許多類型的程式和產品都可以當作智慧監控器。大多數可以與標準工單和事件管理系統整合。

這個架構模型還可以包含以下機制：

- **稽核監控器**：此機制用於追蹤數據恢復是否按照法律或政策要求執行。
- **故障轉移系統**：故障轉移系統機制通常在最初嘗試復原故障 IT 資源期間使用。
- **SLA 管理系統和 SLA 監控器**：由於動態故障偵測與復原架構實現的功能與 SLA 保障密切相關，因此整套系統通常仰賴 SLA 管理系統和監控器處理的訊息。

14.11 快速配置架構

傳統的配置過程可能涉及許多任務，這些任務過去由管理員和技術專家手動完成，他們根據預先打包的規範或客戶的客製化需求來準備所申請的 IT 資源。在為更多客戶提供服務並且普通客戶請求較多 IT 資源的雲端環境中，手動配置過程是不夠的，甚至可能因為人為錯誤和反應時間緩慢而導致不合理的風險。

例如，雲端服務消費者要求安裝、配置和更新 25 台 Windows 伺服器，其中一些伺服器需要安裝多個應用程式，一半的應用程式使用一樣的安裝方式，另一半則需要客製化安裝。每次作業系統部署可能需要長達 30 分鐘，然後還需要額外的時間來安裝安全補丁程式和作業系統更新，且需要重新啟動伺服器。最後，需要部署和配置應用程式。使用手動或半自動方法需要大量時間，並且隨著每次安裝次數的增加，人為錯誤的可能性也會增加。

快速配置架構建立了一個系統，可以自動化配置各種 IT 資源，無論是單獨配置還是集體配置。快速 IT 資源配置的底層技術架構可能既複雜又繁瑣，仰賴一個由自動配置程式、快速配置引擎以及按需求配置的腳本和範本組成的系統。

除了圖 14.26 中顯示的元件之外，還有許多其他架構元件可用於協調和自動化 IT 資源配置的各種功能，例如：

- 伺服器範本：用於自動化建立虛擬伺服器實例的虛擬映像檔範本。
- 伺服器映像檔：這些映像檔類似於虛擬伺服器範本，但用於配置實體伺服器。
- 應用程式套件：用於自動部署應用程式和其他軟體的集合。
- 應用程式封裝器：用於建立應用程式套件的軟體。
- 自訂腳本：作為智慧自動化引擎的一部分，自動執行管理任務的腳本。
- 順序管理器：一個自動組織配置任務順序的程式。
- 順序記錄器：記錄自動配置任務順序執行情況的元件。
- 作業系統基準配置：在作業系統安裝後套用的配置範本，以便快速準備提供使用。

- **應用程式設定基準配置**：準備新應用程式時所需的設置和環境參數配置範本。

- **部署數據儲存庫**：儲存虛擬映像檔、範本、腳本、基準配置和其他相關資料的儲存庫。

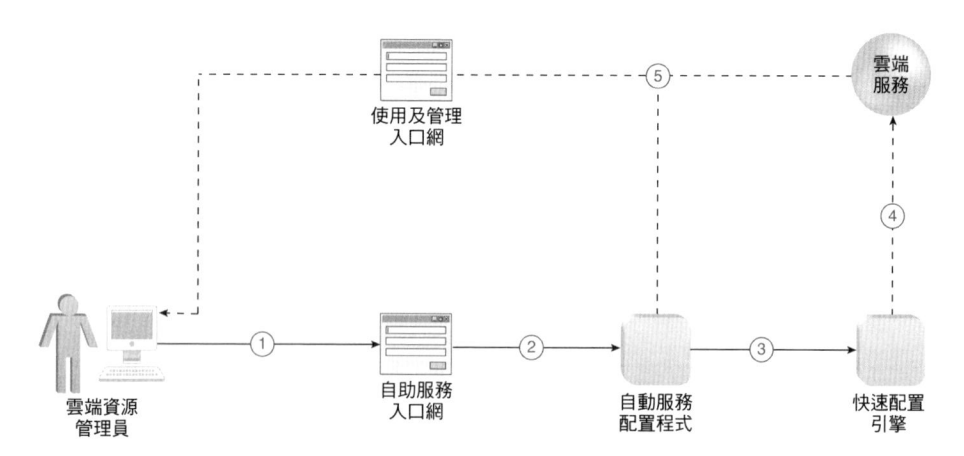

圖 14.26 雲端資源管理員透過自助服務入口網申請一個新的雲端服務（1）。自助服務入口網會將請求傳遞到安裝在虛擬伺服器上的自動服務配置程式（2），該程式會將需要執行的任務傳遞到快速配置引擎（3）。接著，快速配置引擎會通知新的雲端服務準備就緒（4）。自動服務配置程式會完成並發佈雲端服務到雲端服務消費者可以存取的使用和管理入口網（5）。

以下逐步描述有助於深入瞭解快速配置引擎的內部工作原理，該引擎涉及許多先前列出的系統元件：

1. 雲端服務消費者透過自助服務入口網申請一台新伺服器。

2. 順序管理器將請求轉發給部署引擎，用於準備作業系統。

3. 如果請求的是虛擬伺服器，則部署引擎會使用虛擬伺服器範本進行配置。否則，部署引擎會發送請求來配置實體伺服器。

4. 如果可用，將使用預定義的請求作業系統類型映像檔來配置作業系統。否則，將執行常規部署流程來安裝作業系統。

5. 作業系統準備完成後，部署引擎會通知順序管理器。

6. 順序管理器更新並發送日誌到順序記錄器進行儲存。

7. 順序管理器請求部署引擎將作業系統基準配置套用到已安裝的作業系統。

8. 部署引擎套用請求的作業系統基準配置。

9. 部署引擎通知順序管理器作業系統基準配置已套用。

10. 順序管理器更新並發送已完成步驟的日誌到順序記錄器進行儲存。

11. 順序管理器請求部署引擎安裝應用程式。

12. 部署引擎在已配置的伺服器上部署應用程式。

13. 部署引擎通知順序管理器應用程式已安裝。

14. 順序管理器更新並發送已完成步驟的日誌到順序記錄器進行儲存。

15. 順序管理器請求部署引擎套用應用程式的設定基準配置。

16. 部署引擎套用設定基準配置。

17. 部署引擎通知順序管理器設定基準配置已套用。

18. 順序管理器更新並發送已完成步驟的日誌到順序記錄器進行儲存。

雲端儲存裝置機制為應用程式儲存基準配置資訊、範本和腳本，而Hypervisor 可以快速建立、部署和託管虛擬伺服器，這些虛擬伺服器可以自行配置，也可以託管其他已配置的 IT 資源。資源複製機制通常根據快速配置需求生成複製的 IT 資源實例。

14.12 儲存工作負載管理架構

雲端儲存設備過度使用會增加儲存控制器的工作負載，並導致一系列性能上的挑戰。另外，未充分利用的雲端儲存設備會造成處理和儲存容量潛在的浪費（圖 14.27）。

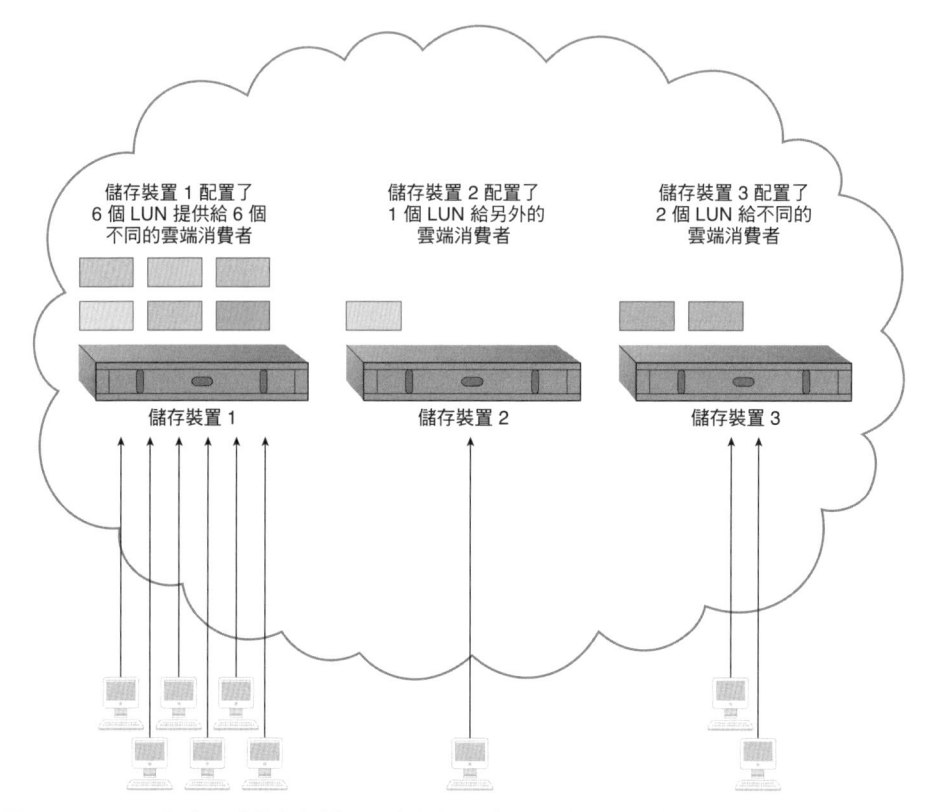

圖 14.27 不平衡的雲端儲存架構在儲存設備 1 中為雲端服務消費者提供了 6 個儲存 LUN，而儲存設備 2 託管一個 LUN，儲存設備 3 託管 2 個。由於儲存設備 1 託管了最多的 LUN，因此大部分工作負載都集中在儲存設備 1 上。

LUN 遷移

LUN 遷移是一個專用的儲存程式,在不中斷服務的情況下將 LUN 從一個儲存裝置移動到另一個儲存裝置,同時雲端服務消費者不會發現這個過程的存在。

LUN 遷移

儲存工作負載管理架構使 LUN 能在可用的雲端儲存設備之間均勻分佈,同時建立儲存容量系統以確保運作時工作負載在 LUN 之間均勻分佈(圖 14.28)。

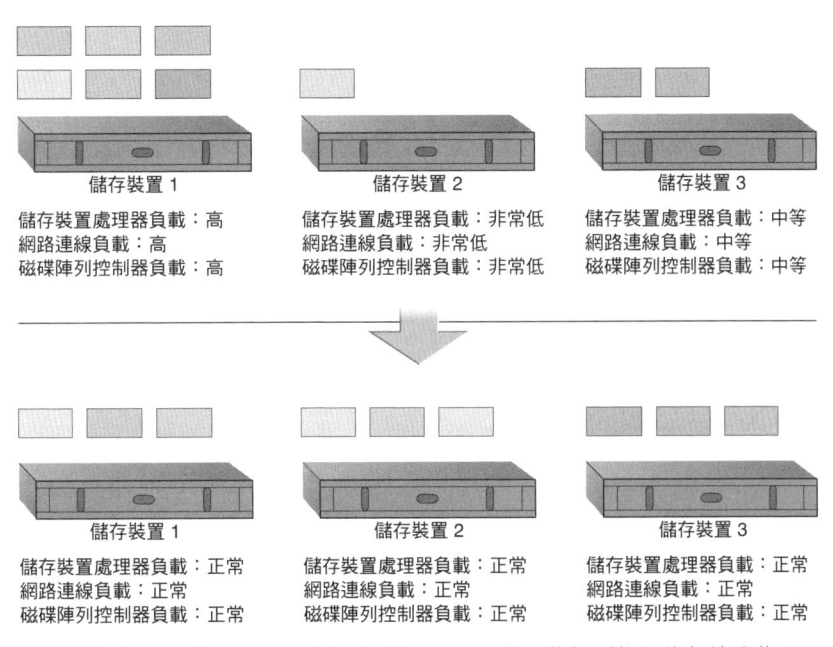

儲存裝置 1
儲存裝置處理器負載:高
網路連線負載:高
磁碟陣列控制器負載:高

儲存裝置 2
儲存裝置處理器負載:非常低
網路連線負載:非常低
磁碟陣列控制器負載:非常低

儲存裝置 3
儲存裝置處理器負載:中等
網路連線負載:中等
磁碟陣列控制器負載:中等

儲存裝置 1
儲存裝置處理器負載:正常
網路連線負載:正常
磁碟陣列控制器負載:正常

儲存裝置 2
儲存裝置處理器負載:正常
網路連線負載:正常
磁碟陣列控制器負載:正常

儲存裝置 3
儲存裝置處理器負載:正常
網路連線負載:正常
磁碟陣列控制器負載:正常

圖 14.28 LUN 會動態分配到雲端儲存設備,使相關工作負載類型能更均勻地分佈。

將雲端儲存設備組合成一個群組使 LUN 數據在可用的儲存主機之間平均分配。配置儲存管理系統,並放置自動擴容監聽器來監控和平衡群組中雲端儲存設備之間運行時的工作負載,如圖 14.29 至 14.31 所示。

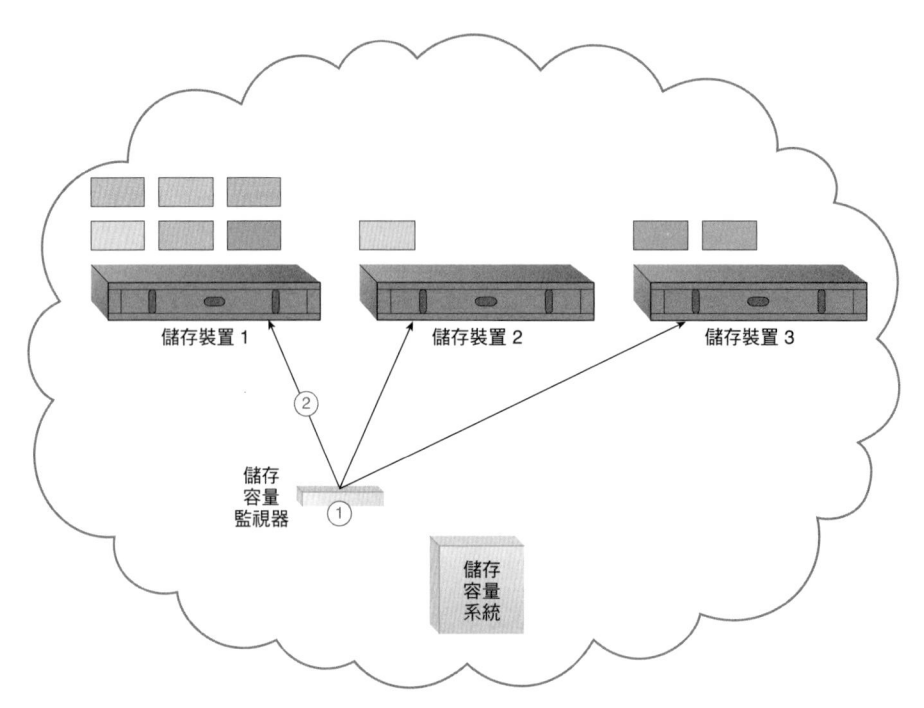

圖 14.29 儲存容量系統和儲存容量監視器配置即時監控三個儲存裝置，這些儲存裝置的工作負載和容量閾值都已預先定義好（1）。儲存容量監視器確定儲存裝置 1 的工作負載即將達到閾值（2）。

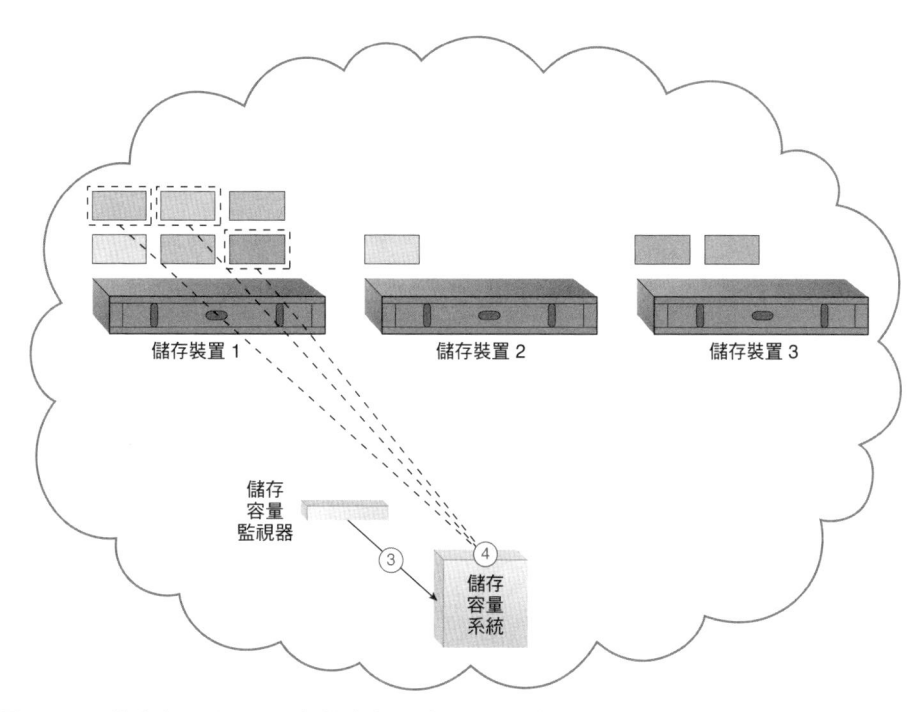

圖 14.30 儲存容量監視器通知儲存容量系統，儲存裝置 1 過度利用（3）。儲存容量系統接著辨識出需要從儲存裝置 1 移動 LUN（4）。

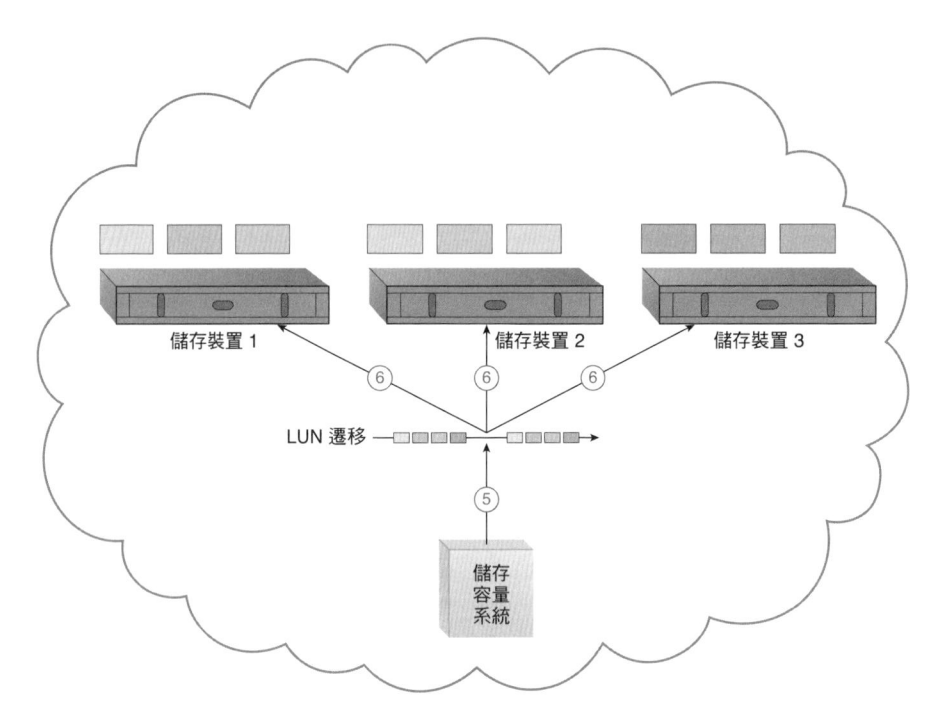

圖 14.31 儲存容量系統啟動 LUN 遷移，將部分 LUN 從儲存裝置 1 移到另外兩個儲存裝置（5）。LUN 遷移會將 LUN 轉移到儲存裝置 2 和 3，以平衡工作負載（6）。

儲存容量系統可以在 LUN 存取頻率較低或只在特定時間內存取時，使主機儲存設備保持在省電模式。

下列額外機制可以包含在儲存工作負載管理架構中，與雲端儲存設備配合使用：

- 稽核監視器：這個監控機制用來檢查是否符合法規、隱私和安全要求，利用這個架構建立的系統可以實際更換資料儲存的位置。

- 自動擴容監聽器：自動擴容監聽器用於觀察和反應工作負載的波動。

- 雲端使用量監視器：除了容量工作負載監視器之外，專門的雲端使用量監視器可以用來追蹤 LUN 移動並收集工作負載分佈統計資訊。
- 負載平衡器：可以增加這個機制在可用雲端儲存設備之間的進行進行水平方向的工作負載平衡。
- 邏輯網路邊界：邏輯網路邊界提供不同等級的隔離，使重新導向的雲端服務消費者數據不會被未經授權的人存取。

14.13 虛擬私有雲端架構

虛擬私有雲端架構建立了一個私有雲，底層基礎設施屬於公有雲供應商，但僅限於交付給特定雲端服務消費者的私有雲使用。這對於想要擁有私有雲但沒有必要的基礎設施在組織內部部署時很有用。

對於擁有獨佔存取權限的雲端服務消費者來說，這是一個私有雲。但是從雲端服務供應商的角度來看，它則是基礎設施的一部分，這就是為什麼它被稱為「虛擬」私有雲的原因。底層的實體資源，通常會進行虛擬化以提高利用效率，不會與其他雲端服務消費者共用。相反的，它們僅用於虛擬私有雲的「所有者（雲端服務消費者）」。

用於構建此架構的實體資源需要與雲端服務供應商基礎設施的其他資源特別隔離，其中包括一個獨立的實體網路，雲端服務消費者可以透過安全的虛擬私人網路（VPN）連接到該網路，如圖 14.32 所示。有時 VPN 可以由雲端服務供應商到雲端服務消費者的專用線路代替（但這可能會導致更昂貴的架構）。

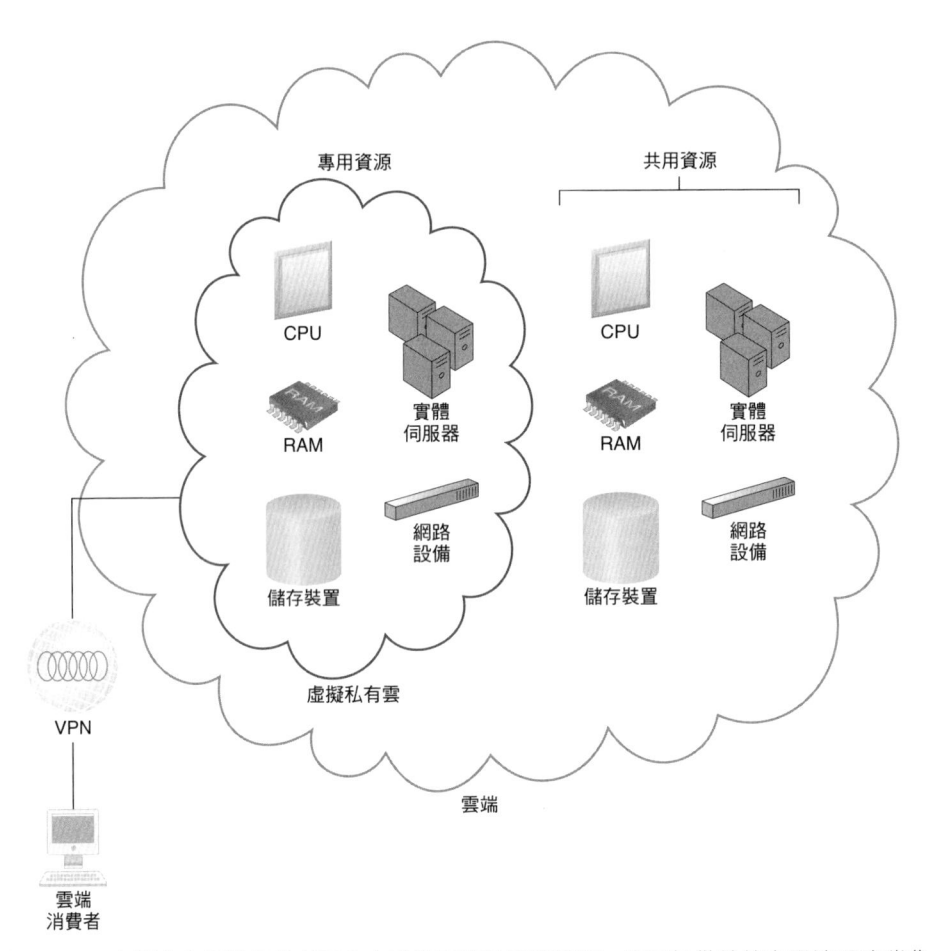

圖 14.32 虛擬私有雲端架構利用公有雲供應商的實體資源，專門提供給特定雲端服務消費者獨佔使用，並透過安全連線（例如 VPN 提供的連線）存取。

這個架構涉及的機制與建立任何其他私有雲所需的機制相同，唯一例外是 VPN，當私有雲部署在組織物理邊界內的基礎設施上時，通常不需要 VPN。這些機制包括：

- *Hypervisor*：Hypervisor 機制透過在實體伺服器上部署虛擬伺服器，為提高實體伺服器使用率提供一種有效的方法。

- 虛擬伺服器：虛擬伺服器機制是雲端環境中最常用的資源類型，用於託管各種類型的負載。

- 雲端儲存設備：雲端儲存設備機制在虛擬私有雲中提供儲存功能。

- 虛擬交換器：虛擬交換器機制提供虛擬伺服器與虛擬私有雲中其他資源之間的連接。

案例研究

Innovartus 向兩個不同的雲端服務供應商租用兩個雲端環境，並打算利用此機會為角色扮演雲端服務建立一個試驗性的雲端平衡架構。

Innovartus 的雲端架構師在評估需求與兩個雲端的對應功能後，制定了一份設計規範，在每個雲端環境都會運行多個雲端服務的部署。這個架構包含了分離的自動擴容監聽器和故障轉移系統實作方案，以及一個中央負載平衡器機制（圖 14.33）。

負載平衡器使用工作負載分配演算法將雲端服務消費者的請求分配到不同的雲上，而每個雲端的自動擴容監聽器則將請求導向本地的雲端服務部署。不論是否在相同的雲端環境內，故障轉移系統可以將服務轉移到冗餘的雲端部署上。雲端之間的故障轉移主要是在本地雲端服務部署接近處理閾值時，或雲端遇到嚴重平台故障時進行。

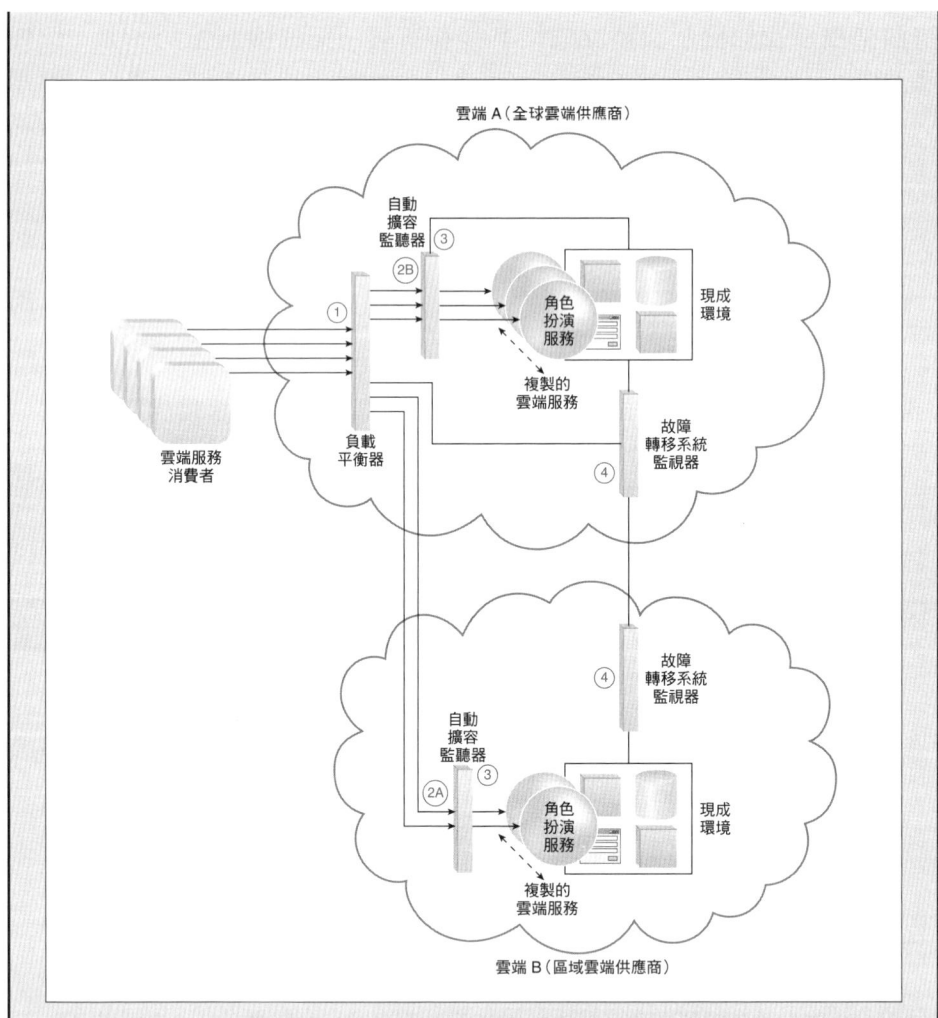

圖 14.33 負載平衡服務代理程式根據預先定義的演算法轉發雲端服務消費者請求（1）。請求會被本地或外部的自動擴容監聽器接收（2A、2B），接著轉發到雲端服務的部署上（3）。故障轉移系統監視器用於偵測和回應雲端服務故障（4）。

Chapter 15

特殊雲端架構

- 15.1 直接 I/O 存取架構
- 15.2 直接 LUN 存取架構
- 15.3 動態數據正規化架構
- 15.4 彈性網路容量架構
- 15.5 跨儲存設備垂直分層架構
- 15.6 儲存設備內垂直數據分層架構
- 15.7 負載平衡虛擬交換器架構
- 15.8 多路徑資源存取架構
- 15.9 虛擬網路配置持久化架構
- 15.10 虛擬伺服器冗餘實體連線架構
- 15.11 儲存設備維護窗口架構
- 15.12 邊緣運算架構
- 15.13 迷霧運算架構
- 15.14 虛擬資料抽象化架構
- 15.15 元雲端架構
- 15.16 聯合雲端應用程式架構

Chapter 15　特殊雲端架構

本章所涵蓋的架構模型涉及廣泛的功能領域和主題，提供了雲端機制和專用元件的創意組合方式。

以下為涵蓋的架構：

- 直接 I/O 存取
- 直接 LUN 存取
- 動態資料正規化
- 彈性網路容量
- 跨儲存設備垂直分層
- 儲存設備內垂直數據分層
- 負載平衡虛擬交換器
- 多路徑資源存取
- 虛擬網路配置持久化
- 虛擬伺服器冗餘實體連線
- 儲存設備維護窗口
- 邊緣運算
- 迷霧運算
- 虛擬資料抽象化
- 元雲端
- 聯合雲端應用程式

在後續合適的情境下會描述相關雲端機制的參與。

15.1 直接 I/O 存取架構

通常，要使用安裝在實體伺服器上的 I/O 卡是透過 Hypervisor 處理層的 I/O 虛擬化功能提供給託管的虛擬伺服器。然而，有時虛擬伺服器需要在沒有任何 Hypervisor 介入或模擬的情況下直接連接和使用 I/O 卡。

使用**直接 I/O 存取架構**，允許虛擬伺服器繞過 Hypervisor，直接存取實體伺服器的 I/O 卡，作為透過 Hypervisor 模擬連接的替代方案（圖 15.1 至 15.3）。

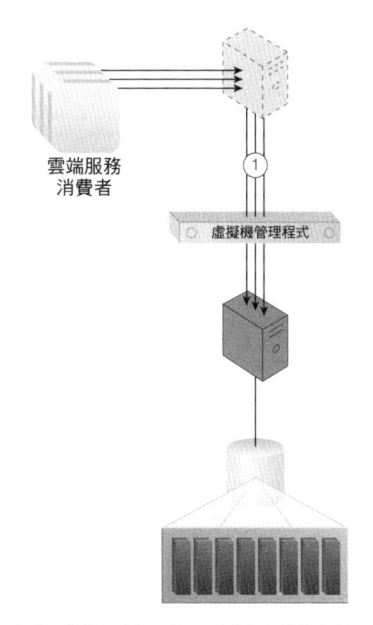

圖 15.1 雲端服務消費者存取虛擬伺服器，該虛擬伺服器存取儲存位在 SAN 設備的 LUN 上的資料庫（1）。虛擬伺服器到資料庫的連接是透過虛擬交換器進行的。

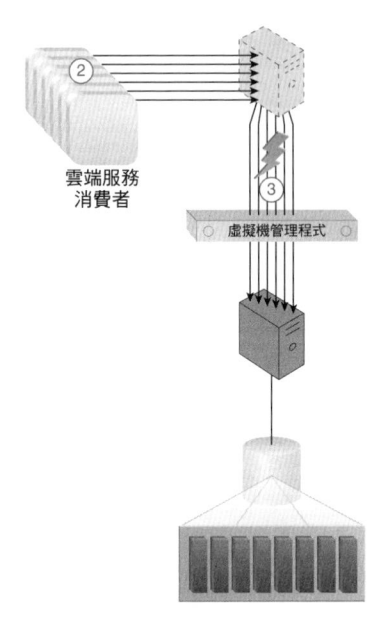

圖 15.2 雲端服務消費者請求量增加（2），導致虛擬交換器的頻寬和性能不足（3）。

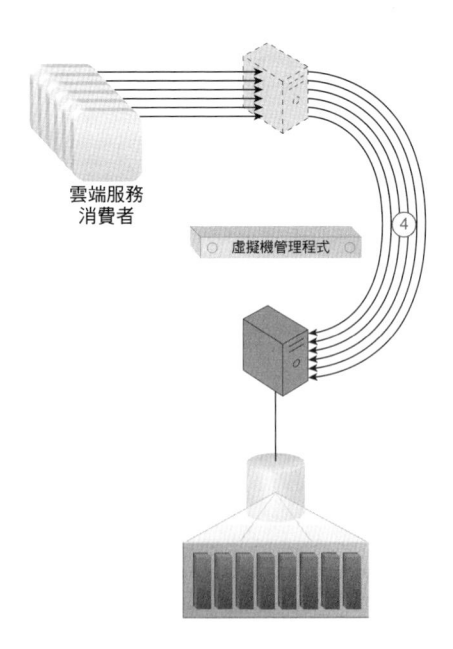

圖 15.3 虛擬伺服器繞過 Hypervisor，透過與實體伺服器的實體線路直接連接到資料庫伺服器（4）。現在可以妥善處理增加的工作負載。

為實現這個解決方案並在沒有 Hypervisor 介入的情況下存取實體 I/O 卡，主機 CPU 需要支援這種類型的存取，並在虛擬伺服器上安裝適當的驅動程式。安裝驅動程式後，虛擬伺服器就可以將 I/O 卡識別為硬體設備。

除了虛擬伺服器和 Hypervisor 之外，還有下列機制可以加入此架構：

- 雲端使用量監視器：運作狀態監視器可以收集並分類各種直接 I/O 存取的雲端服務使用量數據。

- 邏輯網路邊界：邏輯網路邊界確保雲端服務消費者所分配的實體 I/O 卡不能存取其他雲端服務消費者的 IT 資源。

- 按使用量付費監視器：此監視器收集已分配的實體 I/O 卡使用成本訊息。

- 資源複製：複製技術用於將虛擬 I/O 卡替換為實體 I/O 卡。

15.2 直接 LUN 存取架構

儲存 LUN 通常透過 Hypervisor 上的主機匯流排介面卡（host bus adapter，HBA）進行對應，儲存空間被模擬為檔案格式儲存模式並連結到到虛擬伺服器（圖 15.4）。然而，虛擬伺服器有時需要直接存取原始的區塊儲存區。例如，當使用叢集並將 LUN 提供給兩台虛擬伺服器之間作為叢集共用儲存設備時，透過模擬的介面卡進行存取是不夠的。

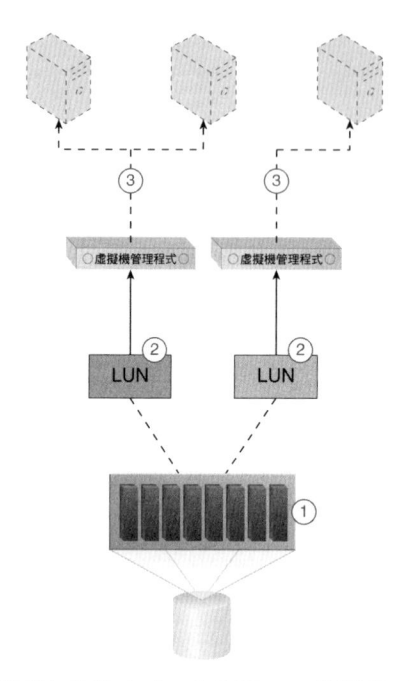

圖 15.4 已安裝並配置雲端儲存設備（1）。定義好 LUN 的對應，因此每個 Hypervisor 都可以存取自己的 LUN，並且還可以查看所有對應的 LUN（2）。Hypervisor 將對應的 LUN 提供給虛擬伺服器，作為正常使用的檔案儲存（3）。

直接 LUN 存取架構透過實體 HBA 卡為虛擬伺服器提供 LUN 存取，這是一個有意義的設計，因為同一叢集中的虛擬伺服器可以將 LUN 用來當作叢集資料庫的共用磁碟區。使用此解決方案後，實體主機可以啟用功能讓虛擬伺服器與 LUN 和雲端儲存設備之間可以直接連接使用。

LUN 在雲端儲存設備上建立和配置並提供給 Hypervisor。需要使用原始設備對應（raw device mapping）來配置雲端儲存設備，虛擬伺服器才能將 LUN 視為原始區塊 SAN LUN 但尚未格式化、未分割的儲存設備。LUN 需要用唯一的 LUN ID 來表示，供所有虛擬伺服器作為共用儲存區。圖 15.5 和 15.6 說明如何讓虛擬伺服器直接存取區塊儲存裝置的 LUN。

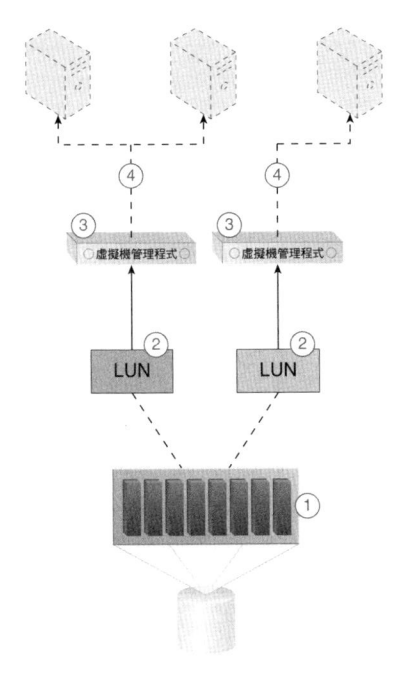

圖 15.5 雲端儲存設備已安裝並配置（1）。LUN 已建立並連接到 Hypervisor（2），Hypervisor 將連接的 LUN 直接對應到虛擬伺服器（3）。虛擬伺服器可以將 LUN 視為原始區塊儲存裝置並可以直接存取它們（4）。

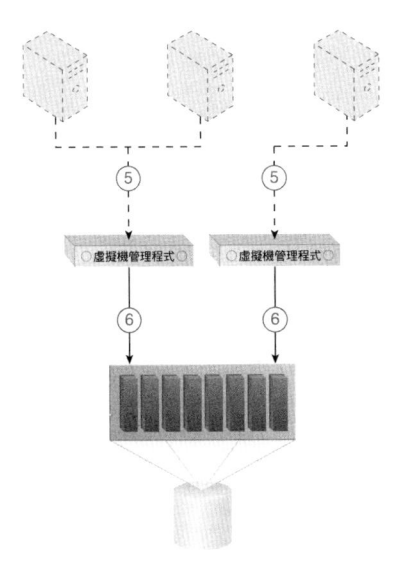

圖 15.6 虛擬伺服器的儲存指令由 Hypervisor 接收（5），Hypervisor 處理並將請求轉發到儲存處理器（6）。

除了虛擬伺服器、Hypervisor 和雲端儲存設備之外，以下機制也可以納入此架構：

- 雲端使用量監視器：此監視器追蹤並收集與直接使用 LUN 相關的儲存使用訊息。

- 按使用量付費監視器：按使用量付費監視器收集並將直接 LUN 存取的使用成本訊息單獨分類。

- 資源複製：此機制涉及虛擬伺服器如何直接存取區塊儲存裝置來代替檔案格式的儲存方式。

15.3 動態資料正規化架構

冗餘數據可能在雲端環境中引起一系列問題，例如：

- 儲存和分類檔案所需時間增加

- 增加所需的儲存和備份空間

- 由於數據量增加導致成本增加

- 複製到次要儲存設備所需的時間增加

- 備份數據所需的時間增加

例如，如果雲端服務消費者將 100 MB 的文件複製到雲端儲存設備並且數據被重複地複製 10 次，後果可能是相當大的：

- 雲端服務消費者將被收取使用 10 × 100 MB 儲存空間的費用，即使實際只儲存了 100 MB 的不重複數據。

- 雲端服務供應商需要在線上的雲端儲存設備和任何備份儲存系統中提供不必要的額外 900 MB 空間。

- 儲存和分類數據需要更長的時間。

- 每當雲端服務供應商執行站點恢復時，數據複製持續的時間和性能都會受到不必要的影響，因為需要複製 1,000 MB 而不是 100 MB。

這些影響在多租戶公有雲中可能會顯著被放大。

動態數據正規化架構建立重複數據刪除系統，透過檢測和消除雲端儲存設備上的冗餘數據，防止雲端服務消費者無意中保存冗餘數據的副本。這個系統雖然使用在區塊儲存設備比較有效，但檔案格式的儲存設備也可以使用。重複數據刪除系統會檢查每個收到的區塊，以確定它與已接收的區塊是否重複。重複的區塊會被替換為指向已儲存區塊的指標（圖 15.7）。

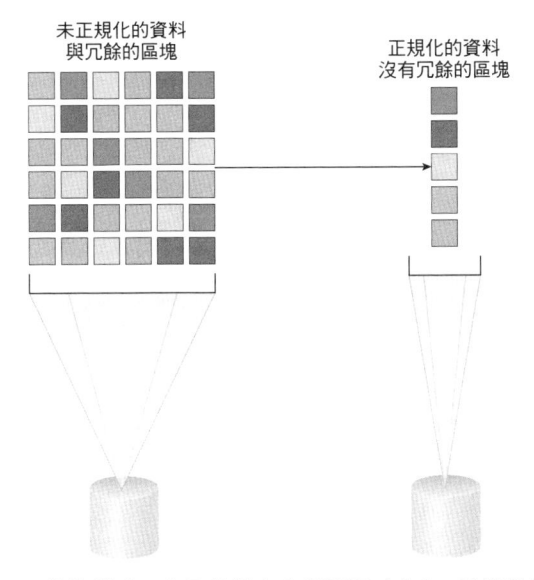

圖 15.7 冗餘數據的數據集導致不必要的儲存空間膨脹（左）。重複數據刪除系統對數據進行正規化，以便留下獨特的數據來儲存（右）。

重複數據刪除系統在將接收到的數據傳遞給儲存控制器之前進行檢查。作為檢查過程的一部分，將已處理和儲存的每組數據分配一個雜湊值，並維護雜湊和資料的索引。因此，新接收到的數據塊產生的雜湊值會與儲存的雜湊值進行比較，以確定它是新數據區塊還是重複數據區塊。保存新數據區塊，同時消除重複數據區塊，建立儲存指向原始數據區塊的指標。

此架構模型可用於磁碟儲存和備份磁帶機。一個雲端服務供應商可以決定僅在備份雲端儲存設備上防止冗餘數據，而另一個雲端服務供應商可以在所有雲端儲存設備上更積極地使用重複數據刪除系統。有多種方法和演算法可以比較數據區塊來確認它們與其他區塊的重複性。

15.4 彈性網路容量架構

即使雲端平台可以按需求擴充 IT 資源，但是當 IT 資源的遠端存取受到網路頻寬限制的影響時，性能和可擴充性仍然會受到限制（圖 15.8）。

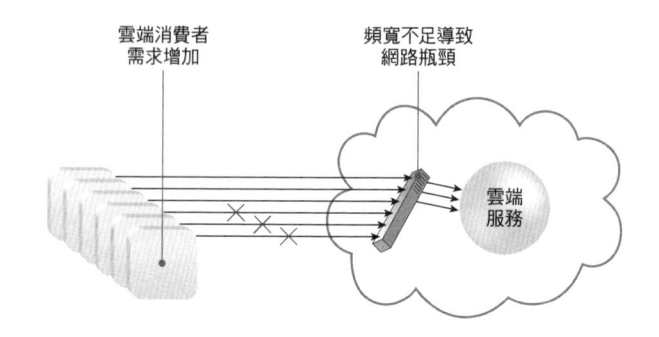

圖 15.8 可用頻寬不足導致雲端服務消費者請求的效能問題。

彈性網路容量架構建立一個系統，額外的頻寬可以動態分配給網路以避免運作中遇到瓶頸。該系統確保每個雲端服務消費者使用不同的網路接口來隔離各個雲端服務消費者的流量。

自動擴容監聽器和智慧自動化引擎腳本用來檢測流量何時達到頻寬閾值，並在需要時動態分配額外的頻寬或網路接口。

雲端架構可以配置一個網路資源池，其中包含可供共用的網路街口。自動擴容監聽器監控工作負載和網路流量，並向智慧自動化引擎發送訊號，以回應使用波動，修改分配的網路接口數量和頻寬。

需注意的是當此架構模型在虛擬交換器的實作時，智慧自動化引擎可能需要運行單獨的腳本來專門向虛擬交換器增加實體上行線路。或者還可以採用直接 I/O 存取架構來增加分配給虛擬伺服器的網路頻寬。

除了自動縮放監聽器之外，以下機制也可以成為此架構的一部分：

- 雲端使用量監視器：此監視器負責在擴展之前、期間和之後追蹤彈性網路容量。

- *Hypervisor*：Hypervisor 透過虛擬交換器和實體上行線路為虛擬伺服器提供對實體網路的存取。

- 邏輯網路邊界：此機制建立必要的邊界來為各個雲端服務消費者提供所分配的網路容量。

- 按使用量付費監視器：此監視器追蹤跟動態網路頻寬消耗有關的任何計費相關數據。

- 資源複製：資源複製用於回應工作負載需求向實體和虛擬伺服器增加網路接口。

- 虛擬伺服器：虛擬伺服器運行分配網路資源的 IT 資源和雲端服務，並且自身也受網路容量擴展的影響。

15.5 跨儲存設備垂直分層架構

雲端儲存設備有時無法滿足雲端服務消費者的性能要求，需要增加更多數據處理能力或頻寬以增加每秒輸入 / 輸出操作數（IOPS）。這些傳統的垂直擴展方法通常比較沒有效率且準備耗時，當不再需要這些增加的容量時反而會造成浪費。

圖 15.9 和 15.10 中的場景描述一種方法，當 LUN 的存取請求數量增加時，需要手動轉移到高性能雲端儲存設備。

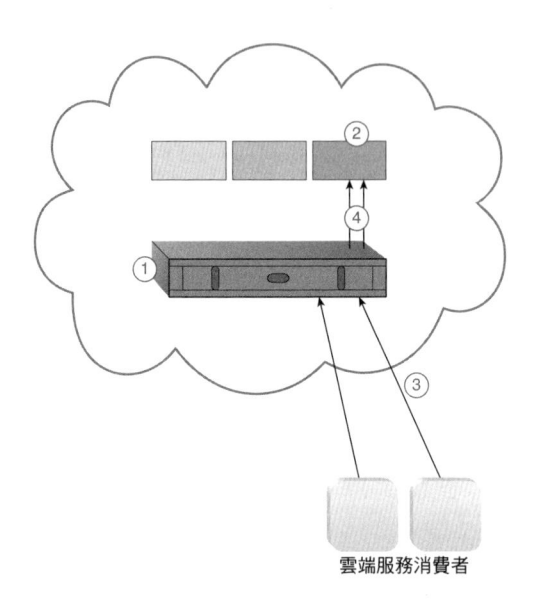

圖 15.9 雲端服務供應商安裝並配置了雲端儲存設備（1），建立了 LUN 提供給雲端服務消費者使用（2）。雲端服務消費者發起對雲端儲存設備的數據存取請求（3），雲端儲存設備將請求轉發到其中一個 LUN（4）。

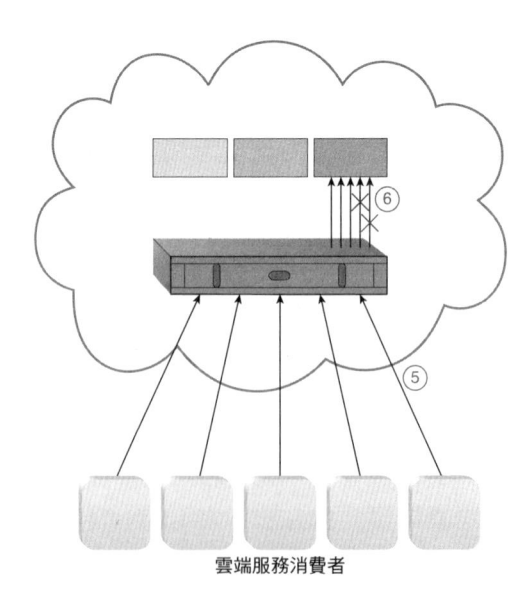

圖 15.10 請求數量增加，導致儲存頻寬和性能需求提高（5）。由於雲端儲存設備內性能容量限制，部分請求被拒絕或超時（6）。

跨儲存設備垂直分層架構建立了一個系統，透過具有不同容量的儲存設備之間進行垂直擴展，來解決頻寬和數據處理能力限制的問題。在此系統中，LUN 可以跨多個設備自動擴展和縮小，確保雲端服務消費者的任務請求可以使用適當的儲存設備等級來處理。

即使自動分層技術可以將數據移動到具有相同儲存處理能力的雲端儲存設備，也可以提供具有更大容量的新雲端儲存設備。例如，固態硬碟（SSD）可以作為提升數據處理能力的合適設備。

自動擴容監聽器監控發送到特定 LUN 的請求，一旦發現達到預先定義的閾值，就會向儲存管理程式發送訊號，將 LUN 移動到更高容量的設備。由於傳輸過程中從未斷開連接，因此可以防止服務中斷。原始設備保持運行狀態，而 LUN 數據則擴展到另一個設備。一旦縮放完成，雲端服務消費者請求就會自動重新導向新的雲端儲存設備（圖 15.11 至 15.13）。

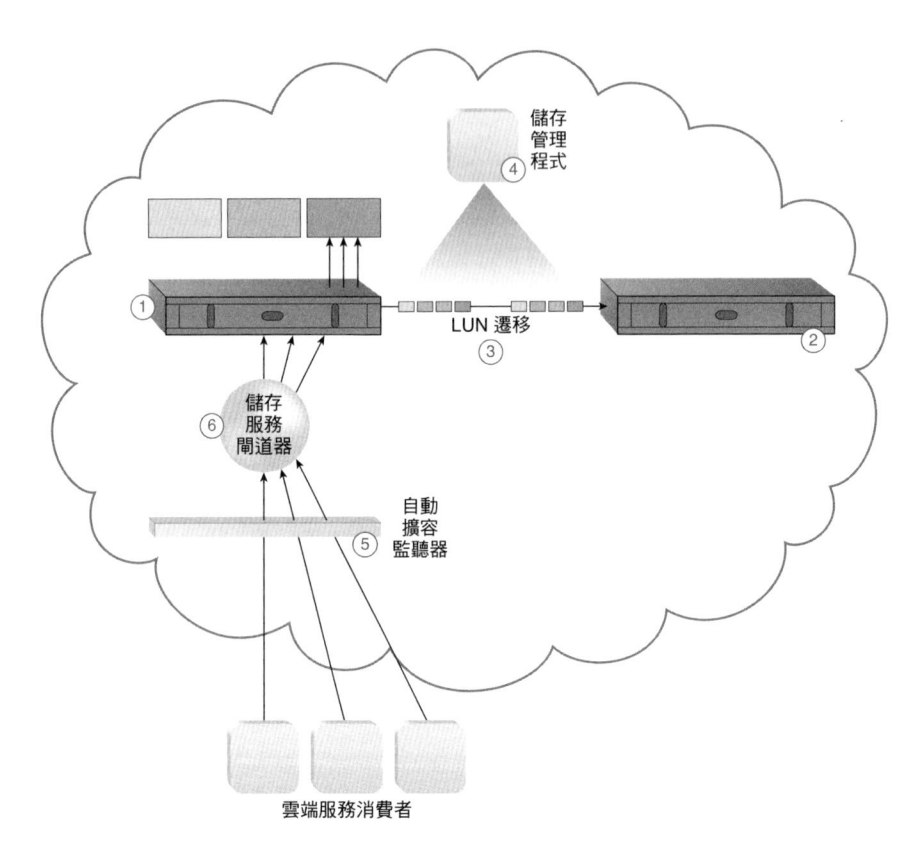

圖 15.11 容量較低的主要雲端儲存設備正在回應雲端服務消費者的儲存請求（1）。一台具有更高容量和性能的雲端次要儲存設備已安裝（2）。透過儲存管理程式配置 LUN 遷移（3），該程式被設定為根據設備性能對儲存進行分類（4）。在監控請求的自動擴容監聽器中定義閾值（5）。雲端服務消費者請求會由儲存服務閘道器接收並發送到主要雲端儲存設備（6）。

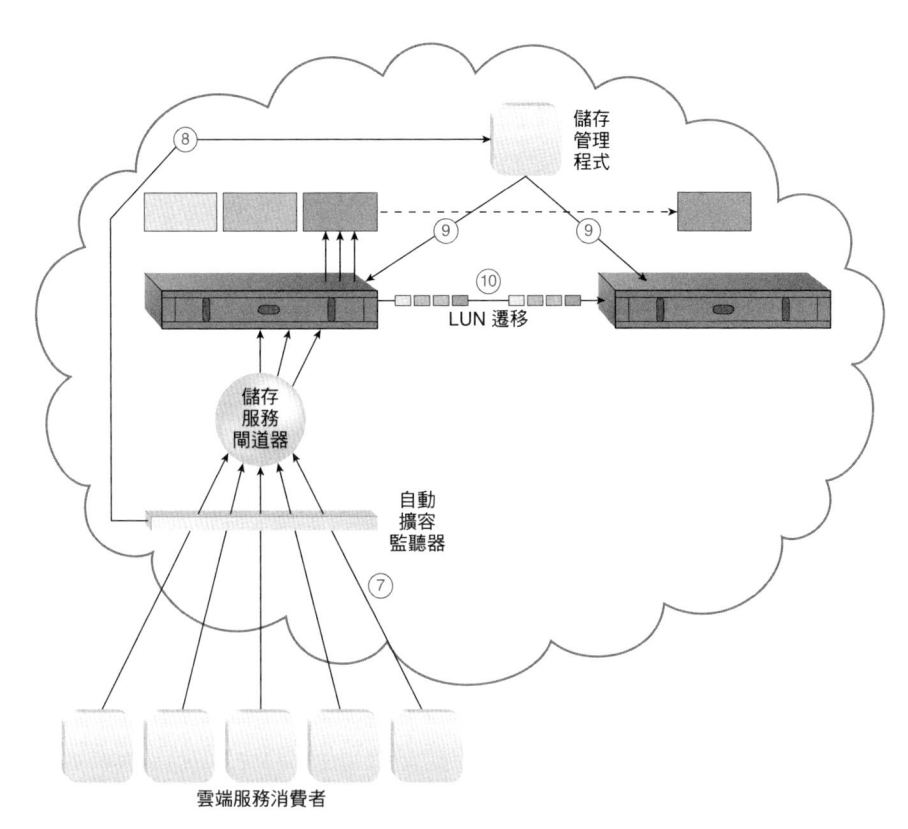

圖 15.12 雲端服務消費者請求的數量達到預先定義的閾值（7），自動擴容監聽器通知儲存管理程式需要擴充（8）。儲存管理程式呼叫 LUN 遷移將雲端服務消費者的 LUN 移動到次要、容量更大的儲存設備（9），然後執行 LUN 遷移（10）。

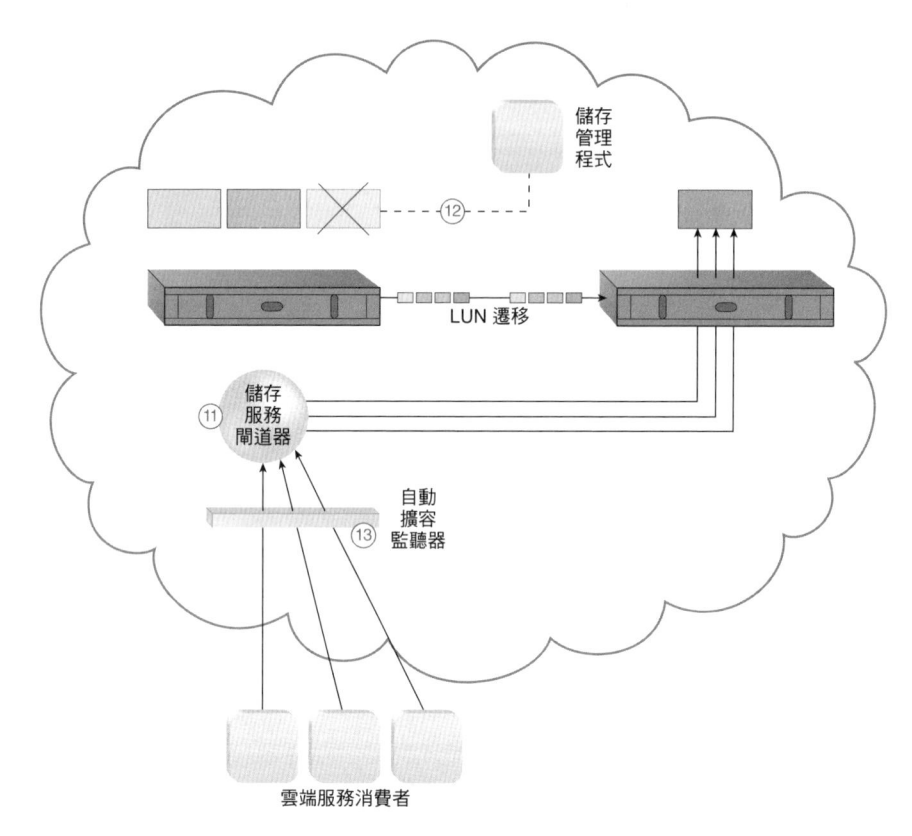

圖 15.13 儲存服務閘道器將雲端服務消費者對 LUN 的請求轉發到新的雲端儲存設備（11）。透過儲存管理程式和 LUN 遷移，從低容量設備中刪除原始的 LUN（12）。自動擴容監聽器監控雲端服務消費者的請求，以確保請求量繼續維持在已遷移 LUN 的更高容量次要儲存裝置（13）。

除了自動擴容監聽器和雲端儲存設備之外，下列機制也可以納入這個技術架構：

- **稽核監視器**：此監視器執行的稽核會檢查雲端服務消費者數據的重新導向是否與任何法律或數據隱私法規或政策相衝突。

- 雲端使用量監視器：這個基礎設施機制用於追蹤和記錄來源和目標儲存位置的數據存放及傳輸時的各種運行間監控需求。

- 按使用量付費監視器：在此架構的背景下，按使用量付費監視器收集來源位置和目標位置上的儲存使用量訊息，以及用於執行跨儲存分層功能的 IT 資源使用量訊息。

15.6 儲存設備內垂直數據分層架構

一些雲端服務消費者可能有獨特的數據儲存需求，這些需求將數據的實際位置限制在單個雲端儲存設備上。由於安全、隱私或各種法律因素，可能不允許分佈到其他雲端儲存設備。這種限制可能會對設備的儲存和性能容量帶來嚴重的擴展性限制。這些限制可能會進一步影響任何雲端服務或應用程式所依賴的雲端儲存設備。

*儲存設備內垂直數據分層架構*建立一個系統，以支援在單個雲端儲存設備內進行垂直擴展。這種設備內擴展系統最佳化具有不同容量的不同磁碟類型的可用性（圖 15.14）。

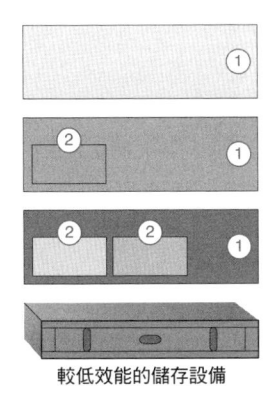

較低效能的儲存設備

圖 15.14 雲端儲存設備系統使用不同類型的磁碟分級並進行垂直擴展（1）。每個 LUN 都可以被移動到與處理和儲存需求量級相對應的那一層（2）。

這種雲端儲存架構需要使用支援不同類型硬碟的複雜儲存設備，尤其是 SATA、SAS 和 SSD 等高性能磁碟。磁碟類型被分類為不同級層，以便根據分配的磁碟類型進行垂直擴展及 LUN 遷移，分配的層級會與處理效能和容量要求一致。

數據的負載條件和定義在磁碟的分類確定後設置，讓 LUN 可以移動到更高或更低的級別，具體取決於滿足哪些預先定義的條件。自動擴容監聽器運行時會在處理數據及流量時參考這些閾值和條件（圖 15.15 至 15.17）。

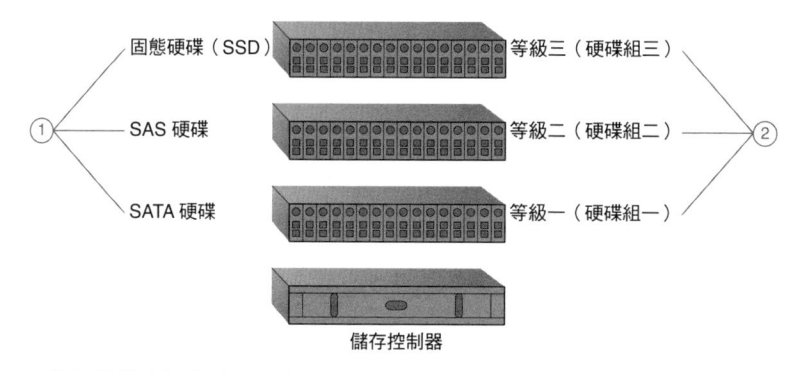

圖 15.15 在雲端儲存設備的設備中安裝了不同類型的硬碟（1）。相似的硬碟類型被分組到不同的層級，以根據 I/O 性能建立不同等級的磁碟組（2）。

15.6 儲存設備內垂直數據分層架構　　**427**

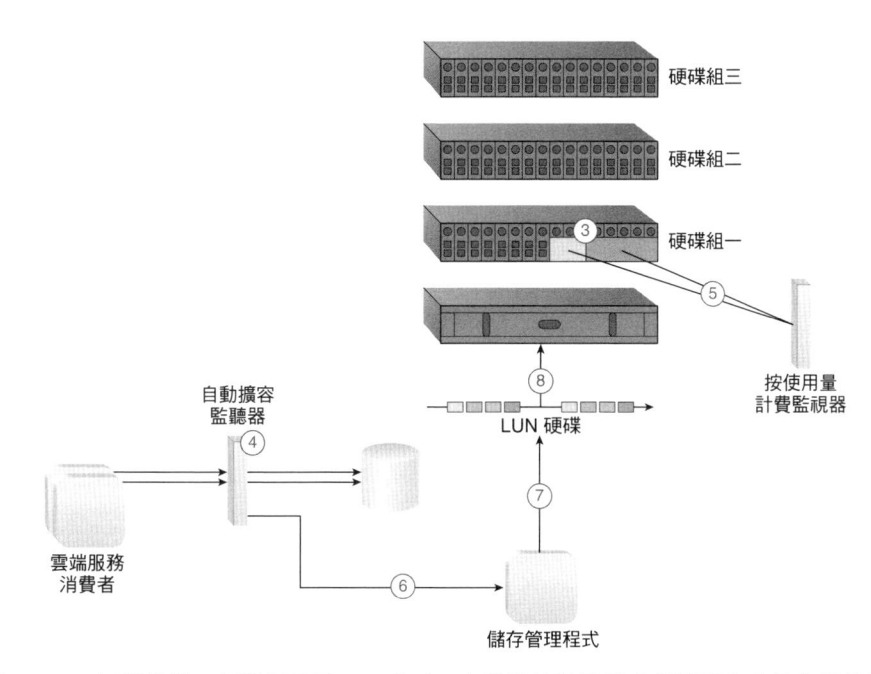

圖 15.16　在磁碟組一上建立兩個 LUN（3）。自動縮放監聽器會根據預先定義的閾值監控請求（4）。按使用量付費監視器根據可用空間和磁碟組性能追蹤實際的磁碟使用量（5）。自動縮放監聽器確定請求數量已達到閾值，並通知儲存管理程式需要將 LUN 移動到性能更高的磁碟組（6）。儲存管理程式向 LUN 遷移程式發送訊號以執行所需的遷移（7）。LUN 遷移程式與儲存控制器一起將 LUN 移動到容量更高的磁碟組二（8）。

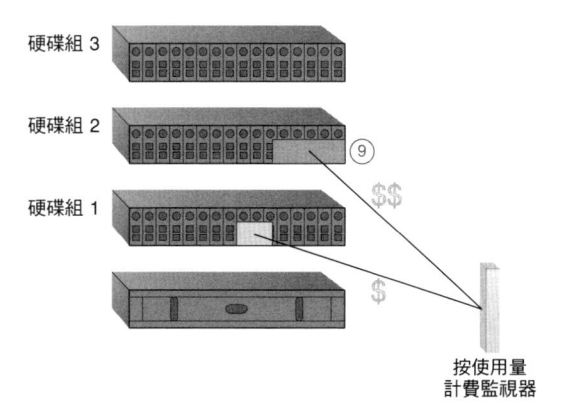

圖 15.17　由於使用了性能更高的磁碟組，磁碟組 2 中遷移的 LUN 的使用價格現在比以前更高（9）。

15.7 負載平衡虛擬交換器架構

虛擬伺服器透過虛擬交換器連接到外部世界，虛擬交換器使用相同的上行線路發送和接收流量。當上行線路接口上的網路流量增加導致延遲傳輸、性能問題、封包遺失和延遲時，就形成頻寬瓶頸（圖 15.18 和 15.19）。

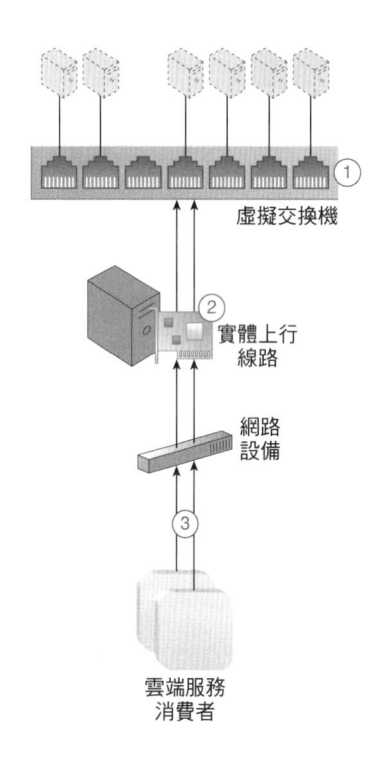

圖 15.18 一台虛擬交換器讓虛擬伺服器相互連結（1）。一個實體網路卡已連接到虛擬交換器，用作實體（外部）網路的上行線路，將虛擬伺服器連接到雲端服務消費者（2）。雲端服務消費者透過實體上行線路發送請求（3）。

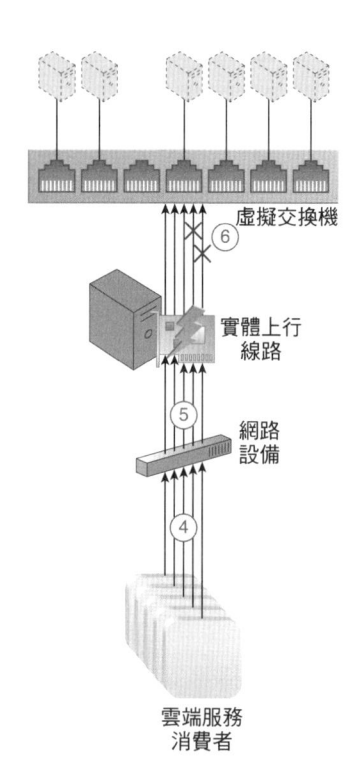

圖 15.19 隨著請求數量的增加，通過實體上行線路的流量也增加。實體網路卡需要處理和轉發的封包數量也隨之增加（4）。實體網路卡無法處理工作負載，因為網路流量已超出容量（5）。網路形成瓶頸，導致效能下降和延緩敏感封包的遺失（6）。

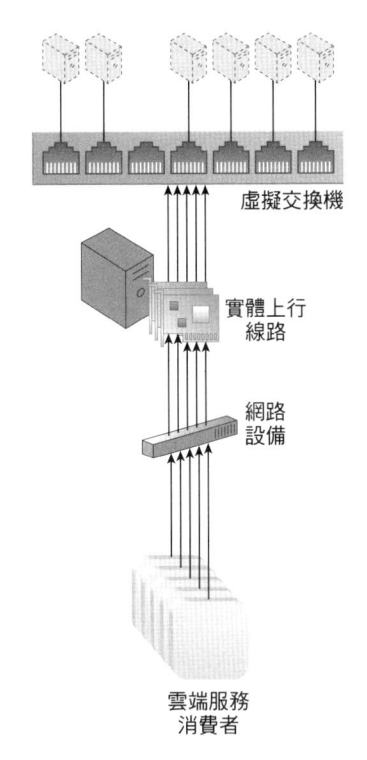

圖 15.20 新增實體上行線路以分佈和平衡網路流量。

負載平衡虛擬交換器架構建立了一個負載平衡系統，其中提供多個上行線路以平衡跨越多個上行線路或冗餘路徑的網路流量工作負載，這有助於避免傳輸緩慢和數據遺失（圖 15.20）。可以執行鏈路聚合來平衡流量，這讓工作負載同時分佈在多個上行線路上，就不會使任何網卡超載。

虛擬交換器需要配置為支援多個實體上行線路，這些上行線路通常設定為網路卡小組，設有定義好的流量塑型策略。

以下機制可以納入此架構：

- 雲端使用量監視器：這些監視器用於監控網路流量和頻寬使用情況。
- *Hypervisor*：此機制運行並為虛擬伺服器提供對虛擬交換器和外部網路的存取。
- 負載平衡器：負載平衡器在不同的上行線路之間分配網路工作負載。

- 邏輯網路邊界：建立邏輯網路邊界，保護和限制每個雲端服務消費者的頻寬使用。

- 資源複製：此機制用於建立到虛擬交換器的額外上行線路。

- 虛擬伺服器：虛擬伺服器主機的 IT 資源透過虛擬交換器從額外的上行線路和頻寬中受益。

15.8 多路徑資源存取架構

某些 IT 資源只能使用指定路徑（或超連結）來存取確切的位置。路徑可能會遺失、被雲端服務消費者錯誤定義或被雲端服務供應商修改。IT 資源的超連結不再由雲端服務消費者擁有時會變得無法存取和使用（圖 15.21）。IT 資源無法使用導致的異常情況可能會損害使用這個 IT 資源的更大型雲解決方案的穩定性。

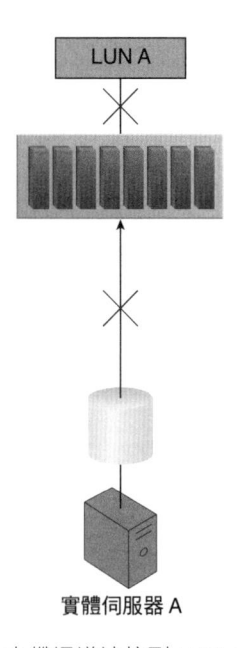

圖 15.21 實體伺服器 A 透過單一光纖通道連接到 LUN A，並使用 LUN 來儲存不同類型的數據。由於 HBA 卡故障，光纖通道連接無法使用，使實體伺服器 A 使用的路徑失效，實體伺服器 A 現在無法存取 LUN A 及所有儲存的數據。

15.8 多路徑資源存取架構

多路徑資源存取架構建立一個具有 IT 資源替代路徑的多路徑系統，以便雲端服務消費者能夠以程式或手動克服路徑故障（圖 15.22）。

這種技術架構需要使用多路徑系統，並建立分配給特定 IT 資源的替代實體或虛擬超連結。多路徑系統設定在伺服器或 Hypervisor 上，並確保每個 IT 資源都可以透過替代路徑存取相同的資訊（圖 15.23）。

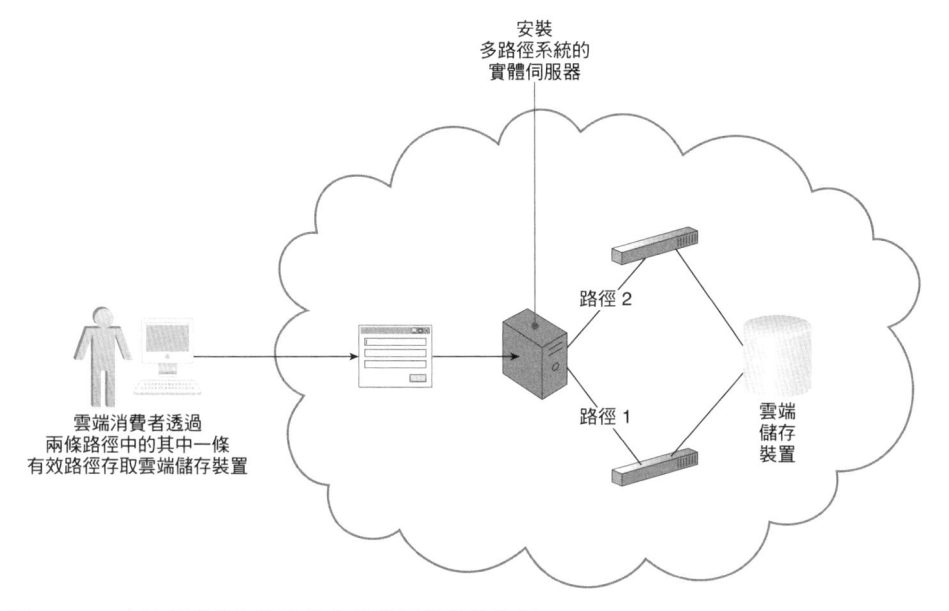

圖 15.22 多路徑系統為雲端儲存設備提供替代路徑。

此架構也可涉及以下機制：

- **雲端儲存設備**：雲端儲存設備是一種常見的 IT 資源，需要建立替代路徑才能保持仰賴數據存取的解決方案能正常提供服務。

- *Hypervisor*：需要 Hypervisor 的替代路徑才能與託管的虛擬伺服器建立冗餘連結。

- **邏輯網路邊界**：此機制可確保維護雲端服務消費者隱私，即使建立通往同一 IT 資源的多條路徑也是如此。

- **資源複製**：當需要建立 IT 資源的新實例以產生替代路徑時，需要資源複製機制。

- **虛擬伺服器**：這些伺服器運行的 IT 資源透過不同連結或虛擬交換器具有多路徑存取的能力。Hypervisor 可以為虛擬伺服器提供多路徑存取。

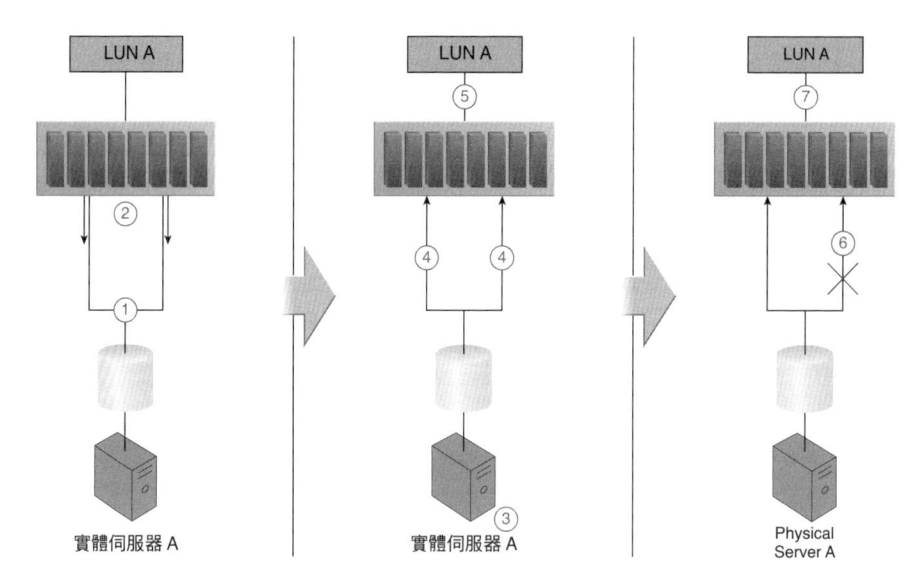

圖 15.23 實體伺服器 A 透過兩個不同的路徑連接到 LUN A 雲端儲存設備（1）。每條路徑中的 LUN A 被視為不同的 LUN（2）。設定多路徑系統（3）。現在兩條路徑的 LUN A 會被視為一個相同的 LUN（4），實體伺服器 A 可以從兩條不同的路徑存取 LUN A（5）。發生線路故障使其中一條路徑無法使用（6）。由於另一個線路保持啟用狀態，實體伺服器 A 仍然可以使用 LUN A（7）。

15.9 虛擬網路配置持久化架構

虛擬伺服器的網路配置和接口分配是在實體伺服器上建立虛擬交換器且虛擬伺服器託管在這台實體伺服器的 Hypervisor 期間產生的。這些配置和分配保存在虛擬伺服器的託管環境中,移動或遷移到另一個主機的虛擬伺服器將失去網路連接,因為目標的託管環境沒有所需的接口分配和網路配置訊息(圖 15.24)。

在*虛擬網路配置持久化架構*中,網路配置訊息儲存在集中的位置並複製到實體伺服器。讓目標主機可以在虛擬伺服器從一個主機移動到另一個主機時取得配置訊息。

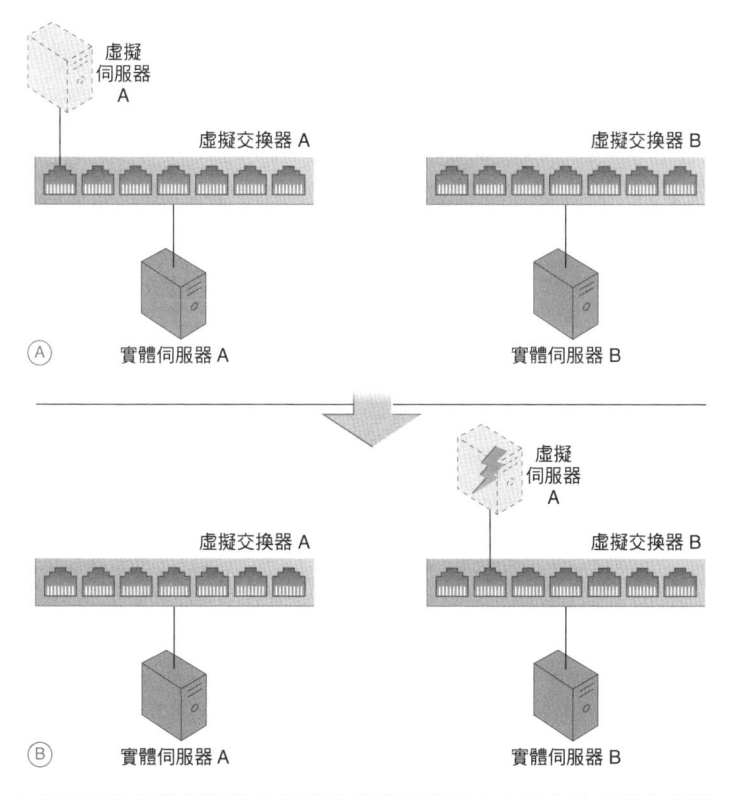

圖 15.24 A 部分顯示虛擬伺服器 A 透過在實體伺服器 A 上建立的虛擬交換器 A 連接到網路。在 B 部分,虛擬伺服器 A 被移動到實體伺服器 B 後連接到虛擬交換器 B。虛擬伺服器因為網路配置資訊遺失而無法連接到網路。

使用此架構建立的系統包括集中式虛擬交換器、VIM 和配置同步技術。集中式虛擬交換器由實體伺服器共用，並透過 VIM 配置，VIM 同步配置到實體伺服器（圖 15.25）。

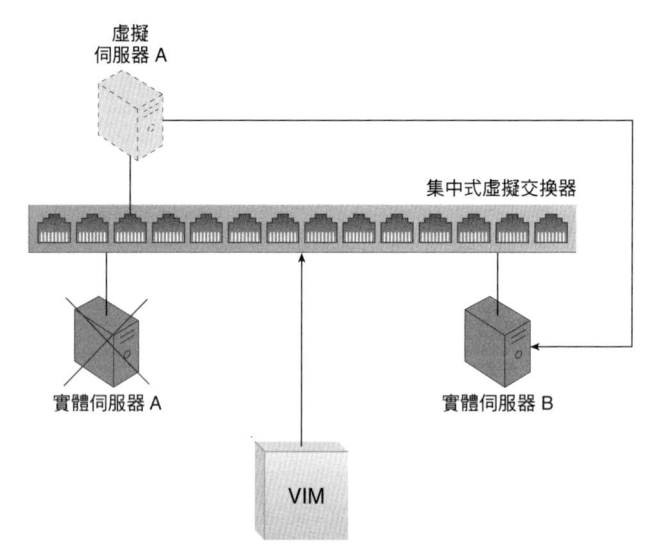

圖 15.25 虛擬交換器的配置由 VIM 維護，VIM 確保這些配置同步到其他實體伺服器。集中式虛擬交換器可供使用，每個實體伺服器都分配了一些接口。當實體伺服器 A 發生故障時，虛擬伺服器 A 會移動到實體伺服器 B。由於虛擬伺服器的網路配置是儲存在由兩個實體伺服器共用的集中式虛擬交換器上，所以可以直接取用。虛擬伺服器 A 在實體伺服器 B 上可以保持網路連接。

除了此架構提供虛擬伺服器的遷移系統機制之外，還可以包含下列機制：

- *Hypervisor*：Hypervisor 託管需要在實體伺服器之間同步設定的虛擬伺服器。

- 邏輯網路邊界：邏輯網路邊界有助於確保在虛擬伺服器遷移之前和之後，虛擬伺服器及 IT 資源只有合法的雲端服務消費者可以存取。

- 資源複製：資源複製機制用於透過集中式虛擬交換器跨 Hypervisor 同步虛擬交換器配置和網路容量分配。

15.10 虛擬伺服器冗餘實體連線架構

虛擬伺服器透過虛擬交換器上行線路接口連接到外部網路，如果上行線路發生故障，虛擬伺服器將被隔離並與外部網路斷開（圖 15.26）。

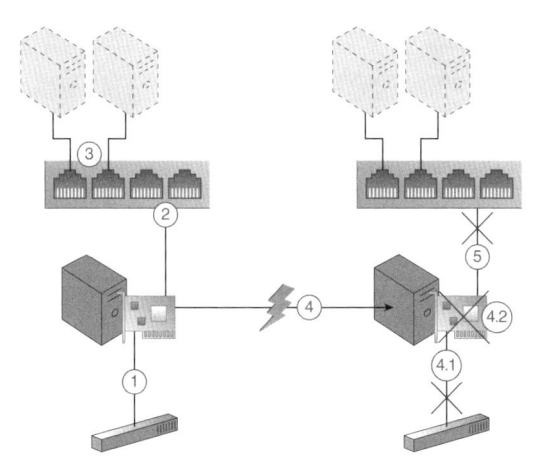

圖 15.26 安裝在實體伺服器上的實體網路卡連接到網路上的實體交換器（1）。為兩個虛擬伺服器建立了一個虛擬交換器。由於需要存取實體（外部）網路，虛擬交換器透過連接的實體網路卡作為上行線路（2）。虛擬伺服器透過連接的實體上行線路網路卡與外部網路通訊（3）。發生連接故障的情況，可能是因為實體介面卡和實體交換器之間的實體線路連接問題（4.1），或者因為實體網路卡故障（4.2）。虛擬伺服器無法存取實體外部網路，並且雲端服務消費者也無法存取它們（5）。

虛擬伺服器冗餘實體連線架構建立一個或多個冗餘上行線路連接，並將它們設定為待機模式。此架構確保當主要上行線路連接無法使用時，冗餘上行線路可以用於正常連接上行線路（圖 15.27）。

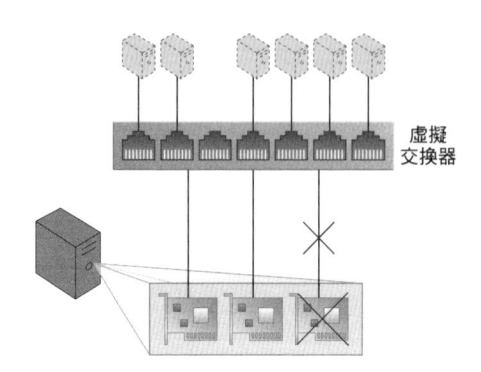

圖 15.27 在運行多個虛擬伺服器的實體伺服器上安裝冗餘上行線路。當一個上行線路失效時，另一個上行線路會接管以維持虛擬伺服器的正常網路連接。

一旦主要上行線路發生故障，備用上行線路會自動變為啟用的上行線路，這個過程不會被虛擬伺服器及用戶發現，虛擬伺服器使用新啟用的上行線路向外部發送封包。

主要上行線路啟用時，即使第二張網路卡收到虛擬伺服器的封包也不會轉發任何流量。但是，如果主要上行線路發生故障，次要上行線路將立即開始轉發封包（圖 15.28 至 15.30）。故障的上行線路在恢復運作後會再次成為主要上行線路，而第二張網路卡返回待機模式。

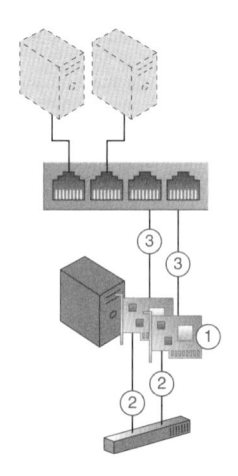

圖 15.28 新增一張網路卡以支援備援上行線路（1）。兩張網卡都連接到實體外部交換器（2），兩個實體網路卡都設定為虛擬交換器的上行線路網路卡（3）。

15.10 虛擬伺服器冗餘實體連線架構　437

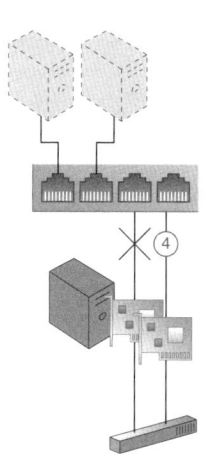

圖 15.29 其中一個實體網路卡被指定為主要網路卡（4），而另一個被指定為備用上行線路的次要網路卡。次要網路卡不轉發任何封包。

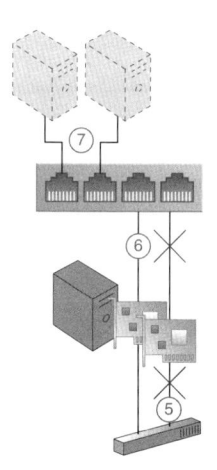

圖 15.30 主要上行線路無法使用（5）。備用上行線路自動接管，並使用虛擬交換器將虛擬伺服器的封包轉發到外部網路（6）。虛擬伺服器不會中斷，並保持與外部網路的連接（7）。

除了虛擬伺服器之外，以下機制也經常是此架構的一部分：

- **故障轉移系統**：故障轉移系統進行將不可用上行線路切換到到待機上行線路的轉換。

- *Hypervisor*：此機制託管虛擬伺服器和一些虛擬交換器，並為虛擬網路和虛擬交換器提供對虛擬伺服器的存取。

- **邏輯網路邊界**：邏輯網路邊界確保為每個雲端服務消費者分配或定義的虛擬交換器保持隔離。

- **資源複製**：資源複製用於將活動上行線路的當前狀態複製到待機上行線路，以保持網路連接。

15.11 儲存設備維護窗口架構

即時儲存遷移

即時儲存遷移程式是一個複雜的系統，它利用 LUN 遷移元件來可靠地移動 LUN，方法是讓原始副本保持活動狀態，直到目標副本被驗證為完全正常運行。

live storage migration

需要進行維護和管理任務的雲端儲存設備有時需要暫時關閉，也就是說雲端服務消費者和 IT 資源將因此無法存取這些設備及儲存的數據（圖 15.31）。

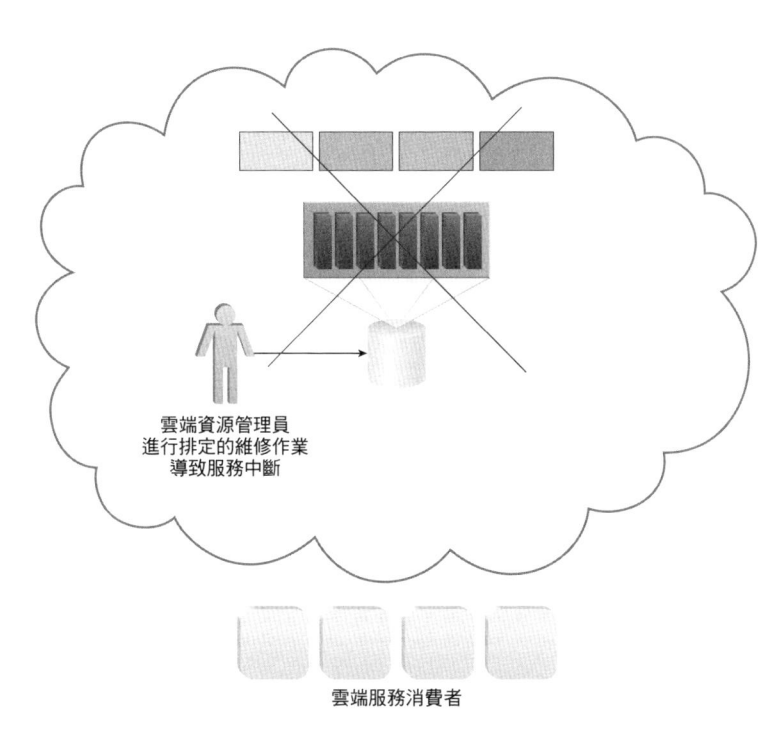

圖 15.31 雲端資源管理員執行預定的維護任務，導致雲端儲存設備停機，雲端服務消費者無法使用。由於雲端服務消費者事先已被通知停機，因此沒有嘗試存取任何數據。

即將進行維護停機的雲端儲存設備上的數據可以臨時移動到次要備份雲端儲存設備。**儲存設備維護窗口架構**使雲端服務消費者能夠在無法察覺的情況下自動重新導向次要雲端儲存設備而不會發現主要儲存設備已離線。

此架構使用即時儲存遷移程式，如圖 15.32 至 15.37 所示。

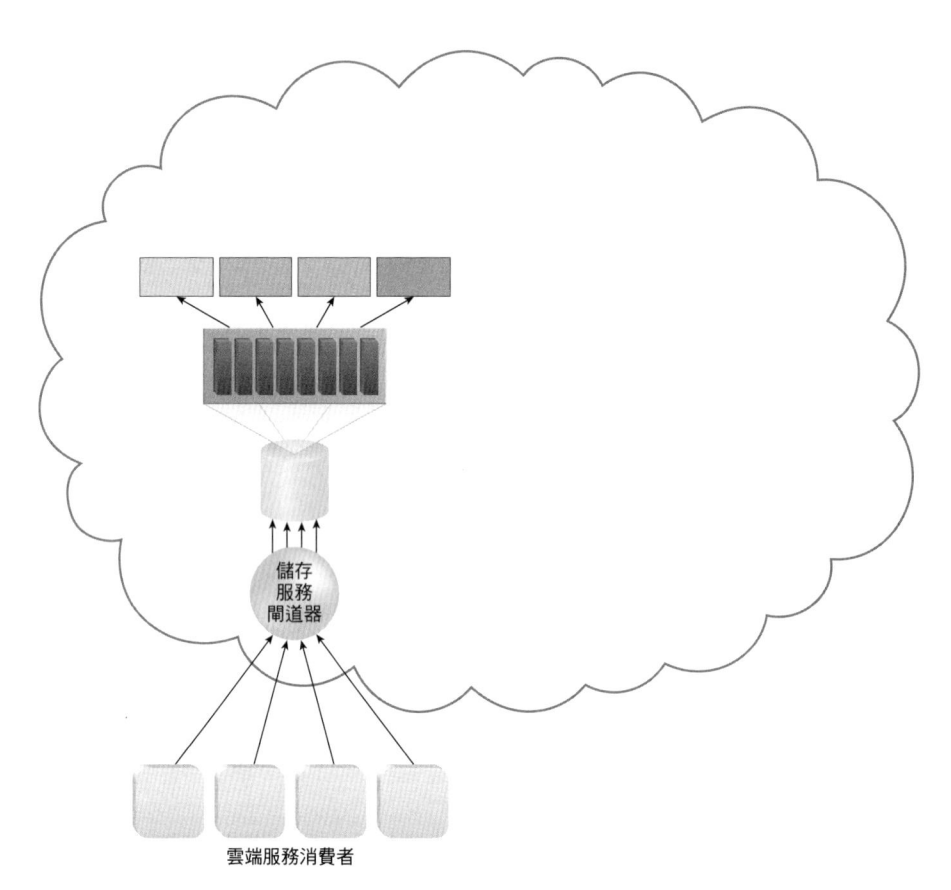

圖 15.32 雲端儲存設備預計將進行維護停機，但與圖 15.31 中描述的情況不同，雲端服務消費者未收到停機通知，並繼續存取雲端儲存設備。

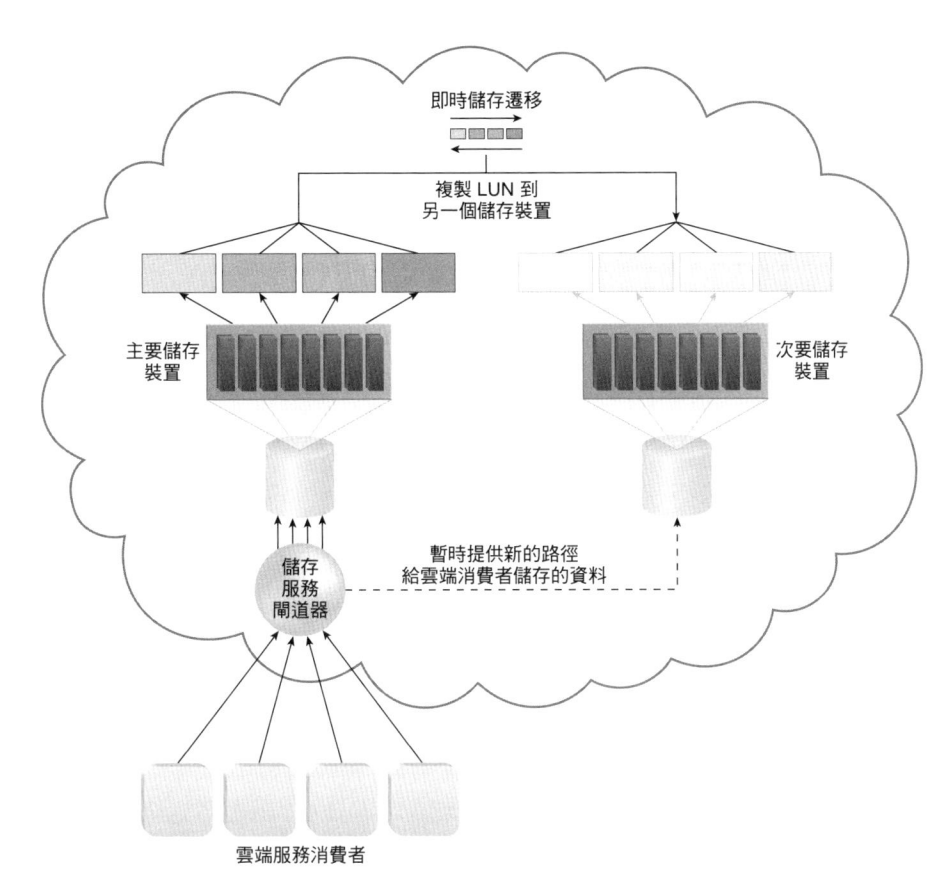

圖 15.33 即時儲存遷移將 LUN 從主儲存設備移動到次要儲存設備。

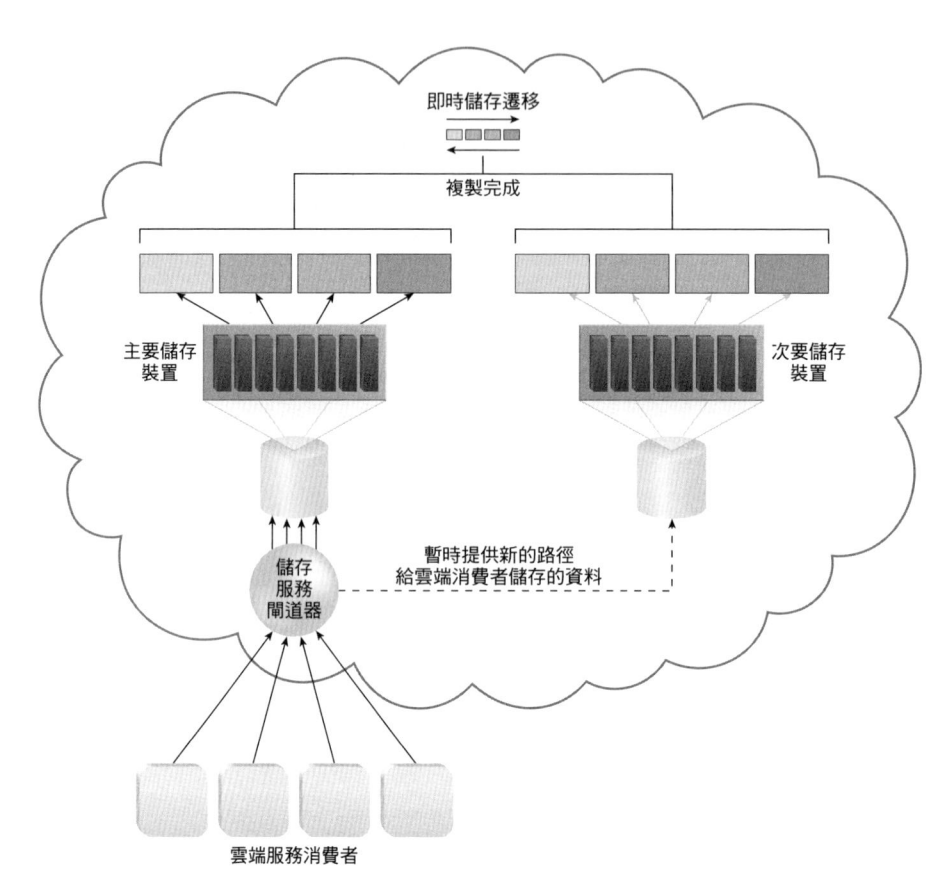

圖 15.34 一旦 LUN 的資料遷移完成，資料的請求就會被轉發到次要儲存設備上的 LUN 副本。

15.11 儲存設備維護窗口架構

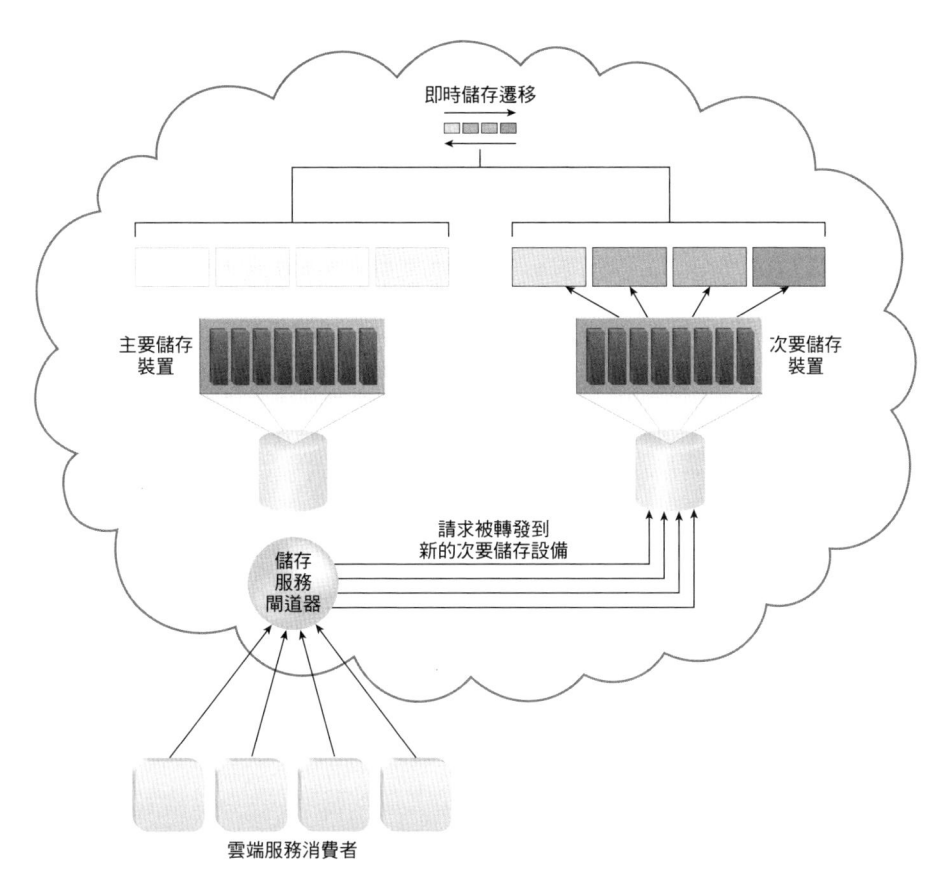

圖 15.35 主儲存設備已關閉以進行維護。

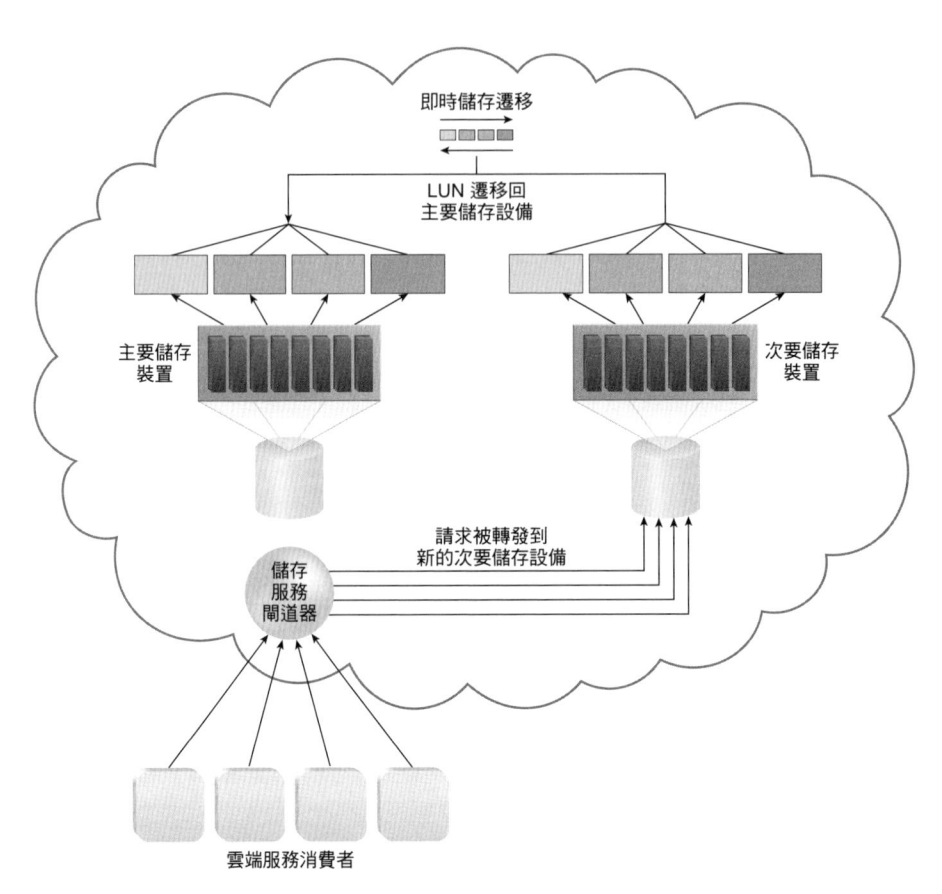

圖 15.36 完成維護任務後，主儲存設備重新上線。即時儲存遷移將 LUN 數據從次要儲存設備回復到主要儲存設備。

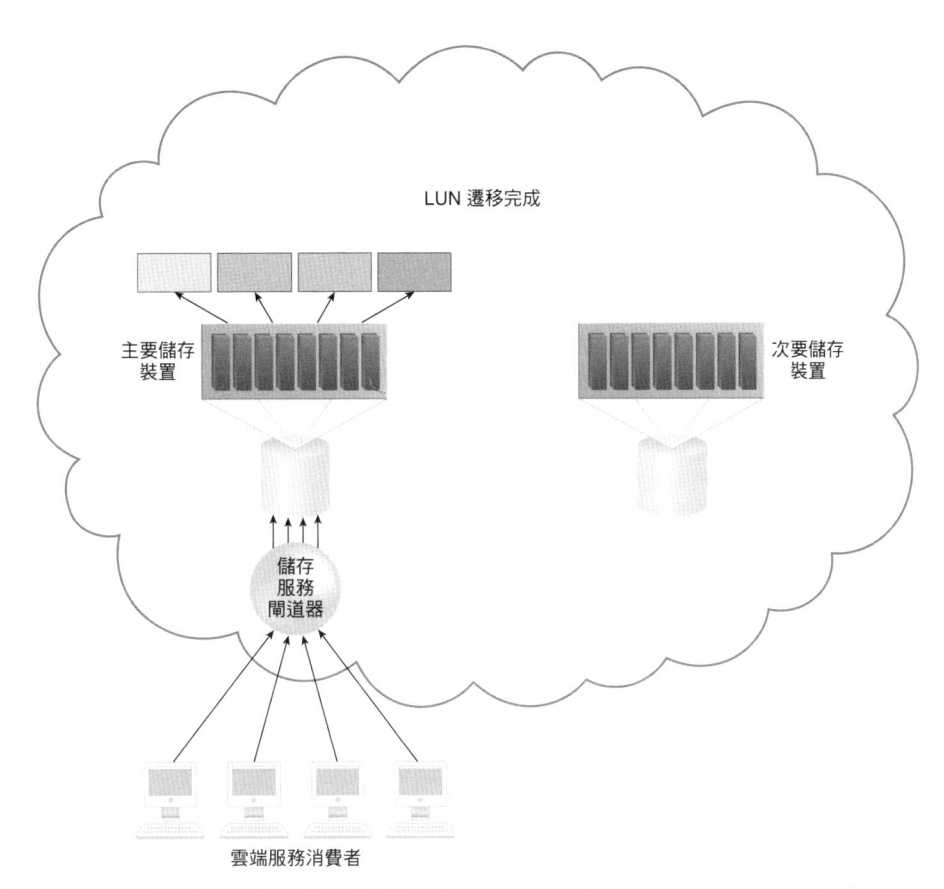

圖 15.37 即時儲存遷移過程已完成，所有數據存取請求都已轉發回主雲端儲存設備。

除了架構中主要的雲端儲存設備機制之外，還使用資源複製機制來保持主要儲存設備和次要儲存設備同步。即使遷移通常是預先計畫好的，在這個架構中，透過故障轉移系統，也可以手動或自動觸發故障轉移。

> **NOTE**
>
> 邊緣運算和迷霧運算架構是建立在雲端之外的環境，但由於這些環境仍然與雲端相關，並且主要是為了減輕雲端的處理責任，來提高消費者組織解決方案的性能、反應能力和可擴展性，因此在這裡稍作討論。
>
> 邊緣運算和迷霧運算架構在更靠近終端使用者設備的地方提供數據處理和儲存容量，以簡化最終將在雲端中處理和儲存的數據和過程。
>
> 邊緣和迷霧架構通常用於支援地理位置分散的物聯網設備解決方案。然而，這兩種架構都可以用來提高組織標準業務自動化解決方案的效果，尤其是那些終端使用者分佈在多個地理位置的組織。

15.12 邊緣運算架構

邊緣運算架構引入一個位於雲端和雲端服務消費者之間的中間處理層。邊緣環境是經過刻意設計和擺放的，目的是讓消費者組織更容易存取和提升性能。

部分雲端解決方案被移動到邊緣環境，並得到專用基礎設施的支援，能夠更快、更靈敏地執行，並具有更大的可擴展性。通常，較重的處理責任會保留在雲端，而解決方案中具有較少處理責任的部分則移至邊緣層。

邊緣架構通常由多個分散地理位置的消費者組織使用。對於每個地理位置，可以建立一個單獨的邊緣環境（圖 15.38）。邊緣運算環境可以在合適且具有必要資源的第三方位置設置，例如網路服務供應商和電信供應商。

邊緣運算可以透過降低頻寬需求、最佳化資源利用率、提高安全性（在更靠近源頭的地方加密數據）甚至降低功耗為應用程式架構帶來好處。

雲端

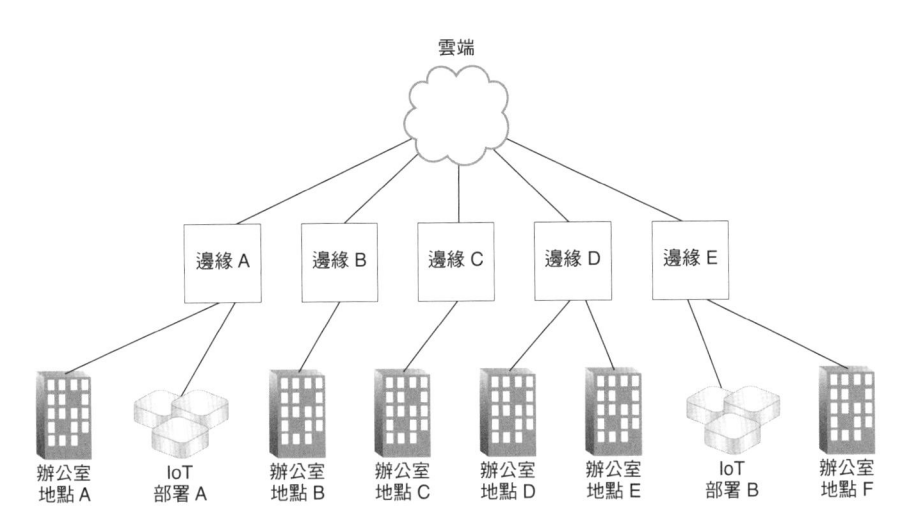

邊緣 A　邊緣 B　邊緣 C　邊緣 D　邊緣 E

辦公室地點 A　IoT部署 A　辦公室地點 B　辦公室地點 C　辦公室地點 D　辦公室地點 E　IoT部署 B　辦公室地點 F

圖 15.38　一個邊緣運算架構，具有一組邊緣環境，每個環境容納不同地理位置的用戶或設備。

15.13 迷霧運算架構

迷霧運算架構在邊緣環境和雲端之間增加另一個額外的處理層（圖 15.39）。讓介於中間的處理責任從雲端轉移到迷霧環境，每個迷霧環境都可以支援多個邊緣環境並帶來好處。

迷霧運算將數據處理能力從雲端推送到迷霧層，迷霧層中可能設有閘道器，有效地在邊緣環境和雲端之間來回傳遞數據。當邊緣環境需要向雲端發送大量數據時，迷霧環境可以首先確定哪些數據具有更高的價值，以最佳化數據傳輸。然後，迷霧中的閘道器首先將關鍵數據發送到雲端進行儲存和處理，而邊緣運算傳遞的其餘數據可能會由迷霧環境中的資源處理。

與邊緣運算一樣，迷霧運算也常用於支援物聯網解決方案。當解決方案需要支援高度分散用戶群中的許多用戶時，通常需要將迷霧運算用於業務自動化解決方案。

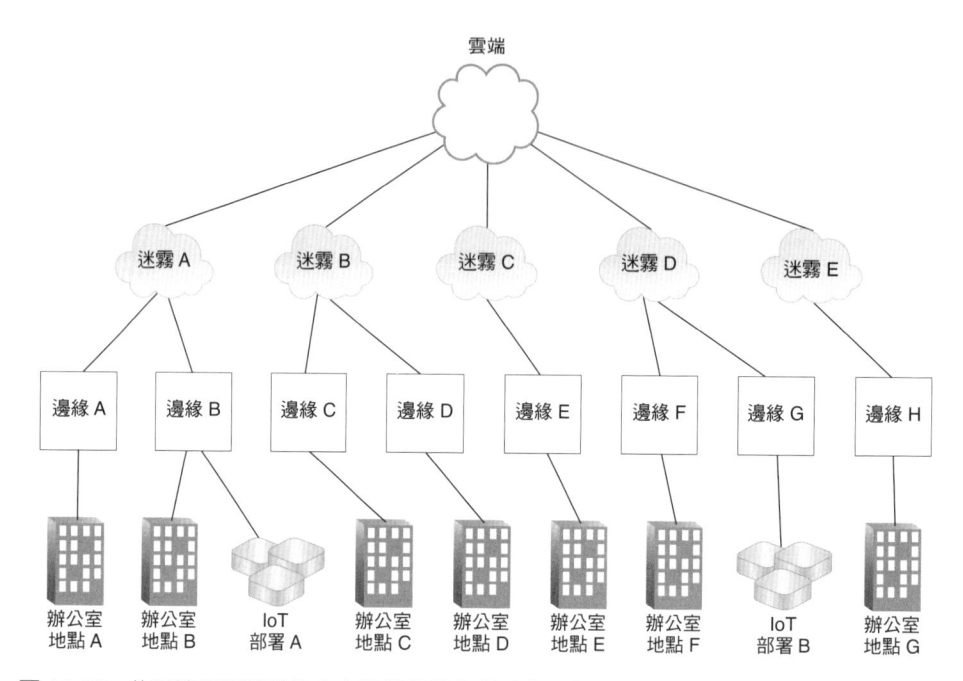

圖 15.39　使用迷霧運算架構會在雲端與邊緣環境之間插入一個中介處理層。

> **NOTE**
> 本章節其餘的三個架構源自 David Linthicum 所著的《An Insider's Guide to Cloud Computing》(Pearson Education，ISBN：9780137935697) 一書中發表的內容。

15.14 虛擬資料抽象化架構

雲端應用程式需要存取不同格式、結構和模式的來源數據，會承擔額外的責任將不同數據轉換並整合為相關的統一數據集。造成的負面影響是雲端應用程式會與未來可能發生變化、更換或淘汰的數據來源形成緊密耦合。

虛擬資料抽象化架構導入數據虛擬化層來解決這些問題,雲端應用程式可以使用數據虛擬化層作為連接點存取不同的數據來源(圖 15.40)。在這一層中,數據實際上存在數據虛擬化軟體中,該軟體被設定為解決數據結構差異,為雲端應用程式提供單一且統一的數據 API 以提供存取。

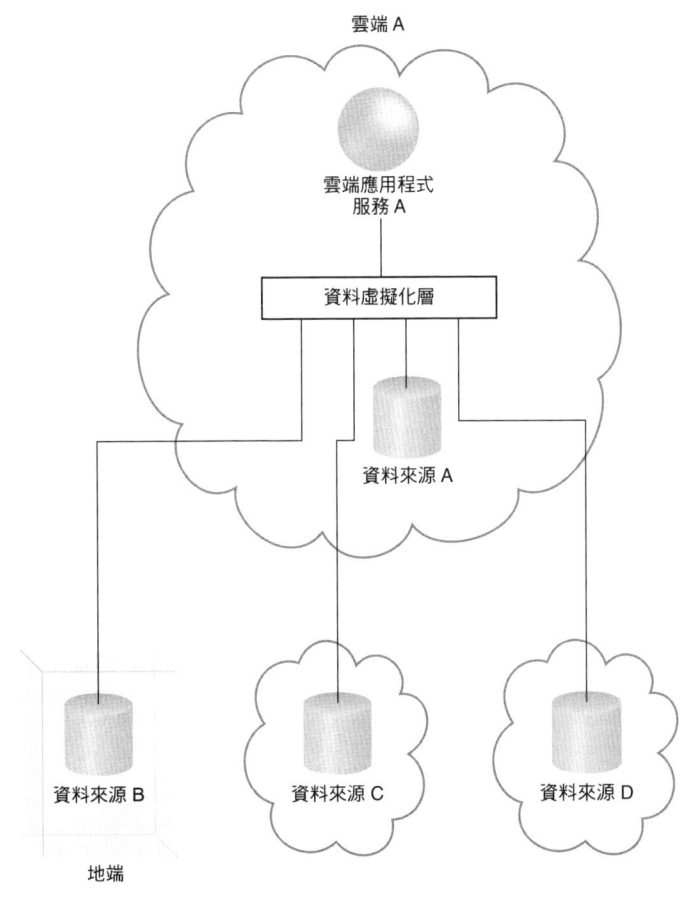

圖 15.40 此架構導入的數據虛擬化層位在不同的數據來源和雲端應用程式之間。

使用數據虛擬化層讓雲端應用程式能夠與不同的數據來源建立鬆散耦合的關係。如果這些數據來源隨時間發生變化，可以更新數據虛擬化層，理想情況下無須更改公開給雲端應用程式的 API。

15.15 元雲端架構

雖然多雲端架構賦予雲端服務消費者利用多樣化的雲端環境以最大滿足業務需求的靈活性，但在管理異質性方面也可能帶來複雜性，代表要操作和管理多個雲端，每個雲端可能具有不同的管理要求、專有功能和安全控制。

元雲端架構（*Metacloud Architecture*）（圖 15.41）將這些管理、操作和治理控制抽象為單個邏輯場域，為雲端服務消費者提供中央管理存取點。理想情況下，此架構應該在執行多雲端架構之前建立，以便從一開始就可以實施集中管理層。

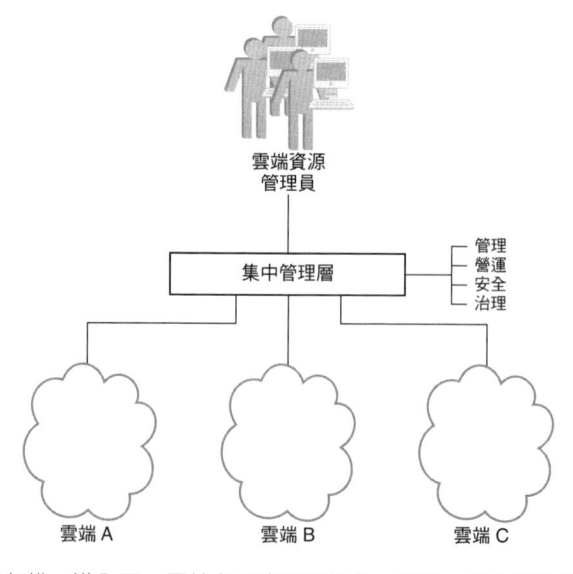

圖 15.41　元雲端架構，導入了一層抽象層來管理操作、管理、安全和治理控制。

元雲端層可以實際位於雲端服務消費者選擇的任何位置。它可以基於特定雲端、分佈在多個雲端上，甚至可以放在地端。透過將管理、營運和治理控制抽象到一個中心位置，雲端服務消費者可以更輕鬆地隨著時間的推移發展多雲端架構，這可以顯著提高組織的整體敏捷性和對業務變化的反應能力。

15.16 聯合雲端應用程式架構

分佈式雲端應用程式的一個常見限制是，元件或服務通常位於單一雲端環境中。這些分佈式應用程式部分的性能和功能限制在單一雲端基礎設施的容量和功能集內。

使用多雲端架構時，有機會透過將每個應用程式元件或服務放置在不同的雲端環境中來利用雲端應用程式的分散式特性，以最大限度地發揮每個雲端環境可能提供的優勢。例如，對於特定應用程式服務，一個雲端可能提供更好的高性能運算能力，另一個雲端可能提供更多的彈性，而另一個雲端可能提供更好的成本。

在*聯合雲端應用程式架構*（圖 15.42）中，應用程式元件和服務分散在可用的雲端中，因此每個元件和服務都部署在最有利益的位置。這可以為雲端應用程式帶來各種好處，但顯然也會帶來架構的複雜性。

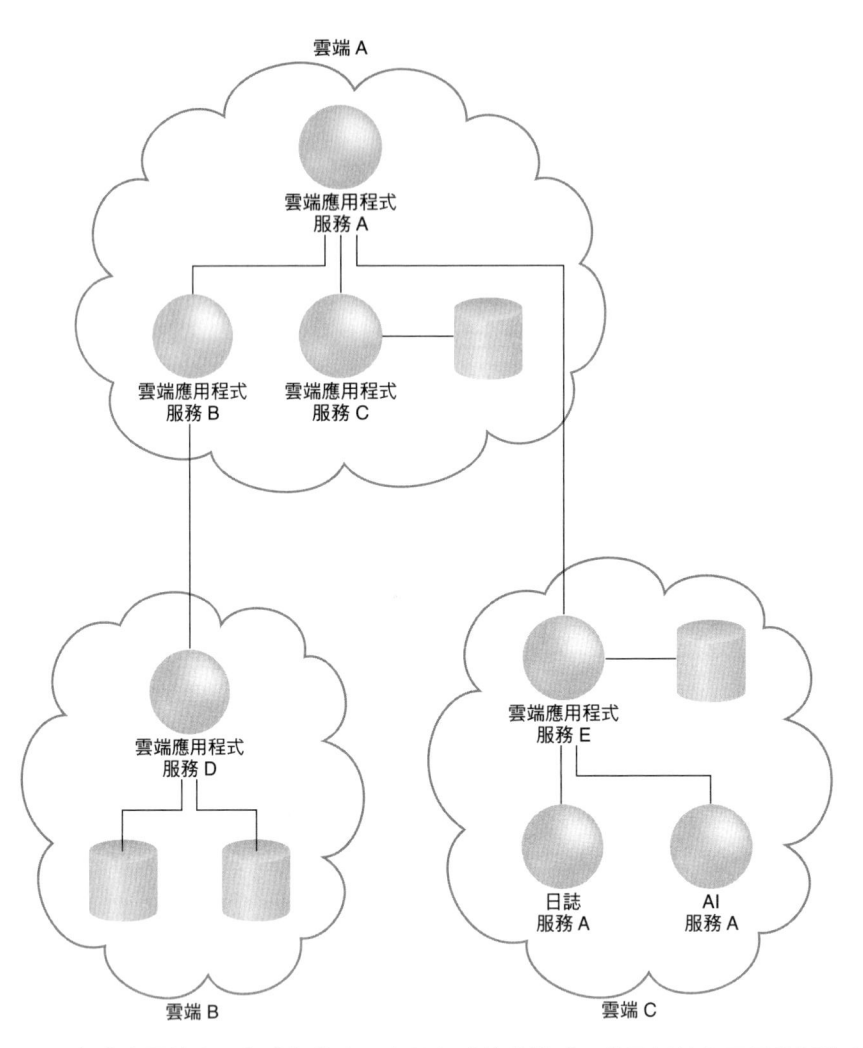

圖 15.42 在聯合雲端應用程式架構中,應用程式的分散式元件可以放在不同的託管環境中,包括不同的雲端和地端環境。應用程式的每個部分都被放置在最能滿足其獨特需求的位置。

PART IV

使用雲端服務

第十六章：雲端交付模型注意事項
第十七章：成本指標和定價模型
第十八章：服務品質指標和 SLA

第四部分的每個章節各自討論規劃或使用雲端環境和雲端技術有的關不同領域主題。這些章節提供許多注意事項、策略和指標，有助於將前面章節中討論的主題與現實世界的需求和限制連接起來。

Chapter **16**

雲端交付模型注意事項

16.1 雲端交付模型:雲端服務供應商的角度
16.2 雲端交付模型:雲端服務消費者的角度

前面大多數章節都著重在定義和實踐雲端環境中基礎設施和架構層的技術和模型。本章將重新討論第 4 章中介紹的雲端交付模型，以便在 IaaS、PaaS 和 SaaS 的環境中解決真實世界的考慮因素。

本章分為兩個主要部分，分別探討雲端服務供應商和雲端服務消費者相關的雲端交付模型需要考慮的問題。

16.1 雲端交付模型：雲端服務供應商的角度

本章節探討從雲端服務供應商的角度來看 IaaS、PaaS 和 SaaS 雲端交付模型的架構和管理。瞭解雲端環境作為更大環境中的一部分該如何整合和管理，以及它們與不同的技術和雲端機制組合之間的關係。

建立 IaaS 環境

在 IaaS 環境中，虛擬伺服器和雲端儲存設備機制是標準快速配置架構的一部分，為兩個最基本的 IT 資源。它們由不同的標準化配置提供，包含下列屬性：

- 作業系統
- 主記憶體容量
- 處理能力
- 虛擬化儲存容量

記憶體和虛擬化儲存容量通常以 1GB 為單位增加以簡化底層實體 IT 資源的配置。當雲端服務供應商限制雲端服務消費者對虛擬化環境的存取能力時，IaaS 產品會由雲端服務供應商透過預先定義好配置的虛擬伺服器映像檔建立環境。一些雲端服務供應商可能會為雲端服務消費者提供對實體 IT 資源的直接管理存取權限，在這種情況下，也有可能使用裸機配置架構。

虛擬伺服器可以進行快照，以記錄虛擬化 IaaS 環境的當前狀態、記憶體和配置，用於備份和複製目的，以支援水平和垂直擴展需求。例如，虛擬伺服器可以使用快照在應付垂直擴充以增加容量的環境中重新初始化。快照也可以用於複製虛擬伺服器。客製化虛擬伺服器映像檔的管理是透過遠端管理系統機制提供的重要功能。大多數雲端服務供應商還支援以特殊或標準格式匯入和匯出客製化虛擬伺服器映像檔。

數據中心

雲端服務供應商可以從多個地理位置不同的數據中心提供 IaaS 的 IT 資源，這提供以下主要優勢：

- 多個數據中心可以連結在一起以增強彈性及恢復力。每個數據中心都位於不同的位置，降低單點故障使所有數據中心同時離線的可能性。

- 透過低延遲的高速通訊網路連接，數據中心可以執行負載平衡、IT 資源備份和複製，以及增加儲存容量，同時提高可用性和可靠性。將多個數據中心分佈在更大的區域可以進一步減少網路延遲。

- 部署在不同國家的數據中心使受法律和法規要求所限制的雲端服務消費者可以更方便地存取 IT 資源。

圖 16.1 提供了一個雲端服務供應商管理四個數據中心的範例，這些數據中心分佈在兩個不同的地理區域。

當 IaaS 環境用於為雲端服務消費者提供虛擬化網路環境時，每個雲端服務消費者都被隔離到一個租戶環境中，透過網際網路將 IT 資源與雲端的其餘部分隔離開來。VLAN 和網路存取控制軟體合作實現相應的邏輯網路邊界。

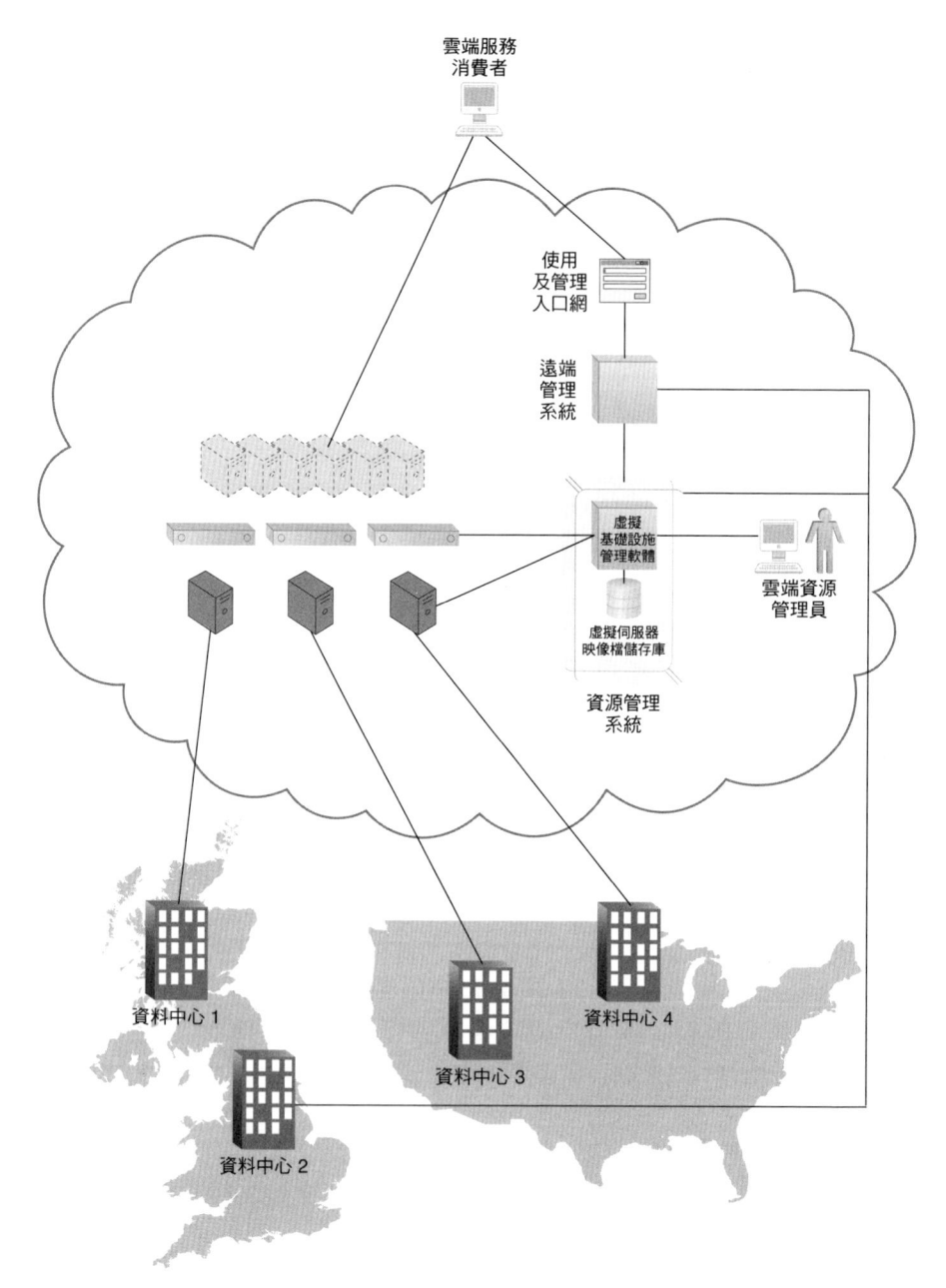

圖 16.1 一家雲端服務供應商在美國和英國的不同數據中心配置和管理 IaaS 環境的 IT 資源。

可擴展性和可靠性

在 IaaS 環境中，雲端服務供應商透過動態垂直擴展類型的可擴展性架構自動配置虛擬伺服器。只要實體伺服器有足夠的容量，就可以透過 VIM 自動配置。如果實體伺服器沒有足夠的容量來進行垂直擴展，VIM 可以使用資源池架構，透過資源複製向外擴展虛擬伺服器。作為工作負載分佈架構一部分的負載平衡器機制可以在資源池中的 IT 資源之間分配工作負載以完成水平擴展。

手動擴展需要雲端服務消費者利用使用和管理程式明確申請 IT 資源擴展。相比之下，自動擴展需要自動擴容監聽器監控工作負載並被動地擴展資源容量。此機制通常充當監控代理程式，追蹤 IT 資源使用情況，以便在容量超出時通知資源管理系統。

複製出來的 IT 資源可以透過標準 VIM 功能安排在高可用性環境中，成為故障轉移系統。或者，可以在實體或虛擬伺服器層級建立高可用性、高性能資源叢集，或者同時在兩者上建立。多路徑資源存取架構通常透過冗餘存取路徑來增強可靠性，一些雲端服務供應商還透過資源預留架構進一步提供專用 IT 資源的配置。

監控

IaaS 環境中的雲端使用量監視器可以使用 VIM 或直接利用專門的監控工具與虛擬化平台互動來取得資料。IaaS 平台幾個常涉及監控的功能：

- **虛擬伺服器生命週期**：記錄和追蹤正常運行時間以及 IT 資源的分配，按使用量付費監視器測量使用的時間作為計費單位。

- **數據儲存**：追蹤並分配儲存容量到虛擬伺服器上的雲端儲存設備，按使用量付費監視器測量使用的儲存空間作為計費單位

- **網路流量**：按使用量付費監視器測量進入網路和離開網路的使用量，以及追蹤 QoS 指標（例如反應時間和網路斷線）的 SLA 監視器。

- 故障情況：適用於追蹤 IT 資源和 QoS 指標的 SLA 監視器，以便在出現故障時發出警告。

- 事件觸發器：用於評估所選 IT 資源的是否符合法規的稽核監視器。

IaaS 環境中的監控架構通常利用服務代理程式與後端管理系統直接通訊。

安全性

保護 IaaS 環境相關的雲端安全機制包括：

- 用於保護整體數據傳輸的加密、雜湊、數位簽章和 PKI 機制

- IAM 和 SSO 機制，用於存取具有使用者身分識別、身分驗證和授權功能的安全系統服務和介面

- 雲端安全群組，用於透過虛擬機管理程式和透過網路管理軟體的網路分段來隔離虛擬環境

- 用於對內部和外部開放的虛擬伺服器環境所使用的安全強化虛擬伺服器映像檔

- 各種雲端使用量監視器追蹤配置的虛擬 IT 資源以檢測異常使用模式

使用 PaaS 環境

PaaS 環境通常需要配備一系列應用程式開發和部署平台，以適應不同的程式設計模型、語言和框架。通常會為每個程式設計組合建立一個單獨的現成環境，其中包含執行專門為平台開發的應用程式所需的軟體。

每個平台都有對應的 SDK 和 IDE，這些 SDK 和 IDE 可以是雲端服務供應商提供的客製化組件或透過 IDE 外掛程式啟用。IDE 工具包可以在本地模擬 PaaS 環境中的運作環境，通常包括可執行的應用程式伺服器。運作環境既有的安全限制也會在開發環境中進行模擬，例如會檢查程式是否企圖在未經授權狀況下存取系統 IT 資源。

雲端服務供應商通常提供一種為 PaaS 平台客製化的資源管理系統機制，以便雲端服務消費者可以建立和控制具有現成環境的客製化虛擬伺服器映像檔。資源管理系統機制也包含 PaaS 平台特有的功能，例如管理部署的應用程式和配置多租戶環境。雲端服務供應商進一步仰賴稱為平台配置的快速配置架構變體，專門用來配置現成環境。

可擴展性和可靠性

部署在 PaaS 環境中的雲端服務和應用程式可擴展性需求通常會透過動態擴展和工作負載分配架構來解決，這些架構使用原生的自動擴容監聽器和負載平衡器。也同時會採用資源池架構，進一步從提供給多個雲端服務消費者使用的資源池中配置 IT 資源。

雲端服務供應商可以根據網路流量與伺服器端的連線狀況，比對應用程式的負載，並根據雲端服務消費者提供的參數和成本限制來決定如何擴充超載的應用程式。或者，雲端服務消費者可以設定應用程式的設計，客製化與可用機制的整合方式。

現成環境和託管的雲端服務及應用程式可靠性可以透過標準故障轉移系統機制（圖 16.2）以及不中斷服務重新導向架構的支援，以保護雲端服務消費者不受故障的影響。資源預留架構也可以提供 PaaS 所使用的 IT 資源獨佔存取權。與其他 IT 資源一樣，現成環境也可以跨越多個數據中心和地理區域，以進一步提高可用性和系統韌性。

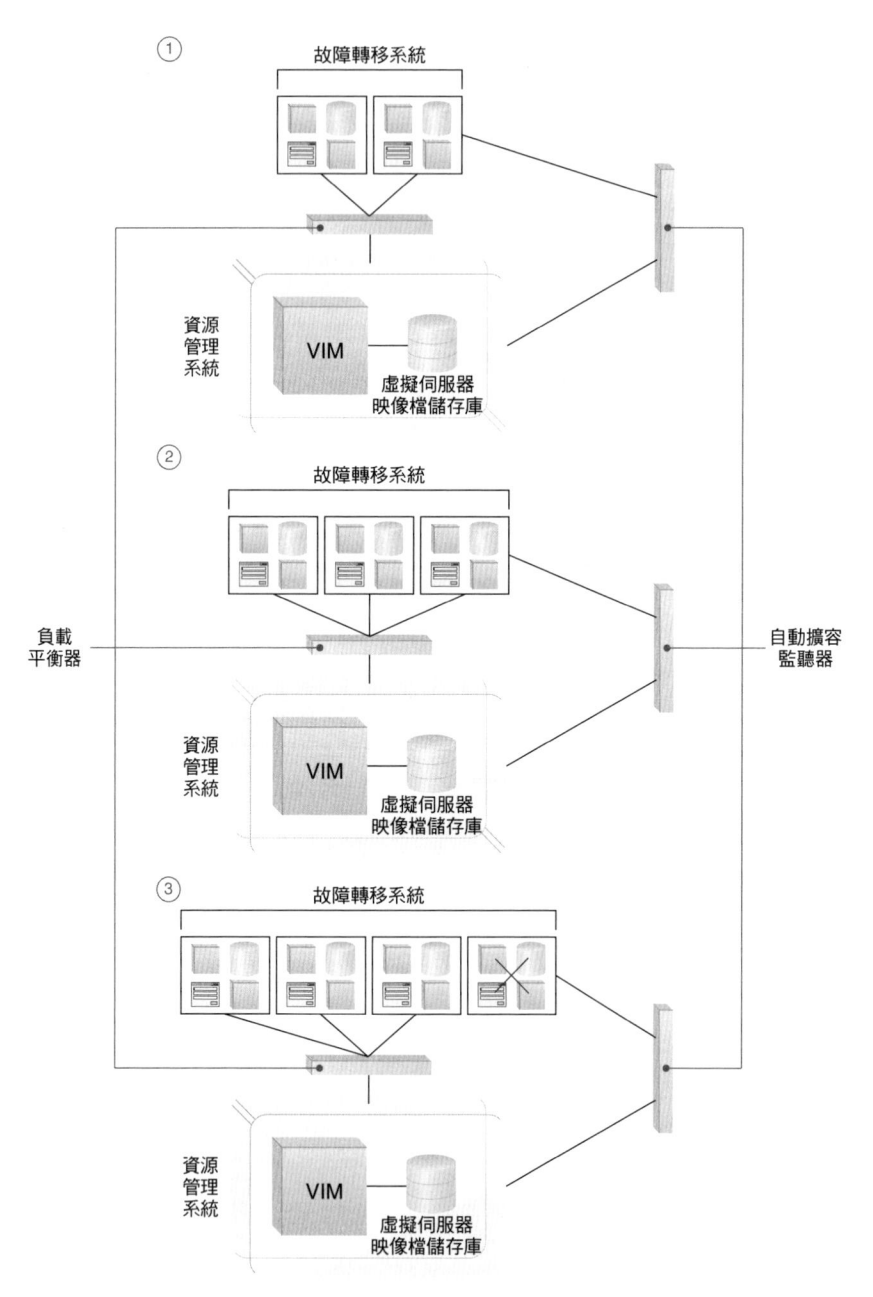

圖 16.2 負載平衡器用於分配故障轉移系統中的現成環境實例，而自動擴容監聽器用於監控網路和實例的工作負載（1）。現成環境因應工作負載的增加而向外擴展（2），故障轉移系統檢測到故障並停止複製失敗的現成環境（3）。

監控

PaaS 環境中的專用雲端使用量監視器可以監控以下內容：

- 現成環境實例：按使用量付費監視器記錄這些實例的應用程式，用於計算基於使用時間的使用費。

- 數據持久性：此統計數據由按使用量付費監視器提供，該監視器記錄每個計費週期的物件數量、佔用儲存大小和資料庫交易。

- 網路使用：追蹤進入和離開網路的使用情況，讓按使用量付費監視器和 SLA 監視器可以追蹤與網路相關的 QoS 指標。

- 故障情況：用於追蹤 IT 資源的 QoS 指標的 SLA 監視器需要蒐集故障統計資訊。

- 事件觸發器：此指標主要由需要回應某些類型事件的稽核監視器使用。

安全性

預設情況下，PaaS 環境通常不需要 IaaS 環境中已提供的雲端安全機制以外的安全機制。

最佳化 SaaS 環境

在 SaaS 實作中，雲端服務架構通常使用多租戶環境，提供並調節同時產生的雲端服務消費者存取需求（圖 16.3）。SaaS 的 IT 資源隔離通常不會像 IaaS 和 PaaS 環境中那樣在基礎設施上實施。

SaaS 服務很大程度仰賴原生的動態擴展、工作負載分佈架構以及不中斷服務重新導向所提供的功能，以確保故障轉移不會影響 SaaS 的雲端服務的可用性。

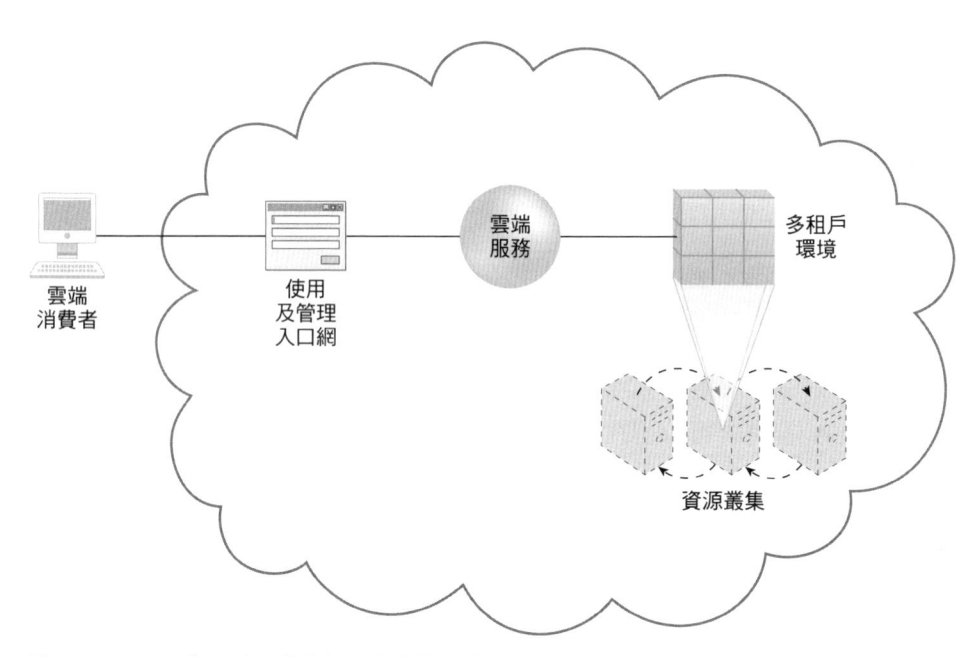

圖 16.3 SaaS 的雲端服務由部署在高性能虛擬伺服器叢集中的多租戶環境運行。雲端服務消費者透過使用和管理入口往來存取和配置雲端服務。

但是，必須承認的是，與 IaaS 和 PaaS 產品相對基本的設計不同，每個 SaaS 部署都會使用獨特的架構、功能和運作要求。這些需求特別針對 SaaS 的雲端服務所設計的業務邏輯性質，以及雲端服務使用者的不同使用模式而有所不同。

例如，考慮以下常見的線上 SaaS 產品在功能和使用方式上的多樣性：

- 協同創作和資訊共用（維基百科、部落格）
- 合作管理（Zimbra、Google Apps）
- 即時通訊、語音 / 視訊通訊的會議服務（Zoom、Skype、Google Meet）
- 企業管理系統（ERP、CRM、CM）
- 檔案共用和內容分發（You Tube、Dropbox）

- 行業特定軟體（工程、生物資訊學）
- 通訊系統（電子郵件、語音郵件）
- 行動應用程式市場（Google Play Store、Apple App Store）
- 辦公室生產力軟體（Microsoft Office、Adobe Creative Cloud）
- 搜尋引擎（Google、Yahoo）
- 社交網路媒體（Twitter、LinkedIn）

現在考慮到前面列出的許多雲端服務是在以下一種或多種服務媒介中提供的：

- 行動應用程式
- REST 服務
- 網頁服務

這些 SaaS 服務媒介會提供給雲端服務消費者互動的 Web API。具有 Web API 的線上 SaaS 雲端服務範例包括：

- 電子支付服務（PayPal）
- 地圖和路線服務（Google Maps）
- 發布工具（Word Press）

提供行動設備的 SaaS 服務通常由多設備代理機制支援，除非雲端服務專門提供特定移動設備存取。

SaaS 功能的多樣性、實作技術的多樣性以及透過多種不同的服務媒介重複提供 SaaS 雲端服務的趨勢使得 SaaS 環境的設計高度專業化。雖然對於 SaaS 服務設計上不是必需，但特殊的處理需求可能會需要結合架構模型，例如：

- 服務負載平衡：用於在冗餘的 SaaS 雲端服務之間實現的工作負載分配
- 動態故障檢測和恢復：建立一個可以在不中斷 SaaS 服務的情況下自動解決一些故障情況的系統
- 儲存維護窗口：允許計畫內的維護停機，不影響 SaaS 服務的可用性
- 彈性資源/網路容量：在 SaaS 的雲端服務架構內部建立彈性，使其能夠自動適應多種運行時的擴展需求
- 雲端平衡：在 SaaS 服務中提供更好的韌性，這對於會承受同時產生極高使用量的雲端服務特別重要

特別的雲端使用量監視器使用於 SaaS 環境中，以追蹤以下類型的指標：

- 租戶訂閱期：按使用量付費監視器使用這個指標來記錄和追蹤應用程式的使用情況，以便按時間計費。這種類型的監控和評估通常是定期在租賃期間對應用程式授權和超出 IaaS 和 PaaS 環境的使用時間進行評估。
- 應用程式使用量：這個指標基於用戶或安全群組，與按使用量付費監視器一起使用，以記錄和追蹤應用程式使用量來進行計費。
- 租戶應用程式功能模組：按使用量付費監視器使用這個指標進行基於功能模組的計費方式。根據雲端服務消費者是免費還是付費訂閱者，雲端服務可以提供不同的功能模組。

與 IaaS 和 PaaS 中執行的雲端使用量監控類似，SaaS 環境通常也會有數據儲存、網路流量、故障情況和事件觸發的監控。

安全性

SaaS 服務通常仰賴所部署環境既有的安全控制基礎。不同的業務處理邏輯將增加額外的雲端安全機制或專門的安全技術層。

16.2 雲端交付模型：雲端服務消費者的角度

本節將探討關於雲端服務消費者如何管理和利用不同雲端交付模型的各種考量。

使用 IaaS 環境

虛擬伺服器透過遠端應用程式存取作業系統。使用的客戶端軟體類型直接取決於在虛擬伺服器上運作的作業系統，其中兩個常見的是：

- *遠端桌面（或遠端桌面連線）客戶端*：適用於 Windows 的環境並提供 Windows 的桌面 GUI

- *SSH 客戶端*：適用於 Mac 和 Linux 的環境，允許與伺服器作業系統上運作的文字介面 shell 帳號建立安全通道連線

圖 16.4 說明在使用管理介面建立虛擬伺服器後作為 IaaS 服務的常見使用場景。

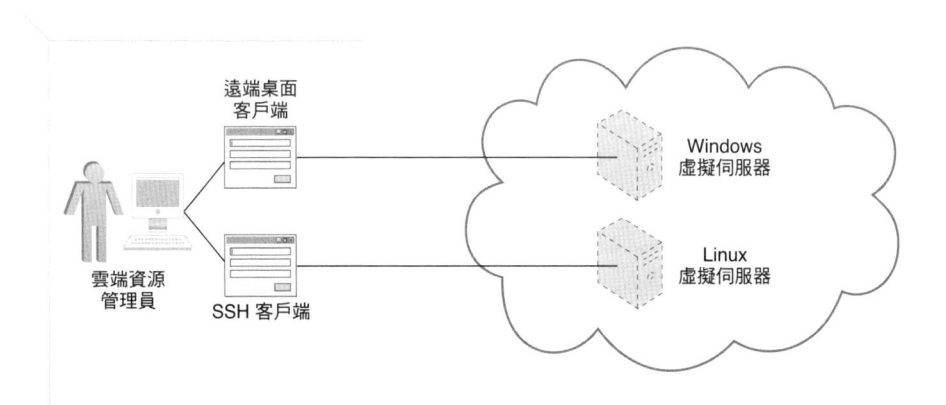

圖 16.4 雲端資源管理員使用 Windows 的遠端桌面客戶端來管理 Windows 虛擬伺服器，並使用 SSH 客戶端來管理 Linux 虛擬伺服器。

雲端儲存設備可以直接連接到虛擬伺服器，並透過虛擬伺服器的功能介面存取，以便作業系統進行管理。或者，雲端儲存設備可以連接到在雲端外部託管的 IT 資源，例如透過 WAN 或 VPN 連接的地端設備。在這種情況下，通常使用以下方式來操作和傳輸雲端儲存數據：

- 網路檔案系統：基於檔案系統的儲存存取方式，檔案的呈現方式類似於作業系統中資料夾的組織方式（NFS、CIFS）

- 儲存區域網路設備：基於區塊的儲存存取方式，將地理上分散的數據整理並格式化、組合成原始檔案，以符合最佳的網路傳輸（iSCSI、光纖通道）

- Web 資源：基於物件的儲存存取方式，透過沒有整合到作業系統中的介面以邏輯方式表示檔案，可以透過 Web 介面存取這些檔案（Amazon S3）

IT 資源配置注意事項

雲端服務消費者可以很高程度的控制 IT 資源在 IaaS 環境中該如何進行配置。

例如：

- 控制擴展性功能（自動擴展、負載平衡）

- 控制虛擬 IT 資源的生命週期（關閉、重新啟動、啟動虛擬設備）

- 控制虛擬網路環境和網路存取規則（防火牆、邏輯網路邊界）

- 建立和顯示服務配置協議（帳戶條件、使用條款）

- 管理雲端儲存設備的連接

- 管理雲端 IT 資源的預先分配（資源預留）

- 管理雲端資源管理員的憑證和密碼

- 透過 IAM 管理存取虛擬化 IT 資源的雲端安全組的憑證

- 管理與安全相關的配置
- 管理客製化虛擬伺服器映像檔的儲存（匯入、匯出、備份）
- 選擇高可用性選項（故障轉移、IT 資源叢集）
- 選擇和監控 SLA 指標
- 選擇基本軟體配置（新虛擬伺服器的作業系統、預裝軟體）
- 從許多可用的硬體相關配置和選項中選擇 IaaS 資源實例（處理能力、RAM、儲存）
- 選擇雲端 IT 資源運作的地理區域
- 追蹤和管理成本

這種類型配置任務的管理介面通常是使用和管理入口網，但也可以使用命令列介面（CLI）工具來提供，這些工具可以簡化許多腳本化管理操作的執行。

雖然通常偏好於使用標準化的管理功能和控制方式，但有時使用不同的工具和使用者介面也是合理的。例如，可以使用腳本透過 CLI 每晚打開和關閉虛擬伺服器，而使用入口網可以更輕鬆地增加或刪除儲存容量。

使用 PaaS 環境

一個典型的 PaaS IDE 可以提供廣泛的工具和程式設計資源，例如軟體庫、類別庫、框架、API 和各種運作時的功能，以模擬預期的雲端部署環境。這些功能允許開發人員在雲端或本地（地端部署）中建立、測試和執行應用程式程式碼，同時使用 IDE 模擬雲端部署環境。然後將已編譯或已完成的應用程式封裝並上傳到雲端，透過現成環境進行部署。部署過程也可以透過 IDE 控制。

PaaS 也允許應用程式使用雲端儲存設備作為獨立的數據儲存系統，用於儲存特定於開發階段的數據（例如，在雲端環境之外可用的儲存庫中）。通常都會支援 SQL 和 NoSQL 資料庫結構。

IT 資源配置注意事項

與 IaaS 環境相比，PaaS 環境提供的管理控制較少，但仍提供大量管理功能。

例如：

- 建立和顯示服務供應協議，例如帳戶條件和使用條款
- 為現成環境選擇軟體平台和開發框架
- 選擇實例類型，最常見的是前端或後端實例
- 選擇要在現成環境中使用的雲端儲存設備
- 控制 PaaS 開發的應用程式生命週期（部署、啟動、關閉、重新啟動和發布）
- 控制已部署應用程式和模組的版本
- 配置可用性和可靠性相關機制
- 使用 IAM 管理開發人員和雲端資源管理員的憑證
- 管理一般安全設置，例如可存取的網路連接埠
- 選擇和監控與 PaaS 相關的 SLA 指標
- 管理和監控使用量和 IT 資源成本
- 控制擴展功能，例如使用配額、啟動實例閾值以及自動擴容監聽器和負載平衡器機制的配置和部署

用於存取 PaaS 管理功能的使用和管理入口網可以預先選擇 IT 資源啟動和停止時間的功能。例如，雲端資源管理員可以將雲端儲存設備設定為上午 9:00 開啟，然後 12 小時後關閉。在此系統基礎上，可以提供收到特定應用程式的數據請求時才讓現成環境自動啟動並在長時間不活動後自動關閉的選項。

使用 SaaS 服務

由於 SaaS 的雲端服務幾乎都有完善和通用的 API，它們通常被設計為廣大的分佈式解決方案的其中一個部分。這方面一個常見的例子是 Google Maps，它提供了完整的 API，允許將地圖資訊和圖像合併到網站和 Web 應用程式中。

許多 SaaS 產品都是免費提供的，儘管這些雲端服務通常帶有數據收集的子程式，為雲端服務供應商的利益收集使用數據。當使用第三方廠商贊助的任何 SaaS 產品時，它很有可能正在執行某種形式的後台資訊收集。閱讀雲端服務供應商的協議通常有助於瞭解雲端服務執行的任何輔助活動。

使用雲端服務供應商提供的 SaaS 產品的雲端服務消費者無須承擔實作和管理底層託管環境的責任。通常為雲端服務消費者提供客製化選項。但是，這些選項通常僅限於對專門為雲端服務消費者產生的雲端服務實例進行運作時的使用控制。

例如：

- 管理與安全相關的配置
- 管理可用性和可靠性選項
- 管理使用成本
- 管理用戶帳戶、設定檔和存取授權
- 選擇和監控 SLA
- 設置手動和自動擴展選項和限制

案例研究

DTGOV 發現需要組合一些額外的機制和技術來完成 IaaS 管理架構（圖 16.5）：

- 邏輯網路拓撲納入網路虛擬化，並使用不同的防火牆和虛擬網路建立邏輯網路邊界。

- VIM 定位為控制 IaaS 平台的中央工具並配備自我配置功能。

- 虛擬化平台實作額外的虛擬伺服器和雲端儲存設備機制，同時建立了幾個虛擬伺服器映像檔，為虛擬伺服器提供基本範本配置。

- 使用 VIM 的 API 透過自動擴容監聽器增加動態縮放功能。

- 使用資源複製、負載平衡器、故障轉移系統和資源叢集機制建立高可用性虛擬伺服器叢集。

- 建立了一個直接使用 SSO 和 IAM 系統機制的客製化應用程式，實現遠端管理系統、網路管理工具和 VIM 之間的互通性。

DTGOV 使用強大的商業網路管理工具，經過客製化，可將 VIM 和 SLA 監控代理程式收集的事件資訊儲存在 SLA 測量資料庫中。管理工具和資料庫作為廣大 SLA 管理系統的一部分。為了實現計費功能，DTGOV 擴充一個專有的軟體工具，在按使用量計費監視器的資料庫中，透過一組使用測量數據建立計費功能，讓計費軟體用來作為計費管理系統機制的基礎。

圖 16.5　DTGOV 管理架構

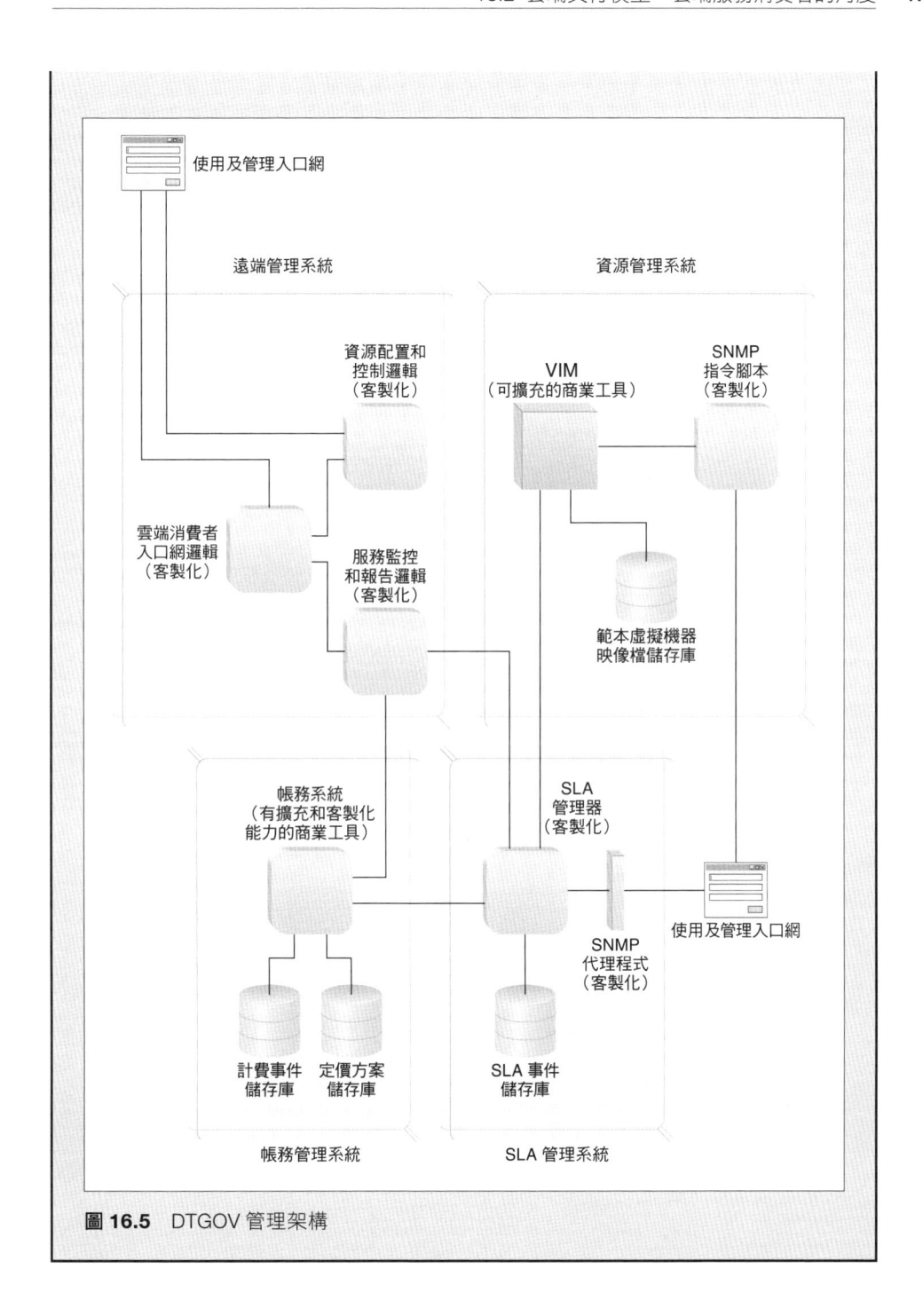

Chapter 17

成本指標和定價模型

17.1 商業成本指標
17.2 雲端使用成本指標
17.3 成本管理考量

降低營運成本和最佳化 IT 環境對於了解和比較地端部署與雲端環境的成本模型很重要。公有雲所採用的定價結構通常是以使用量為中心的即用即付模式，使企業能夠避免前期基礎設施投資。這些模型需要與投資地端基礎設施所產生的財務影響以及整體的擁有成本承諾一同進行評估。

本章提供指標、公式和實踐來協助雲端服務消費者對雲端採用計畫進行準確的財務分析。

17.1 商業成本指標

本節先描述評估租賃雲端 IT 資源與購買地端 IT 資源的估計成本和業務價值的常用指標類型。

前期和持續成本

前期成本與組織打算使用的 IT 資源所需要進行的初始投資有關。這包括獲取 IT 資源的成本以及部署和管理它們所需的費用。

- 購買和部署地端 IT 資源的前期成本往往很高。地端環境前期成本的例子包括硬體、軟體和部署所需的人工。

- 租賃雲端 IT 資源的前期成本往往很低。雲端環境前期成本的例子包括評估和設置雲端環境所需的人工成本。

持續成本是組織運行和維護使用的 IT 資源所需的費用。

- 營運地端 IT 資源的持續成本可能會有很大差異。範例包括授權費、電費、保險和人工。

- 營運雲端 IT 資源的持續成本也可能有所不同，但往往會超過地端 IT 資源的持續成本（尤其是在較長的一段時間後）。範例包括虛擬硬體租賃費、頻寬使用費、授權費和人工。

額外成本

為了補足並擴大財務分析範圍，除了標準的前期和持續業務成本指標的計算和比較之外，還可以考慮幾個更專業的業務成本指標。

例如：

- 資金成本：資金成本是代表募集所需資金時所產生成本的價值。例如，募集 150,000 美元的初始投資通常會比在三年內募集這筆資金更昂貴。這項成本的關聯性取決於組織如何募集所需的資金。如果初始投資的資金成本很高，那麼進一步證明租賃雲端 IT 資源的合理性。

- 沉沒成本：組織通常擁有已經買斷並正在營運的 IT 資源。之前對這些地端 IT 資源進行的投資稱為**沉沒成本**。將前期成本與巨額沉沒成本一起比較時，可能較難證明租賃雲端 IT 資源作為替代方案的合理性。

- 整合成本：整合測試是一種測試類型，用來衡量 IT 資源在外部環境（例如新的雲端平台）中相容性和互用性所需的努力。根據組織正在考慮的雲端部署模型和雲端交付模型，可能需要進一步安排資金進行整合測試以及與實現雲端服務消費者和雲端服務之間的互通性所需的額外人工。這些費用稱為**整合成本**。高昂的整合成本會降低租賃雲端 IT 資源的吸引力。

- 鎖定成本：如第 3 章中的風險和挑戰部分所述，雲端環境可能會有可攜性限制。在較長的一段時間內執行指標分析時，可能需要考慮從一個雲端服務供應商遷移到另一個雲端服務供應商的可能性。由於雲端服務消費者可能會變得依賴雲端環境的獨有特性，因此這種類型的移動會產生**鎖定成本**。鎖定成本會進一步降低租賃雲端 IT 資源的長期業務價值。

案例研究

ATN 對兩個老舊應用程式遷移到 PaaS 環境進行了總體擁有成本（total cost-of-ownership，TCO）分析。分析產生的報告根據 3 年的時間範圍確認了地端部署和基於雲端的部署的評估比較。

以下各節提供了報告中針對兩個應用程式的摘要。

產品目錄瀏覽器

產品目錄瀏覽器是一個全球使用的 Web 應用程式，可與 ATN Web 入口網和其他幾個系統互動操作。此應用程式部署在一個虛擬伺服器叢集中，該叢集由 2 台專用實體伺服器上運行的 4 台虛擬伺服器組成。該應用程式擁有自己的 300GB 資料庫，該資料庫運行在單獨的 HA 叢集中。程式碼是在最近的重構項目中產生的。在準備進行雲端遷移之前，只需要解決一些小的可攜性問題。

TCO 分析揭示了以下內容：

地端部署前期成本

- 授權：託管應用程式的每台實體伺服器的購買價格為 7,500 美元，而運行所有 4 台伺服器所需的軟體總計 30,500 美元。
- 人工：人工成本估計為 5,500 美元，包括設置和應用程式部署。

前期總成本為：(7,500 美元 ×2) +30,500 美元 +5,500 美元 =51,000 美元

伺服器的配置參數考慮了峰值工作負載的容量計畫。這個計畫沒有對儲存進行評估，計畫假設應用程式資料庫不太會受到應用程式部署的影響。

地端部署持續成本

以下是每月持續成本：

- 環境費用：750 美元
- 授權費：520 美元
- 硬體維護：100 美元
- 人工：2,600 美元

地端持續總成本為：750 美元 +520 美元 +100 美元 +2,600 美元 =3,970 美元

雲端前期成本

如果伺服器是從雲端服務供應商租賃的，硬體或軟體沒有前期成本。人工成本估計為 5,000 美元，其中包括解決互通性問題和應用程式設置的費用。

雲端持續成本

以下是每月持續成本：

- 伺服器實例：使用費按虛擬伺服器計算，費率為每虛擬伺服器 1.25 美元 / 小時。對於 4 個虛擬伺服器，結果為：4×（1.25 美元 ×720）=3,600 美元。但是，考慮伺服器實例擴展時，應用程式消耗量相當於 2.3 個伺服器，代表實際的持續伺服器使用成本為 2,070 美元。
- 資料庫伺服器和儲存：使用費按資料庫大小計算，費率為每月 1.09 美元 /GB=327 美元。
- 網路：使用費按離開應用程式的 WAN 流量計算，費率為 0.10 美元 /GB，每月流量為 420GB=42 美元。
- 人工：估計為每月 800 美元，包括雲端資源管理任務的費用。

持續總成本為：2,070 美元 +327 美元 +42 美元 +800 美元 =3,139 美元

產品目錄瀏覽器應用程式的 TCO 明細在表 17.1 中提供。

表 17.1　產品目錄瀏覽器應用程式的總體擁有成本分析

前期成本	雲端環境	地端環境
硬體	$0	$15,000
授權	$0	$30,500
人工	$5,000	$5,500
前期成本總和	$5,000	$51,000

每月持續成本	雲端環境	地端環境
應用程式伺服器	$2,070	$0
資料庫伺服器	$327	$0
WAN 網路	$42	$0
環境	$0	$750
軟體授權	$0	$520
硬體維運	$0	$100
管理	$800	$2,600
持續成本總和	$3,139	$3,970

對兩種方法在三年內的各自 TCO 進行比較，得出以下結果：

- 地端 TCO：前期 51,000 美元 +（3,970 美元 ×36）持續 =193,920 美元
- 雲端 TCO：前期 5,000 美元 +（3,139 美元 ×36）持續 =118,004 美元

根據 TCO 分析的結果，ATN 決定將應用程式遷移到雲端。

17.2 雲端使用成本指標

本節介紹一些成本用量指標，用於計算雲端 IT 資源用量相關的成本：

- 網路用量：進入和離開的網路流量，以及雲端內部網路流量
- 伺服器用量：分配的虛擬伺服器（和資源預留）
- 雲端儲存設備：分配的儲存容量
- 雲端服務：訂閱時長、指定用戶數、交易次數（雲端服務和雲端應用程式）

對於每個成本用量指標，都提供了描述、測量單位和測量頻率，以及最適合該指標的雲端交付模型。每個指標也包含簡短的範例。

網路用量

網路用量定義為透過網路連接傳輸的數據量，通常分別測量進入網路的使用流量和離開網路的使用流量指標來計算，並與雲端服務或其他 IT 資源相關。

入站網路用量指標

- 描述：進入網路流量
- 測量：Σ（總和），以位元組為單位的進入網路流量
- 頻率：在預先定義期間內連續累積
- 雲端交付模型：IaaS、PaaS、SaaS
- 範例：最多 1GB 免費，每月最高 10TB，0.001 美元 /GB

出站網路用量指標

- 描述：出站網路流量
- 測量：Σ，以位元組為單位的出站網路流量
- 頻率：在預先定義期間內連續和累積
- 雲端交付模型：IaaS、PaaS、SaaS
- 範例：每月最多 1GB 免費，1GB 至 10TB 每月 0.01 美元 /GB

網路用量指標可應用於位於不同地理區域的同一雲端 IT 資源之間的 WAN 流量，以計算同步、數據複製和相關處理的成本。相反的 LAN 使用情況和同一數據中心內的 IT 資源之間的其他網路流量通常不會被追蹤。

雲端內 WAN 用量指標

- 描述：同一雲端內地理位置不同的 IT 資源之間的網路流量
- 測量：Σ，以位元組為單位的雲端內 WAN 流量
- 頻率：在預先定義期間內連續和累積
- 雲端交付模型：IaaS、PaaS、SaaS
- 範例：每天最多 500MB 免費，之後 0.01 美元 /GB，每月 1TB 後 0.005 美元 /GB

許多雲端服務供應商不對進入的流量收費，以鼓勵雲端服務消費者將數據遷移到雲端。有些也不對同一雲端內的 WAN 流量收費。

與網路相關的成本指標由以下屬性決定：

- 靜態 IP 位址使用：IP 位址使用時間（如果需要靜態 IP）
- 網路負載平衡：負載平衡網路流量（以位元為單位）
- 虛擬防火牆：防火牆處理的網路流量（根據使用時間）

伺服器用量

虛擬伺服器的分配是透過在 IaaS 和 PaaS 環境中使用的常見按使用量付費指標來衡量的，這些指標透過虛擬伺服器和現成環境的數量來量化。這種形式的伺服器用量測量方式分為按需虛擬機實例分配和預留虛擬機實例分配指標。前一個指標在短期內衡量按使用量付費的費用，而後一個指標計算長期使用虛擬伺服器的前期預留費用。前期預留費用通常與按使用量付費的折扣結合使用。

17.2 雲端使用成本指標

按需虛擬機實例分配指標

- 描述：虛擬伺服器實例的正常運行時間
- 測量：Σ，虛擬伺服器開始日期到停止日期
- 頻率：在預先定義期間內連續累積
- 雲端交付模型：IaaS、PaaS
- 範例：小型實例 0.10 美元／小時，中型實例 0.20 美元／小時，大型實例 0.90 美元／小時

預留虛擬機實例分配指標

- 描述：預留虛擬伺服器實例的前期成本
- 測量：Σ，虛擬伺服器開始預留的日期到結束日期
- 頻率：每天、每月、每年
- 雲端交付模型：IaaS、PaaS
- 範例：小型實例 55.10 美元，中型實例 99.90 美元，大型實例 249.90 美元

虛擬伺服器使用的另一個常見成本指標是衡量效能等級。IaaS 和 PaaS 環境的雲端服務供應商傾向提供具有多種性能屬性的虛擬伺服器，這些屬性通常由 CPU 和 RAM 使用量以及分配給雲端服務消費者的專用儲存空間所決定。

雲儲存設備使用

雲儲存通常根據預先定義時間段內分配的空間量收費，按需儲存分配指標衡量。與基於 IaaS 的成本指標類似，按需儲存分配費用通常基於較短的時間遞增（例如按小時計算）。雲儲存的另一個常見成本指標是 I/O 數據傳輸，它測量傳輸的輸入和輸出數據量。

按需求儲存空間分配指標

- 描述：按需求分配的儲存空間持續使用時間和大小（以位元為單位）

- 測量：Σ，儲存從分配到釋放或重新分配之間的日期（變更儲存大小時重置）

- 頻率：持續

- 雲端交付模型：IaaS、PaaS、SaaS

- 範例：0.01 美元 /GB 每小時（通常表示為 GB/ 月）

I/O 數據傳輸指標

- 描述：傳輸的 I/O 數據量

- 測量：Σ，以位元組為單位的 I/O 數據

- 頻率：持續

- 雲端交付模型：IaaS、PaaS

- 範例：0.10 美元 /TB

請注意，一些雲端服務供應商不對 IaaS 和 PaaS 計算 I/O 使用費，而僅限制儲存空間分配的費用。

雲端服務用量

SaaS 環境中的雲端服務用量通常使用以下 3 個指標來衡量。

應用程式訂閱時間長度指標

- 描述：雲端服務使用訂閱的持續時間
- 測量：Σ，訂閱開始日期到結束日期
- 頻率：每日、每月、每年
- 雲端交付模型：SaaS
- 範例：每月 69.90 美元

指定使用者人數指標

- 描述：具有合法存取權限的註冊用戶數
- 測量：用戶數
- 頻率：每月、每年
- 雲端交付模型：SaaS
- 範例：每月每增加一名用戶 0.90 美元

交易用戶數量指標

- 描述：雲端服務提供的交易數量
- 測量：交易次數（請求 - 回覆的訊息交換）
- 頻率：持續
- 雲端交付模型：PaaS、SaaS
- 範例：每 1,000 筆交易 0.05 美元

17.3 成本管理考量

成本管理通常圍繞雲端服務的生命週期階段，如下所示：

- 雲端服務設計與開發：在此階段，通常由提供雲端服務的組織定義基本的定價模型和成本範本。

- 雲端服務部署：在雲端服務部署之前和部署期間，會因為帳務系統實作的後端架構與資料蒐集，包含按使用量付費監視器和計費管理系統的監測位置而有所差異。

- 雲端服務合約：此階段包括雲端服務消費者與雲端服務供應商之間的協商，目的是在成本用量指標的費率上互相達成協議。

- 雲端服務提供：此階段需要透過成本範本具體提供雲端服務的定價模型，以及任何可用的客製化選項。

- 雲端服務配置：雲端服務供應商可能會對雲端服務使用量和實例建立閾值，或者由雲端服務消費者設置。無論哪種方式，這些和其他配置選項都會影響使用成本和其他費用。

- 雲端服務維運：這是雲端服務在開始大量使用後產生的成本用量指標數據。

- 雲端服務退役：當雲端服務被暫時或永久停用時，統計成本數據可能會被封存。

雲端服務供應商和雲端服務消費者都可以參考上述生命週期階段實作成本管理系統（圖 17.1）。雲端服務供應商也可以代表雲端服務消費者執行一些成本管理流程，然後向雲端服務消費者提供定期報告。

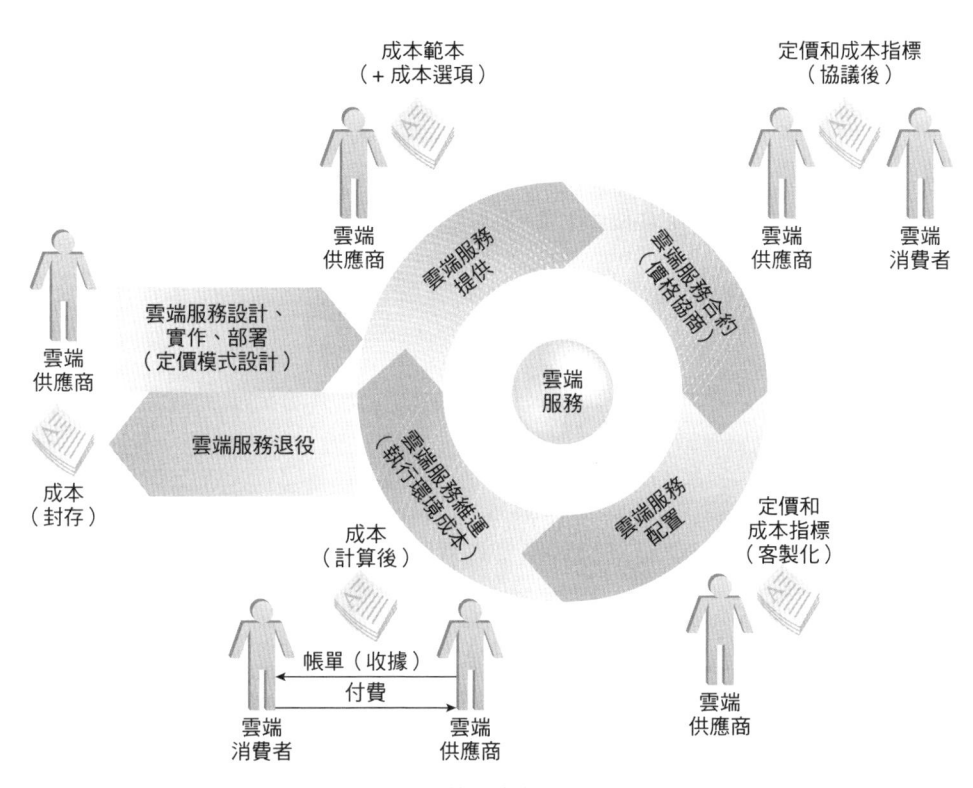

圖 17.1 常見的雲端服務生命週期階段及其與成本管理的關係

定價模型

雲端服務供應商使用的定價模型是使用範本定義的，這些範本根據使用成本指標指定細微的資源使用單位成本。有多種因素會影響定價模型，例如：

- 市場競爭和監管要求
- 在雲端服務和其他 IT 資源的設計、開發、部署和營運過程中產生的開銷
- 透過 IT 資源共用和資料中心最佳化來降低費用的機會

大多數的主要雲端服務供應商儘管自己的開銷不穩定，但都還是以相對穩定且有競爭力的價格提供雲端服務。價格範本或定價計畫包含一組標準化的成本和指標，用於指定如何衡量和計算雲端服務費用。價格範本透過設置各種計量單位、使用配額、折扣和其他條列費用來定義定價模型的結構。定價模型可以包含多個價格範本，公式由以下變數決定：

- **成本指標和相關價格**：取決於 IT 資源分配類型（例如按需求分配與預留分配）的成本。

- **固定和可變費率定義**：基於資源分配的使用配額產生並定義固定費率，而可變費率則與實際資源使用量保持一致。

- **批量折扣**：隨著 IT 資源擴展程度的逐步增加，會消耗更多的 IT 資源，但也可能使雲端服務消費者有資格獲得更高的折扣。

- **成本和價格定制選項**：此變數與付款選項和時間有關。例如，雲端服務消費者可以選擇每月、半年或每年分期付款。

價格範本對於正在評估雲端服務供應商和協商費率的雲端服務消費者來說很重要，它們可能因為所採用的雲端交付模型而有所差異。

例如：

- *IaaS*：定價通常基於 IT 資源分配和使用情況，包括傳輸的網路數據量、虛擬伺服器數量和分配的儲存容量。

- *PaaS*：與 IaaS 類似，此模型通常定義傳輸的網路數據、虛擬伺服器和儲存的定價。價格因軟體配置、開發工具和授權費等因素而異。

- *SaaS*：由於此模型僅與應用軟體的使用有關，因此定價由訂閱中的應用程式模組數量、指定的雲端服務消費者數量和交易數量決定。

由一個雲端服務供應商提供的雲端服務可以建立在另一個雲端服務供應商提供的 IT 資源之上。圖 17.2 和 17.3 探討了兩個範例場景。

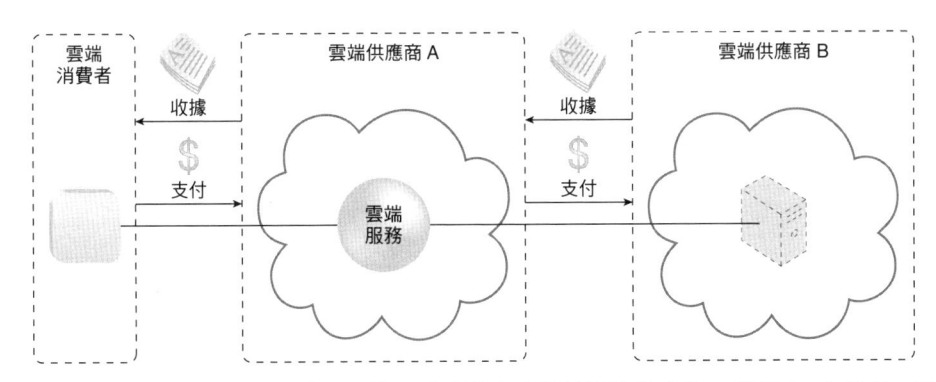

圖 17.2 一個整合的定價模式，雲端服務消費者向雲端服務供應商 A 租賃 SaaS 產品，而雲端服務供應商 A 向雲端服務供應商 B 租賃 IaaS 環境（包括用於託管雲端服務的虛擬伺服器）。雲端服務消費者付費給雲端服務供應商 A，雲端服務供應商 A 付費給雲端服務供應商 B。

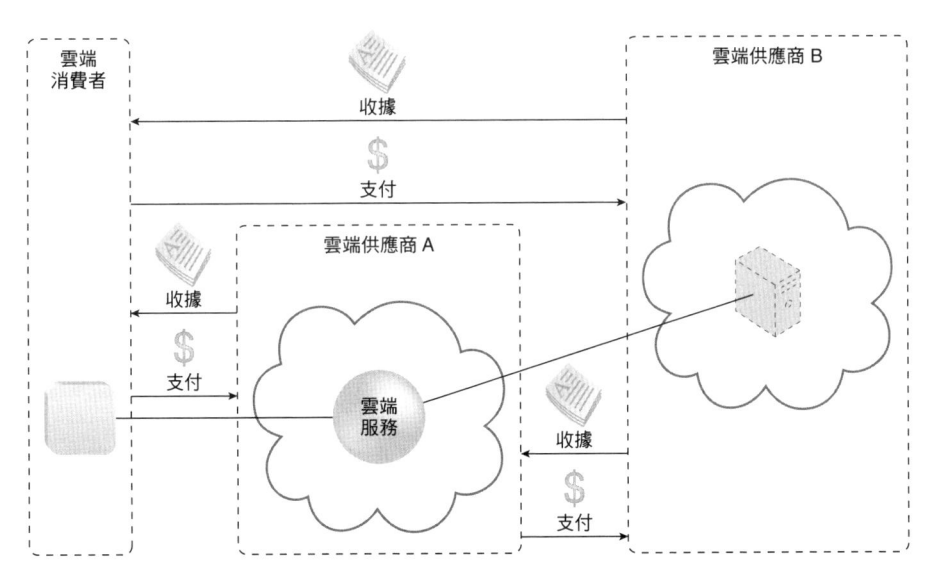

圖 17.3 這種情況下採用了獨立的定價模型，雲端服務消費者向雲端服務供應商 B 租賃虛擬伺服器來託管雲端服務供應商 A 的雲端服務。這 2 份租賃協議可能都是由雲端服務供應商 A 為雲端服務消費者安排的。作為此安排的一部分，雲端服務供應商 B 可能仍會直接向雲端服務供應商 A 收取一些費用。

多雲成本管理

在多雲環境中，管理與不同雲端服務供應商建立的不同計費、定價和配置安排變得非常重要（圖 17.4）。

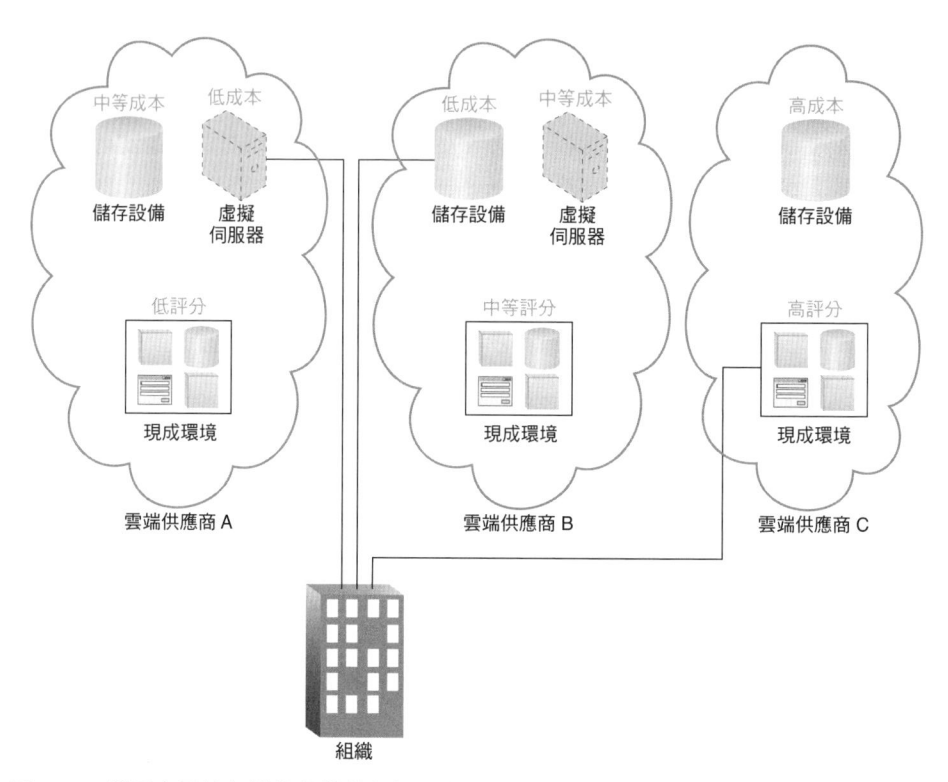

圖 17.4 採用多雲端架構的組織從每個雲端服務供應商中辨別並選擇提供最佳經濟優勢的服務。

一些雲端服務供應商提供預留的 IT 資源，雲端服務消費者可以承諾以折扣價購買一段固定時間的使用費。其他公司則提供「點數」或「優惠券」的購買，這些點數或優惠券經計算後可估計支付成本，可以預先確定每個月的支出，適用於組織內部會計和財務部門較為偏好的定期預算需求。第三種選擇是基於競價型實例的計費，這些實例以極低的折扣價在有限的容量上運行，可用於開發或測試目的，成本非常低。在多雲端架構中，這些好處可以來自不同的雲端服務供應商，讓組織選擇最方便的選項。

在遷移到雲端之前，組織必須預測新 IT 資源配置相關的費用。此外，在考慮實施多雲端架構時，降低或折扣費用的具體計畫必須是流程的一部分。組織可以遵循的一些目標策略是：

- **為每個雲端服務供應商設計資源計畫**：這個計畫包括確認雲端服務消費者的真實需求並建立標準，限制使用者只能遵循這個標準來實作需求，並根據每個雲端服務供應商的能力設置預算並在達到預算閾值時發出費用通知。監督計畫是否按設計完成是一項非常重要的雲端治理任務。

- **標記資源**：利用標籤使企業能夠對雲端環境中的資源進行邏輯分組，以便快速識別。也可以讓組織確定費用與每個部門或業務部門的關聯性。每個雲端服務供應商都有自己的標記系統。使用遠端管理系統，可以為多雲端架構中的所有雲端服務供應商標記進行標準化。

- **建立資源部署準則和規則**：組織應指定如何、何時以及由誰為每個不同的雲端服務供應商部署不同類型的資源。也應該標準化打算提供的資源種類，同時考慮每個雲端服務供應商提供的不同部署選項。

其他注意事項

- **協商**：雲端服務供應商的定價通常可以協商，尤其是對於願意承諾更高使用量或更長期限的客戶。價格協商有時可以透過雲端服務供應商的網站線上執行，方法是送出預估的使用量以及提議的折扣。甚至還有工具可供雲端服務消費者使用，以產生準確的 IT 資源使用量估算。

- **付款選項**：在每個測量週期結束後，雲端服務供應商的計費管理系統會計算雲端服務消費者欠款的金額。雲端服務消費者有兩種常見的付款方式：預付款和後付款。使用預付費計費，雲端服務消費者將獲得可用於未來帳單的 IT 資源使用點數。使用後付款方式，雲端服務消費者會收到每個 IT 資源使用期間的帳單和發票，通常是按月計算。

- **成本封存**：透過追蹤歷史計費資訊，雲端服務供應商和雲端服務消費者都可以產生詳細的報告，幫助確認使用情況和財務趨勢。

案例研究

DTGOV 的定價模型圍繞虛擬伺服器和區塊雲端儲存設備的租賃套餐組合，假設資源分配是按需求執行或預留的 IT 資源。按需求資源分配以小時計量和收費，而預留資源分配則需要雲端服務消費者承諾使用 1 到 3 年，每月收費。

由於 IT 資源可以自動擴展和縮小，因此每當預留的 IT 資源超出分配的容量時，任何額外使用的容量都會按使用量付費的方式收取。Windows 和 Linux 的虛擬伺服器利用以下的基本性能設定提供服務：

- 小型虛擬伺服器實例：1 個虛擬處理器核心、4GB 虛擬 RAM 和 320GB 儲存空間的根目錄檔案系統。
- 中型虛擬伺服器實例：2 個虛擬處理器核心、8GB 虛擬 RAM 和 540GB 儲存空間的根目錄檔案系統。
- 大型虛擬伺服器實例：8 個虛擬處理器核心、16GB 虛擬 RAM 和 1.2TB 儲存空間的根目錄檔案系統。
- 大型記憶體虛擬伺服器實例：8 個虛擬處理器核心、64GB 虛擬 RAM 和 1.2TB 儲存空間的根目錄檔案系統。
- 大型處理器虛擬伺服器實例：32 個虛擬處理器核心、16GB 虛擬 RAM 和 1.2TB 儲存空間的根目錄檔案系統。
- 超大型虛擬伺服器實例：128 個虛擬處理器核心、512GB 虛擬 RAM 和 1.2TB 儲存空間的根目錄檔案系統。

虛擬伺服器還提供「韌性」或「叢集」的組合。對於前者，虛擬伺服器在至少兩個不同的數據中心進行複製。在後者的情況下，虛擬伺服器在利用虛擬化平台實現的高可用性叢集中運行。

定價模型進一步基於雲端儲存設備的容量，以 1GB 的倍數表示，最少為 40GB。儲存設備容量可以固定並由雲端服務消費者進行管理調整，以 40GB 為增量增加或減少，而區塊儲存的最大容量為 1.2TB。除了離開 WAN 的流量按使用量付費之外，進出雲端儲存設備的 I/O 傳輸也需要收費。從 WAN 進入和雲端內部流量則免費。

免費使用量允許雲端服務消費者在前 90 天內免費租賃多達 3 個小型虛擬伺服器實例和一個 60GB 的區塊雲端儲存設備、每月 5GB 的 I/O 傳輸以及每月 5GB 的 WAN 離開流量。當 DTGOV 準備公開發布定價模型時，它意識到設置雲端服務價格比他們預期的更具挑戰性，因為：

- 他們的價格需要反映市場條件，同時與其他雲端產品保持競爭力，並為 DTGOV 保持盈利。

- 由於 DTGOV 客戶群尚未建立，正在期待新客戶。他們的非雲端客戶預計將逐步遷移到雲端，但實際遷移率太難以預測。

進一步的市場研究後，DTGOV 決定採用以下虛擬伺服器實例分配價格範本：

按需求的虛擬伺服器實例分配

- 指標：按需求分配實例
- 測量：按每個日曆月的總服務消耗量計算並按使用量付費（當實例擴展時，使用每小時費率來計算實際實例大小）
- 計費週期：每月

價格範本概述在表 17.2 中。

表 17.2 虛擬伺服器按需求分配實例的價格範本

實例名稱	實例規格	作業系統	每小時收費
小型虛擬伺服器實例	1 個虛擬處理核心 4 GB 虛擬記憶體 20 GB 儲存空間	Linux Ubuntu	$0.06
		Linux Red Hat	$0.08
		Windows	$0.09
中型虛擬伺服器實例	2 個虛擬處理核心 8 GB 虛擬記憶體 20 GB 儲存空間	Linux Ubuntu	$0.14
		Linux Red Hat	$0.17
		Windows	$0.19
大型虛擬伺服器實例	8 個虛擬處理核心 16 GB 虛擬記憶體 20 GB 儲存空間	Linux Ubuntu	$0.32
		Linux Red Hat	$0.37
		Windows	$0.39
記憶體大型虛擬伺服器實例	8 個虛擬處理核心 64 GB 虛擬記憶體 20 GB 儲存空間	Linux Ubuntu	$0.89
		Linux Red Hat	$0.95
		Windows	$0.99
處理器大型虛擬伺服器實例	32 個虛擬處理核心 16 GB 虛擬記憶體 20 GB 儲存空間	Linux Ubuntu	$0.89
		Linux Red Hat	$0.95
		Windows	$0.99
超大型虛擬伺服器實例	128 個虛擬處理核心 512 GB 虛擬記憶體 20 GB 儲存空間	Linux Ubuntu	$1.29
		Linux Red Hat	$1.69
		Windows	$1.89

叢集 IT 資源附加費：120%

韌性 IT 資源附加費：150%

預留虛擬伺服器實例分配

- 指標：預留實例分配
- 測量：預先收取預留實例分配費用，並根據每個日曆月期間的總消耗量計算按使用付費（實例擴展期間需額外收費）
- 計費週期：每月

價格範本概述在表 17.3 中。

表 17.3 虛擬伺服器按預留實例分配的價格範本

實例名稱	實例規格	作業系統	一年合約價 前期	一年合約價 每小時	三年合約價 前期	三年合約價 每小時
小型虛擬伺服器實例	1 個虛擬處理核心 4 GB 虛擬記憶體 20 GB 儲存空間	Linux Ubuntu	$57.10	$0.032	$87.97	$0.026
		Linux Red Hat	$76.14	$0.043	$117.30	$0.034
		Windows	$85.66	$0.048	$131.96	$0.038
中型虛擬伺服器實例	2 個虛擬處理核心 8 GB 虛擬記憶體 20 GB 儲存空間	Linux Ubuntu	$133.24	$0.075	$205.27	$0.060
		Linux Red Hat	$161.79	$0.091	$249.26	$0.073
		Windows	$180.83	$0.102	$278.58	$0.081
大型虛擬伺服器實例	8 個虛擬處理核心 16 GB 虛擬記憶體 20 GB 儲存空間	Linux Ubuntu	$304.55	$0.172	$469.19	$0.137
		Linux Red Hat	$352.14	$0.199	$542.50	$0.158
		Windows	$371.17	$0.210	$571.82	$0.167
記憶體大型虛擬伺服器實例	8 個虛擬處理核心 64 GB 虛擬記憶體 20 GB 儲存空間	Linux Ubuntu	$751.86	$0.425	$1158.30	$0.338
		Linux Red Hat	$808.97	$0.457	$1246.28	$0.363
		Windows	$847.03	$0.479	$1304.92	$0.381
處理器大型虛擬伺服器實例	32 個虛擬處理核心 16 GB 虛擬記憶體 20 GB 儲存空間	Linux Ubuntu	$751.86	$0.425	$1158.30	$0.338
		Linux Red Hat	$808.97	$0.457	$1246.28	$0.363
		Windows	$847.03	$0.479	$1304.92	$0.381
超大型虛擬伺服器實例	128 個虛擬處理核心 512 GB 虛擬記憶體 20 GB 儲存空間	Linux Ubuntu	$1132.55	$0.640	$1744.79	$0.509
		Linux Red Hat	$1322.90	$0.748	$2038.03	$0.594
		Windows	$1418.07	$0.802	$2184.65	$0.637

叢集 IT 資源附加費：100%

韌性 IT 資源附加費：120%

DTGOV 還為雲端儲存設備分配費及 WAN 頻寬使用費提供以下簡化的價格範本。

雲端儲存設備

- 指標：按需求分配儲存、I/O 數據傳輸
- 測量：根據每個日曆月的總消耗量計算，按使用量付費（分配的儲存空間以每小時計算並加上累積的 I/O 傳輸量計算）
- 計費週期：每月
- 價格範本：每月分配的儲存空間 0.10 美元 /GB，I/O 傳輸 0.001 美元 /GB

WAN 流量

- 指標：出站網路使用
- 測量：根據每個日曆月的總消耗量計算按使用付費（WAN 流量累積計算）
- 計費週期：每月
- 價格範本：0.01 美元 /GB 的出站網路數據

Chapter 18

服務品質指標和 SLA

18.1　服務品質指標
18.2　SLA 指南

服務品質協議（SLA）是協商合約條款、法律義務以及運行時指標和衡量的焦點。SLA 將雲端服務供應商提出的保障作為正式標準，並同時影響或決定定價模型和付款條款。SLA 設定了雲端服務消費者的期望，並且讓組織決定該如何圍繞雲端 IT 資源建立業務自動化。

雲端服務供應商向雲端服務消費者做出的承諾通常會有繼承效果，因為雲端服務消費者組織會向客戶、業務合作夥伴或任何依賴雲端服務供應商提供的服務和解決方案的人做出相同的承諾。因此，瞭解 SLA 和相關的服務品質指標並與雲端服務消費者的業務需求保持一致非常重要，同時還要確保這些承諾實際上可以由雲端服務供應商持續可靠地實現。最後這個考量點對於託管共用 IT 資源以提供大量雲端服務消費者使用的雲端服務供應商很重要，每個雲端服務消費者都會有自己的 SLA 承諾。

18.1 服務品質指標

雲端服務供應商發布的 SLA 是人類可讀的檔案，描述一項或多項雲端 IT 資源的服務品質（QoS）特徵、保障和限制。

SLA 使用服務品質指標來表示可衡量的 QoS 特性。例如：

- 可用性：正常運行時間、中斷、服務持續時間
- 可靠性：故障間隔的最小時間、保證的回覆成功率
- 性能：容量、回覆時間和交付時間保障
- 可擴展性：容量波動和反應性保障
- 韌性：平均切換和恢復時間

SLA 管理系統使用這些指標來執行定期的測量，以驗證是否符合 SLA 承諾，並收集與 SLA 相關的數據，用於各種統計分析。

理想情況下，每個服務品質指標都使用以下特性定義：

- 可量化：度量單位設置明確、絕對且適當，以便指標可以進行定量測量。
- 可重複：重複相同的條件時，測量指標的方法需要產生相同的結果。
- 可比較：指標使用的度量單位需要標準化且可進行比較。例如，服務品質指標不能以位元為單位測量較小的數據量，以位元組為單位測量較大的數據量。
- 易於獲取：指標需要基於非特有的、常見的測量形式，雲端服務消費者可以輕鬆獲取和理解。

接下來的章節將提供一系列常見的服務品質指標，每個指標都將透過描述、度量單位、測量頻率和適用的雲端交付模型以及簡單的範例進行說明。

服務可用性指標

可用率指標

IT 資源的總體可用性通常表示為正常運行時間的百分比。例如，持續可用的 IT 資源的正常運行時間為 100%。

- 描述：服務正常運行時間的百分比
- 測量：正常運行總時間 / 總時間
- 頻率：每週、每月、每年
- 雲端交付模型：IaaS、PaaS、SaaS
- 範例：最低 99.5% 正常運行時間

可用性比率是累積計算的，也就是故障時段需合併計算在總停機時間（表 18.1）。

表 18.1　以秒為單位的可用率測量樣本

可用率 （%）	故障時間/每週 （秒）	故障時間/每月 （秒）	故障時間/每年 （秒）
99.5	3,024	216	158,112
99.8	1,210	5,174	63,072
99.9	606	2,592	31,536
99.95	302	1,294	15,768
99.99	60.6	259.2	3,154
99.999	6.05	25.9	316.6
99.9999	0.605	2.59	31.5

故障時間指標

此服務品質指標用於定義最大和平均連續故障服務水準目標。

- 描述：單次停機的持續時間
- 測量：停機結束日期／時間 - 停機開始日期／時間
- 頻率：每個事件
- 雲端交付模型：IaaS、PaaS、SaaS
- 範例：最多 1 小時，平均 15 分鐘

> **NOTE**
> 除了可以量化測量外，可用性還可以透過例如高可用性（HA）之類的術語進行定義。高可用性（HA）通常用於表達利用底層資源複製或叢集基礎設施而帶來極低故障時間的 IT 資源。

服務可靠性指標

可靠性是一個與可用性密切相關的特性，是指 IT 資源在預先定義條件下執行預期功能而不會發生故障的機率。可靠性關注服務是否按預期執行的頻率，要求服務保持在可操作和可用的狀態。某些可靠性指標只有將運行時錯誤和異常情況視為故障，通常只有在 IT 資源可用時進行測量。

平均故障間隔時間（MTBF）指標

- 描述：預期連續服務故障之間的時間
- 測量：Σ，正常運行期間 / 故障次數
- 頻率：每月、每年
- 雲端交付模型：IaaS、PaaS
- 範例：90 天平均值

可靠率指標

整體可靠性更難衡量，可靠率通常由服務能夠成功產生結果的百分比來定義。這個指標衡量正常運行期間發生的非致命錯誤和故障的影響。例如，如果 IT 資源每次被呼叫時都按預期執行，則其可靠性為 100%，但如果每第五次執行都失敗，則其可靠性僅為 80%。

- 描述：在預先定義條件下成功產生服務結果的百分比
- 測量：成功回覆總數 / 請求總數
- 頻率：每週、每月、每年
- 雲端交付模型：SaaS
- 範例：最低 99.5%

服務性能指標

服務性能是指 IT 資源在預期範圍內發揮實力的能力。這個品質是使用服務容量指標來衡量的，每個指標都關注 IT 資源容量的相關可衡量特性。

本節提供了一些常見的性能容量指標。需注意，也可能會使用不同的指標，具體取決於所測量的 IT 資源的類型。

網路容量指標
- 描述：網路容量的可測量特徵
- 測量：頻寬／傳輸量，以每秒位元為單位
- 頻率：持續
- 雲端交付模型：IaaS、PaaS、SaaS
- 範例：10MB 每秒

儲存設備容量指標
- 描述：儲存設備容量的可測量特徵
- 測量：儲存容量大小（以 GB 為單位）
- 頻率：持續
- 雲端交付模型：IaaS、PaaS、SaaS
- 範例：80GB 的儲存空間

伺服器容量指標
- 描述：伺服器容量的可測量特徵
- 測量：CPU 數量、CPU 頻率（GHz）、RAM 大小（GB）、儲存大小（GB）
- 頻率：持續

- 雲端交付模型：IaaS、PaaS
- 範例：1.7GHz 的 1 個核心，16 GB RAM，80 GB 儲存空間

Web 應用程式容量指標

- 描述：Web 應用程式容量的可衡量特徵
- 測量：每分鐘的請求率
- 頻率：持續
- 雲端交付模型：SaaS
- 範例：每分鐘最多 100,000 個請求

實例啟動時間指標

- 描述：初始化新實例所需的時間長度
- 測量：實例啟動日期／時間 – 開始申請日期／時間
- 頻率：每次事件
- 雲端交付模型：IaaS、PaaS
- 範例：最長 5 分鐘，平均 3 分鐘

回應時間指標

- 描述：執行同步操作所需的時間
- 測量：（請求日期／時間 - 回覆日期／時間）／請求總數
- 頻率：每天、每週、每月
- 雲端交付模型：SaaS
- 範例：平均 5 毫秒

完成時間指標

- 描述：完成非同步任務所需的時間
- 測量：（請求日期 - 回覆日期）／請求總數
- 頻率：每天、每週、每月
- 雲端交付模型：PaaS、SaaS
- 範例：平均 1 秒

服務可擴展性指標

服務可擴展性指標與 IT 資源的彈性容量相關，這涉及 IT 資源可以達到的最大容量，以及衡量其適應工作負載波動的能力。例如，伺服器可以擴展到最多 128 個 CPU 核心和 512GB 的 RAM，或者擴展到最多 16 個負載平衡的複製實例。

以下指標有助於確定是否主動或被動滿足動態服務需求，以及手動或自動 IT 資源分配過程的影響。

儲存可擴展性（水平）指標

- 描述：儲存設備容量允許的變化，以回應額外的工作負載
- 測量：儲存空間大小（以 GB 為單位）
- 頻率：持續
- 雲端交付模型：IaaS、PaaS、SaaS
- 範例：最大 1,000GB（自動縮放）

伺服器可擴展性（水平）指標

- 描述：伺服器容量允許的變化，以回應額外的工作負載
- 測量：資源池中的虛擬伺服器數量

- 頻率：持續
- 雲端交付模型：IaaS、PaaS
- 範例：最少 1 台虛擬伺服器，最多 10 台虛擬伺服器（自動擴展）

伺服器可擴展性（垂直）指標

- 描述：伺服器容量允許的波動，以回應工作負載的波動
- 測量：CPU 數量、RAM 大小（以 GB 為單位）
- 頻率：持續
- 雲端交付模型：IaaS、PaaS
- 範例：最多 512 核，512 GB RAM

服務韌性指標

IT 資源從服務中斷恢復的能力通常使用服務韌性指標來衡量。當在 SLA 韌性保障中或描述相關韌性時，通常是基於跨不同地理位置的冗餘實施和資源複製以及各種災難恢復系統。

雲端交付模型的類型決定了韌性的實現和衡量方式。例如，實現韌性雲端服務複製的虛擬伺服器的地理位置可以在 IaaS 環境的 SLA 中明確表示，而在相應的 PaaS 和 SaaS 環境中含蓄的表示。

韌性指標可以應用於 3 個不同的階段，以應對可能威脅正常服務品質的挑戰和事件：

- 設計階段：衡量系統和服務面對挑戰的準備程度指標。
- 營運階段：衡量停機事件或服務中斷前後服務品質差異的指標，透過可用性、可靠性、性能和可擴展性指標進一步限制。
- 恢復階段：衡量 IT 資源從停機中恢復的速度指標，例如系統記錄停機並切換到新虛擬伺服器的平均時間。

接下來將描述與衡量韌性相關的 2 個常用指標。

平均切換時間（MTSO）指標

- 描述：預計從嚴重故障切換到不同地理區域複製實例所需的時間
- 測量：（切換完成日期 / 時間 - 故障日期 / 時間）/ 故障總數
- 頻率：每月、每年
- 雲端交付模型：IaaS、PaaS、SaaS
- 範例：平均 10 分鐘

平均系統恢復時間（MTSR）指標

- 描述：韌性系統從嚴重故障中完全恢復所需的預期時間
- 測量：（恢復日期 / 時間 - 故障日期 / 時間）/ 故障總數
- 頻率：每月、每年
- 雲端交付模型：IaaS、PaaS、SaaS
- 範例：平均 120 分鐘

案例研究

在經歷了一次 Web 入口網站大約一小時無法使用的雲端服務中斷後，Innovartus 決定徹底審核 SLA 的條款和條件。他們首先研究雲端服務供應商的可用性保障，結果證明這些保障含糊不清，因為它們沒有明確說明雲端服務供應商的 SLA 管理系統中哪些事件被歸類為「停機時間」。Innovartus 還發現 SLA 缺乏可靠性和韌性指標，而這些指標對他們的雲端服務營運非常重要。

為了準備與雲端服務供應商重新協商 SLA 條款，Innovartus 決定編制一份包含額外要求和保障規定的清單：

- 需要更詳細地描述可用性比率，以便更有效地管理服務可用性條件。
- 需要包含支援服務營運模型的技術數據，以確保所選關鍵服務的運行保持容錯和韌性。

- 需要包含有助於服務品質評估的附加指標。
- 需要明確定義要從可用性指標測量中排除的任何事件。

經過多次與雲端服務供應商銷售代表的交談後，Innovartus 獲得了一份修訂後的 SLA，其中增加了以下內容：

- 除了 ATN 核心流程所依賴的任何 IT 資源之外，還需要衡量雲端服務可用性的方法。
- 納入一組經 Innovartus 核准的可靠性和性能指標。

6 個月後，Innovartus 進行了另一次 SLA 指標評估，並將新產生的數值與 SLA 改進之前生成的數值進行了比較（表 18.2）。

表 18.2 Innovartus 的 SLA 評估演變，由雲端資源管理員監控

SLA 指標	之前的 SLA 統計	改善後的 SLA 統計
平均可用率	98.10%	99.98%
高可用性模型	冷備援	熱備援
平均服務品質 * 基於客戶滿意度調查	52%	70%

18.2 SLA 指南

本節提供了一些使用 SLA 的最佳實踐和建議，其中大多數適用於雲端消費者：

- **將業務案例對應到 SLA**：為特定的自動化解決方案確立必要的 QoS 要求，然後將它們具體連接到 SLA 中用於執行自動化 IT 資源保障的描述。這可以避免 SLA 無意中錯位或在 IT 資源使用後保障不合理的偏差情況。

- **使用雲端和地端 SLA**：由於公有雲中有大量的基礎建設可以支援 IT 資源，雲端 SLA 中提供的 QoS 保障通常優於為地端 IT 資源提供的 QoS 保障。需要瞭解這種差異，尤其是在建構利用地端和雲端服務的混合分佈式解決方案或在整合跨環境技術架構（例如彈性雲端架構）時。

- **瞭解 SLA 的範圍**：雲端環境由許多 IT 資源所支援，透過整合的架構和基礎設施層組成。重要的是要確認給定的 IT 資源保障適用的範圍。例如，SLA 可能僅限於 IT 資源，但不包括底層託管環境。

- **瞭解 SLA 監控的範圍**：SLA 需要指定在哪裡執行監控以及在哪裡計算測量結果，主要是關於雲端防火牆的。例如，在雲端防火牆內進行監控並不見得有利於雲端服務消費者所需的 QoS 保障有關。即使是最有效的防火牆也會對性能產生可衡量的影響，並且可能會進一步出現故障點。

- **以適當的顆粒度記錄保障**：雲端服務供應商使用的 SLA 範本有時會用寬泛的術語定義保障。如果雲端服務消費者有特定要求，則應使用合適的細膩度來描述保障。例如，如果需要在特定地理位置之間進行數據複製，則需要在 SLA 中直接指定這些位置。

- **定義不遵守規定的處罰**：如果雲端服務供應商無法兌現 SLA 中承諾的 QoS 保障，追訴權可以透過賠償、罰款、退款或其他方式正式記錄下來。

- **納入不可衡量的要求**：有些保障無法使用服務品質指標輕鬆衡量，但仍然與 QoS 相關，因此仍應在 SLA 中記錄。例如，雲端服務消費者可能對雲端服務供應商託管的數據有特定的安全和隱私要求，可以透過 SLA 中對所租賃的雲端儲存設備的保障來解決這些要求。

- **合規驗證和管理的揭露**：雲端服務供應商通常負責監控 IT 資源，以確保符合自己的 SLA。在這種情況下，SLA 本身應說明使用哪些工具和實踐來執行合規性檢查過程，以及可能發生的任何與法律相關的稽核。

- 包含特定指標公式：一些雲端服務供應商未在其 SLA 中提及常見的 SLA 指標或與指標相關的計算，而是側重於強調使用最佳實踐和客戶支援的服務等級描述。用於衡量 SLA 的指標應該是 SLA 文件的一部分，包括指標所依據的公式和計算方法。

- 考慮獨立的 SLA 監控：儘管雲端服務供應商通常擁有複雜的 SLA 管理系統和 SLA 監視器，但雲端服務消費者最好聘請第三方組織同時進行獨立監控，尤其是在懷疑雲端服務供應商的 SLA 保障無法滿足時（儘管雲端服務供應商定期發布監控報告的評估結果）。

- 封存 SLA 數據：SLA 監視器收集的 SLA 相關統計數據通常由雲端服務供應商儲存和封存，以備將來報告使用。如果雲端服務供應商打算保留特定雲端服務消費者的 SLA 數據，即使雲端服務消費者不再繼續與雲端服務供應商有業務關係，也應揭露這一點。雲端服務消費者可能擁有禁止未經授權儲存此類資訊的數據隱私要求。同樣，在雲端服務消費者與雲端服務供應商互動期間和之後，也可能希望保留一份與 SLA 相關的歷史數據副本。將來比較雲端服務供應商時可能會特別有用。

- 揭露跨雲端的依賴關係：雲端服務供應商可能會從其他雲端服務供應商租賃 IT 資源，這會導致他們無法控制對雲端服務消費者做出的保障。儘管雲端服務供應商將依賴其他雲端服務供應商做出的 SLA 保障，但雲端服務消費者可能希望知道租賃的 IT 資源可能有超出其租賃的雲端服務供應商組織環境之外的依賴性。

案例研究

DTGOV 透過與一個法律諮詢團隊合作開始 SLA 範本的編寫過程，該團隊堅定主張一種方法，即向雲端服務消費者呈現一個概述 SLA 保障的線上網頁，以及一個「按一次即可接受」的按鈕。預設協議包含對 DTGOV 在可能無法遵守 SLA 時的大量責任限制，如下所示：

- SLA 僅定義服務可用性保障。
- 服務可用性定義為同時適用所有雲端服務。

- 服務可用性指標的定義寬鬆，以便在意外停機時保有一定程度的靈活性。
- 條款和條件與雲端服務客戶協議有關，所有使用自助服務入口網的雲端服務消費者均預設接受該協議。
- 長時間無法使用將透過「服務點數」得到補償，這些點數在未來的發票中可以打折，但沒有實際貨幣價值。

此處提供 DTGOV 的 SLA 範本的關鍵摘錄。

範圍和適用性

本服務品質協議（「SLA」）定義適用於使用 DTGOV 雲端服務（「DTGOVcloud」）的服務品質參數，並且是 DTGOV 雲端服務客戶協議（「DTGOVcloud」）的一部分。本協議中指定的條款和條件僅適用於虛擬伺服器和雲端儲存設備服務，在本文中稱為「涵蓋服務」。此 SLA 適用於使用 DTGOVCloud 的每個雲端服務消費者（「使用者」）。

DTGOV 保留在任何時候根據 DTGOV 雲端協議更改此 SLA 條款的權利。

服務品質保障

在任何日曆月份，涵蓋的服務將至少提供 99.95% 時間的可運行狀態並供消費者使用。如果 DTGOV 未能達到此 SLA 要求，而消費者成功履行 SLA 義務，則消費者將有資格獲得服務點數作為補償。本 SLA 規定了消費者對 DTGOV 未能履行 SLA 要求的任何行為的獨家賠償權。

定義

以下定義適用於 DTGOV 的 SLA：

- 「不可用」定義為消費者所有正在運行的實例在至少連續 5 分鐘的持續時間內沒有外部連接，在此期間消費者無法透過 Web 應用程式或 Web 服務 API 對遠端管理系統發出指令。
- 「停機時間」定義為服務保持不可用狀態連續 5 分鐘或更長時間。少於 5 分鐘的「間歇性停機」時間不計入停機時間。
- 「月度正常運行時間百分比」（Monthly Uptime Percentage，MUP）計算公式為：（一個月內的分鐘總數 - 一個月內的停機時間分鐘總數）/（一個月內的分鐘總數）

- 「財務點數」定義為每月發票總額的百分比，計入消費者未來的每月發票，計算公式如下：

    99.00%<MUP%<99.95%：10% 的每月帳單金額計入消費者帳單的財務點數

    9.00%<MUP%<99.00%：30% 的月帳單金額計入消費者帳單的財務點數

    MUP%<89.00%：100% 的月帳單金額計入消費者帳單的財務點數

財務點數的使用

每個計費期的 MUP 將顯示在每個月的發票上。消費者須提出財務點數請求才有資格兌換財務點數。為此，消費者應在收到發票後 30 天內通知 DTGOV，該發票註明定義的 SLA 下的 MUP。通知將透過電子郵件發送給 DTGOV。不遵守此要求將喪失消費者兌換財務點數的權利。

SLA 除外責任

SLA 不適用於以下任何一項：

- 由 DTGOV 無法合理預見或預防的因素造成的不可用時間。
- 由於消費者軟體和 / 或硬體、第三方軟體和 / 或硬體或兩者故障導致的不可用時間。
- 由於濫用或違反 DTGOV 雲端協議的有害行為和行動而導致的不可用時間。
- 發票逾期或 DTGOV 認為信譽不良的消費者。

Part V

附錄

附錄 A：案例研究總結
附錄 B：常見的容器化技術

Appendix A

案例研究總結

A.1 ATN
A.2 DTGOV
A.3 Innovartus

A.1 ATN

該雲端計畫需要將選定的應用程式和 IT 服務遷移到雲端，接著可以整合和淘汰擁擠的應用程式組合中的解決方案。並非所有應用程式都可以遷移，選擇合適的應用程式是一個主要的課題。一些選定的應用程式需要大量的重新開發工作才能適應新的雲端環境。

對於大多數遷移到雲端的應用程式，有效降低了成本。透過比較過去六個月的支出與傳統應用程式 3 年的成本後發現的。投資報酬率評估中使用了資本和營運支出來做計算。

在使用雲端應用程式的業務領域，ATN 的服務水準有所提高。過去，這些應用程式中的大多數在高峰使用期間都會出現明顯的性能下降。現在，每當出現峰值工作負載時，雲端應用程式都可以向外擴展。

ATN 目前正在對其他應用程式評估是否需要進行雲端遷移。

A.2 DTGOV

儘管 DTGOV 為公共部門組織外包 IT 資源已有 30 多年，但建立雲端及相關 IT 基礎設施是一項重大工程，耗時超過兩年。DTGOV 現在向政府部門提供 IaaS 服務，並正在建立一個針對私營部門組織的新雲端服務組合。

在技術架構進行不斷進行修正並產生成熟的雲端環境後，DTGOV 的下一步是使其客戶和服務組合更多樣化。在繼續下一階段之前，DTGOV 產生一份報告，記錄完整採用雲端技術的各個面向。表 A.1 記錄該報告的摘要。

表 A.1 DTGOV 採用雲端技術的分析結果

採用雲端前狀態	需要的改變	業務上的好處	挑戰
資料中心及相關IT資源沒有標準化。	對IT資源，包含伺服器、儲存系統、網路系統、虛擬化平台、管理系統進行標準化。	因為大量進行IT基礎建設的合併而減少投資。最佳化IT資源也減少營運成本。	對IT採購、生命週期、資料中心管理需要建立一套新的實施方式。
IT資源根據客戶的承諾而部署。	改由具有大規模運算能力的基礎設施支援的IT資源部署。	大量IT資源的整合減少投資，同時也可以擴充資源滿足客戶需求。	容量規劃及相關的投資報酬率計算是具挑戰性的任務，需要持續的培訓。
IT資源根據長期承諾的合約部署。	全面採用虛擬化技術可以彈性分配、調整、釋放、控制可用的IT資源。	雲端服務配置對客戶而言是快速且可以根據需求變化的，需要透過靈活的（軟體）進行IT資源分配和管理。	對IT資源配置建立一套虛擬化平台。
只有基本監控能力。	對於雲端服務的使用狀態及品質進行詳細的監控。	客戶的服務配置根據需求並且按照使用狀況進行計費。服務的費用與IT資源的消耗量成正比。利用業務相關的SLA測量服務品質。	需要建立在DTGOV的架構上全新的SLA監視器、帳務監視器、管理機制。
IT架構的韌性是很基本的。	透過完全互連的資料中心以及相互合作的IT資源部署及管理來加強IT架構的韌性。	提高客戶運算能力的韌性。	調整並管理大規模具有韌性的環境需要顯著的治理與管理工作。
根據「每個合約」和「每個客戶」的外包和資源部署方式。	雲端服務部署有新的價格與SLA合約。	為客戶帶來快速、案需求、可擴充的服務（運算能力）	需要與現有客戶協商新的雲端合約模型。

A.3 Innovartus

公司成長且增加的業務目標需要對原始雲端進行重大修改，因為他們需要從地區性雲端服務供應商轉移到大型全球雲端服務供應商。直到搬遷後才被發現有可攜性問題，當地區性雲端服務供應商無法滿足他們的所有需求時，必須建立新的雲端服務供應商採購流程。還解決了數據恢復、應用程式遷移和互通性問題。

因為最初無法獲得資金和投資資源，高可用性 IT 運算資源和按使用量付費功能是 Innovartus 業務可行性發展的關鍵。

Innovartus 已經定義了他們計畫在接下來幾年內實現的多個業務目標：

- 其他應用程式將遷移到不同的雲端，使用多個雲端服務供應商來提高彈性並減少對單一雲端服務供應商的依賴。
- 由於雲端服務的行動裝置訪問量增加了 20%，因此將建立一個僅限行動裝置的新業務領域。
- 正在評估將 Innovartus 開發的應用程式平台轉換為具有額外價值的 PaaS，提供給以 UI 為核心功能的公司，開發創新和強化的 Web 和行動應用程式。

Appendix B

常見的容器化技術

B.1　Docker
B.2　Kubernetes

作為第 6 章的補充，本附錄探討了 Docker 容器引擎和 Kubernetes 容器化平台，並進一步解釋了它們的常見用法。此內容有助於說明第 6 章中描述的術語、概念和技術如何在現實環境中使用。

須注意以下事項：

- Kubernetes 平台需要部署在伺服器叢集上。Docker 容器引擎需要單獨部署在叢集中的每個伺服器上。

- Docker 和 Kubernetes 介紹了不同的術語。在合適的情況下，第 6 章中使用的術語會在接下來的內容繼續使用。通常，它們會顯示在相應的 Docker 或 Kubernetes 術語旁邊的括號中。

B.1 Docker

Docker 是業界第一個廣泛流行的容器化引擎。Docker 容器，也稱為 Dockers，介紹了許多重要的優點和功能，將在以下各節中介紹。

從架構的角度來看，Docker 容器解決方案可以分為以下四個關鍵領域：

- Docker 伺服器
- Docker 客戶端
- Docker 映像檔倉庫
- Docker 物件

Docker 伺服器

Docker 伺服器，也稱為 Docker 主機，是運行 Docker 容器化引擎的主機。從技術架構的角度來看，Docker 主機是運行 Windows 或 Linux 作業系統的實體伺服器或虛擬機。Docker 伺服器可以安裝在任何支援 X86-64 或 ARM 以及其他 CPU 架構的 Windows 或 Linux 機器上。Docker 容器引擎可以安裝在任何能夠運作這些作業系統的系統上。

Docker 伺服器為容器化解決方案提供以下關鍵功能：

- Docker 伺服器提供運行容器化解決方案和容器化應用程式所需的關鍵服務功能。這些服務由 *Docker 常駐程式* 提供，它是 Docker 容器解決方案中的容器化引擎。Docker 常駐程式有許多不同的元件和子系統，它們作為每個版本的 Docker 軟體中的一部分進行設計和部署。它負責調度、重新啟動和關閉容器，以及管理任何與容器間的互動。

- Docker 伺服器運行應用程式的容器。每個容器都部署在容器主機上。一個解決方案可能有一個或多個由 Docker 伺服器執行的容器及應用程式。

- Docker 伺服器還存放運行的容器使用的映像檔，這讓不同的容器共用相同的基礎映像檔，而不需為多個容器部署多個映像檔。

Docker 客戶端

Docker 客戶端 運行不同的工具元件，這些工具讓用戶和服務使用者能夠與 Docker 伺服器及其服務互動。

Docker 容器解決方案支援以下兩種類型的客戶端：

- 應用程式介面（API）
- 命令列介面（CLI）

Docker 容器沒有提供用於互動或配置服務的圖形化使用者介面（GUI）。這減少使用空間，因為不需要提供繁重的 GUI 供用戶使用。也導致需要維護和管理的程式碼更少，進一步降低容器化解決方案的安全風險。

如圖 B.1 所示，Docker 客戶端可與 Docker 伺服器或 Docker 主機互動，以部署、維護和管理容器及應用程式。圖中所示的所有互動都是透過 Docker 常駐程式服務提供，Docker 常駐程式服務充當 Docker 解決方案中的容器引擎。Docker 常駐程式控制對容器的存取，並為客戶端提供與容器互動的方式。

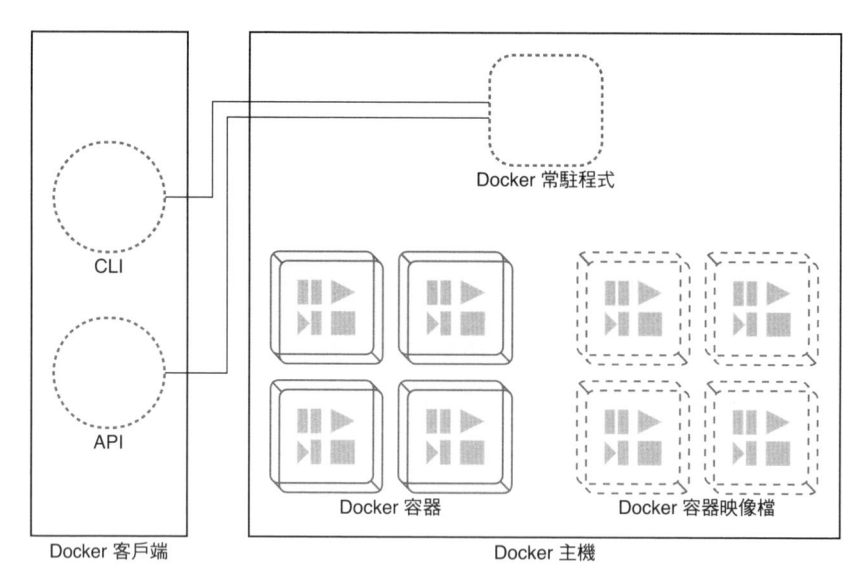

圖 B.1 Docker 客戶端使用 API 或 CLI，透過 Docker 常駐程式服務與容器進行互動。

Docker 常駐程式服務提供 REST API，Docker 客戶端可以作為 API 客戶端使用。這些 API 的目的是提供標準介面，服務消費者可以透過這些介面與 Docker 引擎互動以部署並管理他們的容器。

Docker 客戶端可以在各種作業系統上運行，包括 Windows、Linux 和 Mac。

Docker 映像檔倉庫（Registry）

Docker 映像檔倉庫是一個儲存庫（映像檔倉庫），用於儲存不同類型的 Docker 映像檔，Docker 主機使用這些映像檔來部署容器（圖 B.2）。Docker 映像檔倉庫能夠託管和部署多個容器映像檔，以及同一映像檔的不同版本。這讓應用程式所有者和系統管理員在部署容器及應用程式時決定使用哪個容器映像檔或容器映像檔版本。

映像檔倉庫與主機及 Docker 常駐程式服務（容器引擎）的分離進一步讓 Docker 容器能夠提供不同映像檔的儲存庫，而不會增加 Docker 主機上的任何負載或佔用儲存空間。

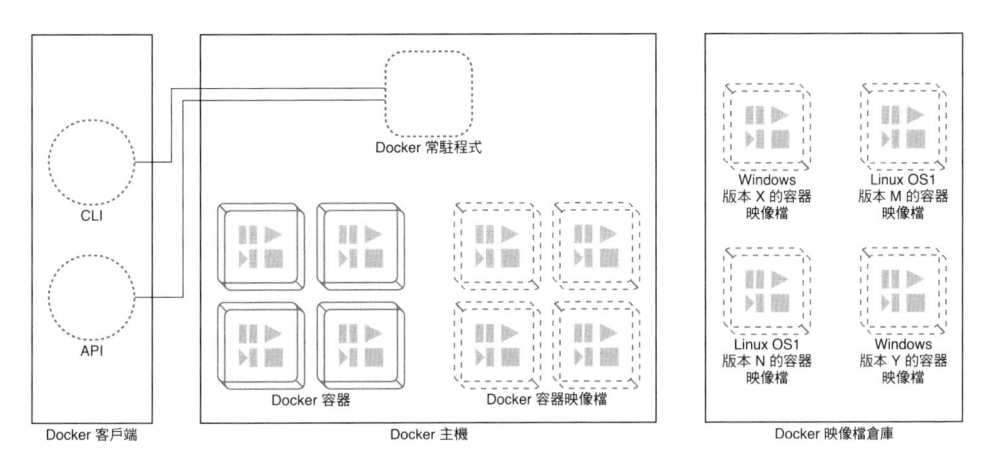

圖 B.2 Docker 映像檔倉庫儲存可用來部署 Docker 容器的容器映像檔。

Docker 提供了一個基於標準作業系統映像檔的公共儲存庫，例如 Windows 和 Linux。這個公共儲存庫也稱為 Docker hub，儲存庫中的映像檔可用於部署容器。如果使用 Docker hub 提供的標準 Docker 映像檔，則無須部署 Docker 映像檔倉庫或分配任何額外的儲存空間來建立映像檔倉庫。

Docker 也允許用戶擁有私有 Docker 映像檔倉庫。例如，由於安全需求，Docker 映像檔可能需要儲存在組織內部，組織外部的任何人都無法存取。在這種情況下，可以部署私有 Docker 映像檔倉庫來儲存即將被配置並用於容器化解決方案的 Docker 映像檔。

Docker 提供以下三個關鍵指令：

- *Docker Push*：用於將映像檔新增到映像檔倉庫
- *Docker Pull*：用於從 Docker 映像檔倉庫下載映像檔以運行容器
- *Docker Run*：用於使用特定映像檔運行和啟動容器

Docker 物件

Docker 容器解決方案可以有幾個不同的子元件和關鍵元素，統稱為 Docker 物件。本節介紹以下關鍵 Docker 物件：

- *Docker 容器*：*Docker 容器*是容器映像檔的實例，表示運行應用程式的實際容器。可以停止、啟動、刪除容器，或者安排在特定時間運行容器。

- *Docker 映像檔*：映像檔是在 Docker 映像檔倉庫中建立和部署的唯讀範本，可用於開發和運行容器。例如，可以為 Linux 作業系統建立一個基本映像檔，然後可以用它來部署幾個不同的容器。然後每個容器都可以在基本映像檔之上進行特定的更改，以使容器環境適合不同的應用程式。但是，容器不能修改基礎映像檔。

- 服務：Docker 容器使用許多不同的服務來運行 Docker 容器解決方案，其中許多服務是 Docker 引擎內部的，無法直接互動。最關鍵的 Docker 服務是 Docker 常駐程式（容器引擎）和 swarm（容器編排器）。

- *命名空間*：為了提供在同一 Docker 主機上運行多個不同容器的能力，Docker 容器化引擎需要一種將容器彼此隔離的方法，以提供部署多個容器的安全環境。Docker 使用一種稱為*命名空間*的技術來提供容器之間的安全隔離。即使它們託管在同一 Docker 主機上，Docker 容器也能夠安全地將網路介面中的程序和許多容器的其他元素彼此隔離。

- *Docker* 控制組：為確保 Docker 容器使用某些系統資源來運行並變得可操作和運行，Docker 主機和 Docker 常駐程式需要使容器能夠存取 Docker 主機提供的資源。這是透過控制組（*Control Group*）建立的，它將部署在容器內的應用程式限制為一組特定的 Docker 主機資源。

- 聯合檔案系統（容器映像檔層）：聯合檔案系統，也稱為 unionFS，是一種檔案系統，它使 Docker 容器引擎能夠在基本容器映像檔之上建立輕量且快速的可寫入層，為應用程式和容器建立一個可寫入環境，以便根據需要進行特定配置。這讓容器引擎按預期運行，而不需修改基礎映像檔。

- *Docker Orchestrator*（容器編排器）：Docker 容器提供自己的嵌入式編排元件，可用於編排容器解決方案以提高生產力並自動化需要執行的可重複任務。*Docker Orchestrator* 嵌入在 Docker 容器引擎中，可供系統管理員或應用程式開發人員用於編排任務。

Docker Swarm（容器編排器）

儘管在同一 Docker 主機上部署多個不同的容器可以在容器和應用程式之間節省和共用資源方面帶來許多好處，但它也會帶來風險，如果主機斷線，運行這些應用程式的容器也會斷線。為了防止出現此問題，Docker 容器可以使用 Docker Swarm。

Docker Swarm 是容器編排器，可以部署為 Docker 容器解決方案中的一部分。Docker Swarm 功能由 swarm 服務控制，swarm 服務是 Docker 容器的一項關鍵服務，用於建立和管理 Docker 主機叢集（也稱為 swarm），以平衡不同實體主機之間的負載。它還可以用於提高 Docker 容器的可用性，允許應用程式所有者在 Docker Swarm 叢集管理不同的 Docker 主機上部署同一容器的多個實例。swarm 內的 Docker 容器主機叢集由稱為叢集管理器的服務管理。

圖 B.3 顯示了 Docker Swarm 的邏輯架構。

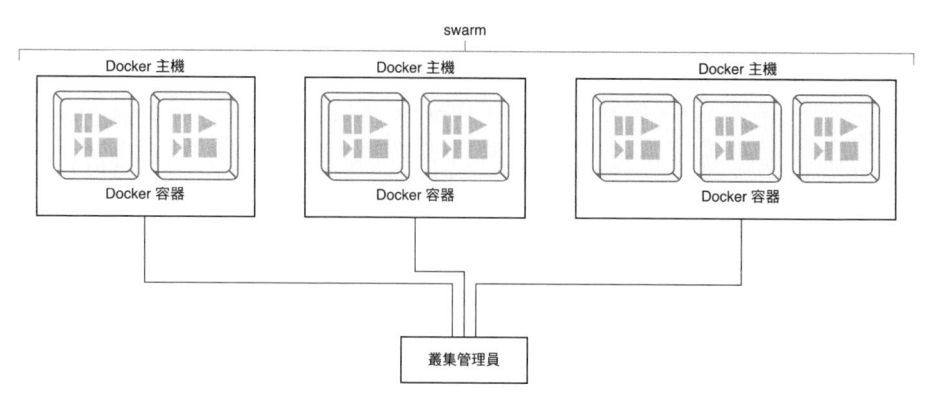

圖 B.3 由 3 個 Docker 主機組成的 swarm 叢集的邏輯範例圖。

Docker 容器解決方案可以部署在私有數據中心或伺服器中的私有系統上，也可以部署在來自公有雲供應商的不同雲端平台上，這些公有雲供應商使用 Docker 作為容器即服務的平台，包括 Amazon Web Services、Microsoft Azure 和 Google Cloud。

B.2 Kubernetes

Kubernetes，也稱為 K8s，是一個開源容器編排器，它提供一些關鍵的好處和功能來增強 Docker。Kubernetes 引入了可以跨越幾個不同主機的叢集的概念。該系統透過提供更適合企業級應用程式和更大規模分散式系統的企業級架構，將 Docker 等容器化引擎提供的容器功能提升到一個新的水準，這非常適合複雜的應用程式。本節介紹 Kubernetes 解決方案的關鍵元件。

Kubernetes 節點（主機）

Kubernetes 架構中運行 Kubernetes 軟體來執行容器，*Kubernetes* 節點相當於前面在「Docker」小節中討論的容器化主機或 Docker 主機。每個 Kubernetes 叢集（主機叢集）可以有一個或多個節點。

圖 B.4 將 Kubernetes 節點（也稱為 Kubernetes 主機）為 Kubernetes 解決方案的關鍵元件。

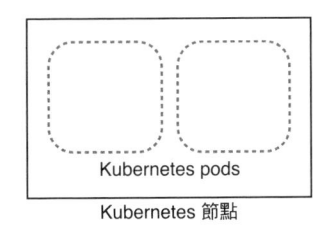

圖 **B.4** Kubernetes 節點用來運行容器，這個範例中一個 Kubernetes Pods 中有兩個實例

每個 Kubernetes 節點（主機）都具有 3 個關鍵元件，使 Kubernetes 能夠在 pod 中運行容器，這將在本節後面進行解釋：

- Kubelet
- Kube-Proxy
- 容器運行環境

Kubernetes Pod

Kubernetes pod 是不同容器的邏輯邊界或邏輯組，它們在同一 Kubernetes 節點上共享儲存和網路資源。部署在每個 pod 中的容器還使用相同的配置和規範運作。例如，運行在 pod 內的每個容器將一起運行在叢集中的同一 Kubernetes 節點上。

圖 B.5 顯示了一個 pod 的邏輯圖，以及 pod 如何在同一主機上做到容器的邏輯隔離。

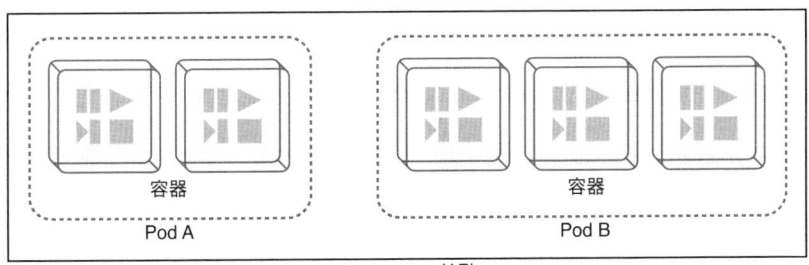

圖 **B.5** Pod 可用於邏輯分組，並將一組容器與其他容器隔離。

Kubelet

kubelet 是部署在叢集內每個節點上的服務代理程式。它負責確保每個設定在 pod 中運行的容器能按照預期正常運作。

Kube-Proxy

kube-proxy 是一個在每個 Kubernetes 節點中運行的服務。它充當服務代理程式，讓部署在 pod 內的容器能夠存取網路資源並進一步與外部世界通訊。每個 kube-proxy 在節點上維護網路規則。這些網路規則可以由系統管理員定義，讓內部和外部網路與 Kubernetes 叢集中的每個 Pod 進行通訊。

圖 B.6 顯示了 Kubernetes 節點及其 kubelet 和 kube-proxy 元件的概念。

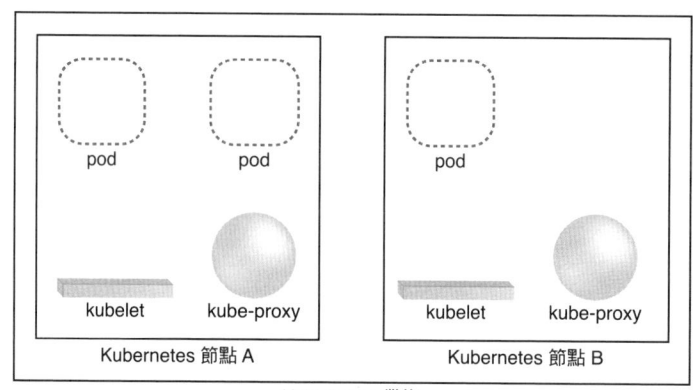

圖 B.6 Kubernetes 叢集由 2 個節點組成：Kubernetes 節點 A 和 Kubernetes 節點 B。每個節點都有自己的 kubelet 和 kube-proxy 為 pod 提供服務。

容器執行環境（容器引擎）

在 Kubernetes 架構中，容器引擎（稱為*容器執行環境*）使解決方案能夠利用 Kubernetes 技術架構及功能來部署各種容器。除了支援不同的容器執行環境外，Kubernetes 還提供自己的*容器執行環境介面*（*container runtime interface*，*CRI*）。它類似於 Docker 容器引擎。作為使用 CRI 運行容器的替代方案，可以部署 Docker 容器引擎在 Kubernetes 節點之上運行 Docker 容器（圖 B.7 和 B.8）。

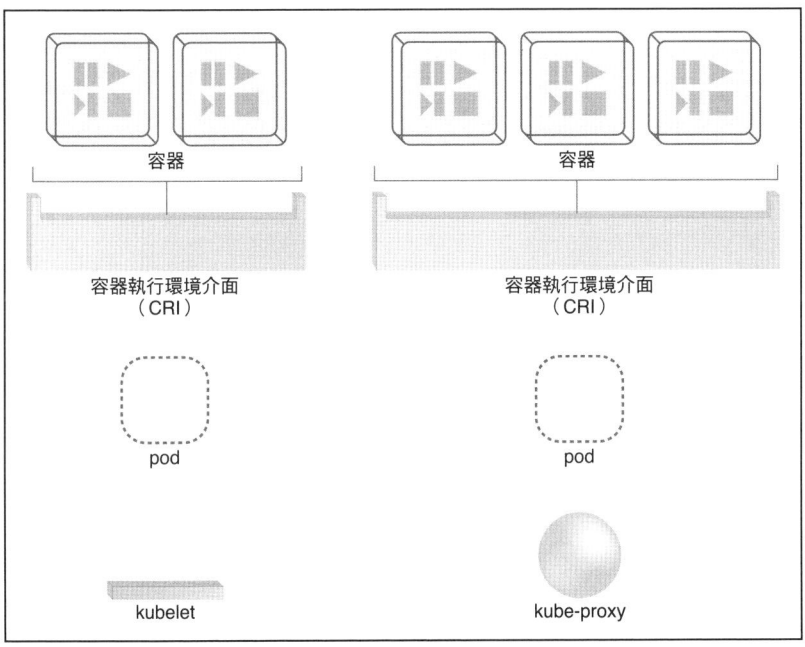

圖 B.7 一個 Kubernetes 節點使用 CRI 作為容器引擎運行容器。

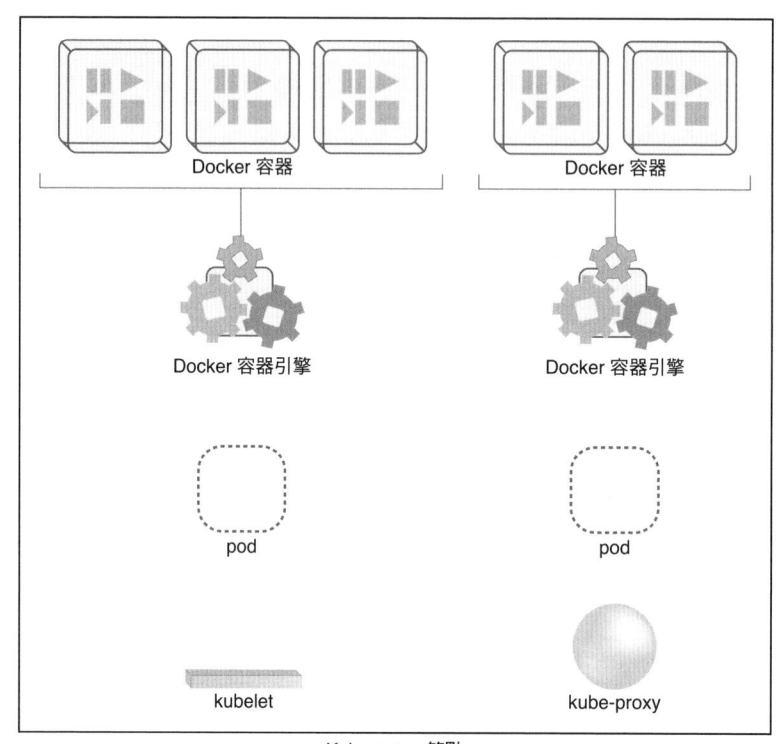

圖 B.8 一個 Kubernetes 節點，運行 Docker 容器引擎的執行環境來運行容器。

叢集

在 Kubernetes 架構中，叢集是一組節點，它們共同工作以提供高可擴展和可用性的解決方案，用於部署容器來運行應用程式。如圖 B.9 所示，一個叢集可以包含幾個不同的節點。

與 Docker 容器不同，Docker 容器引入了 swarm 的概念來對多個不同的 Docker 容器主機進行分組，而 Kubernetes 引入了更全面的概念和技術架構，用於建立適用於企業應用程式的容器化主機叢集。

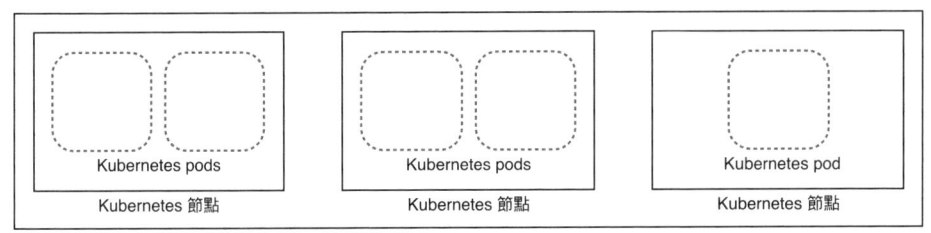

圖 **B.9**　包含三個不同節點的 Kubernetes 叢集範例

Kubernetes 控制層

Kubernetes 叢集架構中可以使用控制層來提供更好的服務和更多功能，使應用程式所有者和系統管理員能夠充分利用容器化解決方案。控制層負責做出適用於整個叢集的決策，為系統管理員或應用程式所有者提供一套通用工具來管理叢集中的節點。

本節介紹 Kubernetes 叢集中控制層的關鍵元件。

- *Kubernetes API*：Kubernetes API 為應用程式所有者、系統管理員和開發人員提供了一種與 Kubernetes 架構、節點以及部署在每個 Kubernetes 叢集中的容器進行互動的方法。

- *kube-apiserver*：kube-apiserver 向服務使用者開放 Kubernetes API，以便他們可以透過 API 與 Kubernetes 叢集及元件以及叢集內部署的容器進行互動。kube-apiserver 作為一個獨立的元件部署，可以水平擴展以處理來自服務使用者更多的 API 呼叫和請求，以反應解決方案在擴展時所需的性能。

- *etcd*：etcd 服務用於將叢集的配置資訊儲存在控制層內。這不包括來自容器化應用程式的任何用戶數據或應用程式數據。

- *kube-schedule*：kube-scheduler 負責調度和運行容器。每次部署新容器時，kube-scheduler 都會檢查叢集內節點的資源利用率以及每個節點上部署的不同 pod，以確定調度和運行新容器的最佳位置。

- *kube-controller-manager*：kube-controller-manager 元件負責運行和管理控制層程式。在 Kubernetes 解決方案的背景知識中，前面提到的每個控制層元件都是各自獨立運作的程式。kube-controller-manager 提供一種從中心角度管理所有前述元件及相關流程的簡單方法，為系統管理員提供了一種管理 Kubernetes 解決方案控制層的方法。

- *cloud-controller-manager*：當解決方案部署在公有雲或任何允許存取雲端服務供應商 API 的雲端類型時，就會發揮 cloud-controller-manager 元件的作用。例如，如果 Kubernetes 解決方案部署在 Amazon Web Services、Microsoft Azure 或 Google Cloud 上，那麼這個元件會向叢集開放特定環境的 API。但是，如果解決方案未部署在雲端環境中，則不需要此元件。

圖 B.10 顯示了一個 Kubernetes 部署架構的範例。

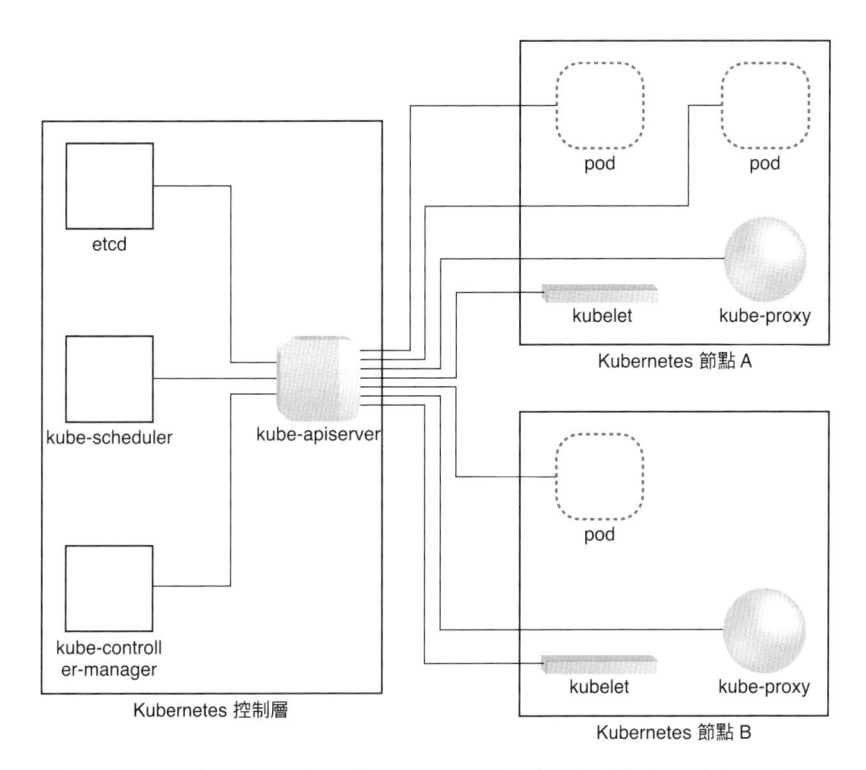

圖 B.10 具有 2 個節點與 1 個控制層的 Kubernetes 叢集，包含控制平台的元件

如上圖所示，叢集控制層部署在與 Kubernetes 節點不同的伺服器上。這樣做的目的是消除對管理叢集所需元件的可用性的任何相互依賴關係，並確保如果節點發生故障，控制層不會受到影響。

索引

※ 提醒你：由於翻譯書排版的關係，部分索引名詞的對應頁碼會和實際頁碼有一頁之差。

A

abstraction of container images，容器映像檔的抽象化, 149-150
access-oriented security mechanisms. See mechanisms，存取導向的安全機制。請參閱機制
accidental insider，意外的內部人員, 179
active-active failover system (specialized mechanism)，主動 - 主動故障轉移系統（專有機制）, 250-251
active-passive failover system (specialized mechanism)，主動 - 被動故障轉移系統（專有機制）, 252-254
activity log monitor mechanism (security)，活動日誌監控機制（安全）, 320
adapter，轉接卡
  component，元件, 157
  container，容器, 157-158
advanced persistent threat（APT），進階持續性威脅, 188-190
Advanced Research Projects Agency Network（ARPANET），高等研究計畫署網路（ARPANET）, 24
Advanced Telecom Networks（ATN）case study. See case study examples，ATN 案例研究。請參閱案例研究範例
adware，廣告軟體, 179
agent，代理程式
  monitoring，監視, 217
  polling，輪詢, 218-219
  resource，資源, 218
  service，服務, 110
    malicious，惡意, 170
  threat，威脅, 168-170

ambassador，大使
  component，元件, 159
  container，容器, 158-159
anonymous attacker，匿名攻擊者, 169
application，應用程式
  configuration baseline，基準配置, 397
  layer protocol，通訊協定層, 82
  multitenant，多租戶, 104-106
  package，封裝, 397
  packager，封裝器, 397
  subscription duration metric，訂閱持續時間指標, 483-485
  usage，使用量, 466
  virtualization，虛擬化, 102
APT（advanced persistent threat），進階持續性威脅, 188-190
APT groups，APT 群組, 190
architectures，架構
  cloud balancing，雲端平衡, 383-385, 407-408
  cloud bursting，雲爆發, 353-354, 363-364
  cross-storage device vertical tiering，跨儲存設備垂直分級, 419-425
  direct I/O access，直接 I/O 存取, 411-412
  direct LUN access，直接 LUN 存取, 413-416
  distributed data sovereignty，分散式資料主權, 387-388
  dynamic data normalization，動態資料正規化, 416-417
  dynamic failure detection and recovery，動態故障檢測和恢復, 393-396

dynamic scalability，動態可擴展性，346-349
edge computing，邊緣運算，446-447
elastic disk provisioning，彈性磁碟配置，354-356
elastic network capacity，彈性網路容量，418-419
elastic resource capacity，彈性資源容量，349-351
federated cloud application，聯合雲端應用程式，451-452
fog computing，迷霧運算，447-448
hypervisor clustering，虛擬機管理程式叢集，367-372
intra-storage device vertical data tiering，儲存設備內垂直數據分級，425-427
load balanced virtual server instances，負載平衡虛擬伺服器實例，374-377
load balanced virtual switches，負載平衡虛擬交換器，428-429
metacloud，元雲端，450-451
multicloud，多雲，360-362
multipath resource access，多路徑資源存取，430-432
nondisruptive service relocation，無中斷服務搬遷，377-381
persistent virtual network configuration，虛擬網路配置持久化，432-434
rapid provisioning，快速配置，396-399
redundant physical connection for virtual servers，虛擬伺服器冗餘實體連接，435-438
redundant storage，冗餘儲存，358-360
resilient disaster recovery，彈性災難恢復，385-387
resource pooling，資源池，341-346
resource reservation，資源預留，389-393

service load balancing，服務負載平衡，351-353
storage maintenance window，儲存維護窗口，438-445
storage workload management，儲存工作負載管理，400-405
virtual data abstraction，虛擬數據抽象化，448-450
virtual private cloud，虛擬私有雲，405-407
virtual server clustering，虛擬伺服器叢集，373-374
workload distribution，工作負載分配，340-341
zero downtime，零停機時間，382-383
ARPANET（Advanced Research Projects Agency Network），高等研究計畫署網路（ARPANET），24
asymmetric distribution，非對稱分佈，236
asymmetric encryption（security mechanism），非對稱加密（安全機制），272-273
ATN（Advanced Telecom Networks）case study. See case study examples，ATN 案例研究。請參閱案例研究
attack. See also threat，攻擊，167。參閱威脅
attack surface，受攻擊面，168
attack vector，攻擊媒介，168
attackers See also threat agent，攻擊者，167-168。參閱威脅代理
audit monitor mechanism（specialized），稽核監視器機制（專門），248-249
   in cross-storage device vertical tiering architecture，在跨儲存設備垂直分層架構中，424
   in distributed data sovereignty architecture，在分布式數據主權架構中，388

in dynamic failure detection architecture，在動態故障檢測架構中, 396
in resource pooling architecture，在資源池架構中, 345
in resource reservation architecture，在資源預留架構中, 393
in storage workload management architecture，在儲存工作負載管理架構中, 404
in zero downtime architecture，在零停機架構中, 383
authentication，驗證
 authentication log monitor mechanism，身分驗證日誌監視器機制, 306
 IAM (identity and access management)，身分和存取管理, 296-299
 location-based，基於位置, 296
 MFA (multi-factor authentication) system，多因素認證系統, 295-296
 risk-based，基於風險, 296
 weak，弱, 174-175
authenticity (characteristic)，真實性（特徵）, 165
authorization，授權
 IAM (identity and access management)，身分和存取管理, 297
 insufficient，不足, 174-175
automated scaling listener mechanism (specialized)，自動擴容監聽器機制（專用）, 230-235
 in load balanced virtual server instances architecture，在負載平衡虛擬伺服器實例架構中, 377
 in storage workload management architecture，在儲存工作負載管理架構中, 404

autonomic computing，自主計算, 90
availability (characteristic)，可用性（特徵）, 164-165
 data center，數據中心, 90
 IT resource，IT 資源, 42
 NoSQL storage devices，NoSQL 儲存設備, 96
availability rate metric，可用率指標, 498-500

B

backup and recovery system mechanism (security)，備份和恢復系統機制（安全）, 318-320
bandwidth，頻寬, 85-86
behavioral identifiers，行為識別標記, 293
billing management system mechanism (management)，計費管理系統機制（管理）, 333-336
biometric scanner mechanism (security)，生物辨識掃描儀機制（安全）, 293-294
bot，機器人, 179
botnet，殭屍網路, 180-183
boundary，邊界
 logical network perimeter，邏輯網路邊界, 56
 organizational，組織, 54-55
 trust，信任, 43, 55
broadband networks，寬頻網路, 78-87
brute force，暴力, 184
build files，建置檔案, 151-152
business agility，業務敏捷性, 26-27, 39
business case, mapping to SLA，業務案例，對應到 SLA, 507
business cost metrics，業務成本指標, 476-480
business drivers, cloud computing，雲端運算的業務驅動因素, 25-27

C

CA (certificate authority), 證書頒發機構, 282

capacity planning, 容量規劃, 28

capacity watchdog system, 容量監控系統, 374-376

capital costs, 資本支出, 476

carrier and external networks, interconnection, 營運商和外部網路, 互連, 93

CASB (Cloud Access Security Brokers), 雲端存取安全代理程式, 307

case study examples, 案例研究
    ATN (Advanced Telecom Networks), 12
        background, 背景, 12-13
        business cost metrics, 業務成本指標, 477-480
        cloud bursting architecture, 雲爆發架構, 363-364
        cloud security, 雲端安全, 194-195
        conclusion, 結論, 516
        hashing, 雜湊, 274-275
        IAM (identity and access management), 身分和存取管理, 299
        load balancer, 負載平衡器, 237-238
        network intrusion monitor, 網路入侵監視器, 305
        ready-made environment 現成環境, 226-227
        SSO (single sign-on), 單點登入 (SSO), 287
        state management database, 狀態管理資料庫, 266-267
        traffic monitor, 流量監視器, 321
    DTGOV, 12
        authentication log monitor, 身分驗證日誌監視器, 306

automated scaling listener, 自動擴容監聽器, 232-235

background, 背景, 14-17

billing management system, 計費管理系統, 336

cloud-based security groups, 雲端安全群組, 280-281

cloud delivery model, 雲端交付模型, 472-473

cloud storage device, 雲端儲存設備, 214-216

cloud usage monitor, 雲端使用量監視器, 219-221

conclusion, 結論, 516-517

data backup and recovery system, 數據備份和恢復系統, 320

data loss prevention (DLP) system, 數據遺失防護系統, 316

data loss protection monitor, 數據遺失保護監視器, 322

digital signature, 數位簽章, 277-278

digital virus scanning and decryption system, 數位病毒掃描和解密系統, 313

failover system, 故障轉移系統, 254-258

firewall, 防火牆, 291

hardened virtual server image, 強化的虛擬伺服器映像檔, 289

hypervisor, 虛擬機管理程式, 209-210

IDS (intrusion detection system), 入侵檢測系統, 299

logical network perimeter, 邏輯網路邊界, 202-203

pay-per-use monitor, 按使用量付費監視器, 246-247

penetration testing tool, 滲透測試工具, 301

PKI (public key infrastructure), 公鑰基礎設施, 284

pricing models，定價模式，492-494
remote administration system，遠端管理系統，328
resource cluster，資源叢集，262-263
resource management system，資源管理系統，330-331
resource replication，資源複製，223-225
service technologies，服務技術，111-114
SLA management system，SLA 管理系統，333
SLA monitor，SLA 監視器，240-244
SLA template，SLA 模板，509-511
third-party software update utility，第三方軟體更新工具，305
threat mitigation，威脅處置，190-191
UBA（user behavior analytics）system，用戶行為分析系統，303
virtual private network（VPN），虛擬專用網路，292
virtual server，虛擬伺服器，205-207
VPN monitor，VPN 監視器，306-307
Innovartus Technologies Inc., 12
　activity log monitor，活動日誌監視器，320
　audit monitor，稽核監視器，248-249
　background，背景，17-18
　biometric scanner，生物識別掃描儀，294
　cloud balancing architecture，雲平衡架構，407-408
　conclusion，結論，517-518
　containers and containerization，容器和容器化，161
　encryption，加密，273-273
　malicious code analysis system，惡意程式碼分析系統，314
　multi-device broker，多設備代理程式，265
　multi-factor authentication（MFA）system，多因素驗證系統，296
　service quality metrics，服務品質指標，506-507
　TPM（trusted platform module），可信任平台模組，318
CCP（Cloud Certified Professional）program，雲端認證專家計畫，9
cellular networks，蜂巢網路，86-87
certificate authority（CA），證書頒發機構，282
characteristics. See cloud characteristics，特徵。請參閱雲端特性
CIEM（Cloud Infrastructure Entitlement Management），雲端基礎設施權益管理，307
cipher，密碼，271
ciphertext，密文，271
client（Docker），客戶端（Docker），521-522
Cloud Access Security Brokers（CASB），雲端存取安全代理，307
cloud architectures. See architectures，雲端架構。請參閱架構
cloud auditor（role），雲端稽核員（角色），54
cloud balancing architecture，雲平衡架構，383-385
　Innovartus case study Innovartus，案例研究，407-408
　SaaS environments SaaS，環境，466
cloud-based IT resource，雲端 IT 資源，33
　versus on-premise IT resource，與地端 IT 資源相比，82-87
　versus on-premise IT resource in private clouds，與私有雲中的地端 IT 資源相比，73
　usage cost metrics，使用量成本指標，480-485

cloud-based security group mechanism (security)，雲端的安全群組機制（安全），279-281
cloud broker (role)，雲端代理人（角色），51-52
cloud bursting architecture，雲爆發架構，353-354
　ATN case study，ATN 案例研究，363-364
cloud carrier (role) 雲端網路服務供應商（角色），54
　selection，選擇，87
Cloud Certified Professional (CCP) program，雲端認證專業人員計畫，9
cloud characteristics，雲端特性，56-59
　elasticity，彈性，57
　measured usage，測量使用量，59
　multitenancy，多租戶，57-58
　on-demand usage，按需求使用，56
　resiliency，彈性，59-61
　resource pooling，資源池，57-58
　ubiquitous access，隨處可存取，57
cloud computing，雲端運算，2, 24-25
　business drivers，業務驅動因素，25-27
　containerization and，容器化與，117
　goals and benefits，目標與利益，38-42
　history，歷史，24
　risks and challenges，風險和挑戰，43-48
　technology innovations，技術創新，27-31
　terminology，術語，31-38
cloud consumer (role)，雲端服務消費者（角色），34, 38, 50-51
　compliance and legal issues，合規和法律問題，48
　governance control，治理管制，45-46
　perspective in cloud delivery models，雲端交付模型的觀點，467-471
　shared security responsibility model，共享安全責任模型，43-44

cloud-controller-manager, 532
cloud delivery models，雲端交付模型，59-70
　cloud consumer perspective，雲端服務消費者視角，467-471
　cloud provider perspective，雲端服務供應商視角，456-466
　combining，結合，65-68
　comparing，比較，64-65
　IaaS (Infrastructure-as-a-Service)，IaaS（基礎設施即服務），61
　PaaS (Platform-as-a-Service)，PaaS（平台即服務），61-63
　SaaS (Software-as-a-Service)，SaaS（軟體即服務），63-64
　submodels，子模型，69-70
cloud deployment models，雲端部署模型，71-75
　hybrid，混合，73-75
　multicloud，多雲，73
　private，私有，71-73
　public，公有，71
Cloud Infrastructure Entitlement Management (CIEM)，雲端基礎設施權益管理，307
cloud mechanisms. See mechanisms，雲端機制。請參閱機制
cloud-native delivery submodel，雲原生交付子模型，70
cloud provider (role)，雲端服務供應商（角色），34, 50
　compliance and legal issues，合規和法律問題，48
　governance control，治理控制，45-46
　perspective in cloud delivery models，雲端交付模型的觀點，456-466
　portability，可移植性，47
　selection，選擇，87
　shared security responsibility model，共享安全責任模型，43-44

cloud resource administrator（role），雲端資源管理員（角色），53-54
Cloud Security Posture Management（CSPM），雲端安全狀態管理，307
cloud service，雲端服務，36-38
　lifecycle phases，生命週期階段，485-486
cloud service consumer（role），雲端服務消費者（角色），38
cloud service owner（role），雲端服務擁有者（角色），52-53
cloud service usage cost metrics，雲端服務使用成本指標，483-485
cloud storage device mechanism（infrastructure），雲端儲存設備機制（基礎設施），210-216
　in distributed data sovereignty architecture，在分佈式資料主權架構中，388
　in multipath resource access architecture，在多路徑資源存取架構中，431
　in resilient disaster recovery architecture，在彈性災難恢復架構中，387
　in storage maintenance window architecture，在儲存維護窗口架構中，438-445
　usage cost metrics，使用成本指標，483
　in virtual private cloud architecture，在虛擬私有雲端架構中，407
cloud storage gateway，雲端儲存閘道器，264
cloud usage monitor mechanism（infrastructure），雲端使用量監控機制（基礎設施），217-221
　in cross-storage device vertical tiering architecture，在跨儲存設備垂直分層架構中，425
　in direct I/O access architecture，在直接 I/O 存取架構中，412

in direct LUN access architecture，在直接 LUN 存取架構中，416
in dynamic scaling architecture，在動態擴展架構中，349
in elastic disk provisioning architecture，在彈性磁碟配置架構中，356
in elastic network capacity architecture，在彈性網路容量架構中，418
in elastic resource capacity architecture，在彈性資源容量架構中，350
in load balanced virtual switches architecture，在負載平衡虛擬交換器架構中，429
in nondisruptive service relocation architecture，在無中斷服務搬遷架構中，381
in resource pooling architecture，在資源池架構中，346
in resource reservation architecture，在資源預留架構中，393
in service load balancing architecture，在服務負載平衡架構中，353
in storage workload management architecture，在儲存工作負載管理架構中，405
in workload distribution architecture，在工作負載分配架構中，341
in zero downtime architecture，在零停機架構中，383
Cloud Workflow Protection Platforms（CWPP），雲端工作流程保護平台，307
cluster，叢集，
　container，容器，134
　database，資料庫，258
　HA（high availability），高可用性，261
　host，主機，126

Kubernetes, 530-531
large dataset，大型數據集, 258
load balanced，負載平衡, 261
resource，資源, 258-263
server，伺服器, 258
clustering，叢集, 27
NoSQL, 95-97
Communication as a Service，通訊即服務, 70
completion time metric，完成時間指標, 503
compliance and legal issues，合規和法律問題, 48
computational grid，網格運算, 27
computing hardware，計算硬體, 91
confidentiality (characteristic)，機密性（特徵）, 164, 272
configuration management，配置管理, 139
connectionless packet switching (datagram networks)，無連接封包交換（資料封包網路）, 80-81
container，容器, 122
　build file，建置文件, 151-152
　clusters，叢集, 134
　deployment，部署, 139
　deployment file，部署文件, 135
　engine，引擎, 122-123
　orchestrator，編排器, 138-141
　package manager，封裝管理器, 135, 141
　runtime (Kubernetes)，執行環境（Kubernetes）, 529-530
container image，容器映像檔, 122, 147-155
　abstraction，抽象化, 149-150
　basic，基本, 147
　build files，建置文件, 151-152
　customized，客製化, 147, 153-155
　immutability，不變性, 149

types and roles，類型和角色, 147-148
container network，容器網路, 127, 141-145
　addresses，地址, 144-145
　scope，範圍, 142-144
container runtime interface (CRI)，容器運行環境介面, 529
containers and containerization，容器和容器化, 30, 32, 102, 227
　attack，攻擊, 177-178
　benefits，優點, 128-129
　characteristics，特徵, 147
　Docker, 520-526
　history，歷史, 116-117
　hosting，託管, 130-131
　instances，實例, 134
　Kubernetes, 526-533
　multi-container types，多容器類型, 155-160
　orchestration，編排, 138-141
　package management，封裝管理, 134-138, 141
　on physical servers，在實體伺服器上, 127
　pod, 131-133
　rich containers，富容器, 146
　risks and challenges，風險與挑戰, 129-130
　terminology，術語, 117-127
　on virtual servers，在虛擬伺服器上, 127-128
content-aware distribution，內容感知分配, 236
contracts，合約, 192-193
control groups (Docker)，控制群組（Docker）, 524
control plane，控制層, 123, 531-533
cost(s)，成本
　archiving，封存, 491
　of capital，資本, 476

integration，整合, 476
locked-in，鎖定, 477
management of，管理, 485-491
ongoing，持續, 476
overruns，超支, 48
proportional，比例, 39-41, 57
reduction，減少, 25-26
sunk，沉沒, 476
up-front，前期, 476
CPU pool，CPU 資源池, 343
credential management，憑證管理, 297
CRI（container runtime interface），容器執行環境介面, 529
cross-storage device vertical tiering architecture，跨儲存設備垂直分層架構, 419-425
crypto jacking，加密劫持, 179
cryptography，密碼學, 271-273
CSPM（Cloud Security Posture Management），雲端安全狀態管理, 307
customized container image，客製化容器映像檔, 147, 153-155
CWPP（Cloud Workflow Protection Platforms），雲端工作流程保護平台, 307
cyber activists，網路行動主義, 168
cyber attack，網路攻擊, 167
cyber criminals，網路犯罪分子, 168
cyber threat，網路威脅, 167
cybersecurity threats，網路安全威脅, 45

D

daemon（Docker），常駐程式（Docker）, 521
data backup and recovery system mechanism（security），數據備份和恢復系統機制（安全）, 318-320
data block，數據區塊, 211
data breach，資料洩露, 167

data center，數據中心, 87-98
 autonomic computing，自主運算, 90
 component redundancy, availability，冗餘元件、可用性, 90
 facilities，設施, 91
 hardware，硬體, 91-94
  computing，計算, 91
  network，網路, 93-94
  storage，儲存, 91-93
 IaaS-based IT resources，基於 IaaS 的 IT 資源, 457-458
 NoSQL clustering，NoSQL 叢集, 95-97
 persistence，持續性, 463
 remote operation and management，遠端操作和管理, 90
 security awareness，安全意識, 91
 serverless environments，無伺服器環境, 94-95
 standardization and modularity，標準化和模組化, 89
 technical and business considerations，技術和業務考量, 83
 virtualization，虛擬化, 87-89
data leak，資料外洩, 167
data loss prevention（DLP）system mechanism（security），數據遺失防護系統機制（安全）, 315-316
data loss protection monitor mechanism（security），數據遺失保護監視器機制（安全）, 321-322
data normalization，數據標準化, 213-214
data-oriented security mechanisms. *See* mechanisms，數據導向的安全機制。請參閱機制
data storage，數據儲存, 213-214, 459
 non-relational（NoSQL），非關聯型（NoSQL）, 213-214
 relational，關聯, 213
database，資料庫
 cluster，叢集, 258

state management，狀態管理，265-267
storage interface，儲存介面，213-214
Database as a Service，資料庫即服務，69
datagram networks（connectionless packet switching），數據封包網路（無連接封包交換），80-81
decryption, digital virus scanning and decryption system，解密，數位病毒掃描和解密系統，311
delivery models，交付模型，59-70
denial of service（DoS），阻斷服務，172-173
deployment data store，部署數據儲存，397
deployment models，部署模型，71-75
deployment optimizer，部署優化器，135-137
design constraints REST，REST 設計規範，107
Desktop as a Service，桌面即服務，70
The Digital Enterprise（newsletter），數位企業（新聞），9
digital signature mechanism（security），數位簽章機制（安全），275-278
  in PKI（public key infrastructure），在公鑰基礎設施中，282-284
digital virus scanning and decryption system mechanism（security），數位病毒掃描和解密系統機制（安全），310-313
direct I/O access architecture，直接 I/O 存取架構，411-412
direct LUN access architecture，直接 LUN 存取架構，413-416
disaster recovery，災難恢復，385-387
DLP（data loss prevention）system mechanism（security），數據遺失防護系統機制（安全），315-316
Docker，520-526
  client，客戶端，521-522
  daemon，常駐程式，521
  objects，物件，524-525
  orchestration，編排，525
  registry，倉庫，522-523
  server，伺服器，520-521
Docker Pull command，Docker Pull 命令，523
Docker Push command，Docker Push 命令，523
Docker Run command，Docker Run 命令，523
Docker Swarm，525-526
DoS（denial of service），阻斷服務，172-173
DTGOV case study. See case study examples，DTGOV 案例研究。請參閱案例研究
dynamic data normalization architecture，動態資料正規化架構，416-417
dynamic failure detection and recovery architecture，動態故障檢測和恢復架構，393-396, 465
dynamic horizontal scaling，動態水平擴展，347
dynamic IDS（intrusion detection system），動態入侵檢測系統，299
dynamic malicious code analysis，動態惡意程式碼分析，314
dynamic relocation，動態重新定位，347
dynamic scalability architecture，動態可擴展性架構，346-349
dynamic vertical scaling，動態垂直擴展，347

E

eavesdropping, traffic，竊聽流量，171
edge computing architecture，邊緣運算架構，446-447
Elastic Compute Cloud（EC2）services，彈性計算雲端服務，24

elastic disk provisioning architecture，彈性磁碟配置架構, 354-356
elastic network capacity architecture，彈性網路容量架構, 418-419
elastic resource capacity architecture，彈性資源容量架構, 349-351, 466
elasticity (cloud characteristic)，彈性（雲的特性）, 57
encryption mechanism (security)，加密機制（安全）, 271-273
　asymmetric，非對稱, 272-273
　symmetric，對稱, 272
enterprise service bus (ESB) platform，企業服務匯流排平台, 110
etcd service，etcd 服務, 531
event triggers，事件觸發器, 460, 463
exploit (IT security)，漏洞（IT 安全）, 166

F

failover system mechanism (specialized)，故障轉移系統機制（專門）, 250-258
　active-active，主動-主動, 250-251
　active-passive，主動-被動, 252-254
　in dynamic failure detection architecture，在動態故障檢測架構中, 396
　in redundant physical connection for virtual servers architecture，在虛擬伺服器冗餘實體連接架構中, 438
　in zero downtime architecture，在零停機架構中, 382-383
failure conditions，故障條件, 460, 463
fast data replication mechanisms，快速數據複製機制, 91
federated cloud application architecture，聯合雲端應用程式架構, 451-452

firewall mechanism (security)，防火牆機制（安全）, 290-291
flawed implementations (IT security)，實作缺陷（IT 安全）, 191
fog computing architecture，迷霧計算架構, 447-448

G

gateway，閘道器
　cloud storage，雲端儲存, 264
　mobile device，行動設備, 264
　XML, 264
governance control，治理控制, 45-46
grid computing，網格計算, 27-28
guest operating system，客端作業系統, 29, 117

H

HA (high availability)，高可用性, 500
　cluster，叢集, 126, 261
hard disk arrays，硬碟陣列, 91
hardened virtual server image mechanism (security)，強化的虛擬伺服器映像檔機制（安全）, 288-289
hardware，硬體
　computing，運算, 91
　independence，獨立, 98
　network，網路, 93-94
　obsolescence，過時, 97
　storage，儲存, 91-93
　virtualization compatibility，虛擬化相容性, 103
hardware-based virtualization，硬體虛擬化, 101-102
hashing mechanism (security)，雜湊機制（安全）, 273-275
health monitoring，健康監測, 139
heartbeats，心跳, 367
high availability. See HA (high availability)，高可用性。請參閱高可用性

history,歷史
　　cloud computing,雲端運算, 24
　　containers and containerization,容器和容器化, 116-117
horizontal scaling,水平縮放, 35
host (physical server),主機(實體伺服器), 29, 34, 123-126, 130-131
host cluster,主機叢集, 126
host network,主機網路, 127, 142
host operating system,主機作業系統, 99
hot-swappable hard disks,熱插拔硬碟, 91
HTTPS, 273
hybrid cloud,混合雲, 73-75
hypervisor clustering architecture,虛擬機管理程式叢集架構, 367-372
hypervisor mechanism,虛擬機管理程式機制, 30, 101-102, 118, 208-210
　　in dynamic scaling architecture,在動態擴展架構中, 349
　　in elastic network capacity architecture,在彈性網路容量架構中, 419
　　in hypervisor clustering architecture,在虛擬機管理程式叢集架構中, 367
　　in load balanced virtual switches architecture,在負載平衡虛擬交換器架構中, 429
　　in multipath resource access architecture,在多路徑資源存取架構中, 431
　　in persistent virtual network configuration architecture,在持久虛擬網路配置架構中, 434
　　in redundant physical connection for virtual servers architecture,在虛擬伺服器冗餘實體連接架構中, 438
　　in resilient disaster recovery architecture,在彈性災難恢復架構中, 386
　　in resource pooling architecture,在資源池架構中, 346
　　in resource reservation architecture,在資源預留架構中, 393
　　in virtual private cloud architecture,在虛擬私有雲端架構中, 407
　　in workload distribution architecture,在工作負載分配架構中, 341
　　in zero downtime architecture,在零停機架構中, 383

I

IaaS (Infrastructure-as-a-Service),IaaS(基礎設施即服務), 61
　　cloud consumer perspective of,雲端服務消費者觀點, 467-468
　　cloud provider perspective of,雲端服務供應商的觀點, 456-460
　　in combination with PaaS,結合 PaaS, 65-67
　　in combination with PaaS and SaaS,與 PaaS 和 SaaS 結合, 68
　　in comparison with SaaS and PaaS,與 SaaS 和 PaaS 相比, 64-65
　　pricing models,定價模式, 488
　　submodels,子模型, 69-70
identifiers,識別符號
　　behavioral,行為, 293
　　physiological,生理, 293
identity and access management (IAM) mechanism (security),身分和存取管理機制(安全), 296-299
IDS (intrusion detection system) mechanism (security),入侵檢測系統機制(安全), 299
images,圖像, 117
　　container,容器, 122, 147-155

索引　**547**

Docker, 524
immutability of container images，容器映像檔的不可變性, 149
inbound network usage cost metric，進入網路使用成本指標, 480-481
Innovartus Technologies Inc. case study. See case study examples，Innovartus Technologies Inc. 案例研究。請參閱案例研究
insider threat，內部威脅, 179
instance starting time metric，實例啟動時間指標, 503
instances of containers，容器實例, 134
insufficient authorization，授權不足, 174-175
Integration as a Service，整合即服務, 70
integration costs，整合成本, 476
integrity (IT security)，完整性（IT 安全）, 164
intelligent automation engine，智慧自動化引擎, 349
Internet，網際網路
　architecture，架構, 78-87
　versus cloud，與雲, 31-32
　service provider (ISP)，網路服務供應商, 78-80
internetworks (Internet)，網際網路, 78
intra-cloud WAN usage metric，雲端環境內 WAN 使用指標, 481
intra-storage device vertical data tiering architecture，儲存設備內垂直數據分層架構, 425-427
intruders，入侵者, 168
intrusion detection system (IDS) mechanism (security)，入侵檢測系統機制（安全）, 299
I/O，輸入輸出
　caching，快取, 91
　data transferred metric，傳輸的數據指標, 483

ISP (Internet service provider)，網際網路服務供應商, 78-80
IT resource，IT 資源, 32-34
　cloud-based versus on-premise，雲端與地端, 82-87
　costs，成本, 476-480
　provisioning considerations，配置注意事項
　　of IaaS environments IaaS，環境, 468
　　of PaaS environments PaaS，環境, 469-471
　virtualization，虛擬化, 98-104

K

kernel，核心, 149-150
kube-apiserver, 531
kube-controller-manager, 532
kube-proxy, 528
kube-scheduler, 531
kubelet, 528
Kubernetes, 526-533
　cluster，叢集, 530-531
　container runtime，容器執行環境, 529-530
　control plane，控制層, 531-533
　kube-proxy, 528
　kubelet, 528
　node，節點, 526-527
　pod, 527
Kubernetes API, 531

L

lag strategy (capacity planning)，延遲策略（容量規劃）, 28
LAN fabric，區域網路結構, 94
large dataset cluster，大型數據集叢集, 258
latency，延遲, 85-86
layers (container images)，資料層（容器映像檔）, 151-152

lead strategy（capacity planning），前期策略（產能規劃）, 28
legal issues，法律問題, 48
live storage migration，即時儲存遷移, 438
live VM migration，即時虛擬機遷移, 368
load balanced cluster，負載平衡叢集, 126, 261
load balanced virtual server instances architecture，負載平衡虛擬伺服器實例架構, 374-377
load balanced virtual switches architecture，負載平衡虛擬交換器架構, 428-429
load balancer mechanism（specialized），負載平衡器機制（專用）, 236-238
　　in load balanced virtual server instances architecture，在負載平衡虛擬伺服器實例架構中, 377
　　in load balanced virtual switches architecture，在負載平衡虛擬交換器架構中, 429
　　in service load balancing architecture，在服務負載平衡架構中, 351-353
　　in storage workload management architecture，在儲存工作負載管理架構中, 405
　　in workload distribution architecture，在工作負載分配架構中, 341
load balancing，負載平衡, 139
location-based authentication，基於位置的身分驗證, 296
locked-in costs，鎖定成本, 477
logical network perimeter mechanism（infrastructure），邏輯網路邊界機制（基礎設施）, 56, 200-201
　　in direct I/O access architecture，在直接 I/O 存取架構中, 412
　　in elastic network capacity architecture，在彈性網路容量架構中, 419
　　in hypervisor clustering architecture，在虛擬機管理程式叢集架構中, 368
　　in load balanced virtual server instances architecture，在負載平衡虛擬伺服器實例架構中, 377
　　in load balanced virtual switches architecture，在負載平衡虛擬交換器架構中, 429
　　in multipath resource access architecture，在多路徑資源存取架構中, 431
　　in persistent virtual network configuration architecture，在持久虛擬網路配置架構中, 434
　　in redundant physical connection for virtual servers architecture，在虛擬伺服器冗餘實體連接架構中, 438
　　in resource pooling architecture，在資源池架構中, 346
　　in resource reservation architecture，在資源預留架構中, 393
　　in storage workload management architecture，在儲存工作負載管理架構中, 405
　　in virtual server clustering architecture，在虛擬伺服器叢集架構中, 374
　　in workload distribution architecture，在工作負載分配架構中, 341
　　in zero downtime architecture，在零停機架構中, 383
logical pod container，邏輯 pod 容器, 123
LUN（logical unit number），LUN（邏輯單元號）, 358
　　in direct LUN access architecture，在直接 LUN 存取架構中, 413-416
migration，遷移, 400

M

malicious code analysis system mechanism（security）M 惡意程式碼分析系統機制（安全）, 313-314
malicious insider，惡意內部人員, 170, 179
malicious intermediary threat，惡意中介威脅, 171-172
malicious service agent，惡意服務代理程式, 170
malicious software，惡意軟體, 178-179
malicious tenant，惡意租戶, 170
malicious users，惡意用戶, 168
malware，惡意軟體, 178-179
management plane，管理層, 123
match strategy（capacity planning），配對策略（容量規劃）, 28
mean time between failures（MTBF）metric，平均故障間隔時間指標, 501
mean time system recovery（MTSR）metric，平均系統恢復時間指標, 506
mean time to switchover（MTSO）metric，平均切換時間指標, 505
measured usage（cloud characteristic），使用量測量（雲端特性）, 59
mechanisms，機制
    access-oriented security，存取導向的安全性, 270-307
        authentication log monitor，身分驗證日誌監視器, 306
        biometric scanner，生物辨識掃描儀, 293-294
        cloud-based security groups，雲端安全群組, 279-281
        digital signature，數位簽章, 275-278
        encryption，加密, 271-273
        firewall，防火牆, 290-291
        hardened virtual server images，強化虛擬伺服器映像檔, 288-289
        hashing，雜湊, 273-275
        identity and access management（IAM），身分和存取管理, 296-299
        intrusion detection system（IDS），入侵檢測系統, 299
        multi-factor authentication（MFA）system，多因素身分驗證系統, 295-296
        network intrusion monitor，網路入侵監視器, 305
        penetration testing tool，滲透測試工具, 299-301
        public key infrastructure（PKI），公鑰基礎設施, 282-284
        single sign-on（SSO），單一登錄, 285-287
        third-party software update utility，第三方軟體更新工具, 304-305
        user behavior analytics（UBA）system，用戶行為分析系統, 301-303
        virtual private network（VPN），虛擬專用網路, 291-292
        VPN monitor，VPN 監視器, 306-307
    data-oriented security，數據導向的安全性, 310-322
        activity log monitor，活動日誌監視器, 320
        data backup and recovery system，數據備份和恢復系統, 318-320
        data loss prevention（DLP）system，數據遺失防護系統, 315-316
        data loss protection monitor，數據遺失保護監視器, 321-322
        digital virus scanning and decryption system，數位病毒掃描和解密系統, 310-313
        malicious code analysis system，惡意程式碼分析系統, 313-314
        traffic monitor，流量監視器, 321

trusted platform module（TPM），可信平台模組, 317-318
infrastructure，基礎設施, 200-227
   cloud storage device，雲端儲存設備, 210-216
   cloud usage monitor，雲端使用量監視器, 217-221
   hypervisor，虛擬機管理程式, 208-210
   logical network perimeter，邏輯網路邊界, 200-201
   ready-made environment，現成環境, 226-227
   resource replication，資源複製, 222-225
   virtual server，虛擬伺服器, 204-207
  management，管理, 324-336
   billing management system，計費管理系統, 333-336
   remote administration system，遠端管理系統, 324-328
   resource management system，資源管理系統, 328-331
   SLA management system，SLA 管理系統, 331-333
  specialized，專業, 230-267
   audit monitor，稽核監視器, 248-249
   automated scaling listener，自動擴容監聽器, 230-235
   failover system，故障轉移系統, 250-258
   load balancer，負載平衡器, 236-238
   multi-device broker，多裝置仲介, 263-265
   pay-per-use monitor，按使用量付費監視器, 244-247
   resource cluster，資源叢集, 258-263
   SLA monitor，SLA 監視器, 238-244
   state management database，狀態管理資料庫, 265-267
message digest，訊息摘要, 273
metacloud architecture，元雲端架構, 450-451
metrics，指標
  application subscription duration，應用程式訂閱期間, 483-485
  availability rate，可用率, 498-500
  business cost，業務成本, 476-480
  completion time，完成時間, 503
  on-demand storage space allocation，按需求儲存空間分配, 483
  on-demand virtual machine instance allocation，按需求虛擬機實例分配, 482
  inbound network usage cost，入站網路使用成本, 480-481
  instance starting time，實例啟動時間, 503
  intra-cloud WAN usage，雲端內部 WAN 使用量, 481
  I/O data transferred，I/O 數據傳輸, 483
  mean time between failures（MTBF），平均故障間隔時間（MTBF）, 501
  mean time system recovery（MTSR），平均系統恢復時間（MTSR）, 506
  mean time to switchover（MTSO），平均切換時間（MTSO）, 505
  network capacity，網路容量, 502
  network usage cost，網路使用成本, 480-481
  number of nominated users，指定用戶數, 485
  number of transactions users，交易用戶數, 485
  outage duration，停機時間, 500
  outbound network usage，出站網路使用, 481
  reserved virtual machine instance allocation，預留虛擬機實例分配, 482

response time，反應時間，503
server capacity，伺服器容量，502
service performance，服務性能，501-503
service quality，服務品質，498-507
service reliability，服務可靠性，501
service resiliency，服務彈性，505-506
service scalability，服務可擴展性，503-504
storage device capacity，儲存設備容量，502
usage cost，使用成本，480-485
Web application capacity Web，應用程式容量，502-503
MFA（multi-factor authentication）system mechanism（security），多因素身分驗證系統機制（安全），295-296
middleware，中介軟體，110
middleware platforms，中介軟體平台，110
　enterprise service bus（ESB），企業服務匯流排，110
　orchestration，編排，110
migration，遷移
　live storage migration，即時儲存遷移，438
　live VM，即時虛擬機，368
　LUN，400
　virtual server，虛擬伺服器，377-381
mobile device gateway，行動設備閘道器，264
model，模型
　"as-a-service" usage，「即服務」使用，41
　delivery，交付，59-70, 472-473
　deployment，部署，71-75, 467-471
　pricing，定價，487-489, 492-494
　shared security responsibility，共享安全責任，43-44

monitor，監視器
　audit，稽核，248-249
　cloud usage，雲端使用量，217-221
　IaaS-based IT resources，IaaS 的 IT 資源，459-460
　PaaS environments，PaaS 環境，463
　pay-per-use，按使用量付費，244-247
　SLA，238-244
monitoring agent，監控代理程式，217
MTBF（mean time between failures）metric，平均故障間隔時間指標，501
MTSO（mean time to switchover）metric，平均切換時間指標，505
MTSR（mean time system recovery）metric，平均系統恢復時間指標，506
multicloud，多雲，73
　architectures，架構，360-362
　cost management，成本管理，489-491
multi-container types，多容器類型，155-160
multi-device broker mechanism（specialized），多裝置仲介機制（專用），263-265
multi-factor authentication（MFA）system mechanism（security），多因素身分驗證系統機制（安全），295-296
multimodal biometric scanners，多模式生物辨識掃描儀，293
multipath resource access architecture，多路徑資源存取架構，430-432
multitenancy，多租戶，57-58
　and resource pooling，和資源池，57-58
　versus virtualization，與虛擬化，106
multitenant application，多租戶應用程式，104-106

N

namespaces（Docker），命名空間（Docker），524
NAS（network-attached storage），NAS（網路附加儲存裝置），93

NAS gateway，NAS 閘道器 , 94
negligent insider，疏忽的內部人員 , 179
nested virtualization，巢狀虛擬化 , 126
network，網路
　　addresses，地址 , 144-145
　　broadband，寬頻 , 78-87
　　container，容器 , 127, 141-145
　　hardware，硬體 , 93-94
　　host，主機 , 127, 142
　　orchestration，編排 , 139
　　overlay，覆蓋 , 127, 142
　　pool，池 , 343
　　storage interface，儲存介面 , 211-212
　　usage cost, PaaS environments，PaaS 環境的網路使用成本 , 463
　　virtualization，虛擬化 , 29
network-attached storage（NAS），網路附加儲存裝置 , 93
network capacity，網路容量
　　in elastic network capacity architecture，在彈性網路容量架構中 , 418-419
　　metric，指標 , 502
network intrusion monitor mechanism（security），網路入侵監視器機制（安全）, 305
NIST Cloud Reference Architecture，NIST 雲端參考架構 , 24-25
node，節點 , 123, 126
　　Kubernetes, 526-527
nondisruptive service relocation architecture，不中斷服務轉移架構 , 377-381
normalization, data，數據標準化 , 213-214
NoSQL clustering　NoSQL 叢集 , 95-97
NoSQL（non-relational）data storage，NoSQL（非關聯式）數據儲存 , 213-214
number of nominated users metric，指定用戶數量指標 , 485

number of transactions users metric，交易用戶數量指標 , 485

O

object storage interface，物件儲存介面 , 212
objects（Docker），物件（Docker）, 524-525
on-demand storage space allocation metric，按需求儲存空間分配指標 , 483
on-demand usage（cloud characteristic），按需求使用（雲的特性）, 56
on-demand virtual machine instance allocation metric，按需求虛擬機實例分配指標 , 482
ongoing cost，持續成本 , 476
on-premise IT resource，地端 IT 資源 , 34
　　versus cloud-based IT resource，與雲端 IT 資源相比 , 476-480
　　in private cloud，在私有雲中 , 73
operating system，作業系統
　　abstraction，抽象 , 149-150
　　baseline，基準 , 397
　　terminology，術語 , 117
　　virtualization，虛擬化 , 99-101
orchestration，編排
　　container，容器 , 138-141
　　Docker, 525
　　platform，平台 , 110
organizational boundary，組織邊界 , 54-55
outage duration metric，停機時間指標 , 500
outbound network usage metric，出站網路使用指標 , 481
overlapping trust boundaries，重疊信任邊界 , 176-177
overlay network，覆蓋網路 , 127, 142

P

PaaS (Platform-as-a-Service)，PaaS（平台即服務），61-63
    cloud consumer perspective，雲端服務消費者視角，468-471
    cloud provider perspective，雲端服務供應商視角，460-463
    combination with IaaS，與 IaaS 結合，65-67
    combination with IaaS and SaaS，與 IaaS 和 SaaS 結合，68
    comparison with IaaS and SaaS，與 IaaS 和 SaaS 的比較，64-65
    pricing models，定價模型，488
    submodels，子模型，69-70
package，封裝，134-135
    management，管理，134-138, 141
    repository，儲存庫，135
passive IDS (intrusion detection system)，被動入侵檢測系統（IDS），299
pay-per-use monitor mechanism (specialized)，按使用付費監視器機制（專用），244-247
    in cross-storage device vertical tiering architecture，在跨儲存設備垂直分層架構中，425
    in direct I/O access architecture，在直接 I/O 存取架構中，412
    in direct LUN access architecture，在直接 LUN 存取架構中，416
    in dynamic scaling architecture，在動態縮放架構中，349
    in elastic network capacity architecture，在彈性網路容量架構中，419
    in elastic resource capacity architecture，在彈性資源容量架構中，350
    in nondisruptive service relocation architecture，在不中斷服務搬遷架構中，381
    in resource pooling architecture，在資源池架構中，346
penetration testing tool mechanism (security)，滲透測試工具機制（安全），299-301
performance overhead (virtualization)，性能開銷（虛擬化），103
persistent virtual network configuration architecture，持久虛擬網路配置架構，432-434
phishing，網路釣魚，180
physical host，實體主機，29, 34
physical network，實體網路，82
physical RAM pool，實體記憶體資源池，343
physical server，實體伺服器，117, 127
physical server pool，實體伺服器池，341
physiological identifiers，生理識別，293
PKI (public key infrastructure) mechanism (security)，公鑰基礎設施機制（安全），282-284
plaintext，明文，271
pod, 123, 131-133
    Kubernetes, 527
polling agent，輪詢代理程式，218-219
pool (resource)，池（資源），341-345
    CPU, 343
    network，網路，343
    physical RAM，實體記憶體，343
    physical server，實體伺服器，341
    storage，儲存，341
    virtual server，虛擬伺服器，341
portability，可攜性
    cloud provider，雲端服務供應商，47
    virtualization solution，虛擬化解決方案，103-104

portal，入口網站
　　self-service，自助服務 , 325
　　usage and administration，使用和管理,
　　　325
power, virtualization，虛擬化 , 29
pricing models，定價模式 , 487-489
　　DTGOV case study，DTGOV 案例研究,
　　　492-494
private cloud，私有雲 , 71-73
privilege escalation，特權提升 , 184
Process as a Service，流程即服務 , 70
proportional costs，比例成本 , 39-41, 57
public cloud，公有雲 , 71
public key cryptography，公鑰密碼學 ,
　　272
public key identification，公鑰識別 , 282
public key infrastructure (PKI)
　　mechanism (security)，公鑰基礎設
　　施機制（安全）, 282-284

Q

quality of service (QoS). See also SLA
　　(service-level agreement)，服務品
　　質（QoS）。請參閱 SLA（服務品質
　　協議）, 498-507

R

ransomware，勒索軟體 , 179
rapid provisioning architecture，快速配置
　　架構 , 396-399
ready-made environment mechanism
　　(infrastructure)，現成環境機制（基
　　礎設施）, 226-227, 463
reduction, cost，降低成本 , 25-26
redundant physical connection for virtual
　　servers architecture，虛擬伺服器冗
　　餘實體連接架構 , 435-438
redundant storage architecture，冗餘儲存
　　架構 , 358-360
registry (Docker)，倉庫（Docker）, 522-
　　523

relational data storage，關聯式數據儲存 ,
　　213
reliability (characteristic)，可靠性（特
　　性）
　　IaaS-based IT resources，基於 IaaS 的
　　　IT 資源 , 459
　　IT resource，IT 資源 , 42
　　PaaS environments PaaS，環境 , 461-
　　　462
reliability rate metric，可靠性率指標 , 501
remote administration system mechanism
　　(management)，遠端管理系統機制
　　（管理）, 324-328, 346
remote code execution，遠端程式碼執行 ,
　　184-186
replicas，副本 , 134
resiliency (cloud characteristic)，彈性（雲
　　特性）, 59-61
resilient disaster recovery architecture，彈
　　性災難恢復架構 , 385-387
resilient watchdog system，彈性監控系統 ,
　　393-396
resource agent，資源代理 , 218
resource cluster mechanism
　　(specialized)，資源叢集機制（專
　　用）, 258-263
　　in service load balancing architecture，
　　　在服務負載平衡架構中 , 353
　　in workload distribution architecture，
　　　在工作負載分配架構中 , 341
　　in zero downtime architecture，在零停
　　　機架構中 , 383
resource constraints，資源限制 , 389
resource management system mechanism
　　(management)，資源管理系統機制
　　（管理）, 328-331, 346
resource pool，資源池 , 341-345
resource pooling architecture，資源池架
　　構 , 341-346
resource pooling (multitenancy)，資源池
　　（多租戶）, 57-58

resource replication mechanism (infrastructure)，資源複製機制（基礎設施），222-225
　　in direct I/O access architecture，在直接 I/O 存取架構中，412
　　in direct LUN access architecture，在直接 LUN 存取架構中，416
　　in elastic disk provisioning architecture，在彈性磁碟配置架構中，356
　　in elastic network capacity architecture，在彈性網路容量架構中，419
　　in elastic resource capacity architecture，在彈性資源容量架構中，350
　　in hypervisor clustering architecture，在虛擬機管理程式叢集架構中，368
　　in load balanced virtual server instances architecture，在負載平衡虛擬伺服器實例架構中，377
　　in load balanced virtual switches architecture，在負載平衡虛擬交換器架構中，429
　　in multipath resource access architecture，在多路徑資源存取架構中，431
　　in nondisruptive service relocation architecture，在無中斷服務搬遷架構中，381
　　in persistent virtual network configuration architecture，在持久虛擬網路配置架構中，434
　　in redundant physical connection for virtual servers architecture，在虛擬伺服器冗餘實體連接架構中，438
　　in resource pooling architecture，在資源池架構中，346
　　in resource reservation architecture，在資源預留架構中，393
　　in service load balancing architecture，在服務負載平衡架構中，353
　　in storage maintenance window architecture，在儲存維護窗口架構中，445
　　in virtual server clustering architecture，在虛擬伺服器叢集架構中，374
　　in workload distribution architecture，在工作負載分配架構中，341
　　in zero downtime architecture，在零停機架構中，383
resource replication, virtualization，資源複製，虛擬化，99
resource reservation architecture，資源預留架構，389-393
resources, website，網站資源，8
response time metric，回應時間指標，503
responsiveness (characteristic), IT resource，回應能力（特性），IT 資源，39
REST design constraints，REST 設計規範，107
REST service，REST 服務，106-107
rich containers，富容器，146
risk (IT security)，風險（IT 安全），166
risk assessment，風險評估，193
risk-based authentication，基於風險的身分驗證，296
risk control，風險控制，193
risk management，風險管理，193-194
risk treatment，風險處理，193
rogue antivirus，流氓防毒軟體，179
roles，角色，50-54
　　cloud auditor，雲端稽核員，54
　　cloud broker，雲端經紀人，51-52
　　cloud carrier，雲端營運商，54
　　cloud consumer，雲端服務消費者，50-51

cloud provider，雲端服務供應商，50
cloud resource administrator，雲端資源管理員，53-54
cloud service owner，雲端服務擁有者，52-53
router-based interconnectivity，基於路由器的互連，81-82
RPC, Web-based，Web 的 RPC, 111
runtime，執行環境，117

S

SaaS (Software-as-a-Service)，SaaS（軟體即服務），63-64
   cloud consumer perspective，雲端服務消費者視角，471
   cloud provider perspective，雲端服務供應商視角，463-466
   combination with IaaS and PaaS，與 IaaS 和 PaaS 結合，68
   comparison with PaaS and IaaS，與 PaaS 和 IaaS 的比較，64-65
   pricing models，定價模型，488
   submodels，子模型，69-70
SAN (storage area network)，儲存區域網路，93
SAN fabric，SAN 結構，94
SASE (Secure Access Service Edge)，安全存取服務邊緣，307
scalability，可擴展性
   cloud-based IT resource，基於雲的 IT 資源，41-42
   IaaS-based IT resources，基於 IaaS 的 IT 資源，459
   PaaS environments，PaaS 環境，461-462
   supported by multitenant applications，由多租戶應用程式提供，105
scaling，縮放比例，35-36
   cluster，叢集，126

container，容器，139
   horizontal，水平的，35
   vertical，垂直的，35-36
scheduling，調度，137
scope, container network，容器網路範圍，142-144
secret key cryptography，密鑰加密，272
Secure Access Service Edge (SASE)，安全存取服務邊緣，307
secure sockets layer (SSL)，273
secure VPN (virtual private network)，安全 VPN（虛擬專用網路），292
security，安全
   ATN case study，ATN 案例研究，194-195
   breach，違規，167
   controls，控制，165
   cybersecurity threats，網路安全威脅，45
   IaaS-based IT resources，基於 IaaS 的 IT 資源，460
   mechanisms, See also mechanisms，機制，參閱機制，166
   PaaS environments PaaS，環境，463
   SaaS environments SaaS，環境，466
   shared responsibility model，共享責任模型，43-44
   terminology，術語，164-166
Security as a Service，安全即服務，69
security policy，安全政策，166
   disparity，差異，191-192
self-service portal，自助服務入口網，325
sequence logger，順序記錄器，397
sequence manager，順序管理器，397
server，伺服器
   capacity metric，容量指標，502
   cluster，叢集，258
   consolidation，鞏固，98
   Docker, 520-521
   host，主機，123

images，映像檔, 397
physical，實體的, 117, 127
scalability (horizontal) metric，可擴展性（水平）指標, 504
scalability (vertical) metric，可擴展性（垂直）指標, 504
usage，使用量, 482
virtual，虛擬的, 117-118, 127-128
virtual (physical host)，虛擬（實體主機）, 34
virtualization，虛擬化, 204-207
serverless environments，無伺服器環境, 30-31, 94-95
service，服務, 106-111
　agent，代理, 110
　discovery，探索, 139
　Docker, 524
　middleware，中介軟體, 110
　REST, 106-107
　Web, 107-108
　Web-based，基於 Web, 106
service agent，服務代理, 110
　malicious，惡意的, 170
service availability metrics，服務可用性指標, 498-500
service-level agreement. See SLA (service-level agreement)，服務品質協議。請參閱 SLA（服務品質協議）
service load balancing architecture，服務負載平衡架構, 351-353, 465
service performance metrics，服務性能指標, 501-503
service quality metrics，服務質量指標, 498-507
service reliability metrics，服務可靠性指標, 501
service resiliency metrics，服務彈性指標, 505-506
service scalability metrics，服務可擴展性指標, 503-504

shared security responsibility model，共享安全責任模型, 43-44
sidecar container，邊車容器, 155-156
Simple Object Access Protocol (SOAP)，簡單物件存取協議), 107-108
single sign-on (SSO) mechanism (security)，單一登錄機制（安全）, 285-287
SLA (service-level agreement)，服務品質協議, 37-38, 498
　DTGOV case study，DTGOV 案例研究, 509-511
　guidelines，指南, 507-508
SLA management system mechanism (management)，SLA 管理系統機制（管理）, 331-333
　in dynamic failure detection architecture，在動態故障檢測架構中, 396
　in nondisruptive service relocation architecture，在無中斷服務搬遷架構中, 381
SLA monitor mechanism (specialized)，SLA 監視器機制（專用）, 238-244
　in dynamic failure detection architecture，在動態故障檢測架構中, 396
　in nondisruptive service relocation architecture，在無中斷服務搬遷架構中, 381
snapshotting，快照, 91, 457
SOAP, 107-108
SOAP-based Web service，基於 SOAP 的 Web 服務, 107-108
social engineering，社交工程, 180
software, virtualization (hypervisor)，軟體、虛擬化（管理程式）, 101-102, 208-210
Software-as-a-Service. See SaaS (Software-as-a-Service)，軟體即服務。請參閱 SaaS（軟體即服務）

spyware，間諜軟體, 179
SQL (Structured Query Language)，結構化查詢語言 (SQL), 187
SQL injection，SQL 注入, 186-187
SSL (secure sockets layer), 273
SSO (single sign-on) mechanism (security)，單一登錄機制（安全）, 285-287
state management database mechanism (specialized)，狀態管理資料庫機制（專用）, 265-267
state-sponsored attackers，國家贊助的攻擊者, 168
static malicious code analysis，靜態惡意程式碼分析, 314
storage，儲存
 hardware，硬體, 91-93
 live migration，即時遷移, 438
 pool，池, 341
 replication，複製, 359
 virtualization，虛擬化, 29, 91
storage area network (SAN)，儲存區域網路 (SAN), 93
Storage as a Service，儲存即服務, 69
storage device，儲存裝置, 210-216
 capacity metric，容量指標, 502
 levels，層級, 211
 usage，使用量, 483
storage interface, 儲存介面
 database，資料庫, 213-214
 network，網路, 211-212
 object，物件, 212
storage maintenance window architecture，儲存維護時段架構, 466
storage orchestration，儲存協調, 139
storage replication mechanism, in distributed data sovereignty architecture，分散式資料主權架構中的儲存複製機制, 388

storage service gateway，儲存服務閘道器, 358
storage workload management architecture，儲存工作負載管理架構, 400-405
Structured Query Language (SQL)，結構化查詢語言 (SQL), 187
sunk costs，沉沒成本, 476
symmetric encryption (security mechanism)，對稱加密（安全機制）, 272

T

tenant application functional module，租戶應用功能模組, 466
tenant subscription period，租戶訂閱期間, 466
Testing as a Service，測試即服務, 70
third-party software update utility mechanism (security)，第三方軟體更新工具機制（安全）, 304-305
threat，威脅, 167
 advanced persistent threat (APT)，進階持續性威脅 (APT), 188-190
 botnet，殭屍網路, 180-183
 brute force，暴力, 184
 DoS (denial of service)，阻斷服務, 172-173
 insider，內部人員, 179
 insufficient authorization，過度授權, 174-175
 landscape，環境, 167
 malicious intermediary，惡意中介, 171-172
 malware，惡意軟體, 178-179
 overlapping trust boundaries，重疊信任邊界, 176-177
 phishing，網路釣魚, 180
 privilege escalation，特權升級, 184

remote code execution，遠端程式碼執行, 184-186
social engineering，社交工程, 180
SQL injection，SQL 注入, 186-187
terminology，術語, 166-168
traffic eavesdropping，流量竊聽, 171
tunneling，通道, 187-188
virtualization attack，虛擬化攻擊, 175-176
threat agent，威脅代理, 168-170
anonymous attacker，匿名攻擊者, 169
malicious insider，惡意內部人員, 170
malicious service，惡意服務, 170
trusted attacker，受信任的攻擊者, 170
TLS（transport layer security），傳輸層安全, 273
TPM（trusted platform module）mechanism (security)，可信平台模組機制（安全）, 317-318
traffic eavesdropping，流量竊聽, 171
traffic monitor mechanism (security)，流量監控器機制（安全）, 321
transport layer protocol，傳輸層協議, 82
transport layer security（TLS），傳輸層安全（TLS）, 273
Trojan，木馬, 179
trust boundary，信任邊界, 55
overlapping，重疊, 43, 176-177
trusted attacker，受信任的攻擊者, 170
trusted platform module（TPM）mechanism (security)，可信平台模組機制（安全）, 317-318
trusted VPN（virtual private network），受信任的 VPN（虛擬專用網路）, 292
tunneling，通道, 187-188

U

UBA（user behavior analytics）system mechanism (security)，用戶行為分析系統機制（安全）, 301-303

ubiquitous access（cloud characteristic），隨處可以存取（雲的特性）, 57
UDDI（Universal Description, Discovery, and Integration），通用描述、發現和整合（UDDI）, 108
union file system，聯合檔案系統, 151, 524-525
up-front costs，前期成本, 476
usage and administration portal，使用和管理入口網, 325
usage cost metrics，使用成本指標, 480-485
cloud service，雲端服務, 483-485
cloud storage device，雲端儲存設備, 483
inbound network，入站網路, 480-481
network，網路, 480-481
server，伺服器, 482
user behavior analytics（UBA）system mechanism (security)，用戶行為分析（UBA）系統機制（安全）, 301-303
user management，用戶管理, 297
utility computing，實用計算, 24

V

vertical scaling，垂直縮放, 35-36
VIM（virtual infrastructure manager），虛擬化基礎架構管理工具, 103, 328
virtual data abstraction architecture，虛擬數據抽象架構, 448-450
virtual firewall，虛擬防火牆, 201
virtual infrastructure manager（VIM），虛擬化基礎架構管理工具, 103, 328
virtual machine manager（VMM），虛擬機管理器）, 30
virtual machine monitor（VMM），虛擬機監視器, 30
virtual network，虛擬網路, 201

virtual private cloud architecture,虛擬私有雲端架構,405-407
virtual private network (VPN) mechanism (security),虛擬專用網路機制（安全）,291-292
virtual private network (VPN) monitor mechanism (security),虛擬專用網路監視器機制（安全）,306-307
virtual server,虛擬伺服器,117-118
　containerization on,容器化,127-128
virtual server clustering architecture,虛擬伺服器叢集架構,373-374
virtual server mechanism (infrastructure),虛擬伺服器機制（基礎設施）,204-207
　in elastic network capacity architecture,在彈性網路容量架構中,419
　images, hardened,映像檔,強化,288-289
　in load balanced virtual server instances architecture,在負載平衡虛擬伺服器實例架構中,374-377
　in load balanced virtual switches architecture,在負載平衡虛擬交換器架構中,429
　in multipath resource access architecture,在多路徑資源存取架構中,431
　in nondisruptive service relocation architecture,在無中斷服務搬遷架構中,377-381
　in persistent virtual network configuration architecture,在持久虛擬網路配置架構中,432-434
　in redundant physical connection for virtual servers architecture,在虛擬伺服器冗餘實體連接架構中,435-438
　in resilient disaster recovery architecture,在彈性災難恢復架構中,387
　in virtual private cloud architecture,在虛擬私有雲端架構中,407
　in zero downtime architecture,在零停機架構中,296-297
　lifecycles,生命週期,459
virtual server pool,虛擬伺服器池,341
virtual switch,虛擬交換器
　in elastic network capacity architecture,在彈性網路容量架構中,418
　in load balanced virtual switches architecture,在負載平衡虛擬交換器架構中,428-429
　in persistent virtual network configuration architecture,在持久虛擬網路配置架構中,432-434
　in redundant physical connection for virtual servers architecture,在虛擬伺服器冗餘實體連接架構中,435-438
　in virtual private cloud architecture,在虛擬私有雲端架構中,407
virtualization,虛擬化,29-30, 87-89, 98-104
　application-based,基於應用程式,102
　attack,攻擊,175-176
　hardware-based,基於硬體,101-102
　management,管理,103
　versus multitenancy,與多租戶,106
　nested,巢狀,126
　operating system-based,基於作業系統,99-101
　software (hypervisor),軟體（虛擬機管理程式）,101-102, 208-210
　storage,儲存,91
　terminology,術語,117-121

types of，類型, 118-121
viruses，病毒, 179, 310-313
VMM（virtual machine manager），虛擬機管理器, 30
volume，磁區, 133
volume cloning，磁區複製, 91
VPN（virtual private network）mechanism（security），虛擬專用網路機制（安全）, 291-292
VPN monitor mechanism（security），VPN 監視器機制（安全）, 306-307
vulnerability（IT security），漏洞（IT 安全）, 163. See also threat 請參閱威脅

W

weak authentication，弱身分驗證, 174-175
Web application capacity metric Web，應用程式容量指標, 502-503
Web-based，基於網頁的
　resource，資源, 468
　RPC, 111
　service，服務, 106
Web service，網路服務, 107-108
　SOAP-based，基於 SOAP, 107-108
Web Service Description Language（WSDL），Web 服務描述語言, 107
Web-tier load balancing，Web 層負載平衡, 93
wireless networks，無線網路, 86-87
workload distribution architecture，工作負載分配架構, 340-341
workload prioritization，工作負載優先級, 236
worm，蠕蟲, 179
WSDL（Web Service Description Language），Web 服務描述語言, 107

X

XML, 107
XML gateway，XML 閘道器, 264
XML Schema Definition Language，XML 定義語言, 107

Y

YouTube, Thomas Erl on，Thomas Erl 在 YouTube 上, 8

Z

zero-day vulnerability，零日漏洞, 167
zero downtime architecture，零停機架構, 296-297, 382-383

圖解雲端運算｜概念、技術、安全與架構(第二版)

作　　者：Thomas Erl, Eric Barceló Monroy
譯　　者：謝智浩(Scott)
企劃編輯：江佳慧
文字編輯：江雅鈴
設計裝幀：張寶莉
發 行 人：廖文良

發 行 所：碁峰資訊股份有限公司
地　　址：台北市南港區三重路 66 號 7 樓之 6
電　　話：(02)2788-2408
傳　　真：(02)8192-4433
網　　站：www.gotop.com.tw
書　　號：ACN038100
版　　次：2025 年 07 月初版
建議售價：NT$760

國家圖書館出版品預行編目資料

圖解雲端運算：概念、技術、安全與架構 / Thomas Erl, Eric Barceló Monroy 原著；謝智浩(Scott)譯. -- 初版. -- 臺北市：碁峰資訊, 2025.07
　　面；　公分
譯自：Cloud computing: concepts, technology, security, and architecture 2nd ed.
　ISBN 978-626-425-098-6(平裝)
　1.CST：雲端運算
312.136　　　　　　　　　　　　　　114006748

商標聲明：本書所引用之國內外公司各商標、商品名稱、網站畫面，其權利分屬合法註冊公司所有，絕無侵權之意，特此聲明。

版權聲明：本著作物內容僅授權合法持有本書之讀者學習所用，非經本書作者或碁峰資訊股份有限公司正式授權，不得以任何形式複製、抄襲、轉載或透過網路散佈其內容。
版權所有‧翻印必究

本書是根據寫作當時的資料撰寫而成，日後若因資料更新導致與書籍內容有所差異，敬請見諒。若是軟、硬體問題，請您直接與軟、硬體廠商聯絡。